高职高专教改系列教材

机械 CAD 应用教程

（AutoCAD 2012 中文版）

主　编　贾　芸
副主编　王贤虎　徐华俊　潘祖聪
主　审　孙敬华

中国水利水电出版社
www.waterpub.com.cn

内 容 提 要

本书主要针对AutoCAD辅助设计技术，讲解AutoCAD 2012中文版。在内容编写和结构安排上采用由浅入深、循序渐进的方法，让读者既能从总体上迅速了解AutoCAD 2012的全貌，又能结合典型实例掌握最基本的绘图命令和绘图技巧及机械设计方法，从而为深入掌握和应用AutoCAD 2012打下坚实的基础。本书按照高职高专教育"实际、实用、实践"的原则，使读者达到"会用、能用、管用"的目的，具有紧密联系实际、图文并茂、操作性强、实用性强的特点。附录中摘录了中、高级制图员《计算机绘图》测试的考题各两套，读者可对考试的题型、难易程度有所了解，以便有目的地进行练习。

本书按48～64学时编写。可供高职高专机电类专业使用，也可以作为从事计算机辅助设计或相关工程技术人员的参考书。

图书在版编目（CIP）数据

机械CAD应用教程：AutoCAD 2012中文版 / 贾芸主编. -- 北京：中国水利水电出版社，2014.10（2024.1重印）
高职高专教改系列教材
ISBN 978-7-5170-2606-8

Ⅰ．①机… Ⅱ．①贾… Ⅲ．①机械设计－计算机辅助设计－AutoCAD软件－高等职业教育－教材 Ⅳ．①TH1122

中国版本图书馆CIP数据核字(2014)第236417号

书　名	高职高专教改系列教材 **机械CAD应用教程**（AutoCAD 2012中文版）
作　者	主编 贾芸　副主编 王贤虎　徐华俊　潘祖聪　主审 孙敬华
出版发行	中国水利水电出版社 （北京市海淀区玉渊潭南路1号D座　100038） 网址：www.waterpub.com.cn E-mail：sales@mwr.gov.cn 电话：（010）68545888（营销中心）
经　售	北京科水图书销售有限公司 电话：（010）68545874、63202643 全国各地新华书店和相关出版物销售网点
排　版	中国水利水电出版社微机排版中心
印　刷	北京印匠彩色印刷有限公司
规　格	184mm×260mm　16开本　19.5印张　462千字
版　次	2014年10月第1版　2024年1月第3次印刷
印　数	4501—6500册
定　价	**59.00元**

凡购买我社图书，如有缺页、倒页、脱页的，本社发行部负责调换
版权所有　侵权必究

前 言

教材事关国家和民族的前途命运，教材建设必须坚持正确的政治方向和价值导向。本书坚持党的二十大精神，全面贯彻党的教育方针，落实立德树人根本任务，为党育人，为国育才，弘扬劳动光荣、技能宝贵、创造伟大的时代风尚。

新能源发电技术是未来解决能源与环境问题的重要科学技术，"新能源发电技术"是高等职业教育发电厂及电力系统、新能源发电技术等专业的一门专业课程，通过本课程的教学，使学生了解太阳能、风能、地热能、潮汐能、生物质能等可再生能源发电及燃料电池发电技术，了解国内外新能源发电工程现状等。

本书根据教育部《高职高专教育专门课程基本要求》和《高职高专专业人才培养目标及规格》的要求，从高等职业技术教育的教学特点出发，并结合编者多年来的 AutoCAD 教学实践而编写的。

本教程具有以下特点：

（1）以 AutoCAD 2012 为蓝本，打破了传统的 AutoCAD 教材按功能编写的顺序，结合实际教学需要，按照 AutoCAD 进行工程设计的方法与顺序，从基本绘图设置入手，循序渐进地介绍了用 AutoCAD 2012 绘制和编辑二维图形、标注文字、标注尺寸、各种精确绘图工具、图形显示控制、填充图案、创建块与属性、绘制基本三维模型、绘制复杂实体模型、渲染以及图形打印等，涵盖了用 AutoCAD 2012 进行工程设计时涉及的主要内容。此外，本书在各模块中还配有精心选择的习题。这些习题可以使读者进一步加深对各模块知识的理解，从而能够快速、全面、准确地运用 AutoCAD 2012 解决工程实际问题。操作性强，易学易懂。

（2）AutoCAD 是全国制图员职业资格鉴定的指定软件之一。在本书的编写过程中，主要根据中、高级（机械类）《制图员国家职业标准》，按照中、高级制图员职业资格认证对计算机绘图技能的要求编写。参考了《制图员考试鉴定辅导》和历次制图员技能考试的考题，将其中的主要内容融入到书中，以满足中、高级制图员职业技能及 CAD 认证培训的需求。

（3）在本书的附录有中、高级制图员《计算机绘图》测试的考题各两套，旨在让读者对制图员考试的题型、难易程度有所了解，以便有目的地进行练习，顺利通过制图员国家职业技能鉴定统一考试。

参加编著的人员有贾芸、程玉、王贤虎、徐华俊、李玉琴、潘祖聪、赵华新、汤永芝、李明、梁峰、贾平、崔强、张铁生、郭瑞、吴孝明、曹辉、李文静、蒋守广。全书由贾芸统稿。

本书由孙敬华教授任主审。参加审稿的有汪永华、余承辉、邵立康、武志明、张信群、杜兰萍等。参加审稿的各位老师对书稿进行了认真、细致的审查，提出了许多宝贵意见和修改建议，在此表示衷心感谢。

由于水平所限，书中难免仍有错漏之处，欢迎读者特别是任课教师提出批评意见和建议，并请反馈给我们（E-mail：jiayun-k@163.com）。

编者
2014 年 4 月

目 录

前言

模块一　AutoCAD 2012 基础知识

项目一　AutoCAD 2012 的工作空间 ……………………………………… 2
　　任务一　AutoCAD 2012 的启动和退出 ……………………………… 2
　　任务二　AutoCAD 2012 的工作空间 ………………………………… 3
　　任务三　AutoCAD 2012 经典工作界面 ……………………………… 6
项目二　AutoCAD 2012 的文件管理 ……………………………………… 14
　　任务一　创建新图 ……………………………………………………… 14
　　任务二　打开已有的图形 ……………………………………………… 15
　　任务三　保存和关闭图形文件 ………………………………………… 16
　　任务四　创建和恢复备份文件 ………………………………………… 17
项目三　基本输入操作 …………………………………………………… 19
　　任务一　认识坐标系 …………………………………………………… 19
　　任务二　命令的操作 …………………………………………………… 19
　　任务三　数据输入方法 ………………………………………………… 21
项目四　设置绘图环境 …………………………………………………… 23
　　任务一　绘图单位设置 ………………………………………………… 23
　　任务二　图形边界设置 ………………………………………………… 24
项目五　图层与线型设置 ………………………………………………… 25
　　任务一　图层管理 ……………………………………………………… 25
　　任务二　线型的设置 …………………………………………………… 29
项目六　精确绘图 ………………………………………………………… 33
　　任务一　对象捕捉 ……………………………………………………… 33
　　任务二　设置栅格和捕捉 ……………………………………………… 36
　　任务三　正交模式 ……………………………………………………… 36
　　任务四　设置自动追踪方式 …………………………………………… 37

	任务五	设置动态输入方式	40

项目七　图形显示与控制　41

  任务一　图形缩放　41
  任务二　图形平移　42
  任务三　对象选择　43
  任务四　使用对象夹点　44
  任务五　使用信息中心访问联机帮助及其他信息　45

习题一　45

模块二　基 本 绘 图 与 编 辑

项目一　绘制平面图形的基本方法　49

  任务一　直线　49
  任务二　构造线　50
  任务三　圆　50
  任务四　圆弧　51
  任务五　多段线　53
  任务六　矩形　54
  任务七　正多边形　55
  任务八　椭圆　56
  任务九　样条曲线　57
  任务十　点和点的样式　58

项目二　平面图形的编辑　61

  任务一　选择对象模式　61
  任务二　快速选择对象　62
  任务三　实体的删除　63
  任务四　实体的修剪　63
  任务五　实体的延伸　64
  任务六　实体的移动　65
  任务七　实体的偏移　66
  任务八　实体的复制　66
  任务九　实体的旋转　67
  任务十　实体的阵列　67
  任务十一　实体的镜像　70
  任务十二　实体的拉伸　71
  任务十三　实体的打断　72
  任务十四　实体的缩放　73

任务十五　实体的拉长 …………………………………………………………… 74
　　任务十六　实体的倒角 …………………………………………………………… 74
　　任务十七　实体的圆角 …………………………………………………………… 75
　　任务十八　关联实体的分解 ……………………………………………………… 76
　　任务十九　实体的合并 …………………………………………………………… 76
　　任务二十　利用特性选项板编辑图形 …………………………………………… 77
　　任务二十一　平面图形的绘制与编辑综合 ……………………………………… 78

项目三　文本的输入与编辑 …………………………………………………………… 80
　　任务一　设置文字样式 …………………………………………………………… 80
　　任务二　输入文本 ………………………………………………………………… 81
　　任务三　编辑文本 ………………………………………………………………… 85

项目四　创建表格 ……………………………………………………………………… 87
　　任务一　设置表格样式 …………………………………………………………… 87
　　任务二　创建表格 ………………………………………………………………… 89
　　任务三　编辑表格 ………………………………………………………………… 91

项目五　图案填充 ……………………………………………………………………… 93
　　任务一　图案填充 ………………………………………………………………… 93
　　任务二　渐变填充 ………………………………………………………………… 95
　　任务三　图案填充的编辑 ………………………………………………………… 96

习题二 ………………………………………………………………………………………… 96

模块三　尺　寸　标　注

项目一　尺寸样式 ……………………………………………………………………… 99
　　任务一　尺寸标注的基本概念 …………………………………………………… 99
　　任务二　创建国标尺寸样式 ……………………………………………………… 101
　　任务三　新建尺寸标注样式 ……………………………………………………… 102

项目二　尺寸标注命令 ………………………………………………………………… 112
　　任务一　线性标注 ………………………………………………………………… 112
　　任务二　对齐标注 ………………………………………………………………… 114
　　任务三　弧长标注 ………………………………………………………………… 115
　　任务四　坐标标注 ………………………………………………………………… 115
　　任务五　半径标注 ………………………………………………………………… 116
　　任务六　折弯标注 ………………………………………………………………… 117
　　任务七　直径标注 ………………………………………………………………… 117
　　任务八　角度标注 ………………………………………………………………… 117
　　任务九　连续标注 ………………………………………………………………… 119

| 任务十　基线标注 ··· 120
| 任务十一　快速标注 ··· 120
| 任务十二　多重引线标注 ·· 122
| 任务十三　公差标注 ··· 130

项目三　编辑尺寸标注 ··· 131
    任务一　编辑标注 ·· 131
    任务二　调整尺寸文本位置 ·· 131
    任务三　尺寸替代 ·· 132
    任务四　标注更新 ·· 132
    任务五　调整标注间距 ··· 133
    任务六　折弯线性 ·· 133
    任务七　检验标注 ·· 134

习题三 ··· 135

模块四　图块和设计中心

项目一　图块 ·· 139
    任务一　块的定义与插入 ··· 139
    任务二　图块的管理 ·· 143
    任务三　图块的属性 ·· 144
    任务四　动态块 ·· 149

项目二　外部参照 ·· 154
    任务一　外部参照附着 ··· 154
    任务二　外部参照管理 ··· 155

项目三　设计中心 ·· 157
    任务一　打开设计中心 ··· 157
    任务二　使用设计中心插入对象 ·· 157

习题四 ··· 160

模块五　绘制机械图样

项目一　绘制机械模板图 ·· 161
    任务一　绘图环境设置 ··· 161
    任务二　设置图层 ·· 162
    任务三　文本设置 ·· 163
    任务四　尺寸样式设置 ··· 164
    任务五　块的设置 ·· 164

  任务六 边框和标题栏的绘制 ································· 165
  任务七 保存样板文件 ··· 166

项目二 绘制零件图 ·· 168
  任务一 调用模板图 ··· 168
  任务二 绘制视图 ·· 168
  任务三 标注尺寸和符号 ······································· 172
  任务四 检查、存盘 ··· 175

项目三 绘制装配图 ·· 176
  任务一 直接绘制装配图 ······································· 176
  任务二 块插入法绘制装配图 ······························· 183
习题五 ··· 193

模块六 参 数 化 绘 图

项目一 几何约束 ·· 198
  任务一 建立几何约束 ··· 198
  任务二 设置几何约束 ··· 199
  任务三 编辑几何约束 ··· 200

项目二 标注约束 ·· 201
  任务一 建立标注约束 ··· 201
  任务二 设置几何约束 ··· 202
习题六 ··· 206

模块七 三 维 实 体 造 型

项目一 三维绘图基础 ··· 207
  任务一 三维模型的类型及特点 ···························· 207
  任务二 用户坐标系 ··· 208
  任务三 三维视图的观察方法 ································ 213
  任务四 设置实体显示方式 ···································· 216

项目二 基本三维实体的绘制 ··································· 219
  任务一 多段体 ·· 219
  任务二 长方体 ·· 220
  任务三 球体 ·· 221
  任务四 圆柱体 ·· 221
  任务五 圆锥体 ·· 222
  任务六 楔体 ·· 223

任务七　圆环体 ·· 223
　　任务八　棱锥体 ·· 224
项目三　通过二维对象创建实体 ··· 225
　　任务一　面域 ·· 225
　　任务二　通过拉伸绘制实体 ··· 225
　　任务三　通过旋转绘制实体 ··· 227
　　任务四　扫掠创建实体 ··· 228
　　任务五　放样创建实体 ··· 228
项目四　创建实体模型 ·· 230
　　任务一　布尔运算 ··· 230
　　任务二　三维实体造型 ··· 232
项目五　三维实体的编辑 ·· 237
　　任务一　三维移动 ··· 237
　　任务二　三维旋转 ··· 237
　　任务三　三维阵列 ··· 238
　　任务四　三维镜像 ··· 240
　　任务五　三维对齐 ··· 241
　　任务六　创建圆角 ··· 242
　　任务七　创建倒角 ··· 242
　　任务八　剖切三维实体 ··· 243
　　任务九　加厚实体 ··· 244
　　任务十　修改三维实体的面、边和体 ··· 245
项目六　零部件的绘制 ·· 247
　　任务一　零件的绘制 ·· 247
　　任务二　部件的绘制 ·· 249
　　任务三　三维实体的尺寸标注 ··· 250
项目七　三维图形的渲染 ·· 251
　　任务一　消隐 ·· 251
　　任务二　视觉样式 ··· 251
　　任务三　渲染 ·· 252
项目八　实例操作 ·· 257
习题七 ··· 267

模块八　图形输入、输出与打印

项目一　图形输入、输出 ·· 273
　　任务一　输入图形 ··· 273

  任务二 输出图形 ·· 273

项目二 图形打印 ··· 275
  任务一 图纸空间的创建与设置 ···································· 275
  任务二 图形打印 ·· 277

习题八 ·· 283

附录一 中级制图员考试样卷（一） ································ 286

附录二 中级制图员考试样卷（二） ································ 288

附录三 高级制图员考试样卷（一） ································ 290

附录四 高级制图员考试样卷（二） ································ 294

附录五 AutoCAD 2012 命令一览表 ································ 297

参考文献 ··· 299

模块一　AutoCAD 2012 基础知识

AutoCAD 是由美国 Autodesk 公司开发的计算机辅助设计软件，它易于掌握、使用方便、体系结构开放，能够绘制二维与三维图形、标注尺寸、渲染图形、打印图纸以及进行联网开发等，该款软件广泛应用于机械、电子、建筑等领域。

AutoCAD 2012 版本将直观强大的概念设计和视觉工具结合在一起，促进了二维设计向三维设计的转换，帮助建筑师、工程师和设计师更充分地实现他们的想法，卓有成效地帮助用户实现更具竞争力的设计创意，其用户界面也有了重大改进。AutoCAD 2012 软件整合了制图和可视化，加快了任务的执行，能够满足个人用户的需求和偏好，能够更快地执行常见的 CAD 任务，更容易找到那些不常见的命令，从而进一步简化了制图操作，极大地提高了效率。AutoCAD 2012 主要有以下新功能。

1. 加速文档编制

AutoCAD 强大的文档编制工具，可以加速项目从概念到完成的过程，最大限度地减少重复性工作，提升工作效率。

参数化绘图——定义对象间的关系。有了参数化绘图工具，设计修订变得轻而易举。

图纸集——有效整理和管理图纸。

动态块——使用标准的重复组件，显著节约时间。

标注比例——节约用于确定和调整标注比例的时间。

2. 探索设计创意

AutoCAD 可灵活地以二维和三维方式探索设计创意，并且提供了直观的工具以实现创意的可视化和造型，将创新理念变为现实。

三维自由形状设计——使用曲面、网格和实体建模工具自由探索并改进创意。

强大的可视化工具——让设计更具影响力。

三维导航工具——在模型中漫游或飞行。

点云支持——将三维激光扫描图导入 AutoCAD，加快改造和重建项目的进展。

3. 无缝沟通

AutoCAD 可以安全、高效、精确地共享关键设计数据。DWG 是世界上使用最为广泛的设计数据格式，原始 DWG 易于使每位相关人员随时了解设计。借助演示的图形、渲染工具和强大的绘制和三维打印功能，可以明确表现设计意图，与相关人员加强沟通。

原始 DWG 支持——支持原始格式，而非转换或编译。

PDF 导入/导出——轻松共享和重复使用设计。

DWF 支持——毫不费力地收集关于设计的详细反馈。

照片级真实感渲染效果——创建丰富多彩、令人心动的出色图像。

三维打印——在线连接服务提供商。

4. 轻松定制

可以轻松地根据自己的独特需求定制 AutoCAD。无论是按照自己的工作习惯排列工具，还是按照所在行业的要求定制软件，AutoCAD 都能够灵活地满足需求。

可定制的用户界面——将所需工具放在触手可及的地方。

编程接口——创建定制的设计和绘图应用程序。

合作伙伴产品和服务——扩展 AutoCAD 软件的功能，满足您的需求。

加快改造项目进展——通过支持点云，AutoCAD 将帮助您更轻松地完成改造项目。

三维打印支持——不仅能够实现设计的可视化，还能将其变为现实。

项目一　AutoCAD 2012 的工作空间

任务一　AutoCAD 2012 的启动和退出

1. AutoCAD 2012 的启动

常用的启动方法有以下两种（图 1-1）。

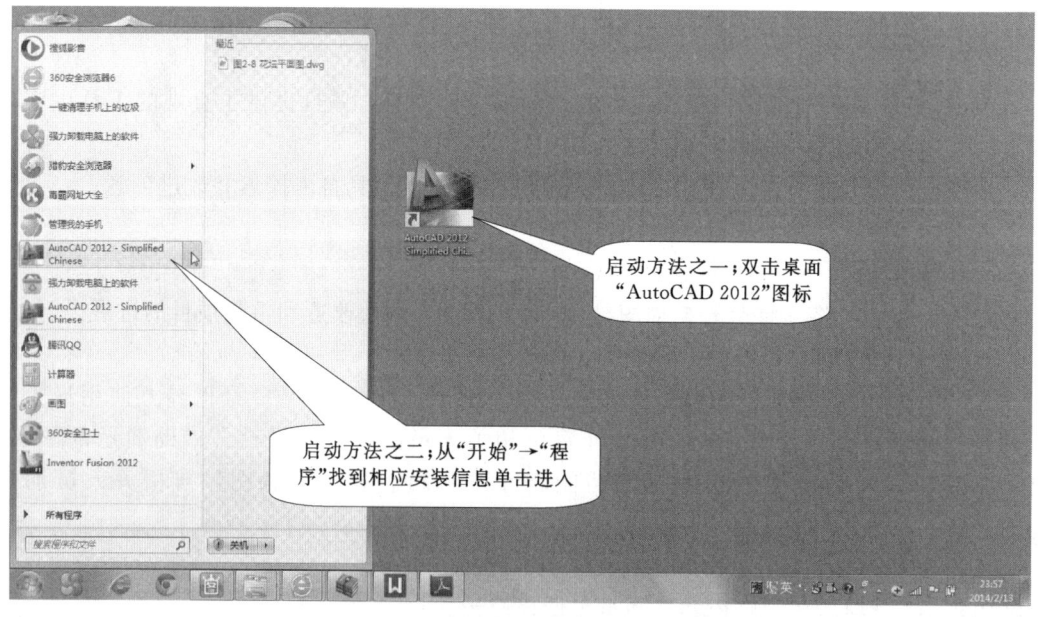

图 1-1　AutoCAD 2012 的启动

（1）在桌面上双击 AutoCAD 2012 的快捷图标，即可进入 AutoCAD 2012 的工作空间。

（2）选择"开始"→"程序"→"Autodesk"→"AutoCAD 2012 - Simplified Chinese"命令，即可进入 AutoCAD 2012 的工作空间。

2. AutoCAD 2012 的退出

AutoCAD 2012 启动之后，将出现如图 1-2 所示的 AutoCAD 2012 工作空间。

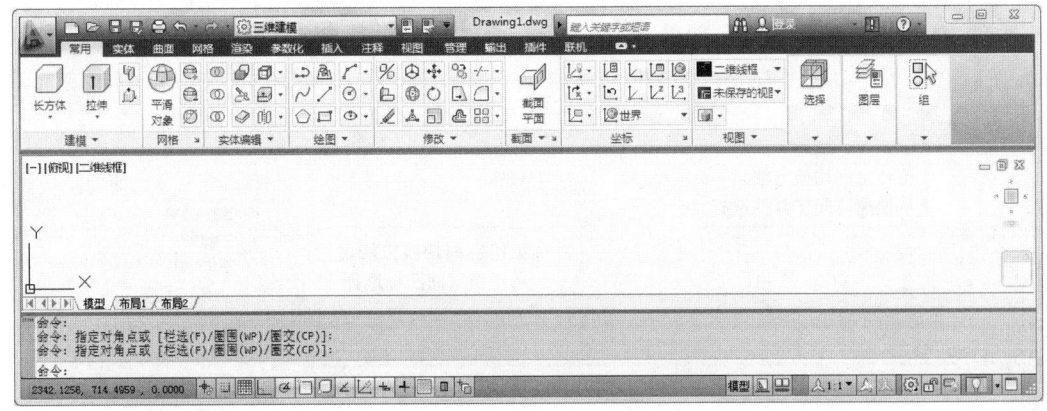

图 1-2 "二维草图与注释"工作空间

常用的退出方法有以下 5 种：

（1）单击标题栏（右上角）上的关闭按钮。

（2）选择菜单栏中的"文件"→"退出"命令。

（3）在命令行中输入 quit 或 exit。

（4）双击标题栏左端的控制图标。

（5）按下 Ctrl＋F4 组合键。

若用户对图形所做的修改尚未保存，同时也会出现图 1-3 所示的系统提示对话框，单击"是"按钮，系统将保存文件后退出；单击"否"按钮，

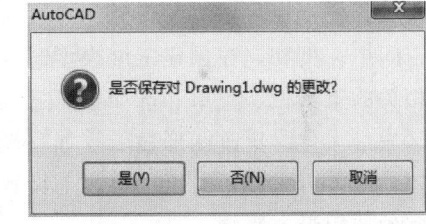

图 1-3 系统提示对话框

系统将不保存文件而退出；单击"取消"按钮，则重新进入绘图及等待命令状态。

任务二 AutoCAD 2012 的工作空间

1. 选择工作空间

AutoCAD 2012 中，提供了"二维草图与注释"、"三维基础"、"三维建模"、"AutoCAD 经典"4 种工作空间模式。

工作空间是由分组组织的菜单、工具栏、选项板和功能区控制面板组成的集合，使用户可以在专门的、面向任务的绘图环境中工作。工作空间相当于真实生活中的工作环境。不同的用户，由于需求不同工作环境也不同。

使用工作空间时，只会显示与任务相关的菜单、工具栏和选项板。此外，工作空间还可以自动显示功能区，即带有特定任务的控制面板的特殊选项板。

工作空间切换的方法有以下两种：

（1）从快速访问工具栏上的工作空间列表中选择要切换到的工作空间。

（2）从状态栏上的工作空间图标选择要切换到的工作空间，如图 1-4 所示。

图 1-4　工作空间的切换

各工作空间之间的区别实际上是对工作界面的定制。"功能区"中的选项卡和面板是集成工具栏，也可以对工作空间进行自定义，设置符合自己习惯的工作界面，并保存到工作空间中。例如，在创建三维模型时，可以使用"三维建模"工作空间，其中仅包含与三维相关的工具栏、菜单和选项板。三维建模不需要的界面项会被隐藏，使得用户的工作屏幕区域最大化。更改图形显示（如移动、隐藏或显示工具栏或工具选项板组）并保留显示设置，以备将来使用时可以将当前设置保存到工作空间中。另外，使用不同的工作界面对程序的使用没有影响。

2．"二维草图与注释"工作空间

打开 AutoCAD 2012 软件，默认工作界面为"二维草图与注释"，如图 1-4 所示。该空间可以使用"绘图"、"修改"、"图层"、"注释"、"块"等面板绘制二维图形。

3．"三维基础"工作空间

选择"三维基础"菜单命令，打开 AutoCAD 2012 中的"三维基础"工作空间，如图 1-5 所示。该空间可以使用"创建"、"编辑"、"绘图"、"修改"、"选择"等面板绘制简单的三维实体模型。

4．"三维建模"工作空间

选择"三维建模"菜单命令，打开 AutoCAD 2012 中的"三维建模"工作空间，如图 1-6 所示。该空间可以使用"建模"、"网格"、"实体编辑"、"绘图"、"修改"、"截面"等面板绘制曲面和复杂的三维实体模型。

项目一 AutoCAD 2012 的工作空间

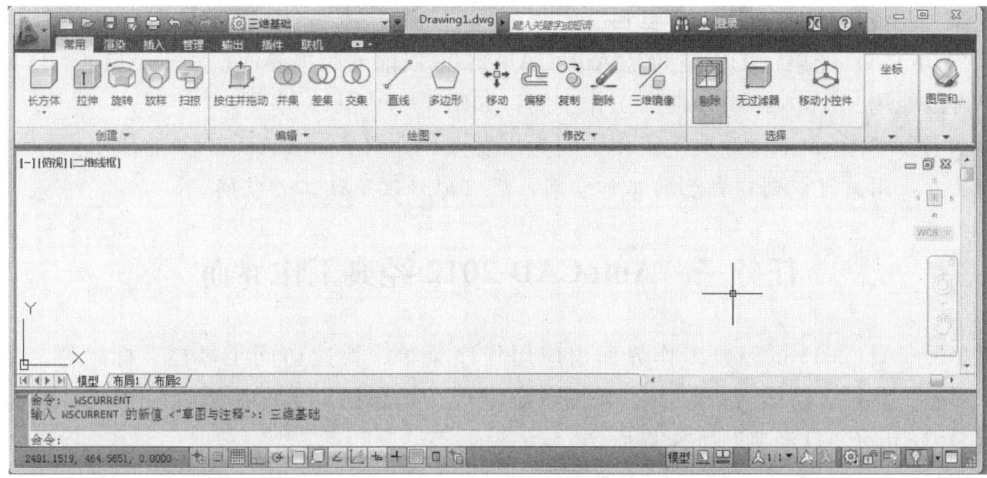

图 1-5 "三维基础"工作空间

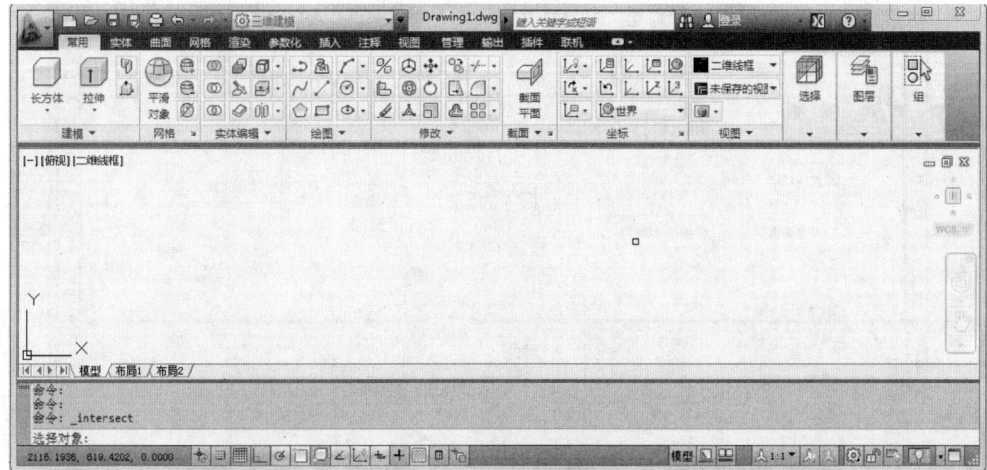

图 1-6 "三维建模"工作空间

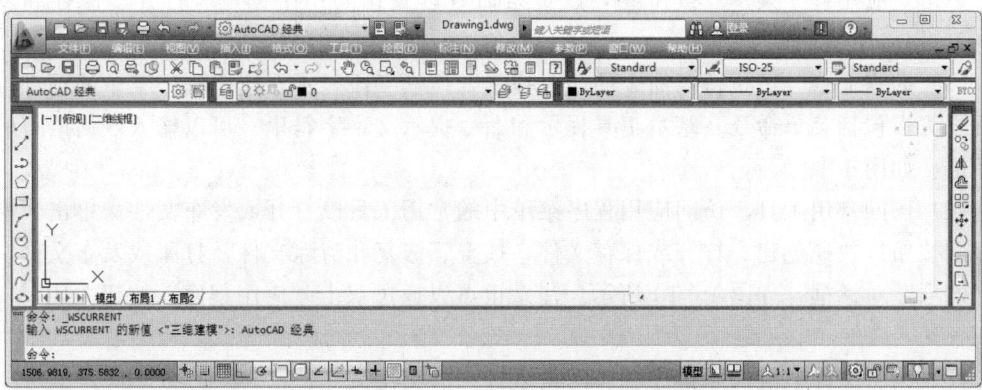

图 1-7 "AutoCAD 经典"工作空间

5. "AutoCAD 经典"工作空间

"AutoCAD 经典"工作空间是 AutoCAD 2008 以前的版本界面，对于 AutoCAD 的老用户可以使用"AutoCAD 经典"工作空间，如图 1-7 所示。

本书以"AutoCAD 经典"工作空间为出发点，介绍 AutoCAD 2012 的使用。

注意：用户可以创建自己的工作空间，还可以修改默认工作空间。

任务三　AutoCAD 2012 经典工作界面

AutoCAD 2012 的经典工作界面由应用程序菜单、快速访问工具栏、标题栏、菜单栏、各种工具栏、绘图窗口、十字光标、命令行、状态栏、坐标系图标等组成。图 1-8 所示为"AutoCAD 经典"工作界面。

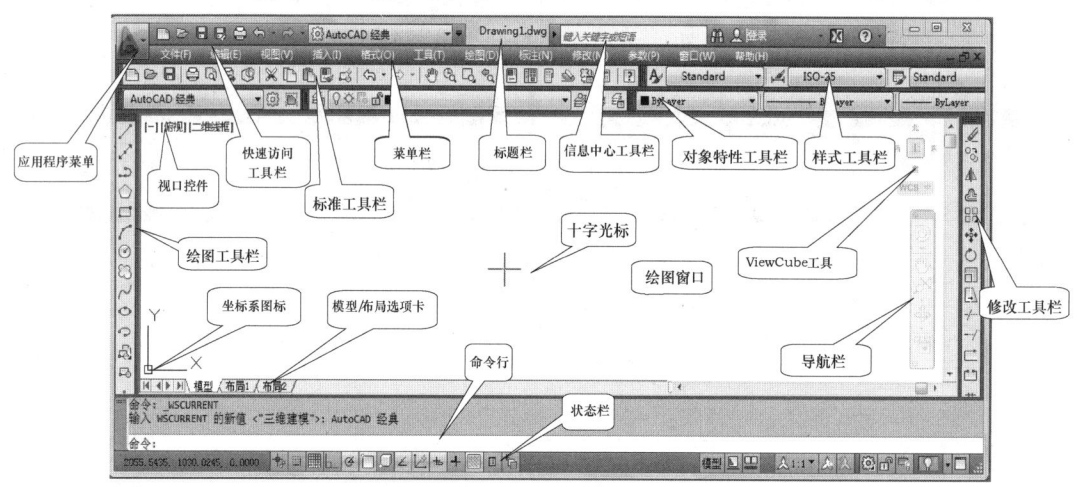

图 1-8　"AutoCAD 经典"工作界面

1. 应用程序菜单

单击"应用程序菜单"按钮，以搜索命令以及访问用于创建、打开、保存和发布文件等工具。

（1）搜索命令。可执行对命令的实时搜索，搜索字段显示在应用程序菜单的顶部。搜索结果可以包括菜单命令、基本工具提示和命令提示文字字符串。可以输入任何语言的搜索术语，如图 1-9 所示。

（2）访问常用工具。访问应用程序菜单中的常用工具以打开或发布文件。单击"应用程序"按钮以快速创建、打开或保存文件，核查、修复和清除文件，打印或发布文件，访问"选项"对话框，如图 1-10 所示。注意也可以通过双击"应用程序"按钮关闭 AutoCAD。

（3）浏览文件。查看、排序和访问最近打开的支持文件。

（4）最近使用的文档。使用"最近使用的文档"下拉列表来查看最近使用的文件。默认情况下，在"最近使用的文档"列表的顶部显示的文件是最近使用的文件，如图 1-11

所示。

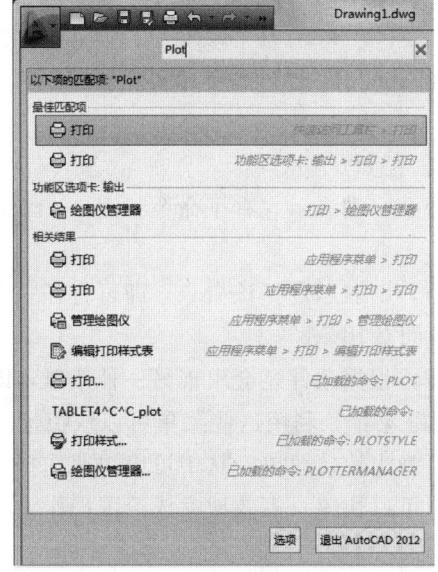

图1-9 搜索命令　　　　　　　　图1-10 访问常用工具

图1-11 浏览文件

单击右侧的"图钉"按钮使文件保存在列表中，不论之后是否又保存了其他文件，文件将显示在最近使用的文档列表的底部，直至关闭图钉按钮。

2. 标题栏

标题栏位于工作界面的最上方，用来显示 AutoCAD 2012 的程序图标以及当前正在运行文件的名字等信息。如果是 AutoCAD 默认的图形文件，其名称为 Drawing$N$.dwg（N 随着打开文件的数目递增，依次显示为 1、2、3、…）。单击位于标题栏右侧的 按钮，可分别实现窗口的最小化、还原（或最大化）以及关闭 AutoCAD 2012 等操作。

3. 菜单栏

AutoCAD 2012 的菜单栏位于标题栏的下方，同 Windows 程序一样，AutoCAD 的菜单也是下拉形式的，并在菜单中包含子菜单，图 1-12 所示为"修改"下拉菜单。选择菜单命令是执行各种操作的途径之一，利用 AutoCAD 2012 提供的菜单可执行 AutoCAD 的大部分命令。

在使用 AutoCAD 2012 菜单中的命令时，应注意以下几点：

（1）下拉菜单中，若右边有小三角按钮的命令，则表示它有子命令。图 1-12 所示为"对象"子命令等。

（2）下拉菜单中，若右边有省略标记的命令，则表示选择该命令，即可打开一个对话框；命令呈现灰色，表示该命令在当前状态下不可使用。

（3）在利用 AutoCAD 2012 进行图形绘制时，根据条件还会出现另一种菜单，即快捷菜单，如图 1-13 所示。快捷菜单又叫上下文跟踪菜单，利用这些菜单可以快捷地完成绘图操作。在某一命令结束后，在绘图区右击即可弹出快捷菜单，从中可以快速选择一些与当前操作相关的命令。利用快捷菜单中的命令，可以快速、高效地完成绘图操作。

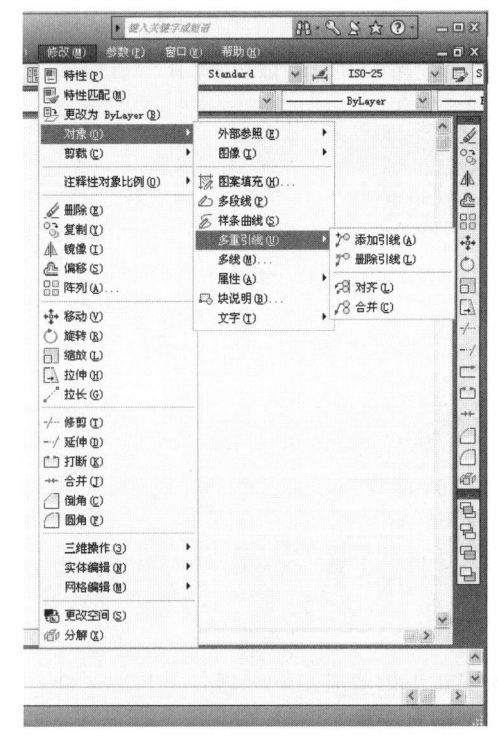

图 1-12 "修改"下拉菜单

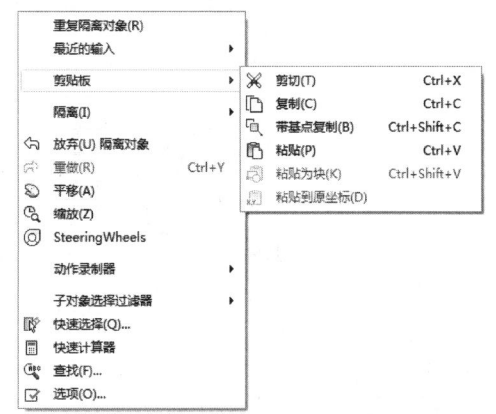

图 1-13 快捷菜单

4. 工具栏

工具栏是一组图标按钮的集合，AutoCAD 2012 提供了几十个工具栏，每一个工具栏上均有一些形象化的按钮。单击某一按钮，可以启动 AutoCAD 的对应命令。工具栏能够快捷、方便地实现各种命令操作。工具栏是可变动的，绘图时可以根据需要打开或关闭相应的工具栏，打开工具栏的方法是将光标放在任一工具栏的非标题区并右击，系统会自动打开单独的工具栏标签，单击某一个未在界面中显示的工具栏名称，系统将自动在界面中打开该工具栏。

例如，打开"标注"工具栏，并将其拖到绘图窗口的适当位置。方法如下：

(1) 将光标放在任一工具栏上并右击，弹出工具栏快捷菜单，如图 1-14 所示。

(2) 在菜单栏上单击"工具"菜单项，弹出下拉菜单，从中选择"工具栏"→"AutoCAD"，弹出工具栏快捷菜单，如图 1-14 所示。

在"标注"子命令前勾选，弹出"标注"工具栏，如图 1-15 所示。

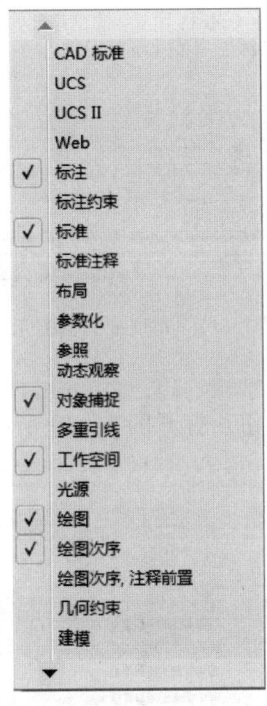

图 1-14 工具栏快捷菜单　　　　图 1-15 "标注"工具栏

工具栏包含启动命令的按钮，将光标或定点设备移到工具栏按钮上时，系统将显示按钮的名称。图 1-16 所示为绘图工具栏 ⁄ 按钮对应的工具提示。将光标放到工具栏按钮上，并在显示出工具提示后再停留一段时间（约 2s），又会显示扩展的工具提示，如图 1-17 所示。扩展的工具提示对与该按钮对应的绘图命令给出了更为详细的说明。

AutoCAD 2012 的工具栏可以是浮动的，用户可以将各工具栏拖放到工作界面的任意位置。

5. 绘图区

绘图区是显示、绘制和编辑图形的矩形区域。其左下角是坐标系图标，表示当前使用的坐标系和坐标方向，根据工作需要，用户可以打开或关闭该图标的显示。十字光标由鼠标控制，其交叉点的坐标值显示在状态栏中。下面介绍几种在绘图区中的操作。

(1) 改变绘图窗口的颜色。

1) 选择菜单栏中的"工具"→"选项"命令，打开"选项"对话框。
2) 选择"显示"选项卡，如图 1-18 所示，进入相关的设置界面。

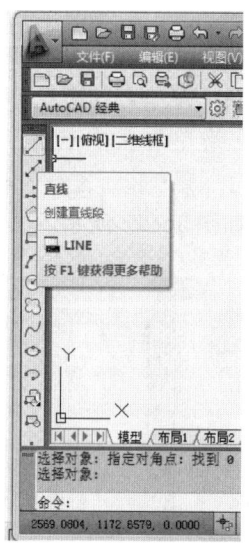
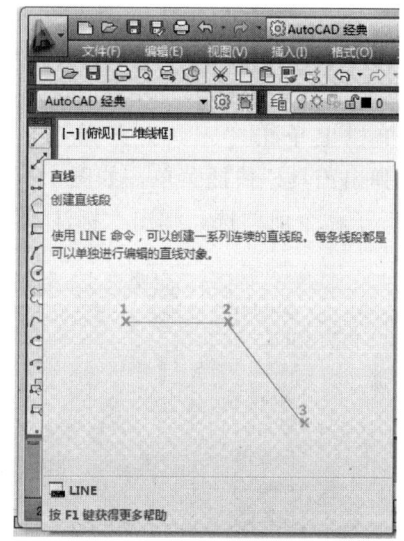

图 1-16 "绘图"工具栏及显示出的绘图工具提示

图 1-17 扩展的工具提示

3) 单击"窗口元素"选项组中的"颜色"按钮，打开图 1-19 所示的"图形窗口颜色"对话框。

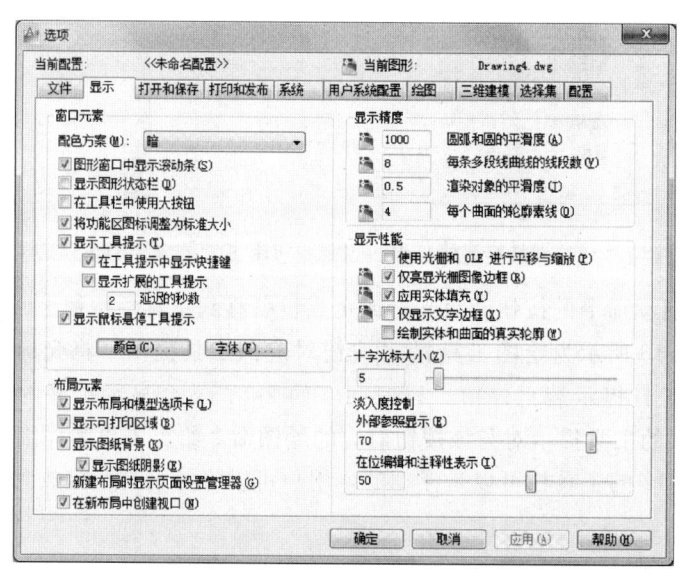

图 1-18 "选项"对话框中的"显示"选项卡

4) 从"颜色"下拉列表框中选择某种颜色，如白色，单击"应用并关闭"按钮，即可将绘图窗口改为白色。

项目一　AutoCAD 2012 的工作空间

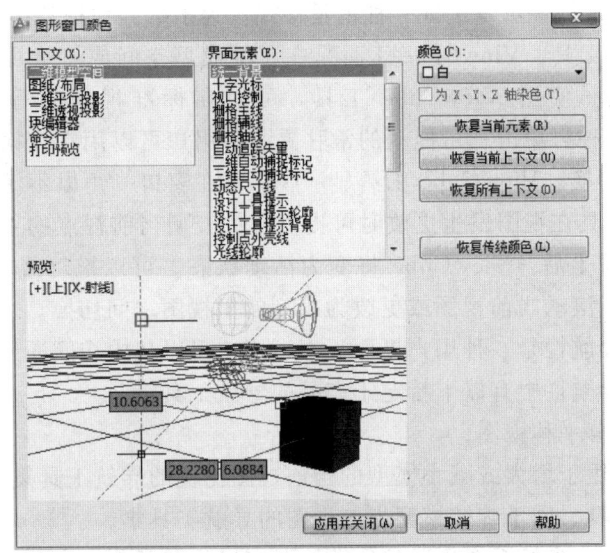

图 1-19　"图形窗口颜色"对话框

（2）光标。在图 1-18 所示的"显示"选项卡中拖动"十字光标大小"选项组中的滑块，或在文本框中直接输入数值，即可对十字光标的大小进行调整。

当光标位于 AutoCAD 的绘图窗口时为十字形状，所以又称其为十字光标。十字线的交点为光标的当前位置。AutoCAD 的光标用于绘图、选择对象的等操作。在绘图窗口中，根据需要可更改光标的外观。

1）如果系统提示指定点位置，光标显示为十字光标。

2）当提示您选择对象时，光标将更改为一个称为拾取框的小方形。

3）如果未在命令操作中，光标显示为一个十字光标和拾取框光标的组合。

图 1-20　光标形状

4）如果系统提示输入文字，光标显示为竖线。

光标形状如图 1-20 所示。

（3）模型/布局选项卡。绘图窗口包含两种作图环境：一种是模型空间；另一种是图纸空间。在绘图区底部有 3 个选项卡，即 模型 布局1 布局2 ，系统默认的是"模型"选项卡，表明当前作图环境是模型空间，用户在这里一般按实际尺寸绘制图形，单击"布局 1"或"布局 2"选项卡，就切换到图纸空间，用户可将模型空间的图形按不同比例布置在图纸上。模型空间提供了设计模型（绘图）的环境。布局是指可访问的图纸显示，专用于打印。AutoCAD 2012 可以在一个布局上建立多个视图，同时，一张图纸可以建立多个布局且每一个布局都有相对独立的打印设置。

（4）视口控件。[-][俯视][二维线框]显示在每个视口的左上角，提供更改视图、视觉样式和其他设置的便捷方式。可以单击 3 个括号内区域中的每一个来更改设置。

1）单击"-"可显示选项，用于最大化视口、更改视口配置或控制导航工具的显示。

2）单击"俯视"可以在几个标准和自定义视图之间选择。

3)单击"二维线框"可以选择一种视觉样式。大多数其他视觉样式用于三维可视化。

(5) ViewCube 工具。ViewCube 工具是在二维模型空间或三维视觉样式中处理图形时显示的导航工具。使用 ViewCube 工具,可以在标准视图和等轴测视图间切换。ViewCube 工具是一种可单击、可拖动的常驻界面,用户可以用它在模型的标准视图和等轴测视图之间进行切换。ViewCube 工具显示后,将在窗口一角以不活动状态显示在模型上方。ViewCube 工具在视图发生更改时可提供有关模型当前视点的直观反映。将光标放置在 ViewCube 工具上后,ViewCube 将变为活动状态。可以拖动或单击 ViewCube,在可用预设视图之一、滚动当前视图或更改为模型的主视图之间切换。

(6) 导航栏。导航栏是一种用户界面元素,用户可以从中访问通用导航工具和特定于产品的导航工具。导航栏中有以下特定于产品的导航工具:

1)平移。沿屏幕平移视图。

2)缩放工具。用于增大或减小模型的当前视图比例的导航工具集。

3)动态观察工具。用于旋转模型当前视图的导航工具集。

(7) 坐标系图标。坐标系图标通常位于绘图窗口的左下角,表示当前绘图所使用的坐标系的形以及坐标方向等。AutoCAD 2012 提供了世界坐标系(World Coordinate System,WCS)和用户坐标系(User Coordinate System,UCS)两种坐标系。世界坐标系为默认坐标系,如图 1-21(a)、(b)所示;如果重新设置了坐标系原点或调整了坐标系的其他设置,这时坐标系变成用户坐标系(UCS),如图 1-21(c)所示。

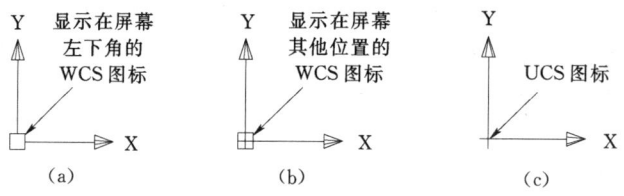

图 1-21 世界坐标系和用户坐标系

6. 命令行

命令行位于操作界面的底部,是用户与 AutoCAD 进行交互对话的窗口。命令行是键盘输入命令、数据等信息显示的地方。通过菜单和工具栏执行的操作也在命令行中显示。键盘输入命令是执行 AutoCAD 命令的又一种方法,可通过按 Ctrl+9 组合键打开或关闭命令行窗口。在"命令:"提示下,AutoCAD 接受用户使用各种方式输入的命令,然后显示出相应的提示,如命令选项、提示信息和错误信息等。

命令行中显示文本的行数可以改变,将光标移至命令行上边框处,待光标变为双箭头后,按住左键拖动即可。命令行的位置可以在操作界面的上方或下方,也可以浮动在绘图窗口内。将光标移至该窗口左边框处,光标变为箭头状后,单击并拖动即可。按 F2 键能放大显示命令行。

7. 状态栏和滚动条

状态栏在操作界面的最下部,能够显示有关的信息。例如,当光标在绘图区时,显示十字光标的三维坐标;当光标在工具栏的图标按钮上时,显示该按钮的提示信息。

状态栏中包括若干个功能按钮,它们是 AutoCAD 的绘图辅助工具,有多种方法控制这些功能按钮的开关:①单击即可打开/关闭相应功能;②使用相应的功能键,如按 F8 键可以循环打开/关闭正交模式;③使用快捷菜单。在一个功能按钮上右击,可弹出相关快捷菜单。

(1) 应用程序状态栏。显示了光标的坐标值、绘图工具,以及用于快速查看和注释缩放的工具。用户可以以图标或文字的形式查看图形工具按钮。通过捕捉工具、极轴工具、对象捕捉工具和对象追踪工具的快捷菜单,用户可以轻松更改这些绘图工具的设置,如图 1-22 所示。

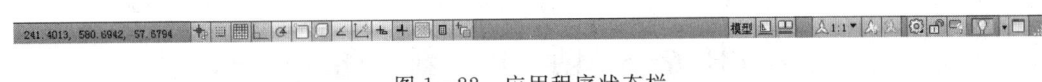

图 1-22 应用程序状态栏

(2) 图形状态栏。显示缩放注释的若干工具。图形状态栏打开后,将显示在绘图区域的底部。图形状态栏关闭时,图形状态栏上的工具移至应用程序状态栏。图形状态栏打开后,可以使用"图形状态栏"菜单选择要显示在状态栏上的工具,如图 1-23 所示。

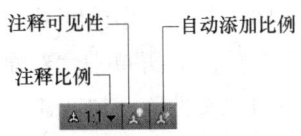

图 1-23 图形状态栏

(3) 滚动条。滚动条包括水平滚动条和垂直滚动条,用于上下或左右移动绘图窗口内的图形。用鼠标拖动滚动条中的滑块或单击滚动条两侧的三角按钮,即可移动图形。

8. 快速访问工具栏和交互信息工具栏

(1) 快速访问工具栏。快速访问工具栏包括"新建"、"打开"、"保存"、"放弃"、"重做"、"打印"、"特性"和"特性匹配"等几个最常用的工具。用户也可以单击本工具栏后面的下拉按钮设置需要的常用工具。

(2) 交互信息工具栏。交互信息工具栏包括"搜索"、"交换"、"帮助"等几个常用的数据交互访问工具。

项目二　AutoCAD 2012 的文件管理

文件管理主要包括新建图形文件、打开已有图形文件、保存图形文件以及关闭图形文件等。

任务一　创　建　新　图

在启动 AutoCAD 2012 时，系统会自动创建一个名为 Drawing1.dwg 的文件，用户可在此基础上进行各项设置。如果用户需要自己创建新的图形文件，可使用"新建"命令（New）。输入命令的方式有以下 5 种：

(1) 单击图标。单击"快速访问工具栏"中 按钮。
(2) 单击图标。单击应用程序菜单 ，再单击"新建"按钮。
(3) 下拉菜单。单击菜单栏中的"文件"→"新建"命令。
(4) 由键盘输入命令。输入 New↙（↙表示回车，下同）。
(5) 按 Ctrl+N 组合键。

选择上述任一方式执行后，弹出图 1-24 所示的"选择样板"对话框。选择样本文件后单击 打开(O) 按钮即可。如果不需要样板，单击 打开(O) 按钮右边的小三角按钮，在展开的菜单中选择"无样板打开-公制"命令，对话框将关闭并回到绘图状态。

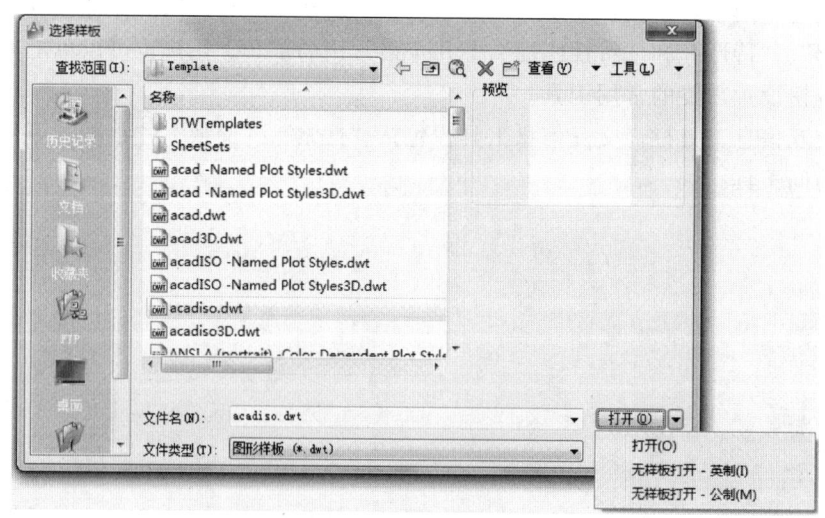

图 1-24　"选择样板"对话框

任务二　打开已有的图形

单击应用程序菜单，再单击"打开"按钮，或在命令行输入 OPEN 命令，弹出"选择文件"对话框，如图 1－25 所示。可通过此对话框选择要打开的文件。在 AutoCAD 2012 中，可以使用多种方法打开已有的 AutoCAD 图形文件。打开图形文件的命令格式如下：

(1) 单击图标。单击"快速访问工具栏"中的"打开"按钮。
(2) 单击图标。单击应用程序菜单，再单击"打开"按钮。
(3) 下拉菜单。单击菜单栏中的"文件"→"打开"命令。
(4) 由键盘输入命令。输入 Open ↙
(5) 按 Ctrl＋O 组合键。

选择上述任一方式执行后，弹出"选择文件"对话框，如图 1－25 所示。利用该对话框可打开现有的一个或多个 AutoCAD 图形文件。

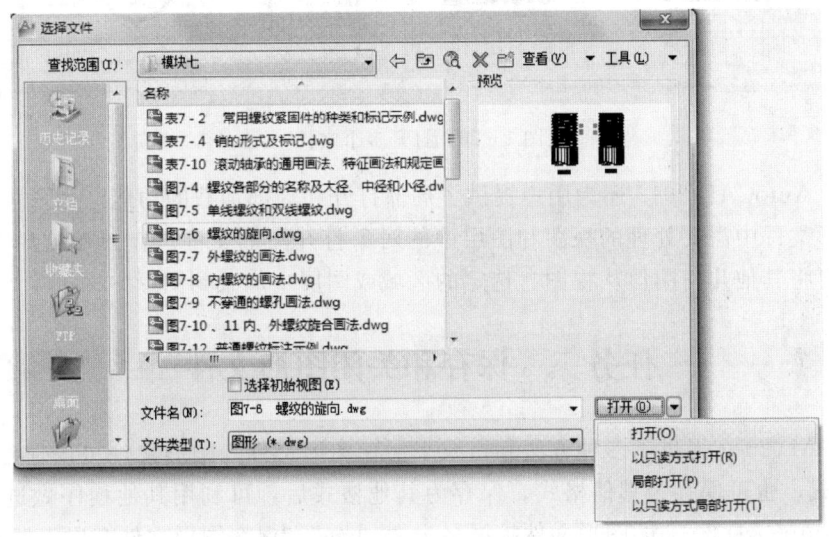

图 1－25　"选择文件"对话框

1. 打开一个文件

在"选择文件"对话框中选择文件所在的位置，然后选择文件，单击 打开(O) 按钮即可；或者直接双击该文件。若单击 打开(O) 按钮右边的小三角按钮，在展开的菜单中选择"以只读方式打开"命令，则打开后的文件不能被修改，但在对其操作后可另存为一个文件。

如果用户知道文件所在的位置，在不启动 AutoCAD 2012 的情况下，直接双击该文件，系统将自动启动 AutoCAD 2012 并打开该文件，这也是一种常用的打开文件的方式。

2. 打开多个文件

在 AutoCAD 2012 中，可同时打开多个文件，并且可同时对其进行操作，从而可大大提高绘图效率。在"选择文件"对话框中，按住 Shift 或 Ctrl 键，选择多个文件后单击 按钮，可实现多个文件的打开。

选择"窗口"菜单中的"层叠"、"水平平铺"或"垂直平铺"命令，可以控制多个图形的排列方式。图 1-26 所示为打开多个文件且窗口水平平铺时的效果。

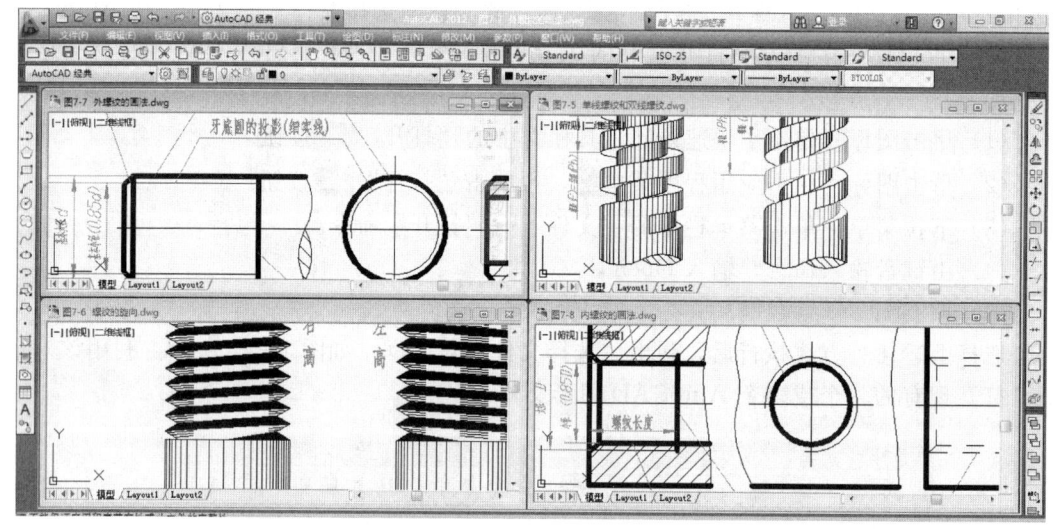

图 1-26　打开多个文件

另外，AutoCAD 2012 还为用户提供了局部打开和局部加载的功能。用户可以选择某个已有图形文件中需要处理的视图和图层中的对象打开图形文件。在图形被局部打开后，可根据需要将其他几何图形从视图、选定的区域或图层中加载到图形中。

任务三　保存和关闭图形文件

AutoCAD 2012 提供了多种方法和格式来保存图形文件。图形文件可以保存为 AutoCAD 的格式，也可保存为其他格式。保存为其他格式后，可利用其他程序做进一步的绘图工作。AutoCAD 2012 的图形文件扩展名为".dwg"，保存图形文件有以下两种方式。

1. "存盘"命令

命令格式如下：

(1) 单击图标。单击"快速访问工具栏"中的 图标。

(2) 单击图标。单击应用程序菜单 ，再单击"保存"按钮或"快速访问工具栏"中的 图标。

(3) 下拉菜单。单击菜单栏中"文件"→"保存"命令。

(4) 由键盘输入命令。输入 Qsave↙。

(5) 按 Ctrl+S 组合键。

对新建的文件在第一次保存时，弹出"图形另存为"对话框。通过该对话框可以指定文件的保存位置、文件名和文件类型［包括图形格式（DWG、DXF）以及早期版本等］。

然后单击"保存"按钮，即可实现文件保存。如果执行保存命令前已对当前绘制的图形命名并保存过，那么执行保存命令后，AutoCAD 直接以原文件名保存图形，不再要求指定文件的保存位置和文件名。

2."另存为"命令

绘图时为了保留该阶段的工作，可将该文件保存为另一个文件，这样便不会覆盖原文件。命令格式如下：

（1）单击应用程序菜单，再单击"另存为"按钮，在弹出的对话框中选择"保存图形的副本"中相应的文件格式。

（2）单击菜单栏中的"文件"→"另存为"命令，弹出"图形另存为"对话框。

（3）由键盘输入命令。输入 Saveas ↙。

通过该对话框指定文件的保存位置、文件名和文件类型［包括图形格式（DWG、DXF 以及早期版本等］，然后单击"保存"按钮，即可实现文件保存，如图 1-27 所示。

单击应用程序菜单，再单击"关闭"按钮，在弹出的对话框中选择"关闭图形"，即可关闭图形。

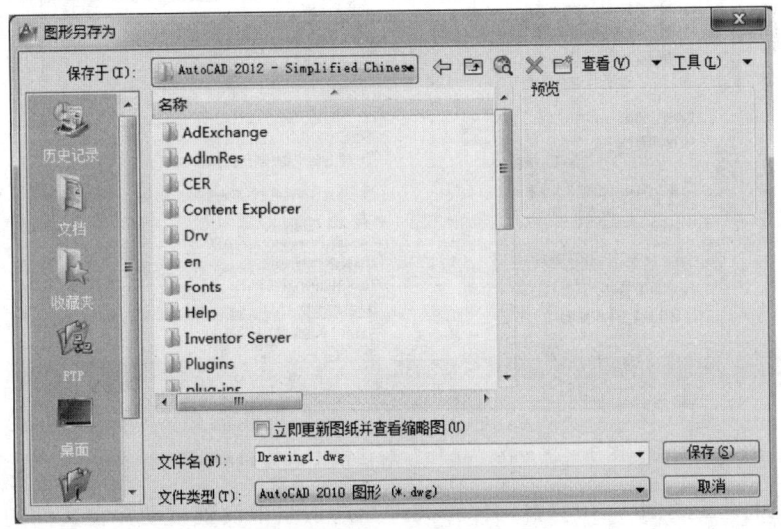

图 1-27 "图形另存为"对话框

任务四　创建和恢复备份文件

计算机硬件问题、电源故障或电压波动、用户操作不当或软件问题均会导致绘图过程中出现错误。经常保存可以确保在因任何原因导致系统发生故障时将丢失的数据降到最低限度，备份文件有助于确保图形数据的安全，出现问题时，用户可以恢复图形备份文件。

1. 使用备份文件

单击菜单栏中的"工具"→"选项"命令，在弹出的"选项"对话框中选择"打开和保存"选项卡，如图 1-28 所示。可以指定在保存图形时创建备份文件。执行此操作后，每次保存图形时，图形的早期版本将保存为具有相同名称并带有扩展名.bak 的文件。该备份文件与图形文件位于同一个文件夹中。通过将 Windows 资源管理器中的.bak 文件重命名为带有.dwg 扩展名的文件，可以恢复为备份版本，将其复制到另一个文件夹中，以免覆盖原始文件。

2. 设置自动保存时间和位置

单击菜单栏中的"工具"→"选项"命令，在弹出的"选项"对话框中选择"打开和保存"选项卡，如图 1-28 所示。选中"文件安全措施"选项组中的"自动保存"复选框，在其下方的文本框中输入自动保存的间隔分钟数，建议设置为 10～8min。在"文件安全措施"选项组中的"临时文件的扩展名"文本框中，可以改变临时文件的扩展名，默认为.ac$。

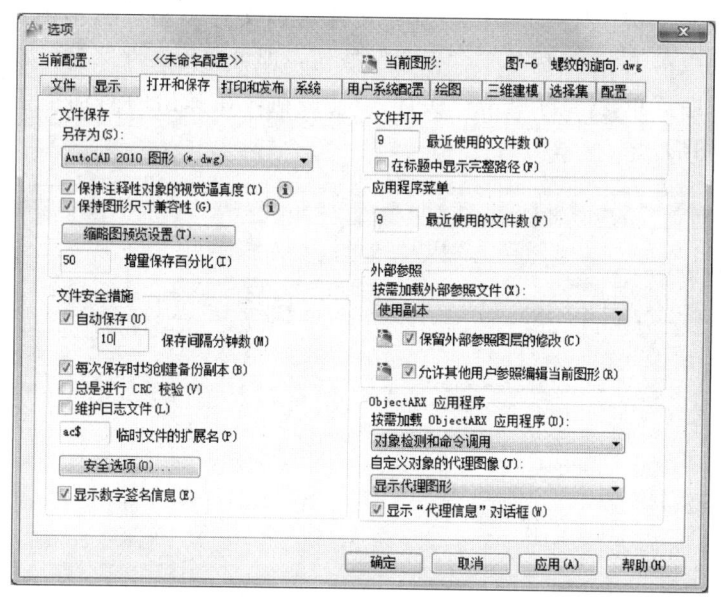

图 1-28 在"选项"对话框中设置自动保存

选择"文件"选项卡，在"自动保存文件"选项组中设置自动保存文件的路径，单击"浏览"按钮修改自动保存文件的存储位置。最后单击"确定"按钮。临时文件在图形正常关闭时自动删除。出现程序故障或电压故障时，不会删除这些文件。要从自动保存的文件恢复图形的早期版本，需通过使用扩展名.dwg 代替扩展名.ac$来重命名文件，然后再关闭程序。

项目三 基本输入操作

任务一 认识坐标系

在绘图过程中，经常需要使用坐标系来准确定位图形，AutoCAD中提供了世界坐标系（WCS）和用户坐标系（UCS）两种坐标系统。世界坐标系是 AutoCAD 系统默认固定的坐标系统。打开 AutoCAD 后，世界坐标系在绘图窗口的左下角。所有对象均由其WCS 坐标定义，而且 WCS 和 UCS 在新图形中是重合的。在三维建模时，经常根据需要设置 UCS，基于 UCS 通常可更加方便地创建和编辑对象。AutoCAD 坐标系统的坐标轴方向和旋转角度方向是用右手定则来定义的。规定如下：

（1）坐标轴方向定义。把右手伸成如图 1-29（a）所示的形状，沿大拇指方向为 X 轴的正方向，沿食指方向为 Y 轴正方向，沿中指方向为 Z 轴的正方向。

（2）角度旋转方向定义。当坐标系绕某一坐标轴旋转时，用右手"握住"旋转轴且使大拇指指向该坐标轴的正向，四指弯曲的方向就是绕坐标轴旋转的正旋转角方向，如图 1-29（b）所示。

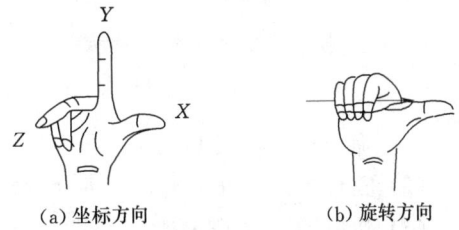

图 1-29 AutoCAD 坐标系

任务二 命令的操作

1. 命令的输入

用户与计算机是通过命令以及相关信息的输入来实现交互的。任何一个命令都需要用户明确地输入。输入命令的方式有3种，即工具栏方式、下拉菜单方式和命令行方式。以画一条直线为例，即可采用以下3种方式中的任一种来实现：

（1）单击图标。╱在"绘图"工具栏中（图1-30）。

（2）下拉菜单。单击菜单栏中的"绘图"→"直线"命令（图1-31）。

（3）由键盘输入命令。输入 Line ↙

2. 命令的重复

在命令行窗口中按 Enter 键可重复调用上一个命令，不管上一个命令是完成了还是被取消了。

3. 命令的撤消

在命令执行的任何时刻都可以取消和终止命令的执行。执行方式如下：

 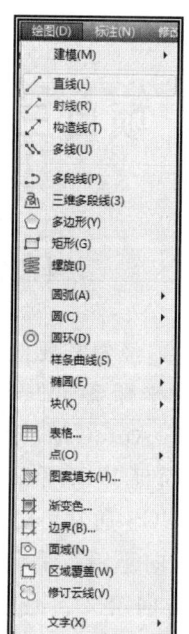

图 1-30　使用工具栏中的直线工具　　图 1-31　选择下拉菜单中的"直线"命令

(1) 命令行。输入 UNDO。

(2) 菜单栏。选择"编辑"→"放弃"命令。

(3) 快捷键。按 Esc 键。

4．命令的重做

已被撤销的命令还可以恢复重做。可恢复撤销的最后一个命令。执行方式如下：

(1) 命令行。输入 REDO。

(2) 菜单栏。选择"编辑"→"重做"菜单命令。

该命令可以一次执行多重放弃和重做操作。单击"标准"工具栏中的"放弃"按钮 ⤺ 或"重做"按钮 ⤻ 后面的小三角按钮，可以选择要放弃或重做的操作。

5．命令选项

当输入命令后，AutoCAD 2012 会出现对话框或命令行提示，在命令行提示中常会出现"命令"选项，如：

命令:ARC↙

指定圆弧的起点或[圆心(CE)]：

前面不带中括号的提示为默认选项，因此可直接输入起点坐标，若要选择其他选项，则应先输入该选项的标识字符，如圆心选项的 CE，然后按系统提示输入数据。若选项提示行的最后带有尖括号，则尖括号中的数值为默认值。

6．命令的执行方式

有的命令有两种执行方式，通过对话框或命令行输入"命令"选项。如指定使用命令行方式，可以在命令名前加一减号来表示用命令行方式执行该"命令"，如"-LAYER"。

任务三 数据输入方法

在 AutoCAD 2012 中,点的坐标可以用直角坐标、极坐标、球面坐标和柱面坐标表示,每一种坐标又分别具有两种坐标输入方式,即绝对坐标和相对坐标。其中直角坐标和极坐标最为常用,下面主要介绍它们的输入方法。

1. 绝对坐标输入

(1) 绝对直角坐标。坐标点在直角坐标系中为 X、Y 坐标的值,用"x,y"表示。例如,在命令行中输入点的坐标提示下,输入"15,18",则表示输入了一个 X、Y 的坐标值分别为 15、18 的点,此为绝对坐标输入方式,表示该点的坐标是相对于当前坐标原点的坐标值,如图 1-32(a)所示。

(2) 绝对极坐标。坐标点在坐标系中为极径和极角坐标的值,用"$\rho<\theta$"表示。在绝对坐标输入方式下,表示为"长度<角度",如"25<50",其中长度为该点到坐标原点的距离,角度为该点至原点的连线与 X 轴正方向的夹角,如图 1-32(c)所示。

2. 相对坐标输入

(1) 相对直角坐标。一个坐标点相对于另一个坐标点在直角坐标系中"x,y"坐标的值,用"@x,y"表示。例如,如果输入"@10,20",则为相对坐标输入方式,表示该点的坐标是相对于前一点的坐标值,如图 1-32(b)所示。

(2) 相对极坐标。一个坐标点相对于另一个坐标点在极坐标系中极径和极角坐标的值,用"@$\rho<\theta$"表示。例如,"@25<45",其中长度为该点到前一点的距离,角度为该点至前一点的连线与 X 轴正方向的夹角,如图 1-32(d)所示。

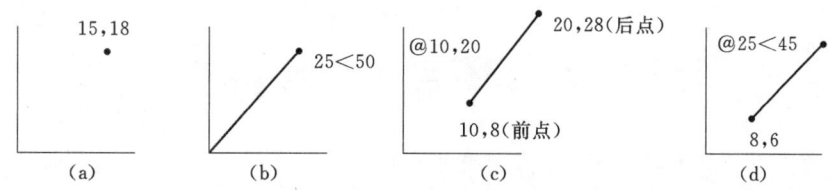

图 1-32 数据输入方法

3. 动态数据输入

单击状态栏中的"动态输入"按钮,系统将启动动态输入功能,可以在屏幕上动态地输入某些参数数据。例如,绘制直线时,在光标附近会动态地显示"指定第一点",以及后面的坐标框,当前显示的是光标所在位置,可以输入数据,两个数据之间以逗号隔开,如图 1-33 所示。指定第一点后,系统动态显示直线的角度,同时要求输入线段长度值,如图 1-34 所示,其输入效果与"@长度<角度"方式相同。

例如,绘制从"0,0"到"5,0",然后到"5,5"的直线可采用以下方式:

命令:line✓

指定第一点:0,0✓(开启辅助绘图工具正交方式或按 F8 键,将鼠标大致朝 X 轴正方向移动,直到出现 X 轴正方向的水平直线)

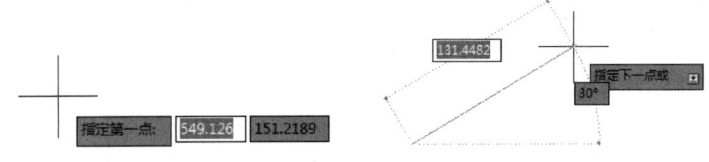

图 1-33 动态输入坐标值　　图 1-34 动态输入长度值

指定下一点或[放弃(U)]:5↙（将鼠标大致朝 Y 轴正方向移动，直到出现 Y 轴正方向的水平直线）

指定下一点或[放弃(U)]:5↙

指定下一点或[闭合(C)/放弃(U)]:↙

这种方法不但用在绘图中，也可用在修改中。例如，在确定复制实体的位置时，经常采用这种方式，需要重点掌握。

项目四 设置绘图环境

一般情况下，可以采用计算机默认的单位和图形边界，但有时需要根据绘图的实际需要进行设置。在 AutoCAD 2012 中，可以利用相关命令对图形单位和图形边界以及工作文件进行具体设置。

任务一 绘图单位设置

1. 执行方式
（1）命令行。输入 DDUNITS（或 UNITS）。
（2）菜单栏。选择"格式"→"单位"菜单命令。
2. 操作步骤
执行上述命令后，系统打开"图形单位"对话框，如图 1-35 所示。该对话框用于定义单位和角度格式。

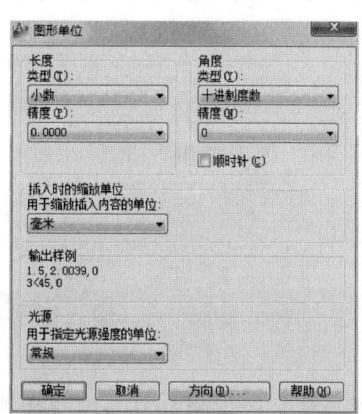

图 1-35 "图形单位"对话框

3. 选项说明
（1）"长度"与"角度"选项组。这两个选项组用于指定测量的长度与角度的当前单位及当前单位的精度。
（2）"插入时的缩放单位"选项组。该选项组中的"用于缩放插入内容的单位"下拉列表框可控制插入到当前图形中的块和图形的测量单位。如果块或图形创建时使用的单位与该选项指定的单位不同，则在插入这些块或图形时，将对其按比例进行缩放。插入比例是原块或图形使用的单位与目标图形使用的单位之比。如果插入块时不按指定单位缩放，则在其下拉列表框中选择"无单位"选项。

(3)"输出样例"选项组。该选项组用于显示用当前单位和角度设置的例子。

(4)"光源"选项组。该选项组用于控制当前图形中光度控制光源的强度测量单位。为创建和使用光度控制光源,注意:必须从下拉列表框中指定非"常规"的单位,如果将"用于缩放插入内容的单位"选项设置为"无单位",则将显示警告信息,通知用户渲染输出可能不正确。

(5)"方向"按钮。单击该按钮,系统打开"方向控制"对话框,如图1-36所示。可以在该对话框中进行方向控制设置。

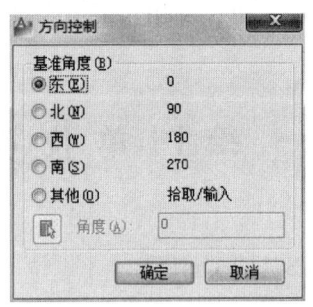

图1-36 "方向控制"对话框

任务二 图形边界设置

1. 执行方式

(1)命令行。输入 LIMITS。

(2)菜单栏。选择"格式"→"图形范围"命令。

2. 操作步骤

命令:LIMITS↙

重新设置模型空间界限:

指定左下角点或[开(ON)/关(OFF)]<0.0000,0.0000>:(输入图形边界左下角的坐标后按 Enter 键)

指定右上角点<12.0000,9.0000>:(输入图形边界右上角的坐标后按 Enter 键)

3. 选项说明

(1)开(ON)。使绘图边界有效。系统将在绘图边界以外拾取的点视为无效。

(2)关(OFF)。使绘图边界无效。用户可以在绘图边界以外拾取点或实体。

项目五 图层与线型设置

图层用于按功能在图形中组织信息以及执行线型、颜色及其他标准。通过将不同性质的对象,放置在不同的图层上,就可以对相同性质的对象进行统一控制,可以设定不同的颜色、线型和线宽。但它们却是完全对齐的,同一坐标点相互对准,图形界限、坐标系和缩放比例因子等都相同。可以将"层"理解为一张无厚度的透明纸。这张透明纸可以用来绘制图形、标注尺寸、书写文字等。在画图时,把不同颜色、不同线型和不同线宽的图形,画在不同的透明纸上,再把各张纸叠在一起,得到一张完整的图形。

任务一 图层管理

1. 图层的性质

(1) 一幅图可以包含多个图层,每个图层中的图形实体数量不受限制。

(2) 每当创建一张新图,系统会自动生成"0"层。"0"层的默认颜色是"白色",默认线型是 Continuous(连续线),默认线宽是系统给定的。"0"层不能被清除。

(3) 同一张图中不允许建立两个相同层名的图层。

(4) 每个图层只能赋予一种颜色、一种线型和一种线宽,不同的图层可以具有相同的颜色、线型和线宽。

(5) 用户要在某一特定图层上绘制图形对象,必须把该层设置为当前层,但被编辑的对象则可以处于不同的图层(当前层)。

(6) 图层可以打开或关闭。打开的图层上的实体,才可以显示或打印。关闭的图层上的实体仍然存在,但不可见,也不能打印。

(7) 当前层和其他图层均可以被锁定,处于被锁定图层上的实体可见,但不可编辑。

2. 设置图层

绘制机械图时,通常要用多种线型,如粗实线、细实线、点画线、中心线和虚线等。用 AutoCAD 绘图时,首先建立一系列具有不同绘图线型和不同绘图颜色的图层。绘图时,将具有同一线型的图形对象放在同一图层中,即具有同一线型的图形对象以相同颜色显示。在《机械工程 CAD 制图规则》(GB/T 14665—1998)中,规定了图层的设定形式见表 1-1。

表 1-1　　图层名称、颜色、线型和线宽的设置

图 层 名 称	颜 色	线 型	线 宽
粗实线	青色	Continuous	0.5
细实线	绿色	Continuous	默认

续表

图层名称	颜色	线型	线宽
中心线	红色	Center	默认
标注	黄色	Continuous	默认
文本	品红	Continuous	默认
虚线	蓝色	Hidden	默认
边框线	白色	Continuous	0.7

3．图层特性管理器

（1）功能。不仅可以创建图层，设置图层的颜色、线型及线宽，还可以对图层进行更多的设置与管理，如图层的切换、重命名、删除以及图层的显示控制等。

（2）命令格式。图层特性管理器的命令格式有以下 3 种。

1) 单击图标。在"图层"工具栏中。

2) 下拉菜单。单击菜单栏中的"格式"→"图层"命令。

3) 由键盘输入命令。输入 la↙（Layer 的缩写）。

选择上述任一方式执行后，弹出"图层特性管理器"对话框，如图 1－37 所示。在"图层特性管理器"中，列出了图层的名称、状态等图层的特性。系统会自动生成"0"图层。

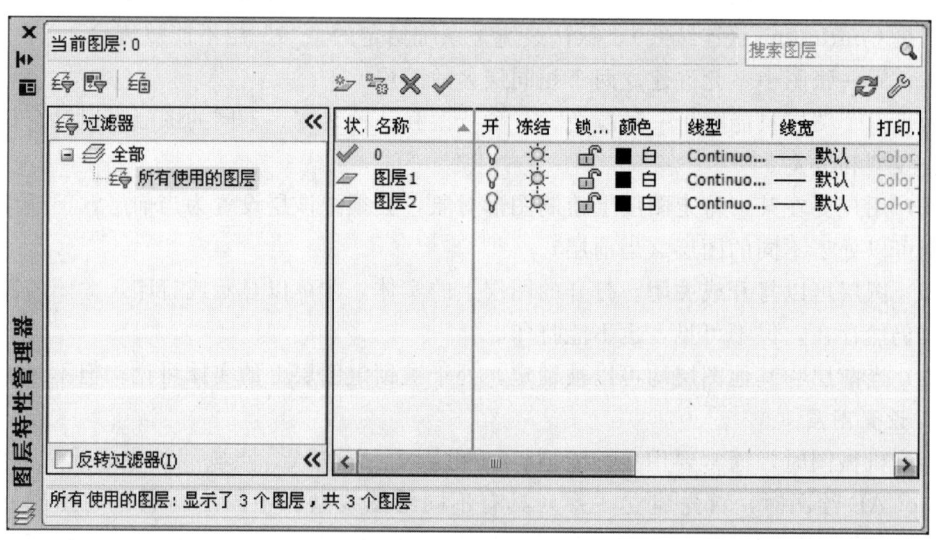

图 1－37　"图层特性管理器"对话框

4．新建和命名图层

在"图层特性管理器"对话框中，单击"新建图层"按钮，在 0 层下方显示一新层，其默认层名为"图层 1"，在默认情况下，图层的名称按图层 0、图层 1、图层 2、……编号依次递增。用户可以根据需要，为图层创建一个能够表达其用途的名称。新建的图层高亮显示，用户可按需要改变新层名。新层的颜色、线型和线宽等自动继承 0 层的特性。

5. 使图层成为当前层

绘图操作只能在一个图层上进行。创建了新的图层后如果立即回到绘图状态，则会仍然在原来的图层上绘图，要想利用新建的图层，需设置其为当前层。具体做法是：在"图层特性管理器"对话框中选择要用的图层双击即可；或者在"图层"工具栏的下拉列表框中选择想要的图层（图1-38）。

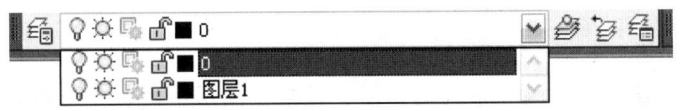

图1-38 设置"图层1"为当前层

6. 控制图层状态

为了操作方便，实际绘图时，主要通过"图层"工具栏（图1-39）中的图层控制下拉列表来实现图层的切换，这时只需选择要将其设置为当前层的图层名即可。

每一图层都有一系列的状态开关，利用这些开关可完成如下操作：

（1）打开或关闭图层。单击图1-39中的灯泡图标 ，可实现对图层的开启或关闭，也可在"图层特性管理器"对话框中进行该操作。关闭图层后，该图层不被显示，也不会被打印，但其会与图形一起重新生成，同时在编辑对象选择物体时，该图层会被选择。

（2）冻结或解冻图层。单击图1-39中的太阳图标 ，会显示雪花图标 ，这就实现了对该图层的冻结，也可在"图层特性管理器"对话框中进行该操作。冻结图层后可加快缩放、平移等命令的执行，同时处在该图层的所有对象不再显示，既不能被打印也不能被编辑。

（3）锁定和解锁图层。单击图1-39中的锁图标 ，可实现对该图层的锁定和解锁，也可在"图层特性管理器"对话框中进行该操作。锁定图层后，该图层可显示和打印，也可在图层创建新的对象，但是不能被选择和编辑。

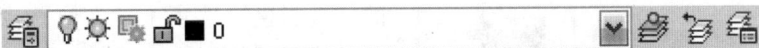

图1-39 "图层"工具栏和"对象特性"工具栏

（4）打开或关闭图层的打印。在"图层特性管理器"对话框中选取需要操作的图层的打印机图标 ，可对该图层的打印状态进行控制。在AutoCAD 2012操作过程中为了使绘图方便，会设置一些辅助图层，而在出图的时候，这些图层是不需要打印的。在这种情况下，可以关闭其打印状态。处在关闭状态时，打印机图标上会出现红色斜杠。

7. 对图层进行排序

一旦创建了图层，可以按照名称、可见性、颜色、线宽、打印样式或线型为其排序。在"图层特性管理器"中，单击列标题在该列中按特性排列图层。图层名可以按字母的升序或降序排列。

8. 重命名图层

为了更好地定义图形中的图层，可以重新命名已定义的图层。在绘图过程中随时都能对图层重命名,但是"0"层或依赖外部参照的图层不能重命名。

9. 删除图层

在绘图过程中,如果建立了多余的图层或建立了辅助的图层,而后来不再需要,可以将其删除。删除的方法是:打开"图层特性管理器"对话框,选择需要删除的图层,单击"删除图层"按钮✕即可。但是,当前图层、"0"层、依赖外部参照的图层或包含对象的图层不能被删除。

10. 设置图层颜色

颜色的设置一般是为了区分不同的图层。颜色在图形中具有非常重要的作用,可用来表示不同的组件、功能和区域,图层的颜色实际上是图层中图形对象的颜色。每一个图层都应具有一定的颜色,对不同的图层可以设置相同的颜色,也可以设置不同的颜色。设置图层颜色的命令格式有以下 3 种:

(1) 单击"图层特性管理器"对话框中某一图层的颜色小方框。

(2) 下拉菜单。单击菜单栏中的"格式"→"颜色"命令。

(3) 由键盘输入命令。输入 Color ↙。

选择上述任一方式执行,弹出"选择颜色"对话框,如图 1-40 所示。在"选择颜色"对话框中,有"索引颜色"、"真彩色"和"配色系统"3 个选项卡。

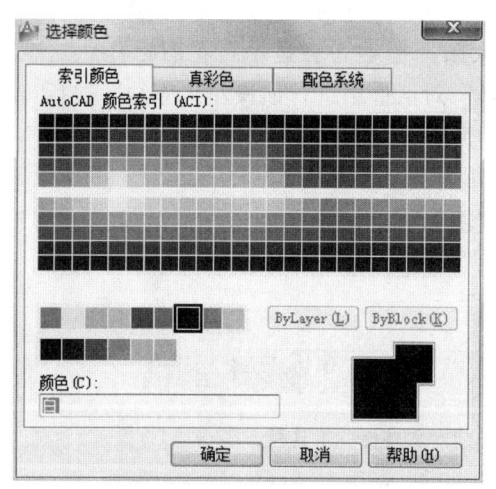

图 1-40 "选择颜色"对话框

1) 索引颜色。索引颜色是将 256 种颜色预先定义好,且组织在一张颜色表中。在"索引颜色"选项卡中,用户可以在 256 种颜色中选择一种。选取所希望的颜色或在"颜色"文本框中输入相应的颜色名或颜色号,单击 确定 按钮,可接受所作的选择并关闭此对话框。

2) 真彩色。单击"选择颜色"对话框中的"真彩色"选项卡,在该选项卡中的"颜色模式"下拉列表框中有 RGB 和 HSL 两种颜色模式可供选择,如图 1-41 所示。

3) 配色系统。单击"选择颜色"对话框中的"配色系统"选项卡,在该选项卡中的"配色系统"下拉列表框中,AutoCAD 提供了 9 种定义好的色库表,用户可以选择一种色库表,在下面的颜色条中选择所需要的颜色。在开始绘制一张新图时,对象将被创建为随层颜色,这意味着所有对象采用当前层的颜色(它们所在的图层)。开始绘制一张新图时,"0"层是唯一的图层,并且是当前层,它的默认颜色是白色。

在编辑过程中,如果将当前层的颜色重新修改为其他颜色编号,那么,该颜色编号为图层指定颜色,该图层上所有颜色使用 ByLayer 的对象,其颜色变为修改后的颜色。为了方便区分,不同的图层可使用不同的颜色。还可以给每一个对象指定颜色,选择对象后,在"对象特性"工具栏选择颜色。

项目五　图层与线型设置

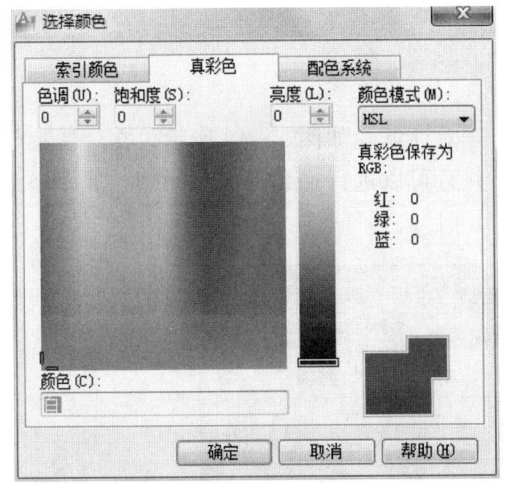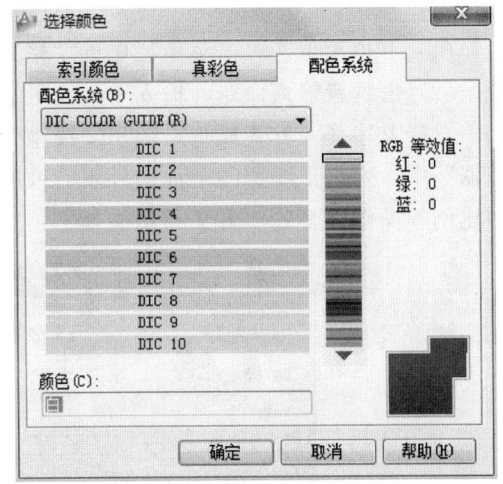

图 1-41　"真彩色"和"配色系统"选项卡

任务二　线型的设置

线型可以帮助表达图形中的对象所要表达的信息，可用不同的线型区分一条线与其他线的用途。AutoCAD 预先将大量的线型放进线型文件（扩展名为 .lin）中，使用时从线型文件中调入线型。AutoCAD 包括线型定义文件 acad.lin 和 acadiso.lin，前者适用于英制测量单位，后者适用于公制测量单位。线型是点、横线和空格按一定规律重复出现形成的图案，线型名及其定义描述了一定的点画序列、横线和空格的相对长度等。线型还确定了对象在屏幕上显示和打印时的外观。

1. 线型的设置

每个图形至少有 3 种线型：ByLayer（随层）、ByBlock（随块）、Continuous（连续）。在图形中还可以包括其他不受数量限制的线型。在创建一个对象时，它使用当前线型创建对象。作为默认设置，当前线型是随层，其含义是该对象的实际线型由所处图层的指定线型决定。用户可以选择一个指定的线型作为当前线型，

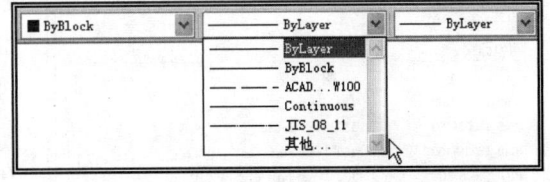

图 1-42　在"对象特性"工具栏中选择线型

因此可以忽略图层线型设置。AutoCAD 2012 将使用指定的线型创建对象，修改图层线型时也不会影响到它们。如果选择了随块，所有对象在最初绘制时，所使用的线型是连续线。一旦将对象编组为一个图块，在将该块插入到图形中时，它们将继承当前层的线型设置。

要设置当前线型，可在"对象特性"工具栏的"线型控制"下拉列表框中选择一个线型作为当前层的线型，如图 1-42 所示。

2. 线型管理器

在"线型管理器"中可以对线型进行设置、修改等管理。线型管理器的命令格式

如下：

（1）下拉菜单。单击菜单栏中的"格式"→"线型"命令。

（2）由键盘输入命令。输入 Linetype↙。

选择上述任一方式执行，弹出"线型管理器"对话框，如图1-43所示。在"线型管理器"中，列出了线型的名称、外观、说明等，并且可以进行加载、卸载线型，或调整线型比例等操作，其各项含义和功能如下：

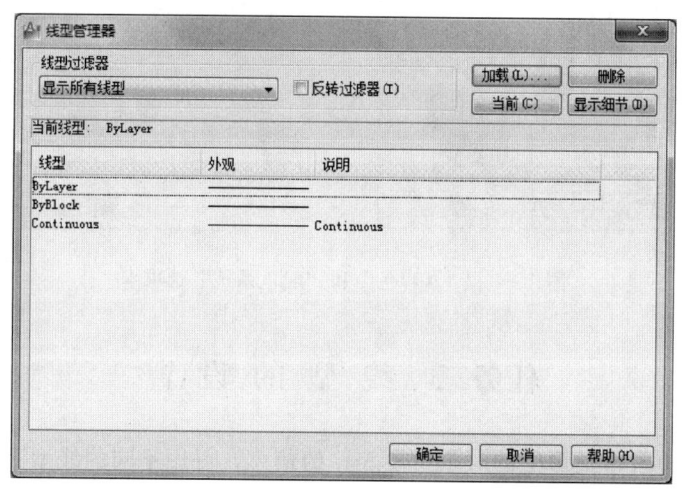

图1-43 "线型管理器"对话框

1）"线型过滤器"下拉列表框。用于根据用户设定的过滤条件，控制那些已加载的线型显示在主列表框中。如果选中"反转过滤器"复选框，则仅显示未通过过滤器的线型。

2）加载(L)... 按钮。单击该按钮，打开"加载或重载线型"对话框（图1-44），可以再加载需要的其他线型。

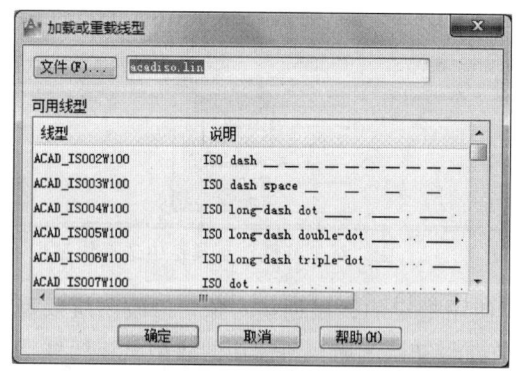

图1-44 "加载或重载线型"对话框

3）删除 按钮。单击该按钮，可以删除选中的线型。

4）当前(C) 按钮。单击该按钮，可以将选中的线型设置为当前线型。

5）显示细节(D) 按钮。单击该按钮，可以在"线型管理器"对话框中显示"详细信息"选项区域，可以设置线型的"名称"、"全局比例因子"及"当前对象缩放比例"等参数，如图1-45所示。

3．线型比例设置

实际绘图中，是按照对象的实际尺寸绘制的，在使用不同的线型时，如果比例设置不当，将看不到想要的线型效果。

AutoCAD 2012 起初使用全局线型比例因子1.0，该比例因子适用于所有用不连续线型绘制的对象。当前线型比例因子是相对于全局线型比例因子而言的。因此，在图形中，

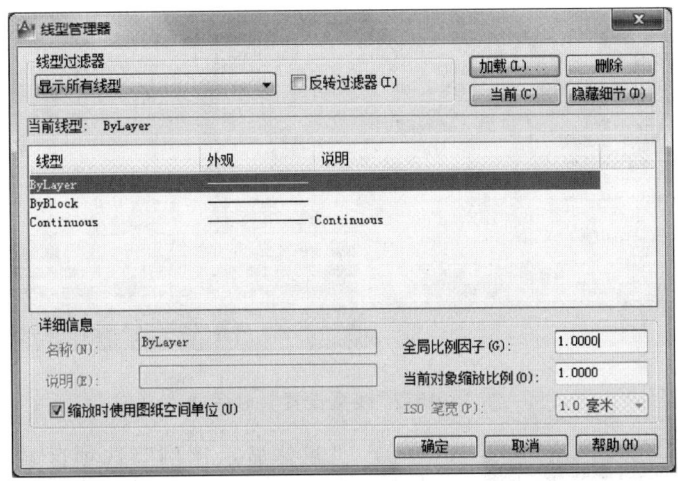

图 1-45 在"线型管理器"对话框中设置线型比例

如果全局线型比例因子设置为 2、对象的线型比例因子设置为 0.5 时所绘制的直线,与全局线型比例因子设置为 1、对象的线型比例因子设置为 1 时所绘制的直线具有相同的外观。

要设置线型比例,可在"线型管理器"对话框中,单击 显示细节(D) 按钮,即可在右下角设置线型比例,如图 1-45 所示。

4. 设置线宽

线宽可以表达图形中对象所要表达的信息。例如,用粗线表示横截面的轮廓线,用细线表示横截面中的填充图案。

AutoCAD 2012 拥有 23 种有效线段的线宽值,范围为 0.05～2.11mm。另外,还有 ByLayer、ByBlock、默认和 0 线宽。线宽值为 0 时,在模型空间中,总是按一个像素显示,并按尽可能轻的线条打印。任何等于或小于默认线宽值的线宽,在模型空间中,都将显示为一个像素,但是在打印该线宽时,将按赋予的宽度值打印。

在创建一个对象时,AutoCAD 2012 将使用当前的线宽值创建对象。作为默认设置,当前线宽设置为 ByLayer,其含义是:对象的实际线宽值取决于其所在图层所赋予的线宽值。对于 ByLayer 设置,如果修改赋予该图层的线宽值,所有在该图层上创建的对象,都将按新线宽显示。设置图层线宽的命令格式如下:

(1) 下拉菜单。单击菜单栏中的"格式"→"线宽"命令。

(2) 由键盘输入命令。输入 Lweight ↙。

选择上述任一方式执行,弹出"线宽设置"对话框,如图 1-46 所示。"线宽设置"对话框各选项含义如下:

1) "线宽"列表框。用于选择线条的宽度。

2) "列出单位"选项区域。用于设置线宽的单位,可以选择 mm 或 in。

3) "显示线宽"复选框。用于设置是否按照实际线宽来显示图形。

4) "默认"下拉列表框。用来设置默认线宽值。

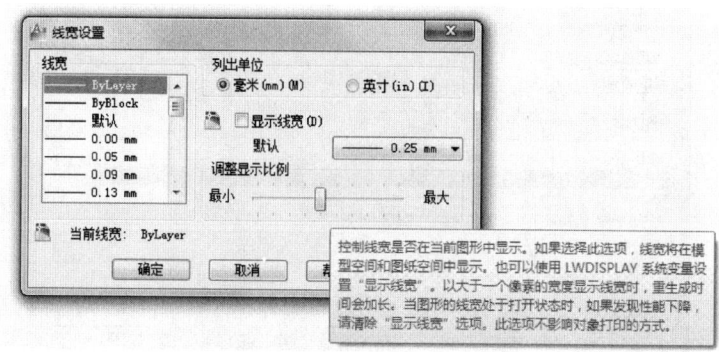

图 1-46 "线宽设置"对话框

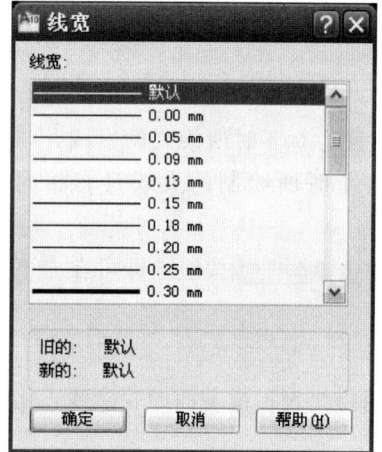

图 1-47 "线宽"对话框

5)"调整显示比例"选项区域。拖动其中的滑块,可以设置线宽的显示比例。

单击位于"线宽"栏下对应于所选图层名的"——默认",打开"线宽"对话框,如图 1-47 所示。选择所需的线宽,单击 确定 按钮即可。

如果选择一个指定的线宽作为当前的线宽值,则可以忽略图层的线宽设置。此后 AutoCAD 将按该线宽创建对象。如果再修改图层的线宽,对于这些对象将不再起任何作用。要设置当前线宽,可在"图层"工具栏的"线宽控制"下拉列表框中选择当前的线宽,如图 1-48 所示。如果将状态栏中显示设置为"开",则可看到所绘制对象的实际线宽。

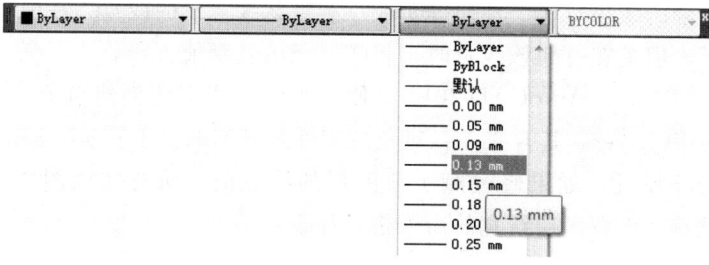

图 1-48 设置对象线宽

项目六 精 确 绘 图

在绘图过程中，有时要精确地找到已经绘出图形上的特殊点，如直线的端点和中点、圆的圆心、切点、两个对象的交点等，如果单凭肉眼来拾取它们，不可能非常准确地找到这些点。AutoCAD 提供了"对象捕捉"功能，使用户可以迅速、准确地捕捉到这些特殊点，从而大大提高作图的准确性和速度。

任务一 对 象 捕 捉

AutoCAD 的对象捕捉功能是在绘图过程中使用最广泛的辅助绘图工具。在制图过程中，若需要精确地确定某一个图形上的点而不知道该点坐标时即可使用系统提供的对象捕捉功能。"对象捕捉"工具栏如图 1-49 所示，对象捕捉快捷菜单如图 1-50 所示（打开该菜单的方式是：按下 Shift 键后右击）。

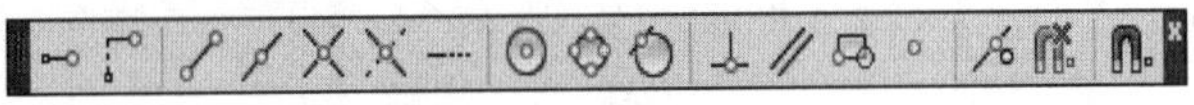

图 1-49 "对象捕捉"工具栏

对象捕捉模式的设置

（1）设置自动捕捉功能。自动捕捉功能就是当用户把光标放在一个图形对象上时，AutoCAD 就会自动捕捉到该对象上所有符合条件的几何特征点，并显示出相应的标记。如果把光标放在捕捉点上停留片刻，系统还会显示该捕捉的提示，用户在选点之前，就可以预览和快速确认捕捉点。设置自动捕捉模式可采用以下方法：

1）单击图标。在"对象捕捉"工具栏中，打开如图 1-51 所示的"对象捕捉"选项卡。

2）快捷菜单。在状态栏的按钮上右击，从弹出的快捷菜单中选择"设置"命令，打开图 1-51 所示的"对象捕捉"选项卡。

3）下拉菜单。单击菜单栏中的"工具"→"草图设置"命令，打开图 1-51 所示的"对象捕捉"选项卡。

4）由键盘输入命令。输入 Osnap ↙，打开如图 1-51 所示的"对象捕捉"选项卡。

在绘图过程中，"对象捕捉"的开/关功能常采用以下两种方法：

1）单击状态栏上的按钮。

2）按 F3 键。

如图 1-51 所示，在"对象捕捉模式"区域设置连续运行的捕捉模式。先选中"启用对象捕捉追踪"复选框，对象捕捉模式区以复选框的形式列出 13 种模式，单击某项的复

模块一　AutoCAD 2012 基础知识

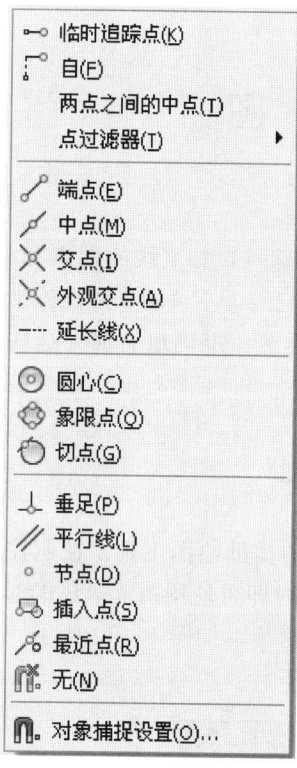

图 1-50　"对象捕捉"快捷菜单

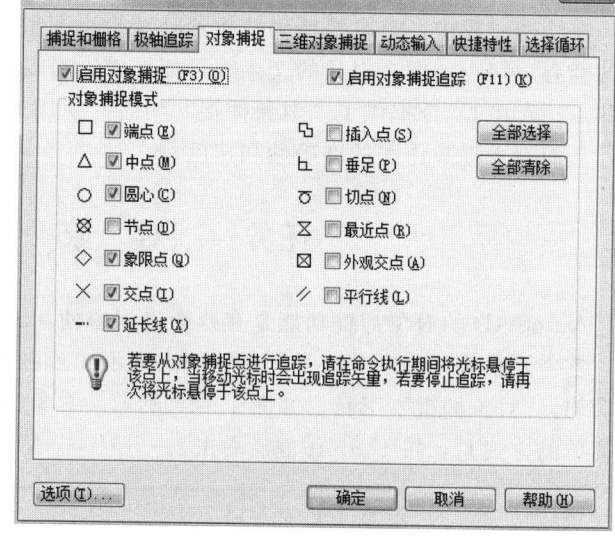

图 1-51　"对象捕捉"选项卡

选框，显示符号 ☑，表示该项被选中（再次单击该项，即放弃选择）。 全部选择 和 全部清除 两个按钮分别用于选取所有模式或清除所有已选择的模式。

（2）设置单点对象捕捉模式。在另一个命令处于激活状态时，可以通过单点对象捕捉模式，仅选择一个对象捕捉模式。例如，在绘制直线时，如果想要捕捉一条已经绘制的直线的中点，可以激活中点对象捕捉模式。单点对象捕捉仅仅是当前的选项处于激活状态。一旦在图形中选择了一个点，该对象捕捉模式将会关闭。设置单点对象捕捉模式有以下3种方法：

1）从"对象捕捉"工具栏中选取。

2）从快捷菜单中选取。按 Shift 键或 Ctrl 键，并在绘图区内右击，打开对象捕捉快捷菜单，如图 1-50 所示。从菜单上选择需要的命令，再把光标移到要捕捉对象的特征点附近，即可捕捉到相应的对象特征点。

3）在提示要求输入一个点时，从命令行输入所选模式的前3个字母（关键字）。各种对象捕捉方式的前3个字母见表 1-2。

表 1-2　　　　　　　　　　捕捉选项的缩写字母

端点	中点	圆心	节点	象限点	交点	延伸	插入点	垂足	切点	最近点	外观交点	平行
END	MID	CEN	NOD	QUA	INT	EXT	INS	PER	TAN	NEA	APP	PAR

34

注意：当光标移到某一个位置准备通过拾取点的方式来确定一点时，AutoCAD 却显示出捕捉到某一特殊点的标记，如果此时单击，AutoCAD 会以捕捉到的点为对应点，而并不是所希望的点。原因是启用了自动对象捕捉功能。如果单击状态栏上的对象捕捉按钮关闭自动对象捕捉功能，就能够避免这样的问题。当通过自动捕捉功能确定特殊点时，AutoCAD 并不能自动捕捉到这些点，其原因可能是没有设置对应的自动捕捉模式。

(3) 常用对象捕捉模式示例。

1) 端点。捕捉到圆弧、椭圆弧、直线、多线、多段线线段、样条曲线、面域或射线最近的端点，或捕捉宽线、实体或三维面域的最近角点，如图 1-52 所示。

2) 中点。捕捉到圆弧、椭圆、椭圆弧、直线、多线、多段线线段、面域、实体、样条曲线或参照线的中点，如图 1-53 所示。

3) 中心点（圆心）。捕捉到圆弧、圆、椭圆或椭圆弧的中心点，如图 1-54 所示。

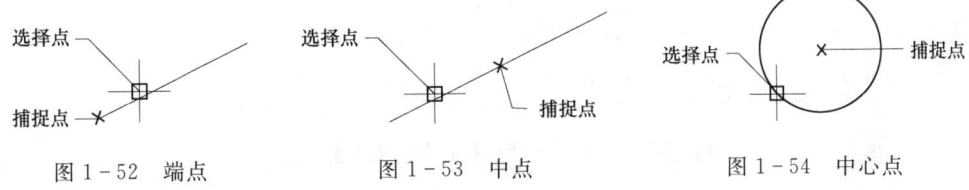

图 1-52 端点　　　　图 1-53 中点　　　　图 1-54 中心点

4) 节点。捕捉到点对象、标注定义点或标注文字原点，如图 1-55 所示。

5) 象限点。捕捉到圆弧、圆、椭圆或椭圆弧的象限点，如图 1-56 所示。

6) 交点。捕捉到圆弧、圆、椭圆、椭圆弧、直线、多线、多段线、射线、面域、样条曲线或参照线的交点，如图 1-57 所示。

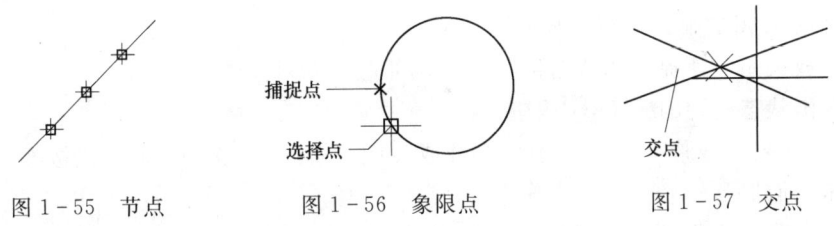

图 1-55 节点　　　　图 1-56 象限点　　　　图 1-57 交点

7) 延长线。当光标经过对象的端点时，显示临时延长线或圆弧，以便用户在延长线或圆弧上指定点，如图 1-58 所示。

8) 垂足。捕捉圆弧、圆、椭圆、椭圆弧、直线、多线、多段线、射线、面域、实体、样条曲线或构造线的垂足，如图 1-59 所示。

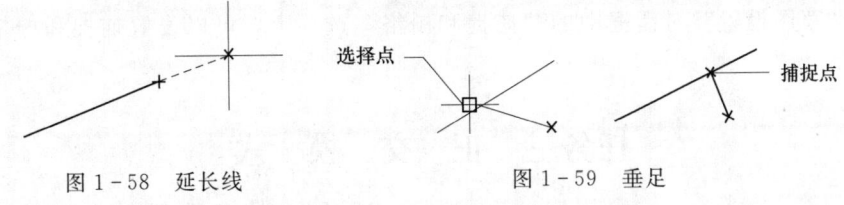

图 1-58 延长线　　　　图 1-59 垂足

9) 插入点。捕捉到属性、块、形或文字的插入点，如图 1-60 所示。

10) 切点。捕捉到圆弧、圆、椭圆、椭圆弧或样条曲线的切点，如图 1-61 所示。

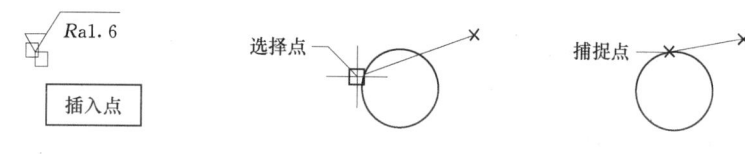

图 1-60 插入点　　　　图 1-61 切点

11）最近点。捕捉到圆弧、圆、椭圆、椭圆弧、直线、多线、点、多段线、射线、样条曲线或参照线的最近点。

12）外观交点。捕捉不在同一平面但在当前视图中看起来可能相交的两个对象的视觉交点。

13）平行线。从当前已选点作一条直线，单击"捕捉到平行线"按钮 ，将光标移至某一条直线，直到使之平行。然后，将光标移回正在创建的对象。该创建的直线与某一条直线平行。

14）全部选择。打开所有对象捕捉模式。

15）全部清除。关闭所有对象捕捉模式。

任务二　设置栅格和捕捉

"捕捉"用于设定鼠标指针移动的间距。"栅格"是在屏幕上显示的点状图案，是一些定位置的小点，其作用就像坐标纸，使用它可以提供直观的距离和位置参照，但是它不能被打印输出；"捕捉"可以限制十字光标按预定义的间距移动。在 AutoCAD 2012 中，使用"捕捉"和"栅格"功能，可以提高绘图效率。

1. 打开或关闭"捕捉"和"栅格"

要打开或关闭"捕捉"和"栅格"功能，可选择下列方法：

（1）单击状态栏中的 ▦ 和 ▦ 按钮。

（2）按 F7 键（或按 Ctrl+G 键）打开或关闭"栅格"；按 F9 键（或按 Ctrl+B 键）打开或关闭"捕捉"。

（3）单击菜单栏中的"工具"→"草图设置"命令，打开"草图设置"对话框，在"捕捉和栅格"选项卡中选中"启用捕捉"和"启用栅格"复选框。

（4）右击 ▦ 或 ▦ 按钮，弹出快捷菜单，选择"设置"命令，弹出"草图设置"对话框，在"捕捉和栅格"选项卡中选择"启用捕捉"和"启用栅格"复选框。

2. 设置捕捉和栅格的相关参数

利用"草图设置"对话框中的"捕捉和栅格"选项卡，可以设置捕捉和栅格的相关参数。

任务三　正交模式

在正交模式下，光标只能沿当前 X 轴或 Y 轴的方向移动，从而可以方便地绘制与当前 X 轴或 Y 轴平行的线段。打开正交模式的方法有以下两种：

(1) 单击状态栏中的 按钮,进行正交功能的开/关切换。

(2) 按 F8 键,打开或关闭正交功能。

打开正交功能后,输入的第一点是任意的,但当移动光标准备指定第二点时,引出的橡皮线已不再是这两点之间的连线,而是起点到光标十字线的垂直线中较长的那段线,此时单击,该橡皮线就变成所绘直线,如图 1-62 所示。

【例 1-1】 在正交模式下绘制图 1-63 所示的图形。

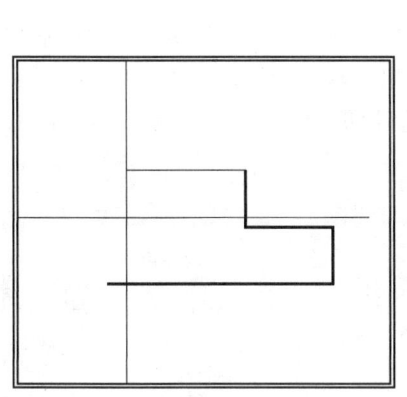

图 1-62 正交模式

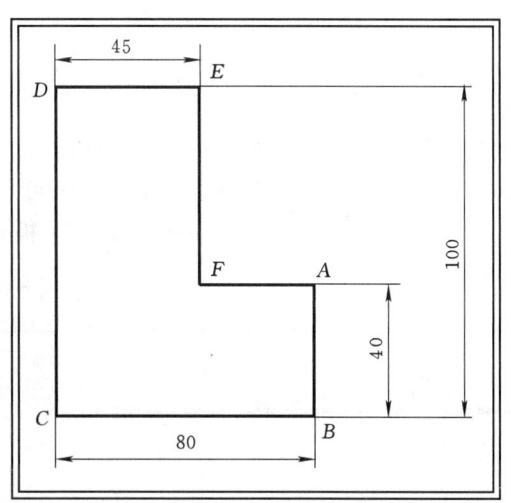

图 1-63 在正交模式下绘图图例

操作步骤如下:

命令:LINE

LINE 指定第一点:(拾取 A 点)

指定下一点或[放弃(U)]:40✓ (输入线段 AB 长度)

指定下一点或[放弃(U)]:80✓ (输入线段 BC 长度)

指定下一点或[闭合(C)/放弃(U)]:100✓ (输入线段 CD 长度)

指定下一点或[闭合(C)/放弃(U)]:45✓ (输入线段 DE 长度)

指定下一点或[闭合(C)/放弃(U)]:60✓ (输入线段 EF 长度)

指定下一点或[闭合(C)/放弃(U)]:c✓

任务四 设置自动追踪方式

使用自动追踪功能可按指定角度绘制对象,或者绘制与其他对象有特定关系的对象。它有极轴追踪和对象捕捉追踪两种方式。

(1) 设置自动追踪参数。单击菜单栏中的"工具"→"选项"命令,打开"选项"对话框,在"草图"选项卡中的"自动追踪设置"选项区域中进行设置。

(2) 极轴追踪。极轴追踪也称角度追踪,是指按事先给定的极轴角增量来追踪特征点。极轴追踪功能可以在系统要求指定一个点时,按预先设置的极轴角增量来显示一条无限延伸的辅助线（一条虚线），用户可以沿辅助线追踪得到特征点。图 1-64 利用极轴追踪和极轴捕捉绘制 90 个单位、与 X 轴成 30°角的直线。打开极轴追踪功能有下列 3 种方法：

1）单击状态栏上的 按钮，打开/关闭此功能。

2）按 F10 键（或按 Ctrl+U 组合键），打开或关闭此功能。

3）下拉菜单。单击菜单栏中的"工具"→"草图设置"命令，打开"极轴追踪"选项卡，选中"启用极轴追踪"复选框（图 1-65）。

设置极轴追踪角度增量的另一种方法是：在状态栏的 （极轴追踪）按钮上右击，从弹出的快捷菜单中选择对应的增量角，如图 1-66 所示。

（3）对象捕捉追踪。对象捕捉追踪是沿着基于对象捕捉点的辅助线方向追踪，它可以捕捉到辅助线上的点或两条辅助线的交点，如图 1-67 所示。如果不知道具体的追踪方向（角度），但知道与其他对象的某种关系（如相交、相切等），采用对象捕捉追踪；如果知道要追踪的方向（角度），则使用极轴追踪。极轴追踪和对象捕捉追踪可以同时使用。

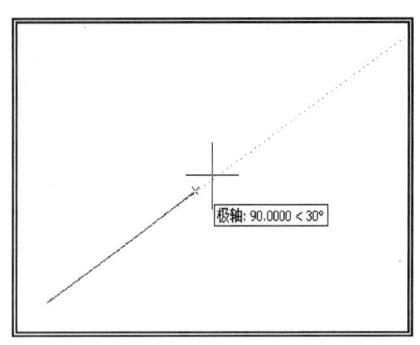

图 1-64 极轴追踪辅助线及追踪提示

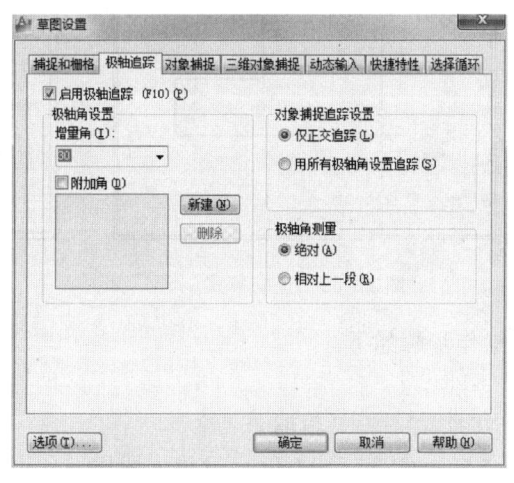

图 1-65 "极轴追踪"选项卡

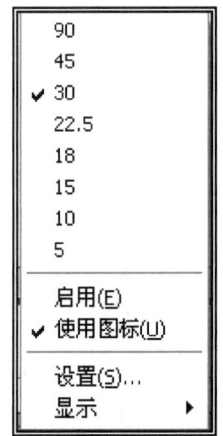

图 1-66 利用快捷菜单进行极轴追踪增量角设置

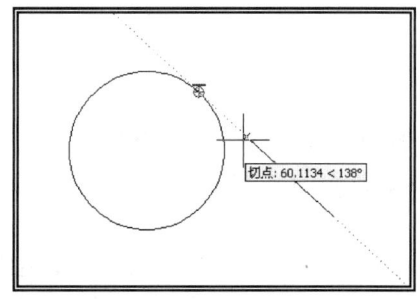

图 1-67 对象捕捉辅助线追踪提示

打开对象捕捉追踪功能有下列几种方法：

1) 单击状态栏中的 按钮，打开/关闭此功能。

2) 按 F11 键（或按 Ctrl＋W 组合键），打开或关闭此功能。

3) 下拉菜单。单击菜单栏中的"工具"→"草图设置"命令，打开"对象捕捉"选项卡，选中"启用对象捕捉追踪"复选框，如图 1-68 所示。

说明：①"对象捕捉追踪"必须与"对象捕捉"模式结合使用；②对象捕捉追踪时，也可以沿辅助线设置极轴距离的值，设置方法同极轴追踪。

【例 1-2】 如图 1-69 所示，已知直线 AB，再画以 A 点为起点、C 点为终点的直线，而 B、C 两点与 X 轴成 15°角，且相距 50。

操作步骤如下：

(1) 打开"草图设置"对话框，在"极轴追踪"选项卡的"极轴角设置"栏中选择 15°为角增量。在"对象捕捉追踪设置"栏选中"用所有极轴角设置追踪"单选按钮；在"捕捉和栅格"选项卡的"捕捉类型和样式"栏选中"极轴捕捉"。在"极轴间距"栏中设置极轴间距为 50；在"对象捕捉"选项卡中设置"端点"对象捕捉模式，并选中"启用对象捕捉"和"启用对象捕捉追踪"复选框，打开"对象捕捉"和"对象捕捉追踪"；单击状态栏中的 按钮，打开"捕捉"功能，以便捕捉极轴距离 50。

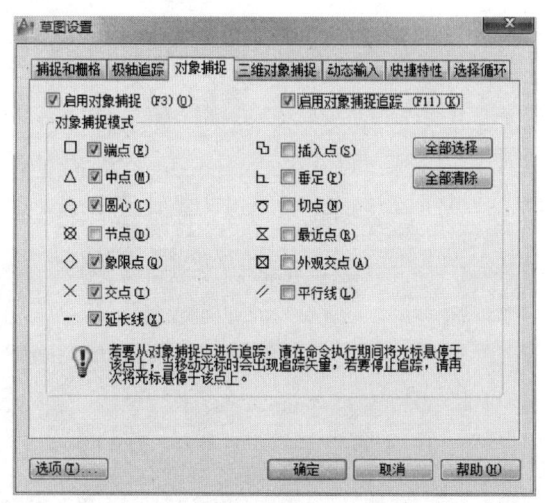

图 1-68 在"对象捕捉"选项卡中
启用对象捕捉追踪

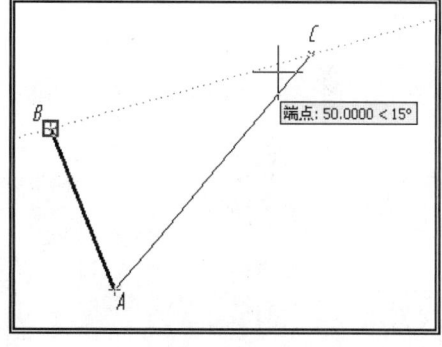

图 1-69 对象捕捉追踪

(2) 输入画直线命令，并捕捉点 A，确定 A 为 AC 的起点。

(3) 移动光标到 B 点，并临时获取。

注意：不要拾取该点，光标只在该点上停留片刻。

(4) 从 B 点向 C 点的大致方向移动光标，将显示一条过 B 点的临时辅助线（虚线）。沿辅助线方向移动光标，直到追踪提示为 50 时，单击以确定点 C，即为所画 AC 直线。

任务五 设置动态输入方式

"动态输入"在光标附近提供了一个命令界面,以帮助用户专注于绘图区域。

按F12键或在状态栏上单击"动态输入"按钮,可启用或关闭动态输入。打开动态输入时,工具提示将在光标旁边显示信息,该信息会随光标移动动态更新。当某命令处于活动状态时,工具提示将为用户提供输入的位置。

使用动态输入时,需按Tab键进入下一个字段的输入。使用动态输入功能可以在指针位置处按命令行提示输入相对坐标信息。动态输入有指针输入(输入坐标值)和标注输入(输入距离和角度)两种。启用动态输入,可帮助我们专注于绘图区域,从而极大地方便了绘图。

项目七　图形显示与控制

任务一　图　形　缩　放

"图形缩放"命令类似于照相机的镜头，可以放大或缩小屏幕所显示的范围，使用该命令只改变视图的比例，对象的实际尺寸并不发生变化。当放大图形一部分的显示尺寸时，可以更清楚地查看这个区域的细节；相反，如果缩小图形的显示尺寸，则可以查看更大的区域，如整体浏览。

图形缩放功能在绘制大幅面机械图，尤其是装配图时非常有用，是使用频率最高的命令之一。该命令可以透明地使用，也就是说，该命令可以在其他命令执行时运行。用户完成涉及透明命令的过程时，AutoCAD 会自动返回到在用户调用透明命令前正在运行的命令。

1. 功能

缩放视图主要包括显示全部对象、比例缩放、范围缩放等。缩放视图不会改变图形对象实际尺寸大小和形状，如图 1-70 所示。

2. 命令格式

其具体命令调用方式如下：

(1) 在菜单栏单击"视图"→"缩放"选择子命令。

(2) 滚动三键鼠标滚轮，可自由缩放图形。

(3) 由键盘输入命令。输入 z↙（Zoom 的缩写），根据提示选择缩放的类型。

3. 操作步骤

［全部(A)/中心点(C)/动态(D)/范围(E)/上一个(P)/比例(S)/窗口(W)/对象(O)]＜实时＞：

4. 选项说明

(1) 实时。这是"缩放"命令的默认操作，即在输入 ZOOM 命令后，直接按 Enter 键，将自动执行实时缩放操作。实时缩放就是可以通过上下移动鼠标交替进行放大和缩小。在使用实时缩放时，系统会显示一个"＋"号或"－"号。当缩放比例接

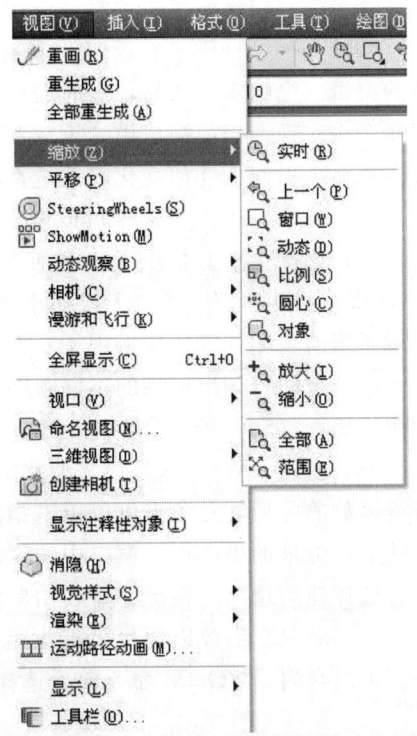

图 1-70　"视图"→"缩放"菜单命令

近极限时，AutoCAD 将不再与光标一起显示"＋"号或"－"号。需要从实时缩放操作

中退出时，可按 Enter 键、Esc 键或是从菜单中选择 Exit 命令退出。

(2) 全部（A）。执行 ZOOM 命令后，在提示文字后输入 A，即可执行"全部（A）"缩放操作。不论图形有多大，该操作都将显示图形的边界或范围，即使对象不包括在边界内，它们也将被显示。因此，使用"全部（A）"缩放命令，可查看当前视口中的整个图形。

(3) 圆心（C）。通过确定一个圆心点，该命令可以定义一个新的显示窗口。操作过程中需要指定圆心以及输入比例或高度。默认新的圆心就是视图的圆心，默认的输入高度就是当前视图的高度，直接按 Enter 键后，图形将不会被放大。输入比例的数值越大，则图形放大倍数也将越大。也可以在数值后面紧跟一个 X，如 $3X$，表示在放大时不是按照绝对值变化，而是按相对于当前视图的相对值缩放。

(4) 动态（D）。通过操作一个表示视口的视图框，可以确定所需显示的区域。选择该子命令，在绘图窗口中出现一个小的视图框，按住鼠标左键左右移动可以改变该视图框的大小，定形后释放鼠标，再按下鼠标左键移动视图框，确定图形中的放大位置，系统将清除当前视口并显示一个特定的视图选择屏幕。这个特定屏幕，由有关当前视图及有效视图的信息所构成。

(5) 范围（E）。可以使图形缩放至整个显示范围。图形的范围由图形所在的区域构成，剩余的空白区域将被忽略。应用该子命令，图形中所有的对象都尽可能地被放大。

(6) 上一个（P）。在绘制一幅复杂的图形时，有时需要放大图形的一部分以进行细节的编辑。当编辑完成后，有时希望回到前一个视图。这种操作可以使用"上一个（P）"子命令来实现。当前视口由"缩放"命令的各种子命令或移动视图、视图恢复、平行投影或透视命令引起的任何变化，系统都将保存。每一个视口最多可以保存 10 个视图。连续使用"上一个（P）"子命令可以恢复前 10 个视图。

(7) 比例（S）。提供了 3 种使用方法。在提示信息下，直接输入比例系数，AutoCAD 将按照此比例因子放大或缩小图形的尺寸。如果在比例系数后面加一个 X，则表示相对于当前视图计算的比例因子。使用比例因子的第 3 种方法就是相对于图形空间，如可以在图纸空间打印出模型的不同视图。为了使每一张视图都与图纸空间单位成比例，可以使用"比例（S）"子命令，每一个视图可以有单独的比例。

(8) 窗口（W）。这是最常使用的子命令。通过确定一个矩形窗口的两个对角来指定所需缩放的区域，对角点可以单击指定，也可以输入坐标确定。指定窗口的中心点将成为新的显示屏幕的中心点。窗口中的区域将被放大或者缩小。调用 ZOOM 命令时，可以在没有选择任何选项的情况下，利用鼠标在绘图窗口中直接指定缩放窗口的两个对角点。

(9) 对象。缩放以便尽可能大地显示一个或多个选定的对象，并使其位于视图的中心。可以在启动 ZOOM 命令前后选择对象。

任务二　图　形　平　移

当图形幅面大于当前视口时，如使用图形缩放命令将图形放大，如果需要在当前视口之外观察或绘制一个特定区域时，可以使用图形平移命令来实现。"平移"命令能将在当前视口以外的图形的一部分移动进来查看或编辑，但不会改变图形的缩放比例。

1. 功能

图形平移通常在屏幕上不能看到整个图形，因此，需要通过某种方法来查看位于屏幕外的、当前看不到的部分，如图1-71所示。平移命令🖐和移动命令✥不同，平移命令相当于移动整张图纸，只改变视图的位置；移动命令相于移动一张纸上的图形或文字，而此时整张视图是静止的。

2. 命令格式

在AutoCAD 2012中，执行"平移"命令的方法通常有以下4种：

（1）执行"视图"→"平移"菜单命令，选择一个子命令进行平移图形。

（2）由键盘输入命令。输入p↙（Pan的缩写）。

（3）单击"视图"选项卡下"二维导航"面板中的"平移"按钮。

（4）在绘图平面右击，在弹出的快捷菜单中选择"平移"命令。

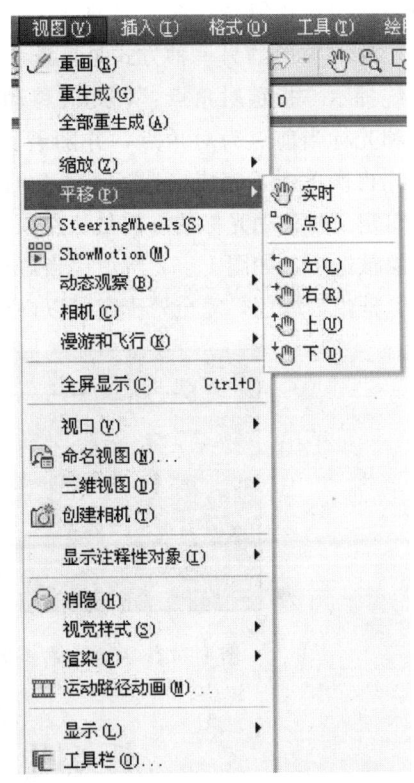

图1-71 "视图"→"平移"菜单命令

激活"平移"命令之后，光标将变成一只"小手"形，可以在绘图窗口中任意移动，以示当前正处于平移模式。单击并按住鼠标左键将光标锁定在当前位置，即"小手"已经抓住图形，然后拖动图形使其移动到所需位置上，释放鼠标将停止平移图形。可以反复按下鼠标左键拖动—释放，将图形平移到其他位置上。

"平移"命令预先定义了一些不同的子命令与按钮，它们可用于在特定方向上平移图形，在激活"平移"命令后，可以从菜单"视图"→"平移"选择"实时"或"点"平移子命令，同时还可以选择沿"左、右、上、下"4个方向平移图形。

1) 实时。选择该子命令，将进入实时平移模式，此时光标指针变成一只小手，按住左键并拖动鼠标，当前视窗中的图形将随光标移动方向移动。按Esc键或Enter键，可退出"实时平移"模式。

2) 点。指定放置位置平移图形。可使用单点式或两点式来指定放置点。

3) 左、右、上、下。选择该命令，分别实现图形向左、向右、向上、向下移动。

任务三 对象选择

在"选择对象"提示下，用户可以选择一个对象，也可以逐个选择多个对象。此时十字光标变成了一个小方框，称为选择框，要求选择要进行操作的对象。

选择图形的一种方式是点选，方法是将光标选择框移动到对象上，该对象以高亮度方

43

式显示，单击后对象以虚线方式显示，表示被选中。用点选方式选择对象，既可选择一个对象，也可连续选择多个对象。

选取图形的另一种方式是框选，方法是将光标选择框移动到图形旁边的空白处单击，系统提示"指定对角点："，此时移动鼠标，会出现一个矩形窗口，该窗口以前一个选择的点和光标当前点为对角点，并随着鼠标的移动而改变大小，将矩形窗口框住要选择的对象，再次单击，完成框选。要注意的是框选的方向不同，选择的对象也可能不同。当矩形窗口定义时移动光标的方向是从左向右，则窗口为实线，框内为蓝色，完全处在窗口以内的对象被选中，如图 1-72 所示。当矩形窗口定义时移动光标的方向是从右向左，则窗口为虚线，框内为绿色，完全处于窗口以内的及窗口边界相交的对象都被选中，如图 1-73 所示。

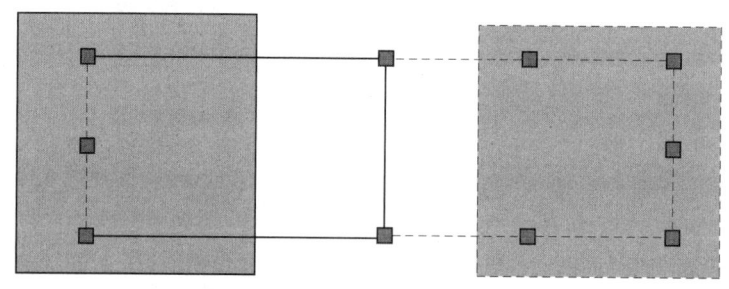

图 1-72 从左向右矩形框选　　图 1-73 从右向左矩形框选

任 务 四　使 用 对 象 夹 点

夹点是一个个小正方形的蓝色方框，在没有执行任何命令的时候，用鼠标选择对象，则被选择的对象上的控制点就是夹点。例如，选择一条直线后，直线的端点和中点处将显示夹点。选择一个圆后，圆的 4 个象限点和圆心处将显示夹点。利用 AutoCAD 的夹点功能，可以很方便地对图形对象进行拉伸、移动、旋转和镜像等操作。可以用不同的方法使用夹点。

（1）使用夹点模式。选择一个对象夹点以使用默认夹点模式（拉伸）或按 Enter 键或空格键来循环浏览其他夹点模式（移动、旋转、缩放和镜像）；也可以在选定的夹点上右击，以查看快捷菜单上的所有可用命令。

（2）使用多功能夹点。对于很多对象，也可以将光标悬停在夹点上以访问具有特定于对象（有时为特定于夹点）的编辑命令的菜单。按 Ctrl 键可循环浏览夹点菜单命令。

1. 使用夹点编辑对象的步骤

（1）选择要编辑的对象。

（2）执行以下一项或多项操作：① 选择并移动夹点来拉伸对象；注意对于某些对象夹点（如块参照夹点），拉伸将移动对象而不是拉伸它；②选择夹点并按 Enter 键或空格键循环到移动、旋转、缩放或镜像夹点模式，或在选定的夹点上右击以查看快捷菜单，该菜单包含所有可用的夹点模式和其他选项；③将光标悬停在夹点上以查看和访问多功能夹点菜单（如果有），然后按 Ctrl 键循环。

2. 使用夹点来拉伸多个对象的操作

（1）选择要拉伸的若干个对象。

（2）按住 Shift 键并单击多个夹点以亮显这些夹点。

（3）松开 Shift 键并通过单击夹点选择一个夹点作为基准夹点。

（4）移动鼠标并单击。

任务五　使用信息中心访问联机帮助及其他信息

AutoCAD 2012 提供了强大的帮助功能。在绘图过程中可以直接按 F1 键，AutoCAD 会显示与当前操作对应的帮助信息，也可以单击交互信息工具栏中帮助图标，打开帮助窗口，如图 1-74 所示。利用该窗口获得各种帮助信息及 AutoCAD 2012 的新增功能和 AutoCAD 2012 提供的用户手册、全部命令和系统变量及说明等。

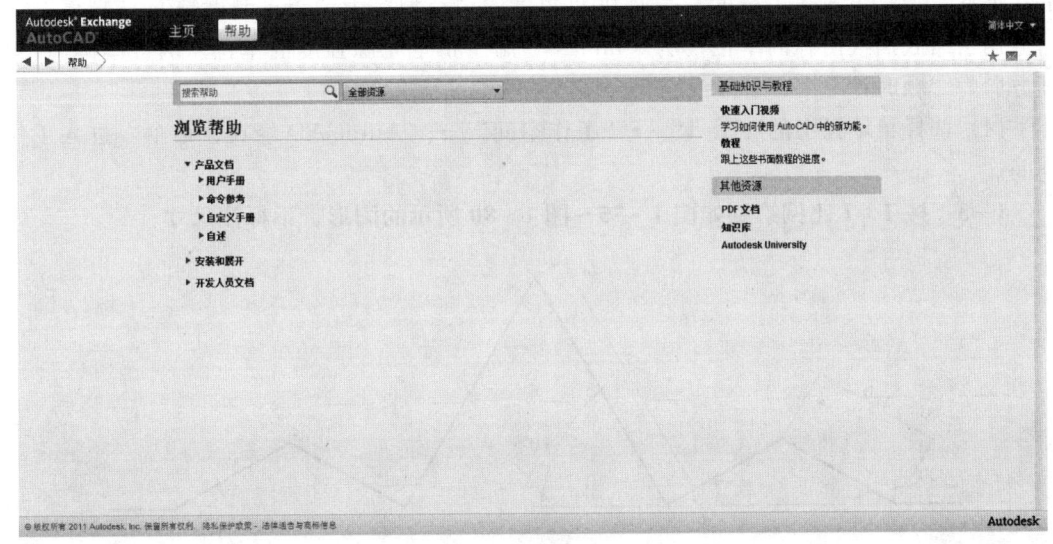

图 1-74 "帮助"窗口

习　题　一

1-1　熟悉操作界面

1. 目的要求

操作界面是用户绘制图形的平台，操作界面的各个部分都有其独特的功能，熟悉操作界面有助于用户方便快速地进行绘图。本例要求了解操作界面各部分的功能，掌握改变绘图区颜色和光标大小的方法，并能够熟练地打开、移动、关闭工具栏。

2. 操作提示

（1）启动 AutoCAD 2012，进入操作界面。

（2）调整操作界面大小。

（3）设置绘图区颜色与光标大小。

（4）打开、移动、关闭工具栏。

（5）尝试同时利用命令行、菜单命令和工具栏绘制一条线段。

1-2 设置绘图环境

1. 目的要求

任何一个图形文件都有一个特定的绘图环境，包括图形边界、绘图单位、角度等。设置绘图环境通常有两种方法，即设置向导和单独的命令设置方法。通过学习设置绘图环境，可以促进读者对图形总体环境的认识。

2. 操作提示

（1）选择菜单栏中的"文件"→"新建"命令，打开"选择样板"对话框，单击"打开"按钮，进入绘图界面。

（2）选择菜单栏中的"格式"→"图形界限"命令，设置界限为（0，0）、（420，297），在命令行中可以重新设置模型空间界限。

（3）选择菜单栏中的"格式"→"单位"命令，打开"图形单位"对话框，设置长度的"类型"为"小数"，"精度"为0.00；角度的"类型"为"十进制度数"，"精度"为0；"用于缩放插入内容的单位"为"mm"，"用于指定光源强度的单位"为"国际"；角度方向为"顺时针"。

（4）选择菜单栏中的"工具"→"工作空间"→"AutoCAD经典"命令，进入工作空间。

1-3 按1：1比例绘制如图1-75～图1-80所示的图形，不标注尺寸

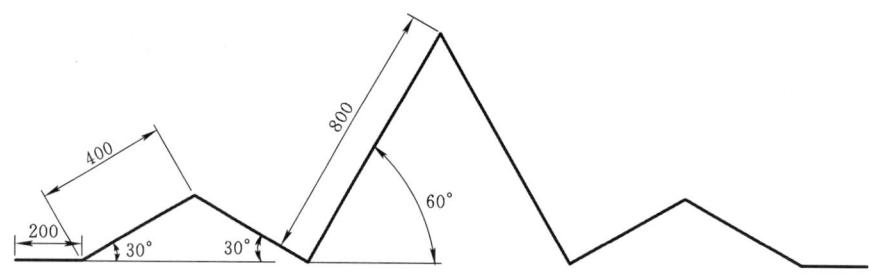

图1-75 习题1-3图一

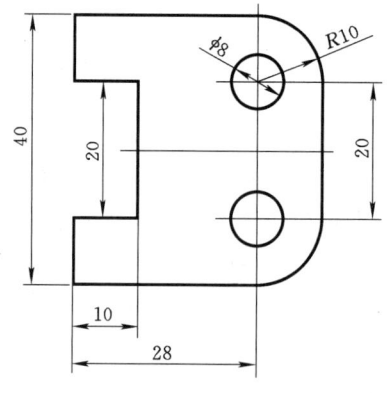

图1-76 习题1-3图二

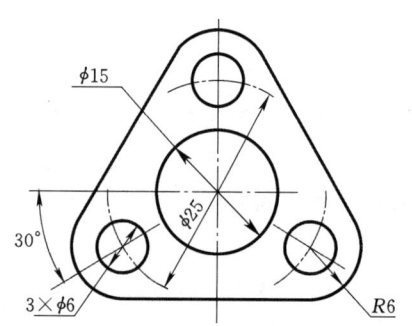

图1-77 习题1-3图三

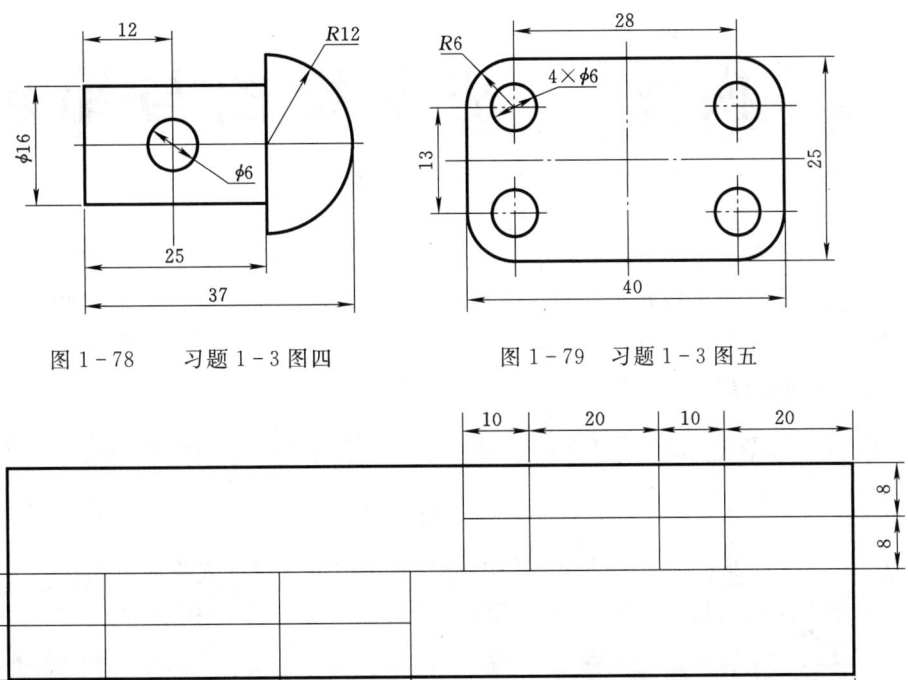

图 1-78　习题 1-3 图四

图 1-79　习题 1-3 图五

图 1-80　习题 1-3 图六

模块二 基本绘图与编辑

AutoCAD 2012 提供了许多种绘制图形的命令，用户可以通过"绘图"菜单调用这些绘制图形的命令，也可以在"绘图"工具栏中调用这些绘制图形的命令，如图 2-1 所示。有些命令只能在命令提示行中输入，而有些命令通过"绘图"下拉菜单或"绘图"工具栏就能够很方便地启动。

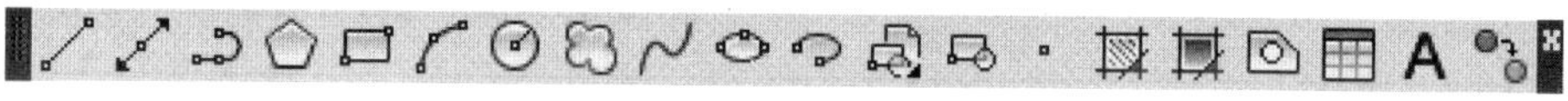

图 2-1 "绘图"工具栏

在 AutoCAD 2012 中，绘图和编辑命令是通过以下 3 种方式来调用的：
（1）单击绘图工具栏（图 2-1）或编辑工具栏（图 2-2）中的图标。

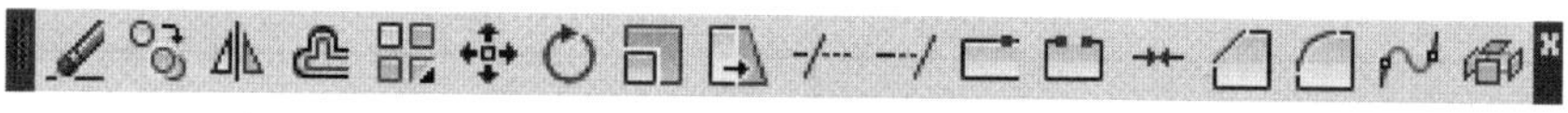

图 2-2 "编辑"工具栏

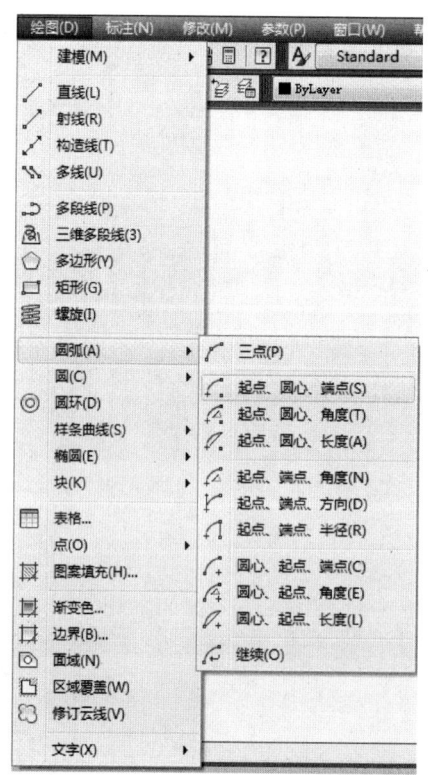

图 2-3 "绘图"下拉菜单

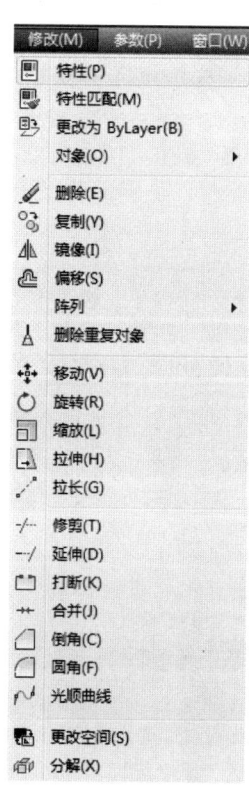

图 2-4 "修改"下拉菜单

(2) 单击下拉菜单"绘图"(图 2-3)或"修改"(图 2-4)中的命令。

(3) 如果既没有图标，也没有下拉菜单时，可直接从键盘输入命令。

项目一 绘制平面图形的基本方法

任务一 直 线

直线是构成平面图形最基本的对象，利用"Line"命令绘图是最基本的绘图操作。

1. 功能

绘制直线段。

2. 命令格式

(1) 单击图标。在"绘图"工具栏中。

(2) 下拉菜单。单击菜单栏中的"绘图"→"直线"命令。

(3) 由键盘输入命令。输入 l✓(Line 的缩写)。

选择上述任一方式执行，命令行提示：

指定第一点：(输入直线段的一点)

指定下一点或[放弃(U)]：(指定下一点，若输入 u，则放弃第一点)

指定下一点或[放弃(U)]：(指定下一点，若输入 u，则放弃上一点)

指定下一点或[闭合(C)/放弃(U)]：✓(结束命令。若输入 c 则与第一点相连，并结束命令)

【例 2-1】 用"直线"命令，绘制长为 100、宽(高)为 80 的矩形。

绘图步骤如下：

执行 Line 命令，AutoCAD 提示：

LINE 指定第一点：(在绘图区的任意位置用鼠标拾取一点作为矩形的左下角点)

指定下一点或[放弃(U)]：@100,0 ✓(用相对直角坐标确定矩形水平边的右端点，绘出长 100 的水平边)

指定下一点或[放弃(U)]：@80<90 ✓(用相对极坐标绘制长为 80 的垂直边)

指定下一点或[闭合(C)/放弃(U)]：@-100,0 ✓

指定下一点或[闭合(C)/放弃(U)]：c✓(闭合图形)

【例 2-2】 用"直线"命令，绘制长边为 150 的等边三角形，三角形底边水平放置，且三角形右下角点的坐标为 (200, 200)。

绘图步骤如下：

执行 Line 命令，AutoCAD 提示：

LINE 指定第一点：200,200

指定下一点或 [放弃(U)]：@-150,0

指定下一点或 [放弃(U)]：@150<60 (相对极坐标。等边三角形的内角是 60°)

指定下一点或［闭合(C)/放弃(U)］：c

任务二　构　造　线

构造线是双向无限延长的直线，没有起点和终点，主要用来绘制辅助线。

1. 功能

利用"Xline"命令可以创建无限长的线，可用作创建其他对象的参照。

2. 命令格式

（1）单击图标。在"绘图"工具栏中。

（2）下拉菜单。单击菜单栏中的"绘图"→"构造线"命令。

（3）由键盘输入命令。输入 xl✓（Xline 的缩写）。

任务三　圆

圆是组成复杂图形的基本元素，它在绘图过程中使用的频率相当高。

1. 功能

利用"Circle"命令可创建圆，可以指定圆心、半径、直径、圆周上的点和其他对象上的点等不同组合。

2. 命令格式

（1）单击图标。◎在"绘图"工具栏中。

（2）下拉菜单。单击菜单栏中的"绘图"→"圆"→"…"命令（图 2-5）。

（3）由键盘输入命令。输入 c✓（Circle 的缩写）。

选择上述任一方式输入命令，命令行提示：

指定圆的圆心或［三点(3P)/两点(2P)/相切、相切、半径(T)］：

3. 选项说明

（1）指定圆的圆心。"指定圆的圆心"选项为该命令的默认选项。

（2）三点（3P）。该选项表示用圆上 3 点确定圆的大小和位置。

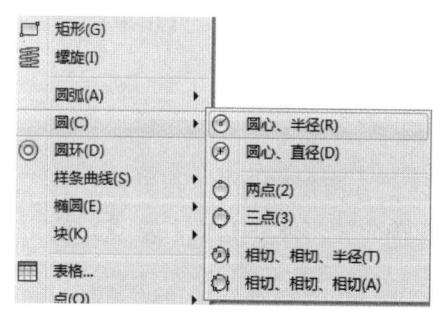

图 2-5　圆的下拉菜单

（3）两点（2P）。该选项表示以给定两点为直径画圆。

（4）相切、相切、半径（T）。该选项表示要画的圆与两条线段相切。

（5）相切、相切、相切（A）。该选项表示作一个与 3 条线段均相切的圆。此选项只能通过下拉菜单输入，即单击菜单栏中的"绘图"→"圆"→"相切、相切、相切"命令。

【例 2-3】　用"圆"和"直线"命令，绘制图 2-6 所示带轮的平面图。

绘图步骤如下：

(1) 执行"圆"命令，AutoCAD 提示：

指定圆的圆心或[三点(3P)/两点(2P)/相切、相切、半径(T)]：(任意拾取圆心点)

指定圆的半径或[直径(D)]<0.0000>:5↙（输入第一个圆的半径，结束命令）

(2) 单击"圆"图标，命令行提示：

指定圆的圆心或[三点(3P)/两点(2P)/相切、相切、半径(T)]：@30,0↙（用相对坐标输入第二个圆的圆心点）

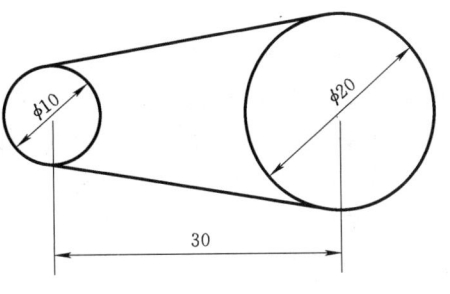

图 2-6　带轮的平面图

指定圆的半径或[直径(D)]<5.0000>:10↙（输入第二个圆的半径，结束命令）

(3) 单击"直线"图标，命令行提示：

指定第一点：(单击"捕捉到切点"图标)

指定第一点：_tan 到（在小圆大致切点处拾取一点，再单击"捕捉到切点"图标）

指定下一点或[放弃(U)]：_tan 到（在大圆大致切点处拾取一点，画出公切线）

指定下一点或[放弃(U)]：↙（结束命令）

(4) 重复上述操作，完成另一条公切线的绘制。

任务四　圆　　弧

要绘制圆弧，可以指定圆心、端点、起点、半径、角度、弦长和方向值的各种组合形式。

图 2-7　"圆弧"的下拉菜单

1. 功能

利用"Arc"命令可以使用多种方式来绘制圆弧。

2. 命令格式

(1) 单击图标。在"绘图"工具栏中。

(2) 下拉菜单。单击菜单栏中的"绘图"→"圆弧"→"…"命令（图 2-7）。

(3) 由键盘输入命令。输入 a↙(Arc 的缩写)。

3. 绘制圆弧的方法

绘制圆弧的方法有 11 种，常用的有以下 5 种：

(1) 三点（P）。该命令为默认命令。依次输入圆弧上 3 点的坐标确定圆弧。

(2) 起点、圆心、端点（S）。选择该命令后，命令行提示：

命令_arc 指定圆弧的起点或[圆心(C)]：(输入圆弧的起点)

指定圆弧的第二个点或[圆心(C)/端点(E)]:c↙（指定圆弧的圆心；输入圆弧的圆心）

指定圆弧的端点或[角度(A)/弦长(L)]：(输入圆弧的终点)↙

注意：圆弧只能从起点到终点、按逆时针方向绘制，所以绘图的起点和终点次序不能出错。

(3) 起点、端点、半径。选择该命令后,命令行提示:

命令_arc 指定圆弧的起点或[圆心(C)]:(输入圆弧的起点)

指定圆弧的第二个点或[圆心(C)/端点(E)]:e↙

指定圆弧的端点:(输入圆弧的终点)

指定圆弧的圆心或[角度(A)/方向(D)/半径(R)]:r↙(指定圆弧的半径;输入圆弧的半径,按逆时针方向画圆弧。当半径为负值时,画圆心角大于180°的圆弧)

(4) 起点、端点、角度(N)。选择该命令后,命令行提示:

命令_arc 指定圆弧的起点或[圆心(C)]:(输入圆弧的起点)

指定圆弧的第二个点或[圆心(C)/端点(E)]:e↙

指定圆弧的端点:(输入圆弧的终点)

指定圆弧的圆心或[角度(A)/方向(D)/半径(R)]:a↙(指定包含角;输入圆弧的包角,即圆心角。当角度为正时,按逆时针方向画圆弧。当角度为负时,按顺时针方向画圆弧)

(5) 继续(O)。选择该命令后,命令行提示:

命令_arc 指定圆弧的起点或[圆心(C)]:↙(以上一次所画线段的最后一点为起点)

指定圆弧的端点:(输入圆弧终点,画出与上一线段相切的圆弧)

【例 2-4】 用"圆"和"圆弧"命令,绘制图 2-8 所示的花坛平面图。

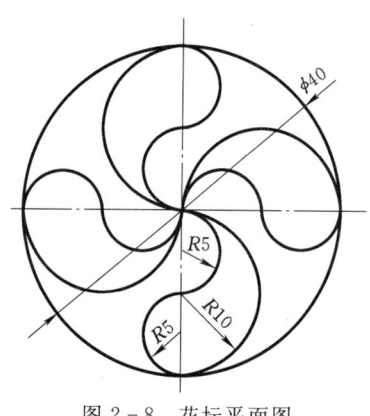

图 2-8 花坛平面图

绘图步骤如下:

(1) 单击"圆"图标,命令行提示:

指定圆的圆心或[三点(3P)/两点(2P)/相切、相切、半径(T)]:(任意拾取圆心点)

指定圆的半径或[直径(D)]<0.0000>:20↙(输入第一个圆的半径,结束命令)

(2) 单击菜单栏中的"绘图"→"圆弧"→"起点、端点、角度"命令,命令行提示:

指定圆弧的起点或[圆心(C)]:(捕捉 φ40 圆的圆心,命令行继续提示)

指定圆弧的第二个点或[圆心(C)/端点(E)]:e↙

指定圆弧的端点:(捕捉 φ40 圆的象限点,命令行继续提示)

指定圆弧的圆心或[角度(A)/方向(D)/半径(R)]:a↙

指定包含角:180↙(输入圆心角,结束命令)

(3) 单击菜单栏中的"绘图"→"圆弧"→"起点、端点、半径"命令,命令行提示:

指定圆弧的起点或[圆心(C)]:(捕捉 φ40 圆的象限点,命令行继续提示)

指定圆弧的第二个点或[圆心(C)/端点(E)]:e↙

指定圆弧的端点:(捕捉 R10 圆弧圆心,命令行继续提示)

指定圆弧的圆心或[角度(A)/方向(D)/半径(R)]:r↙

指定圆弧的半径:5↙(输入圆弧半径,结束命令)

(4) 单击菜单栏中的"绘图"→"圆弧"→"继续（O）"命令，命令行提示：

指定圆弧的起点或[圆心(C)]：✓

指定圆弧的端点：（捕捉 φ40 圆的象限点，结束命令）

(5) 重复步骤（2）～（4）的操作，完成另外 3 个相同部分的线段绘制。

任务五　多　段　线

1. 功能

绘制连续的直线和圆弧组成的线段组，并可随意设置线宽。

2. 命令格式

(1) 单击图标。在"绘图"工具栏中。

(2) 下拉菜单。单击菜单栏中的"绘图"→"多段线"命令。

(3) 由键盘输入命令。输入 pl✓（Pline 的缩写）。

选择上述任一方式输入命令，命令行提示：

指定起点：（输入起点坐标值）

当前线宽为 0.0000（显示当前线宽）

指定下一个点或[圆弧(A)/半宽(H)/长度(L)/放弃(U)/宽度(W)]：

3. 选项说明

(1) 指定下一个点。该选项为默认选项。指定多段线的下一点，生成一段直线。

(2) 圆弧（A）。该选项表示由绘制直线方式转为绘制圆弧方式，且绘制的圆弧与上一线段相切。

(3) 半宽（H）。指定下一线段宽度的一半数值。

(4) 长度（L）。将上一直线段延伸指定的长度。

(5) 宽度（W）。指定下一线段的宽度数值。

【例 2-5】 用"多段线"命令，绘制如图 2-9 所示的花格窗立面图。

绘图步骤如下：

(1) 在状态栏中打开"正交"、"对象捕捉"和"对象追踪"。

(2) 单击"多段线"图标，命令行提示：

指定起点：（任意拾取一点）

当前线宽为 0.0000

指定下一个点或[圆弧(A)/半宽(H)/长度(L)/放弃(U)/宽度(W)]：（光标向右移）40✓

指定下一点或[圆弧(A)/闭合(C)/半宽(H)/长度(L)/放弃(U)/宽度(W)]：（光标向上移）40✓

指定下一点或[圆弧(A)/闭合(C)/半宽(H)/长度(L)/放弃(U)/宽度(W)]：（光标向左移）40✓

指定下一点或[圆弧(A)/闭合(C)/半宽(H)/长度(L)/放弃(U)/宽度(W)]：c✓（完成正方形的绘制，结

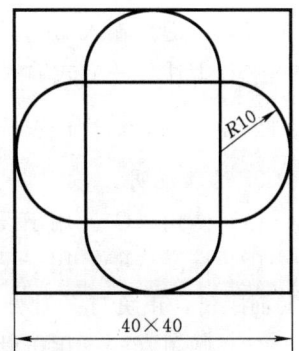

图 2-9　花格窗的立面图

束命令)

(3) 单击空格键,重复多段线操作,命令行提示:

指定起点:@10,-10↙(输入相对坐标,即相对刚才绘制的正方形左上角点的坐标值)

当前线宽为 0.0000

指定下一个点或[圆弧(A)/半宽(H)/长度(L)/放弃(U)/宽度(W)]:(光标向下移) 20↙

指定下一点或[圆弧(A)/闭合(C)/半宽(H)/长度(L)/放弃(U)/宽度(W)]:a↙

指定圆弧的端点或

[角度(A)/圆心(CE)/闭合(CL)/方向(D)/半宽(H)/直线(L)/半径(R)/第二个点(S)/放弃(U)/宽度(W)]:(光标向右移) 20↙

指定圆弧的端点或

[角度(A)/圆心(CE)/闭合(CL)/方向(D)/半宽(H)/直线(L)/半径(R)/第二个点(S)/放弃(U)/宽度(W)]:l↙

指定下一点或[圆弧(A)/闭合(C)/半宽(H)/长度(L)/放弃(U)/宽度(W)]:(光标向上移) 20↙

指定下一点或[圆弧(A)/闭合(C)/半宽(H)/长度(L)/放弃(U)/宽度(W)]:a↙

指定圆弧的端点或

[角度(A)/圆心(CE)/闭合(CL)/方向(D)/半宽(H)/直线(L)/半径(R)/第二个点(S)/放弃(U)/宽度(W)]:cl↙(结束命令)

(4) 重复步骤(2)操作,完成另一个多段线的绘制。

任务六 矩 形

1. 功能

绘制矩形。

2. 命令格式

(1) 单击图标。在"绘图"工具栏中。

(2) 下拉菜单。单击菜单栏中的"绘图"→"矩形"命令。

(3) 由键盘输入命令。输入 rec↙(Rectangle 的缩写)。

选择上述任一方式输入命令,命令行提示:

指定第一个角点或[倒角(C)/标高(E)/圆角(F)/厚度(T)/宽度(W)]:

3. 选项说明

(1) 倒角 (C)。用于设置矩形各倒角的距离。

(2) 标高 (E)。用于设置三维图形的高度位置。实体的高度基于用户坐标系(USC) XY 面距离,正负与 Z 轴方向一致。

(3) 圆角 (F)。用于设置矩形 4 个圆角的半径大小。

(4) 厚度 (T)。用于设置实体的厚度,即实体在高度方向延伸的距离。

(5) 宽度 (W)。用于设置矩形的线宽。

(6) 指定第一个角点。该选项为默认选项。

以上每个选项设置完成后,都回到原有的提示行形式。

【例 2-6】 绘制图 2-10 所示的圆角矩形。

绘图步骤如下:

命令:RECTANG

指定第一个角点或[倒角(C)/标高(E)/圆角(F)/厚度(T)/宽度(W)]:f✓(输入圆角参数)

指定矩形的圆角半径<0.0000>:10✓(输入圆角半径)

指定第一个角点或[倒角(C)/标高(E)/圆角(F)/厚度(T)/宽度(W)]:w✓(输入宽度参数)

指定矩形的线宽<0.0000>:0.5✓(输入宽度值)

指定第一个角点或[倒角(C)/标高(E)/圆角(F)/厚度(T)/宽度(W)]:(单击指定矩形的第一个角点)

指定另一个角点或[面积(A)/尺寸(D)/旋转(R)]:r✓(输入旋转参数)

指定旋转角度或[拾取点(P)]<0>:30✓(输入旋转角度)

指定另一个角点或[面积(A)/尺寸(D)/旋转(R)]:d✓(选择指定矩形的尺寸)

指定矩形的长度<10.0000>:40(指定矩形的长度尺寸)

指定矩形的宽度<10.0000>:30(指定矩形的宽度尺寸)

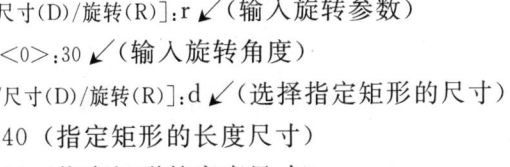

图2-10 圆角矩形

任务七 正 多 边 形

1. 功能

绘制边数为3～1024的正多边形。

2. 命令格式

(1) 单击图标。 在"绘图"工具栏中。

(2) 下拉菜单。单击菜单栏中的"绘图"→"正多边形"命令。

(3) 由键盘输入命令:输入 po✓(Polygon 的缩写)。

选择上述任一方式执行,命令行提示:

输入边的数目<4>:(输入正多边形的边数,默认为4)

指定正多边形的中心点或[边(E)]:

3. 选项说明

(1) 指定正多边形的中心点。该选项为默认选项,用多边形中心确定多边形位置。

(2) 边(E)。根据正多边形的边长绘制正多边形。

【例2-7】 用"圆"、"正多边形"和"圆弧"命令,绘制如图2-11所示的花坛平面图。

绘图步骤如下:

(1) 在状态栏中打开"正交"、"对象捕捉"。

(2) 单击"圆"图标 ,命令行提示:

指定圆的圆心或[三点(3P)/两点(2P)/相切、相切、半径(T)]:(任意拾取圆心点)

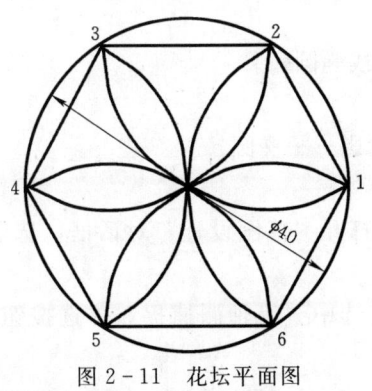

图2-11 花坛平面图

指定圆的半径或[直径(D)]<0.0000>:20↙(输入圆的半径，结束命令)

（3）单击"正多边形"图标 ，命令行提示：

输入边的数目<4>:6↙(输入正多边形的边数)

指定正多边形的中心点或[边(E)]:(拾取圆心点为正六边形的中心)

输入选项[内接于圆(I)/外切于圆(C)]<I>:↙(选择内接于圆方式画正六边形)

指定圆的半径：(拾取圆的左或右象限点，确定半径，结束命令)

（4）单击"圆弧"图标，命令行提示：

指定圆弧的起点或[圆心(C)]:(拾取正六边形的第1角点为圆弧的起点)

指定圆弧的第二个点或[圆心(C)/端点(E)]:(拾取圆心为圆弧的第2点)

指定圆弧的端点：(拾取正六边形的第3角点为圆弧的终点，结束命令)

（5）重复上述操作，完成其余5段圆弧的绘制。

任务八 椭 圆

1. 绘制椭圆或椭圆弧

（1）功能。绘制椭圆或椭圆弧。

（2）命令格式。

1）单击图标。在"绘图"工具栏中。

2）下拉菜单。单击菜单栏中的"绘图"→"椭圆"→……命令（图2-12）。

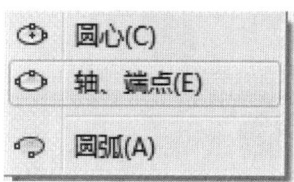

图 2-12 椭圆的下拉菜单

3）由键盘输入命令。输入 el↙(Ellipse的缩写)。

选择上述任一方式输入命令，命令行提示：

指定椭圆的轴端点或[圆弧(A)/中心点(C)]:

（3）选项说明。

1）指定椭圆的轴端点。该选项为默认选项，用椭圆某一轴上两端点确定椭圆位置。

2）圆弧（A）。选择"圆弧"选项时，输入A；也可以直接单击"绘图"工具栏中的"椭圆弧"图标。

3）中心点（C）。表示以椭圆中心定位的方式画椭圆或椭圆弧。

2. 绘制正等轴测图中的圆

（1）功能。在正等轴测投影中经常需要画圆的轴测投影——椭圆。

（2）正等轴测投影绘图方式的设置。

1）单击菜单栏中的"工具"→"草图设置"命令，打开"草图设置"对话框，选取"捕捉和栅格"选项卡，如图2-13所示。

2）在"捕捉与栅格"选项卡的"捕捉类型"栏中，选中"等轴测捕捉"单选按钮。单击 确定 按钮，回到绘图状态。

3）当前标准十字光标切换成正等轴测光标。光标 、 、 分别表示 YOZ、XOY、XOZ 平面。按F5键进行切换。此时，在状态栏中选择正交方式，可画出与 X、Y、Z 轴测坐标轴平行的线段。

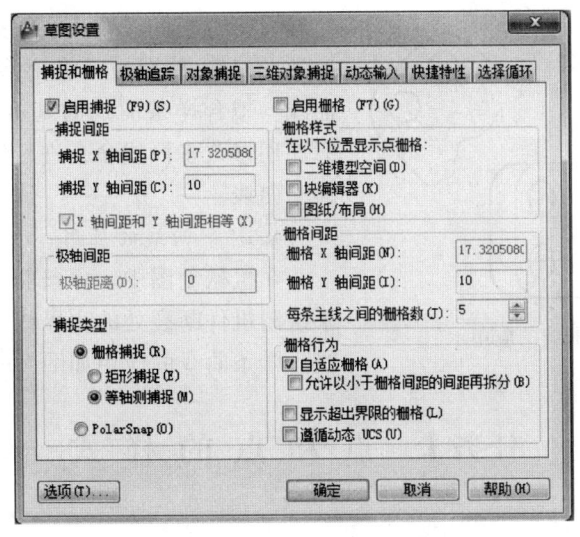

图 2-13 正等轴测图的画法

3. 命令格式

(1) 单击图标。在"绘图"工具栏中。

(2) 由键盘输入命令。输入 ellipse↙。

选择上述任一方式执行，命令行提示：

指定椭圆轴的端点或[圆弧(A)/中心点(C)/等轴测圆(I)]:i↙（进入正等轴测投影椭圆的绘图模式）

指定等轴测圆的圆心:（输入圆心坐标值）

指定等轴测圆的半径或[直径(D)]:（输入圆的半径，回车结束命令）

任务九 样 条 曲 线

在指定的允许误差范围内，把一系列的点通过数学计算拟合成光滑的曲线。在计算机绘图中，称这种拟合曲线为"B样条曲线"，简称"样条曲线"。这种曲线有很好的形状定义特性，对于绘制波浪线、相贯线、等高线和展开图等自由曲线非常有用。

1. 功能

通过输入一系列的点绘制一条光滑的样条曲线。

2. 命令格式

(1) 单击图标。在"绘图"工具栏中。

(2) 下拉菜单。单击菜单栏中的"绘图"→"样条曲线"命令。

(3) 由键盘输入命令。输入 spl↙（Spline 的缩写）。

选择上述任一方式执行，命令行提示：

指定第一个点或[对象(O)]：

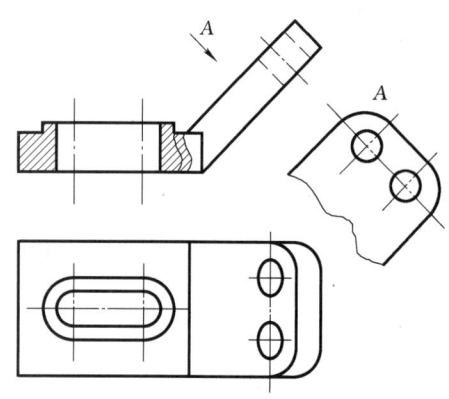

图 2-14 样条曲线的应用示例

3. 选项说明

（1）指定第一个点。该选项为默认选项。通过输入一系列的点，生成一条新的样条曲线。

（2）对象（O）。将由多段线拟合成的样条曲线（拟合样条曲线的基本性质仍然是多段线，只能用修改多段线命令进行修改）转换为真正的样条曲线。

4. 样条曲线的应用

在机械制图中，样条曲线常用作波浪线，用来绘制机件断裂处的边界线、视图与剖视的分界线。样条曲线的应用如图 2-14 所示。

任务十　点和点的样式

1. 点

（1）功能。根据点的样式和大小绘制点，还可以进行线段等分和块的插入。

（2）命令格式。

1）单击图标。在"绘图"工具栏中。

2）下拉菜单。单击菜单栏中的"绘图"→"点"→"多点"命令。

3）由键盘输入命令：输入 po↙（Point 的缩写）。

选择上述任一方式执行，命令行提示：

当前点模式：PDMODE=0 PDSIZE=0.0000

"当前点模式"是通过两个系统变量表示其点的形状和大小。其中，系统变量 PDMODE 表示点的常用形状，共 20 种。系统变量 PDSIZE 表示点的大小。

注意：点的命令只有按 Esc 键才能结束命令，按 Enter 键或右击均不能结束命令。如需要只画一个点，可单击菜单栏中的"绘图"→"点"→"单点"命令，画完一个点后自动结束命令。

2. 点的样式和大小的设置

点在几何中是没有形状和大小的，只有坐标位置。为了弄清楚点的位置，可以人为地设置它的大小和形状，这就是点的样式设置。

（1）功能。设置点的样式和大小。

（2）命令格式。单击菜单栏中的"格式"→"点样式"命令。弹出"点样式"对话框，如图 2-15 示。该对话框的上方是点的 20 个形状，被选中的呈黑色（默认为第一个）。PDMODE=0，形状为小圆点，它没有大小。下方为两单选按钮，默认为"相对于屏幕设置大小"。如在"点大小"文本框中输入数值，则显示点相对屏幕大小的百分数（默认为 5%）。这时显示的点，其大小不随图形的缩放而改变；如选取"按绝对单位设置大小"单选按钮，在"点大小"文本框中输入的数值，即为绝对的图形单位。这时显示的点,其大小随着图形的缩放而改变。

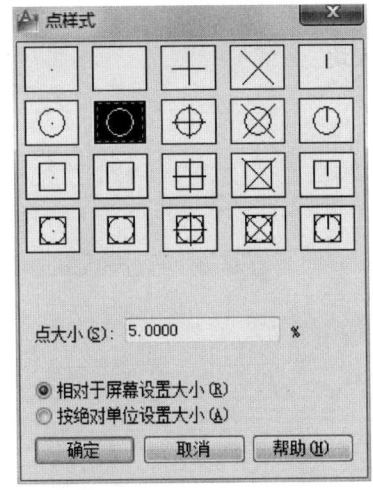 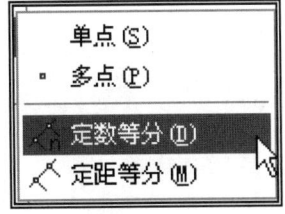

图 2-15 "点样式"对话框   图 2-16 点的下拉菜单

3. 定数等分点

(1) 功能。将选定的实体对象(所选实体只能是单个实体,文字、尺寸或块等不能作为选定对象)作 n 等分,并在各点处做出相应的标记或插入块。

(2) 命令格式。

1) 下拉菜单。单击菜单栏中的"绘图"→"点"→"定数等分"命令(图 2-16)。

2) 由键盘输入命令。输入 div✓(Divide 的缩写)。

选择上述任一方式执行,命令行提示:

选择要定数等分的对象:(拾取需要等分的实体)

输入线段数目或[块(B)]:

(3) 选项说明。

1) 输入线段数目。该选项为默认选项。可在 2~32767 范围内输入整数作为等分段数。将拾取实体等分成相应的等分,在每个等分点处按当前点的样式显示标记。

2) 块(B)。该选项表示在等分点处插入块(创建块的方法见模块四)。

4. 定距等分

(1) 功能。将选定的实体对象(所选实体只能是单个实体,文字、尺寸或块等不能作为选定对象)按指定距离等分,并在各点处做出相应的标记或插入块。

(2) 命令格式。

1) 下拉菜单。单击菜单栏中的"绘图"→"点"→"定距等分"命令。

2) 由键盘输入命令。输入 me✓(Measure 的缩写)。

选择上述任一方式执行,命令行提示:

选择要定距等分的对象:(拾取需要定距等分的实体,命令行继续提示)

指定线段长度或[块(B)]:

模块二 基本绘图与编辑

（3）选项说明。

1）指定线段长度。该选项为默认选项。当输入插入点之间的距离后，在每个等距点处按当前点的样式显示标记。

2）块（B）。该选项表示在等距点处插入块。

项目二　平面图形的编辑

任务一　选择对象模式

利用 AutoCAD 编辑对象时，当执行命令后，命令行会提示"选择对象"，这时在命令行输入"?"并按 Enter 键确定。命令行提示如下：

需要点或窗口(W)/上一个(L)/窗交(C)/框(BOX)/全部(ALL)/栏选(F)/圈围(WP)/圈交(CP)/编组(G)/添加(A)/删除(R)/多个(M)/前一个(P)/放弃(U)/自动(AU)/单个(SI)/子对象(SU)/对象(O)

根据命令行的提示，输入相关命令可执行其操作。

(1) 窗口（W）。选择矩形（由两点定义）中的所有对象。从左到右指定角点创建窗口选择。

(2) 上一个（L）。选择最近一次创建的可见对象。对象必须在当前空间（模型空间或图纸空间）中，并且一定不要将对象的图层设置为冻结或关闭状态。

(3) 窗交（C）。选择区域（由两点确定）内部或与之相交的所有对象。

(4) 框（BOX）。选择矩形（由两点确定）内部或与之相交的所有对象。

(5) 全部（ALL）。选择解冻的图层上的所有对象。

(6) 栏选（F）。选择与选择栏相交的所有对象。栏选方法与圈交方法相似，只是栏选不闭合，并且栏选可以与自己相交。

(7) 圈围（WP）。选择多边形（通过待选对象周围的点定义）中的所有对象。该多边形可以为任意形状，但不能与自身相交或相切。

(8) 圈交（CP）。选择多边形（通过在待选对象周围指定点来定义）内部或与之相交的所有对象。该多边形可以为任意形状，但不能与自身相交或相切。

(9) 编组（G）。选择指定组中的全部对象。

(10) 添加（A）。切换到添加模式，可以使用任何对象选择方法将选定对象添加到选择集。

(11) 删除（R）。切换到删除模式，可以使用任何对象选择方法从当前选择集中删除对象。

(12) 多个（M）。指定多次选择而不高亮显示对象，从而加快对复杂对象的选择过程。

(13) 前一个（P）。选择最近创建的选择集。

(14) 放弃（U）。放弃选择最近加到选择集中的对象。

(15) 自动（AU）。切换到自动选择，指向一个对象即可选择该对象。指向对象内部或外部的空白区，将形成框选方法定义的选择框的第一个角点。

（16）单个（SI）。切换到单选模式，选择指定的第一个或第一组对象而不继续提示进一步选择。

（17）子对象（SU）。使用户可以逐个选择原始形状，这些形状是复合实体的一部分或三维实体上的顶点、边和面。

（18）对象（O）。结束选择子对象的功能。使用户可以使用对象选择方法。

任务二 快速选择对象

指定过滤条件以及根据该过滤条件创建选择集的方式。

1. 功能

用户可以使用对象特性或对象类型来将对象包含在选择集中或排除对象。在AutoCAD 2012中，当用户需要选择具有某些共性的对象时，可利用"快速选择"对话框根据对象的图层、线型、颜色和图案填充等特性创建选择集。

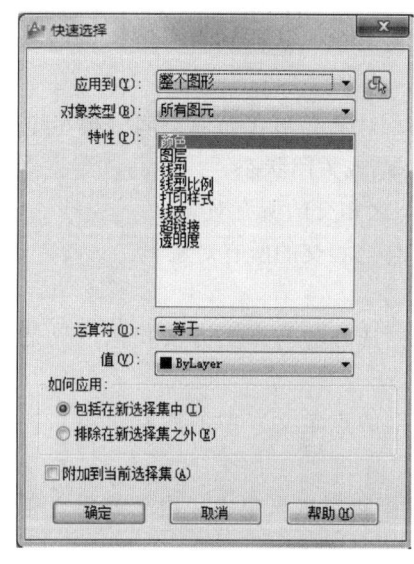

图2-17 "快速选择"对话框

2. 命令格式

（1）下拉菜单。选择"工具"→"快速选择"菜单命令。

（2）快捷菜单。终止任何活动命令，右击绘图区域，在弹出的快捷菜单中选择"快速选择"命令。

（3）由键盘输入命令。输入qselect↙。

除了以上3种访问方式外，在"特性"、"块定义"等窗口或对话框中也提供了 按钮来访问QSELECT命令。

可调出"快速选择"对话框，如图2-17所示。

3. 参数说明

（1）应用到（Y）。将过滤条件应用到整个图形或当前选择集。

（2）对象类型（B）。指定要包含在过滤条件中的对象类型。

（3）特性（P）。指定过滤器的对象特性。此列表包括选定对象类型的所有可搜索特性。

（4）运算符（O）。控制过滤的范围。

（5）值（V）。指定过滤器的特性值。

（6）如何应用。指定是将符合给定过滤条件的对象包括在新选择集内还是排除在新选择集之外。

（7）附加到当前选择集（A）。指定是由"qselect"命令创建的选择集替换还是附加到当前选择集。

任务三 实 体 的 删 除

1. 功能

在 AutoCAD 2012 中，系统提供有专门的删除命令，以对一些临时性对象或不必要的对象进行删除处理。

2. 命令格式

(1) 单击图标。在"修改"工具栏中。

(2) 下拉菜单：单击菜单栏中的"修改"→"删除"命令。

(3) 由键盘输入命令。输入 e↙（Erase 的缩写）。

选择上述任一方式执行，命令行提示：

选择对象：(可按需要采用不同的选择方式拾取实体后回车，所选实体在屏幕上消失，结束命令)

注意：也可先拾取实体，再单击"删除"图标，也能达到同样结果。

任务四 实 体 的 修 剪

1. 功能

在使用 AutoCAD 2012 绘制工程图时，可利用"修剪"命令剪切掉一个图形对象的一部分，但这个图形对象必须有其他图形对象定义的边界。

2. 命令格式

(1) 单击图标。在"修改"工具栏中。

(2) 下拉菜单。单击菜单栏中的"修改"→"修剪"命令。

(3) 由键盘输入命令。输入 tr↙（Trim 的缩写）

选择上述任一方式执行，命令行提示：

当前设置:投影=UCS,边=无

选择剪切边…

选择对象或<全部选择>：(拾取作为剪切边的实体。如果输入 all 则全部实体被选中)

选择对象：(继续拾取剪切边，右击，则结束选择剪切边的操作)

选择要修剪的对象,或按住 Shift 键选择要延伸的对象,或

[栏选(F)/窗交(C)/投影(P)/边(E)/删除(R)/放弃(U)]：(选择被修剪的线段)

3. 选项说明

(1) 选择要修剪的对象。拾取某实体上一点，从拾取点到剪切边的部分被擦除。如果实体与剪切边不相交，则不能擦除。

(2) 按住 Shift 键选择要延伸的对象。将实体离拾取点较近的一端延长到剪切边。

(3) 栏选 (F)。用栏选方式确定需要被擦除的部分。

(4) 窗交 (C)。用窗交方式确定需要被擦除的部分。

(5) 投影 (P)。用于指定剪切时系统使用的投影方式。

(6) 边（E）。用于决定被剪切对象是否需要使用剪切边延长线上的虚拟边界。

(7) 删除（R）。选择需要删除的对象。

(8) 放弃（U）。表示放弃刚刚选择的被剪切对象。

注意：① 剪切边也可以作为被剪对象；② 删除对象仍然可以作为剪切边。

【例 2-8】 绘制如图 2-18（b）所示的图形。

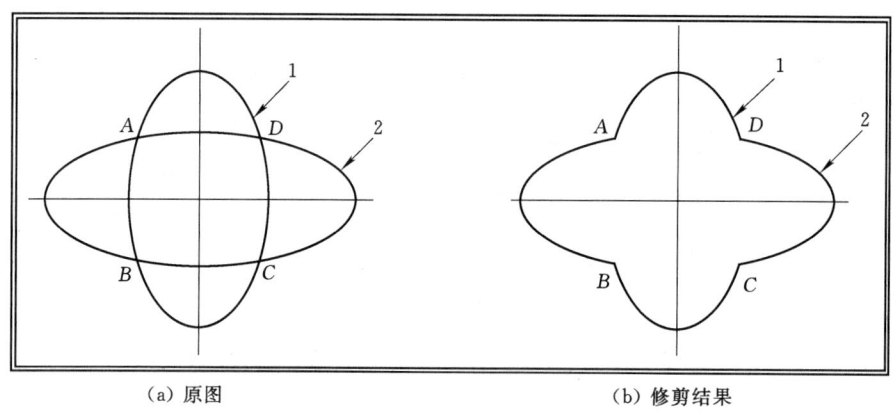

（a）原图　　　　　　　　　　　（b）修剪结果

图 2-18　修剪命令

绘图步骤如下：

命令:_trim

前设置:投影＝UCS,边＝无

选择剪切边...

选择对象或＜全部选择＞:找到1个（单击对象线段1）

选择对象:找到1个,总计2个（单击对象线段2）

选择对象：

选择要修剪的对象,或按住 Shift 键选择要延伸的对象,或

[栏选(F)/窗交(C)/投影(P)/边(E)/删除(R)/放弃(U)]:（单击要修剪的对象即线段 AB）

选择要修剪的对象,或按住 Shift 键选择要延伸的对象,或

[栏选(F)/窗交(C)/投影(P)/边(E)/删除(R)/放弃(U)]:（单击要修剪的对象即线段 BC）

选择要修剪的对象,或按住 Shift 键选择要延伸的对象,或

[栏选(F)/窗交(C)/投影(P)/边(E)/删除(R)/放弃(U)]:（单击要修剪的对象即线段 CD）

选择要修剪的对象,或按住 Shift 键选择要延伸的对象,或

[栏选(F)/窗交(C)/投影(P)/边(E)/删除(R)/放弃(U)]:（单击要修剪的对象即线段 AD）

选择要修剪的对象,或按住 Shift 键选择要延伸的对象,或

[栏选(F)/窗交(C)/投影(P)/边(E)/删除(R)/放弃(U)]:（按 Esc 键退出命令）

任务五　实 体 的 延 伸

1. 功能

利用"Extend"命令可以将对象延伸到另一对象。

2. 命令格式

(1) 单击图标。在"修改"工具栏中。

(2) 下拉菜单。单击菜单栏中的"修改"→"延伸"命令。

(3) 由键盘输入命令。输入 ex✓（Extend 的缩写）。

选择上述任一方式输入命令，命令行提示：

当前设置：投影＝UCS，边＝无

选择边界的边…

选择对象或<全部选择>：（选择要延伸的实体边界。每次拾取后命令行提示找到了几个实体）

选择对象：（继续选择作为边界的实体，右击，则结束选择）

选择要延伸的对象，或按住 Shift 键选择要修剪的对象，或［投影(P)/边(E)/放弃(U)］：

3. 选项说明

(1) 选择要延伸的对象。该选项为默认选项。若拾取实体上一点，则该实体从靠近拾取点一端延伸到边界处。如果实体延伸后不能与所选边界相交，则该实体不会被延伸。

(2) 按住 Shift 键选择要修剪的对象。如按住 Shift 键，此时的延伸变为修剪功能，其操作与修剪操作一样。

(3) 投影（P）。用于指定延伸时系统使用的投影方式。

(4) 边（E）。用于决定被延伸对象是否需要使用延伸边界延长线上的虚拟边界。

(5) 放弃（U）。表示放弃刚刚选择的被延伸对象。

任务六　实体的移动

1. 功能

利用"Move"命令可以在指定方向上按指定距离移动对象。

2. 命令格式

(1) 单击图标。✥在"修改"工具栏中。

(2) 下拉菜单。单击菜单栏中的"修改"→"移动"命令。

(3) 由键盘输入命令。输入 m✓（Move 的缩写）。

选择上述任一方式执行，命令行提示：

选择对象：（拾取需要移动的实体，可进行多次拾取）

选择对象：找到 n 个，总计 m 个（显示每次拾取的实体个数 n 和总共拾取的个数 m）

选择对象：（右击或回车，结束需要移动对象的选择，命令行继续提示）

指定基点或［位移(D)］<位移>：

3. 选项说明

(1) 指定基点。输入基点后，拾取或输入相对于基点的位移点。一般用相对坐标比较方便。

(2) 位移（D）。该选项是直接给定 X、Y、Z 的位移量来移动实体。

任务七 实 体 的 偏 移

偏移对象以创建其造型与原始对象造型平行的新对象。

1. 功能

利用"Offset"命令可以创建形状与选定对象的形状平行的新对象。偏移圆或圆弧可以创建更大或更小的圆或圆弧,取决于向哪一侧偏移。

2. 命令格式

(1) 单击图标。在"修改"工具栏中。

(2) 下拉菜单。单击菜单栏中的"修改"→"偏移"命令。

(3) 由键盘输入命令。输入 o↙(Offset 的缩写)。

选择上述任一方式执行,命令行提示:

当前设置:删除源=否 图层=源 OFFSETGAPTYPE=0

指定偏移距离或[通过(T)/删除(E)/图层(L)]<0.0000>:

3. 选项说明

(1) 指定偏移距离。该选项为默认选项。

(2) 通过(T)。通过某一特殊点,绘制与某条线段等距的线段。

(3) 删除(E)。该选项用来确定是否删除源对象。

(4) 图层(L)。确定通过偏移而产生的实体是在源对象图层,还是在当前图层。

(5) 系统变量 OFFSETGAPTYPE。控制偏移闭合多段线时,处理线段之间的潜在间隙的方式。

任务八 实 体 的 复 制

1. 功能

在指定方向上按指定距离复制对象。

2. 命令格式

(1) 单击图标。在"修改"工具栏中。

(2) 下拉菜单。单击菜单栏中的"修改"→"复制"命令。

(3) 由键盘输入命令。输入 co↙或 cp↙(Copy 的缩写)。

选择上述任一方式执行,命令行提示:

选择对象:(使用对象选择方法并在完成选择后按 Enter 键)

指定基点或[位移(D)/模式(O)/多个(M)]<位移>:(指定基点或输入选项)

指定第二个点或[阵列(A)]<使用第一个点作为位移>:(指定第二个点或输入选项)

指定第二个点或[阵列(A)/退出(E)/放弃(U)]<退出>:

3. 选项说明

(1) 指定基点。输入或拾取基点。

(2) 位移（D）。使用坐标指定相对距离和方向。

(3) 模式（O）。控制命令是否自动重复（COPYMODE 系统变量）。

(4) 多个（M）。替代"单个"模式设置。在命令执行期间，将 COPY 命令设定为自动重复。

(5) 阵列（A）。指定在线性阵列中排列的副本数量。

任务九　实体的旋转

当在 AutoCAD 2012 中绘制具有一定角度的图形对象时，可以先用正交工具在水平或垂直方向上绘制，然后再利用"旋转"命令对其进行旋转。

1. 功能

可以绕指定基点旋转图形中的对象。要确定旋转的角度，需输入角度值，使用光标进行拖动，或者指定参照角度，以便与绝对角度对齐。

2. 命令格式

(1) 单击图标。在"修改"工具栏中。

(2) 下拉菜单。单击菜单栏中的"修改"→"旋转"命令。

(3) 由键盘输入命令。输入 ro↙（Rotate 的缩写）。

选择上述任一方式执行，命令行提示：

UCS 当前的正角方向：ANGDIR=逆时针 ANGBASE=0（提示当前用户坐标系的角度方向。当 ANGDIR=0 时，逆时针方向为正；当 ANGDIR=1 时，顺时针方向为正。ANGBASE 为系统默认参照角，取值范围在 0°～360°内。当输入负值时，系统默认为 360°减去该输入值；如果输入值大于 360°，系统默认为该值减去 360°）

选择对象：（拾取需要旋转的实体，可进行多次拾取）

选择对象：找到 n 个，总计 m 个（显示每次拾取的实体个数 n 和总共拾取的个数 m）

选择对象：（右击或↙，结束需要旋转对象的选择）

指定基点：（利用对象捕捉或直接输入坐标值，确定基点位置）

指定旋转角度，或[复制(C)/参照(R)]<270>：

3. 选项说明

(1) 指定旋转角度。该选项为默认选项。按照提示当前用户坐标系角度方向，直接输入角度值，结束命令。

(2) 复制（C）。该选项为保留源拾取的对象不被删除。

(3) 参照（R）。按指定参照角设置旋转角，即角度的起始边不是 X 轴正方向，而是用户输入的参照角。

任务十　实体的阵列

1. 功能

创建在二维或三维图形中以阵列模式排列的对象的副本。使用"阵列"命令可以方便地按矩形、路径和环形复制被选对象,如图2-19所示。

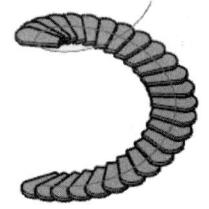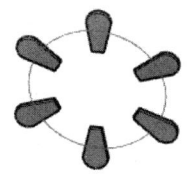

图2-19 实体阵列

2. 命令格式

(1) 单击图标。在"修改"工具栏中单击按钮 。

(2) 功能区按钮。执行菜单栏上的"常用"选项卡→"修改"面板→"阵列",单击"阵列"按钮右侧下拉箭头,即显示矩形阵列、路径阵列和环形阵列3种阵列方式。

(3) 由键盘输入命令。输入 ar↙(Array 的缩写)。

3. 矩形阵列

使用矩形阵列命令对图2-20所示的圆进行阵列。

选择上述任一方式执行,命令行提示:

命令:_arrayrect 选择对象:选择要阵列的对象即小圆↙
为项目数指定对角点或[基点(B)/角度(A)/计数(C)]<计数>:↙
输入行数或[表达式(E)]<4>:输入"2"↙
输入列数或[表达式(E)]<4>:输入"2"↙
指定对角点以间隔项目或[间距(S)]<间距>:↙
指定行之间的距离或[表达式(E)]<15>:输入"13"↙
指定列之间的距离或[表达式(E)]<15>:输入"28"↙

结果如图2-21所示。

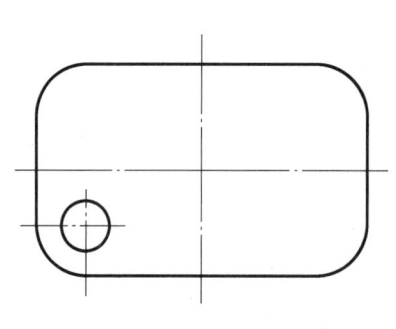 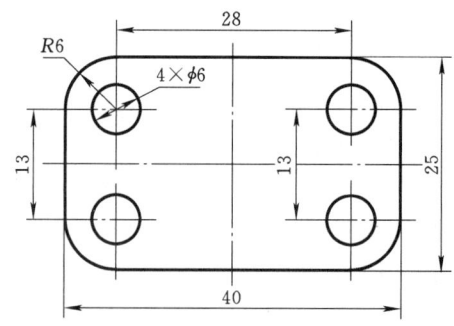

图2-20 矩形阵列原图　　　　图2-21 矩形阵列结果

若要对阵列后的圆进行编辑,则单击该圆,这时在菜单栏上显示"矩形阵列"功能选项板,可进行编辑,如图2-22所示。

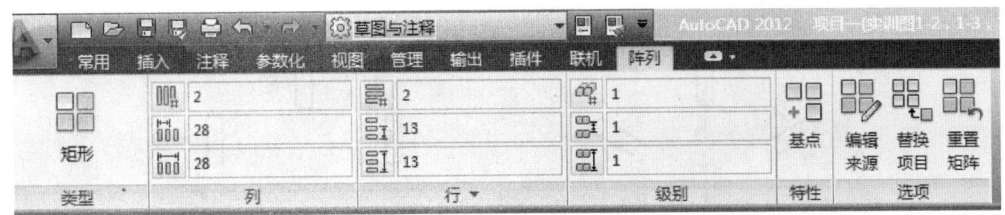

图 2-22 "矩形阵列"选项板

4. 路径阵列

使用路径阵列命令对图 2-23 所示的圆进行阵列。

选择上述任一方式执行,命令行提示:

命令:_arraypath 选择对象:(选择要阵列的对象,即圆)↙

选择路径曲线:选择曲线↙

输入沿路径的项数或[方向(O)/表达式(E)]<方向>:↙

指定基点或[关键点(K)]<路径曲线的终点>:↙

指定与路径一致的方向或[两点(2P)/法线(NOR)]<当前>:↙

输入沿路径的项目数或[表达式(E)]<4>:输入"5"↙

指定沿路径的项目之间的距离或[定数等分(D)/总距离(T)/表达式(E)]<沿路径平均定数等分(D)>:↙

按 Enter 键接受或[关联(AS)/基点(B)/项目(I)/行(R)/层(L)/对齐项目(A)/Z 方向(Z)/退出(X)]<退出>:↙

结果如图 2-24 所示。

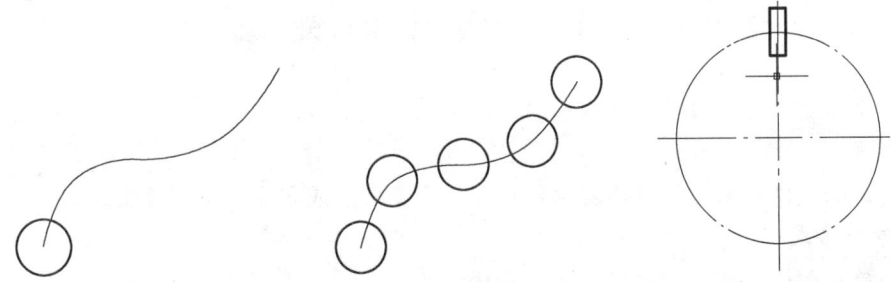

图 2-23 路径阵列原图　　图 2-24 路径阵列结果　　图 2-25 环形阵列原图

5. 环形阵列

使用环形阵列命令对图 2-25 所示的长方形进行阵列。

选择上述任一方式执行,命令行提示:

命令:_arraypolar 选择对象:选择长方形↙

指定阵列的中心点或[基点(B)/旋转轴(A)]:选择圆心↙

输入项目数或[项目间角度(A)/表达式(E)]<4>:输入"6"↙

指定填充角度(+=逆时针,-=顺时针)或[表达式(EX)]<360>:↙

按 Enter 键接受或[关联(AS)/基点(B)/项目(I)/项目间角度(A)/填充角度(F)/行(ROW)/层(L)/旋转项目(ROT)/退出(X)]<退出>:↙

结果如图 2-26 所示。单击该选项板上的"旋转项目"按钮,长方形将自动在阵列旋转和阵列不旋转之间切换，如图 2-27 所示。

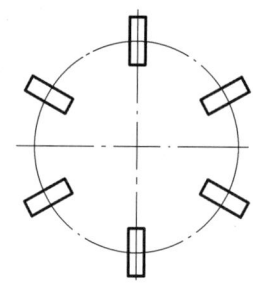

图 2-26 环形阵列结果

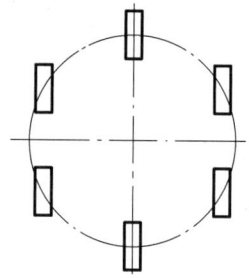

图 2-27 环形阵列旋转结果

单击阵列后的长方形，这时在菜单栏上显示"环形阵列"功能选项板，如图 2-28 所示。

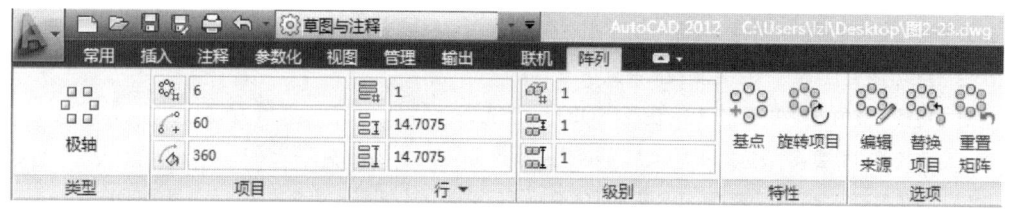

图 2-28 "环形阵列"选项板

任务十一 实 体 的 镜 像

可以绕指定轴翻转对象创建对称的镜像图像。

1. 功能

将选定的实体对象进行对称复制，并根据需要保留或删除原实体对象。

2. 命令格式

（1）单击图标。在"绘图"工具栏中。

（2）下拉菜单。单击菜单栏中的"修改"→"镜像"命令。

（3）由键盘输入命令。输入 mi↙（Mirror 的缩写）。

选择上述任一方式执行，命令行提示：

选择对象：（拾取需要镜像的实体对象）

选择对象：（可进行多次拾取。回车则结束对象拾取，命令行继续提示）

指定镜像线的第一点：（拾取或输入对称轴线上的第一点）

指定镜像线的第二点：（拾取或输入对称轴线上的第二点）

是否删除源对象？[是(Y)/否(N)]<N>：（输入 y，删除原拾取的对象；输入 n，则不删除原对象，该选项为默认选项）

3. 文字镜像

系统变量 MIRRTEXT 用于确定文字镜像时，其方向及位置是否改变。当变量 MIR-

RTEXT=0时，文字被镜像后，只是位置镜像，而不改变方向，如图2-29（a）所示。当变量 MIRRTEXT=1时，文字被镜像后，方向和位置均被镜像，如图2-29（b）所示。

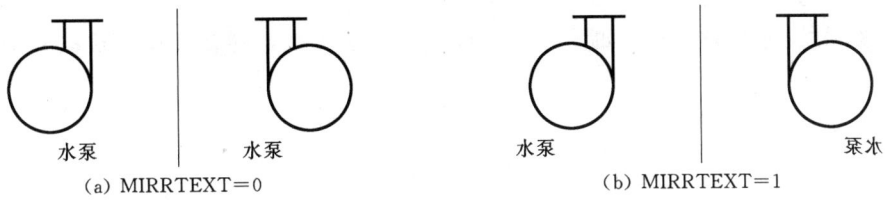

(a) MIRRTEXT=0   (b) MIRRTEXT=1

图2-29　系统变量对文字镜像的影响

任务十二　实体的拉伸

1. 功能

可以调整对象大小，使其在一个方向上或是按比例增大或缩小。还可以通过移动端点、顶点或控制点来拉伸某些对象。

2. 命令格式

(1) 单击图标。在"修改"工具栏中。

(2) 下拉菜单。单击菜单栏中的"修改"→"拉伸"命令。

(3) 由键盘输入命令。输入 s↙（Stretch 的缩写）。

选择上述任一方式输入命令，命令行提示：

以交叉窗口或交叉多边形选择要拉伸的对象…

选择对象:找到 n 个（拾取对象，提示行显示拾取对象个数 n）

选择对象：（可多次拾取。右击或↙，结束拾取对象，命令行继续提示）

指定基点或[位移(D)]<位移>：

3. 选项说明

(1) 指定基点。输入基点的坐标值或位移量。

(2) 位移（D）。输入 X、Y、Z 的坐标值后，拉伸对象。

【例2-9】　已知有如图2-30（a）所示的图形，对其进行拉伸，结果如图2-30（b）所示。

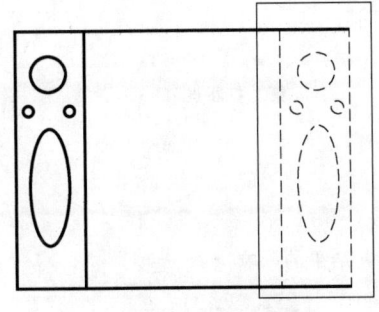 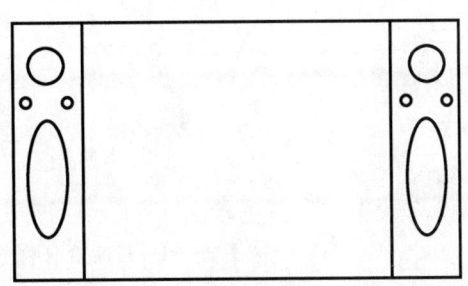

(a) 拉伸前及交叉窗口　　　　　　　(b) 拉伸后的结果

图2-30　对电视机屏幕的拉伸

操作步骤如下：

命令：_stretch

以交叉窗口或交叉多边形选择要拉伸的对象…

选择对象：指定对角点：找到6个［如图2-30（a）中所示虚线，用交叉窗口拾取6个实体对象］

选择对象：✓（结束拾取对象）

指定基点或［位移(D)］<位移>：50，0✓（输入需要伸展的位移量）

指定位移的第二个点或<用第一个点作位移>：✓［确定以上输入的数据为位移量，而不是基点坐标值。结束命令，完成拉伸操作，如图2-30（b）所示］

任务十三　实体的打断

1．打断命令

（1）功能。可以将一个对象打断为两个对象，对象之间可以具有间隔，也可以没有间隔。还可以将多个对象合并为一个对象。通常用于为块或文字创建空间。

（2）命令格式。

1）单击图标。在"修改"工具栏中。

2）下拉菜单。单击菜单栏中的"修改"→"打断"命令。

3）由键盘输入命令。输入br✓（Break的缩写）。

选择上述任一方式执行，命令行提示：

选择对象：（拾取需要打断的实体，命令行继续提示）

指定第二个打断点或［第一点(F)］：

（3）选项说明。

1）指定第二个打断点。该选项为默认选项。将拾取实体的点作为第一打断点，再拾取第二打断点，即删除两打断点之间部分，把一个不封闭实体分为两个实体。从第一打断点到第二打断点之间，拾取顺序不同，得到的结果不同，如图2-31所示。

2）第一点（F）。该选项是将原拾取实体点不作为第一打断点，重新拾取第一打断点。

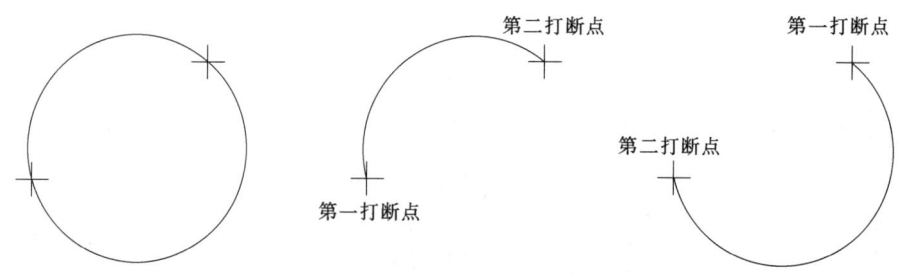

图2-31　打断拾取顺序对打断结果的影响

2．打断于点命令

（1）功能。将选定的图形实体（文字除外）断开，使封闭的实体（如圆、椭圆、闭合的多段线或样条曲线等）变成不封闭，使不封闭实体分成两段。具体的操作方法取决于所选实体的类型及指定的断点位置。

（2）命令格式。

单击"打断于点"图标，命令行提示：

选择对象：（选择需要打断的对象，命令行继续提示）

指定第二个打断点或［第一点(F)］:_f

指定第一个打断点：（拾取断开点）

指定第二个打断点:@（自动结束命令）

任务十四　实　体　的　缩　放

1. 功能

缩放对象即将指定对象按照指定的比例相对于基点进行放大或缩小操作。

2. 命令格式

（1）单击图标。在"修改"工具栏中。

（2）下拉菜单。单击菜单栏中的"修改"→"缩放"命令。

（3）由键盘输入命令。输入 sc↙（Scale 的缩写）。

选择上述任一方式执行，命令行提示：

选择对象：（拾取实体对象，命令行继续提示）

选择对象：（继续拾取实体对象。回车，命令行继续提示）

指定基点：（输入基点坐标值，命令行继续提示）

指定比例因子或［复制(C)/参照(R)］<1.0000>：

3. 选项说明

（1）指定比例因子。该选项为默认选项，直接输入比例因子数值。比例因子必须大于0，大于1表示放大，小于1表示缩小。输入比例因子后，拾取实体对象按比例因子数值放大或缩小显示，结束命令。

（2）参照（R）。该选项是在不能准确确定比例因子的情况下使用的。

【例 2-10】 如图 2-32（a）所示，将 AB 直线放大与 BC 直线长度相等。

操作步骤如下：

单击"比例"图标，命令行提示：

选择对象:找到1个（拾取直线 AB）

选择对象：（右击结束拾取）

指定基点：（拾取 B 点为基点）

指定比例因子或［复制(C)/参照(R)］<1.0000>：r↙（选择用参照方式缩放）

指定参照长度<1>：（拾取 A 点为计算参照长度<1>的起点）

指定第二点：（拾取 B 点为计算参照长度<1>的终点，A、B 两点的距离为第一参照长度）

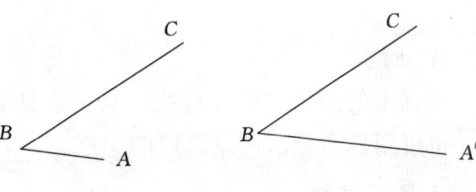

(a) 原图　　　　(b) 缩放结果

图 2-32　线段的参照缩放

指定新长度:(拾取 C 点,以 B、C 两点的距离为第二参照长度。以第一参照长度与第二参照长度的比值为比例因子进行缩放。如图 2-32 (b) 所示,将 A 点移到 A′点的位置)

任务十五 实 体 的 拉 长

1. 功能

通过"Lengthen"命令可以改变对象的形状,在 AutoCAD 2012 中,主要用于非等比缩放。可更改对象的长度和圆弧的包含角。

2. 命令格式

(1) 下拉菜单。单击菜单栏中的"修改"→"拉长"命令。

(2) 由键盘输入命令。输入 len✓(Lengthen 的缩写)。

选择上述任一方式执行,命令行提示:

选择对象或[增量(DE)/百分数(P)/全部(T)/动态(DY)]:

3. 选项说明

(1) 选择对象。该选项为默认选项。选择直线后,命令行显示其测量长度。选择圆弧后,命令行显示其测量长度和圆心角,并再次回到原提示。

(2) 增量(DE)。该选项表示给出一个定值作为实体的增加或缩短量。输入正值表示增加;反之为缩短。

(3) 百分数(P)。该选项表示通过指定线段改变后的长度、占原长度的百分数来改变线段长度;或者通过改变指定圆弧(或椭圆弧)的角度、占原角度的百分数来改变圆弧(或椭圆弧)角度。改变后实体的总长度(或角度)等于用户输入的百分数乘以实体的原长度(或原角度)。

(4) 全部(T)。该选项表示通过重新设置实体的总长度(或总角度),改变线段的长度(或角度)。

(5) 动态(DY)。该选项表示用动态方式改变实体的长度或圆弧、椭圆弧的角度。

任务十六 实 体 的 倒 角

1. 功能

将选定的两条非平行直线,从交点处各裁剪掉指定的长度,并以斜线连接两个裁剪端。也可用该命令求两直线段的交点。

2. 命令格式

(1) 单击图标。在"修改"工具栏中。

(2) 下拉菜单。单击菜单栏中的"修改"→"倒角"命令。

(3) 由键盘输入命令。输入 cha✓(Chamfer 的缩写)。

选择上述任一方式执行,命令行提示:

(|修剪|模式)当前倒角距离1=0.0000,距离2=0.0000

选择第一条直线或[放弃(U)/多段线(P)/距离(D)/角度(A)/修剪(T)/方式](E)/多个(M)]:

3. 选项说明

（1）选择第一条直线。该选项为默认选项。当输入"倒角"命令后，命令行提示的修剪模式符合用户要求，直接在绘图区拾取第一条需要倒角的直线，再拾取第二条直线，画出倒角。

（2）距离（D）。选择该选项是为了重新设置倒角距离。

（3）角度（A）。该选项是为了重新设置倒角一边距离，与该边夹角来确定倒角的修剪方式。

（4）修剪（T）。该选项是为了重新设置两条原线段是修剪模式还是非修剪模式。

（5）方式（E）。该选项是为了重新设置修剪方法。在"两个距离"和"一个距离与一个角度"两种模式之间切换。

（6）多个（M）。该选项是为了连续进行多个倒角的操作。

（7）多段线（P）。该选项是为了对二维多段线、矩形和正多边形进行倒角，以提高绘图速度。

（8）放弃（U）。该选项是放弃刚刚进行的操作。

任务十七　实体的圆角

1. 功能

圆角使用与对象相切并且具有指定半径的圆弧连接两个对象。利用已知半径的圆弧，将选定的两实体（直线、构造线、圆、椭圆、圆弧和椭圆弧等），或一条带转折点的多段线（矩形、正多边形等）中的两相交直线段，光滑地连接起来，如图 2-33 所示。

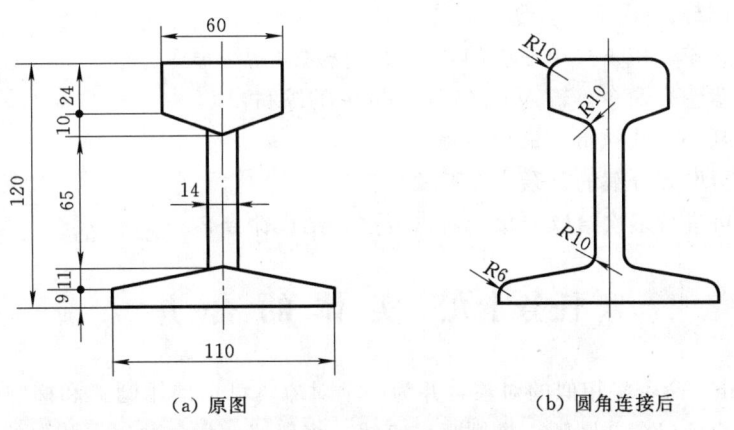

（a）原图　　　　　　　　　　　（b）圆角连接后

图 2-33　实体的圆角连接举例

2. 命令格式

（1）单击图标。在"修改"工具栏中。

（2）下拉菜单。单击菜单栏中的"修改"→"圆角"命令。

（3）由键盘输入命令。输入 f↙（Fillet 的缩写）。

选择上述任一方式执行，命令行提示：

当前设置:模式＝修剪,半径＝0.0000（提示当前修剪模式和圆角半径）

选择第一个对象或[放弃(U)/多段线(P)/半径(R)/修剪(T)/多个(M)]：

3. 选项说明

（1）选择第一个对象。该选项为默认选项，当命令窗口显示的当前设置修剪模式和圆角半径正好是所需要的，就可以直接拾取第一个实体对象，再拾取第二条直线，画出圆角。

（2）多段线（P）。该选项是为了对二维多段线、矩形和正多边形进行圆角，以提高绘图速度。

（3）半径（R）。该选项是为了重新设置圆角半径。当命令窗口提示中的 R 数值不符合用户要求时，用户选择该选项重新设置新的圆角半径。

（4）修剪（T）。该选项是为了重新设置两条原线段是否修剪。

（5）多个（M）。该选项是为了连续进行多个圆角的操作。

（6）放弃（U）。该选项是放弃刚刚进行的操作。

任务十八　关联实体的分解

在 AutoCAD 2012 中，系统将多边形、多线、矩形、图块和标注等对象作为一个图元来处理，但在实际工作中，有时需要对其进行单独编辑处理，这时就需要利用"Explode"命令对其分解后再进行编辑。

1. 功能

分解一个组合实体对象，使之还原成各组成部分。

2. 命令格式

（1）单击图标。在"修改"工具栏中。

（2）下拉菜单。单击菜单栏中的"修改"→"分解"命令。

（3）由键盘输入命令。输入 e↙（Explode 的缩写）。

选择上述任一方式执行，命令行提示：

选择对象：（拾取要分解的复杂实体对象）

选择对象：（可进行多次拾取对象。右击或↙，结束命令）

任务十九　实 体 的 合 并

使用"Join"命令将相似的对象合并为一个对象。可以使用圆弧和椭圆弧创建完整的圆和椭圆。用户可以合并圆弧、椭圆弧、直线、多段线、样条曲线。相似的对象与之合并的对象称为源对象。要合并的对象必须位于相同的平面上。

1. 功能

合并相似的对象以形成一个完整的对象。

2. 命令格式

（1）单击图标。在"修改"工具栏中。

（2）下拉菜单。单击菜单栏中的"修改"→"合并"命令。

(3) 由键盘输入命令。输入 j↙（Join 的缩写）。

选择上述任一方式执行，命令行提示：

选择源对象：

期望直线、开放的多段线、圆弧、椭圆弧或开放的样条曲线。选择受支持的对象：（选择一条直线、多段线、圆弧、椭圆弧或样条曲线，命令行继续提示）

选择要合并到源的对象…：（根据选定的源对象，拾取相应的对象，可以多次选择。回车，结束命令）

3. 合并方式

（1）直线。选择要合并到源的对象为一条或多条直线。直线对象必须共线（位于同一无限长的直线上），但是它们之间可以有间隙。

（2）多段线。选择要合并到源的对象为一个或多个对象，对象可以是直线、多段线或圆弧。对象之间不能有间隙，即首尾相连，并且必须位于与 UCS 的 XY 平面平行的同一平面上。

（3）圆弧。选择一个或多个圆弧，圆弧对象必须位于同一假想的圆上，但是它们之间可以有间隙。"闭合"选项可将源圆弧转换成圆。合并两条或多条圆弧时，将从源对象开始按逆时针方向合并圆弧。

（4）椭圆弧。选择一个或多个椭圆弧，椭圆弧必须位于同一椭圆上，但是它们之间可以有间隙。"闭合"选项可将源椭圆弧闭合成完整的椭圆。合并两条或多条椭圆弧时，将从源对象开始按逆时针方向合并椭圆弧。

（5）样条曲线。选择一条或多条样条曲线，样条曲线对象必须位于同一平面内，并且必须首尾相邻（端点到端点放置）。

任务二十　利用特性选项板编辑图形

利用 AutoCAD 2012 提供的特性选项板，也可以快速进行图形的编辑。

1. 功能

通过对特性窗口内容的修改，改变实体的特性。

2. 命令格式

（1）单击图标。在"标准"工具栏中。

（2）下拉菜单。单击菜单栏中的"修改"→"特性"命令。

（3）由键盘输入命令。输入 props↙（Properties 的缩写）或用快捷键 Ctrl+1。

打开"特性"选项板后，如果没有选中图形对象，在"特性"选项板内会显示出当前的主要绘图环境，如图 2-34 所示。如果选择了单一对象，在"特性"选项板内会列出该对象的全部特性及其当前设置。如果选择了同一类型的多个对象，在"特性"选项板内会列出这些对象的公共特性及当前设置。如果选择的是不同类型的对象，在"特性"选项板内则会列出这些对象的基本特性及其当前设置。可以通过"特性"选项板直接修改相关特性，即对图形进行编辑。

例如，图 2-34 所示为没有选择图形对象时在"特性"选项板内显示的内容。如果选择了一个对象，在"特性"选项板就会显示出对应的信息，如图 2-35 所示，此时可以通过"特性"选项板修改图形。

提示：双击某一图形对象，AutoCAD 一般会自动打开"特性"选项板，并在窗口中显示出该对象的特性，供用户修改。

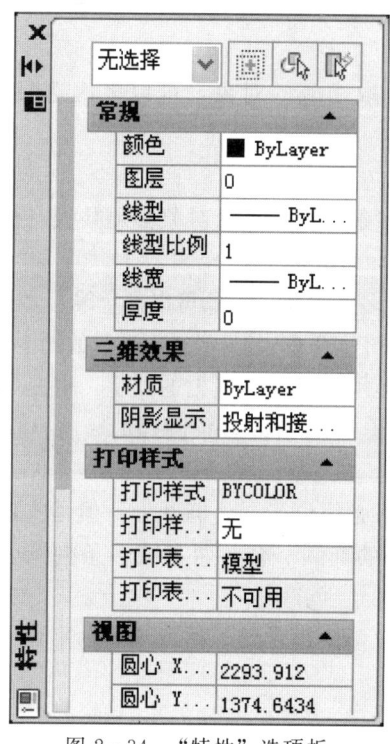

图 2-34 "特性"选项板

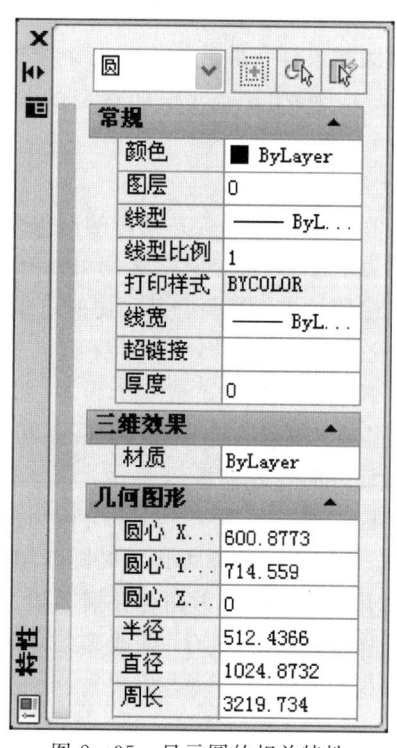

图 2-35 显示圆的相关特性

任务二十一　平面图形的绘制与编辑综合

【例 2-11】　绘制如图 2-36 所示的平面图。

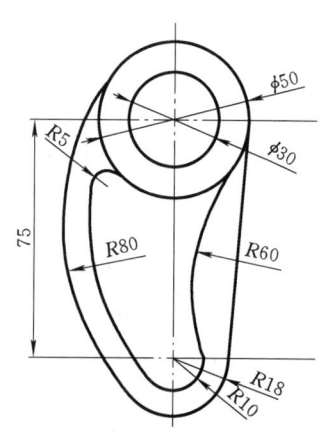

图 2-36 平面图形的绘制与
编辑综合举例

绘图步骤如下：

（1）绘制中心线。将"中心线"图层设为当前图层。

单击"绘图"工具栏中的"直线"按钮，或选择"绘图""直线"命令，即执行 LINE 命令，在屏幕上适当位置拾取一点作为垂直中心线的一端点，然后指定另一端点坐标@0，130，即可绘制出垂直中心线。

执行 LINE 命令，绘制距离为 75 的两条水平中心线，如图 2-37（a）所示（如果水平中心线的长度不合适，可在最后进行调整）。

（2）绘制圆。将"粗实线"图层设为当前图层。

单击"绘图"工具栏中的"圆"按钮，即执行 CIRCLE 命令，AutoCAD 提示：

命令:_circle 指定圆的圆心或 [三点(3P)/两点(2P)/切点、切点、半径(T)]:
指定圆的半径或 [直径(D)]<60>:15 (输入第一个圆的半径,结束命令)

绘图结果参见图 2-37 (b)。用类似的方法绘制直径为 50 的圆以及其他各辅助圆,结果如图 2-37 (b) 所示 (注: 半径为 80 和 60 的两个圆,应通过绘圆菜单中的"相切,相切,半径"选项绘制;半径为 72 的圆可通过偏移半径为 80 的圆,并使其与半径为 20 的圆相切的方式绘制,或通过指定圆心与半径的方式绘制)。

(3) 绘制切线。执行 LINE 命令,绘制与半径为 50 和 36 的圆的右侧相切的直线,如图 2-37 (c) 所示。

(4) 创建圆角。单击"修改"工具栏中的"圆角"按钮,或选择"修改"→"圆角"菜单命令,即执行 FILLET 命令。在命令行输入"R"并回车,输入半径"5"并回车,如图 2-37 (d) 所示。

(5) 修剪。单击"修改"工具栏中的"修剪"按钮,或选择"修改"→"修剪"菜单命令,即执行 TRIM 命令,AutoCAD 提示:

命令:_trim
当前设置:投影=UCS,边=无
选择剪切边...
选择对象或 <全部选择>:
选择要修剪的对象,或按住 Shift 键选择要延伸的对象,或
[栏选(F)/窗交(C)/投影(P)/边(E)/删除(R)/放弃(U)]:

修剪结果如图 2-36 所示。

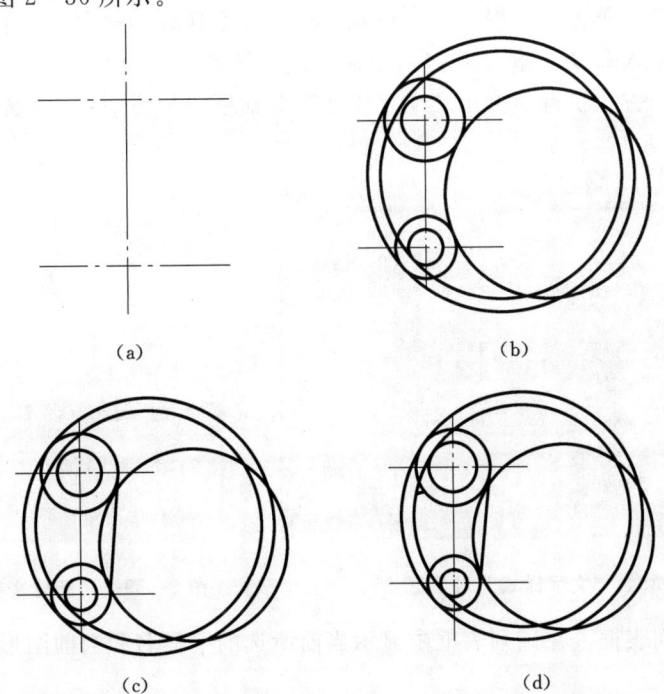

图 2-37 平面图形的绘制与编辑步骤

项目三 文本的输入与编辑

在绘制工程图样时，不仅有图形，还有尺寸、符号和文字等。AutoCAD 2012 提供了较强的文字标注和编辑功能，包括 Word 软件的基本功能。

任务一 设置文字样式

AutoCAD 2012 图形中的文字是根据当前文字样式标注的。文字样式说明所标注文字使用的字体及其他设置，如字高、字颜色、文字标注方向等。AutoCAD 2012 为用户提供了默认文字样式 STANDARD。当在 AutoCAD 中标注文字时，如果系统提供的文字样式不能满足国家制图标准或用户的要求，则应首先定义文字样式。

1. 功能

该功能可用来创建、修改或设置符合标准规范或用户要求的文字样式，包括图形中所使用的字体、高度和宽度系数等。

2. 命令格式

（1）单击图标。在"文字"工具栏中。

（2）下拉菜单：单击菜单栏中的"格式"→"文字样式"命令。

（3）由键盘输入命令。输入 st↙（Style 的缩写）。

选择上述任一方式执行，弹出"文字样式"对话框，如图 2-38 所示。

3. 对话框说明

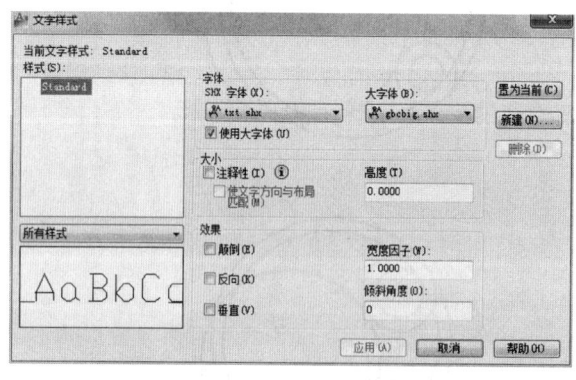

图 2-38 "文字样式"对话框

图 2-39 "新建文字样式"对话框

（1）样式名列表框。在该列表框中显示当前所选的字样名和当前图形文件中已定义的所有字样名。

（2） 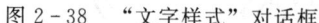 按钮。该按钮是用来创建新字体样式的。单击该按钮，弹出"新建文字

样式"对话框,如图 2-39 所示。在该对话框的编辑框中输入用户所需要的样式名,单击 确定 按钮,返回到"文字样式"对话框,在对话框中对新命名的文字进行设置。

(3) 字体控制框。该控制框主要用来选择字体,设置字体样式、高度以及选择是否使用大字体。

(4) 字体名(F)列表框。在该列表框中显示和设置中西文字体,单击该列表框的翻页箭头,在下拉列表框中选取所需要的中西文字体。在列表框中列出所有注册的"TrueType"字体和 AutoCAD Fonts 文件夹中 AutoCAD 编译的 SHX 型字体的字体族名。从列表框中选择名称后,AutoCAD 将读出指定字体的文件。除非文件已经由另一个文字样式使用;否则将自动加载该文件的字符定义。

(5) 使用大字体(U)。指定亚洲语言的大字体文件。只有在"字体名"中指定.shx文件,才能使用大字体。程序支持 Unicode 字符编码标准。Unicode 字体可包含 65535 个字符和为多种语言设计的字型。Unicode 字体包含的字符比系统中定义的多。因此,要想使用不能直接从键盘上输入的字符,可以输入转义序列 \U+nnnn,其中 nnnn 表示字符的 Unicode 十六进制值。现在所有 SHX 型字体都是 Unicode 字体。

(6) 字体样式(Y)列表框。在该列表框中更改样式的字体。如果选用了.shx 文件字体,在使用大字体时,原显示"字体样式"处变为显示"大字体",可在该下拉列表框中选择大字体的样式。

(7) 注释性。指定文字为注释性。

(8) 高度(T)输入框。该输入框主要用于设置文字高度。如果输入大于 0.0 的高度,则设置该样式的文字高度。

(9) 效果控制框。该控制框主要用来修改字体的特性,如宽度比例、倾斜角、颠倒、反向等。

(10) 预览框。随着字体的改变和效果的修改,动态显示文字样例。

(11) 应用(A) 按钮。将对话框中所做的样式更改,应用到图形中具有当前样式的文字。

(12) 关闭(C) 按钮。将更改应用到当前样式。只要对"样式名"中的任何一个选项作出更改,"取消"就会变为"关闭"。更改、重命名或删除当前样式,以及创建新样式等操作立即生效,无法取消。

任务二 输 入 文 本

1. 单行文本的输入

(1) 功能。创建一行或多行文字,其中,每行文字都是独立的对象,可对其进行重定位、调整格式或进行其他修改。

(2) 命令格式。

1) 单击图标。在功能区:"常用"→"注释"面板→"文字"下拉式→"单行文字"。

2) 下拉菜单。单击菜单栏中的"绘图"→"文字"→"单行文字"命令。

3) 由键盘输入命令。输入 Text✓。

选择上述任一方式执行，命令行提示：

命令：_text
当前文字样式："Standard" 文字高度：2.5000 注释性：否
指定文字的起点或 [对正(J)/样式(S)]：
指定高度 <2.5000>：

指定文字的旋转角度 <0>：

(3) 选项说明。

1) 指定文字的起点。该选项为默认选项，输入或拾取注写文字的起点位置。

图 2-40 文本排列位置的基准线

2) 对正 (J)。该选项用于确定文本的对齐方式。确定文本位置采用 4 条线，即顶线、中线、基线和底线，如图 2-40 所示。输入 j✓ 后，命令行提示：

输入选项[对齐(A)/调整(F)/中心(C)/中间(M)/右(R)/左上(TL)/中上(TC)/右上(TR)/左中(ML)/正中(MC)/右中(MR)/左下(BL)/中下(BC)/右下(BR)]：

各种定位方式的含义如下：

a. 对齐 (A)。通过输入两点，确定字符串底线的长度，如图 2-41 所示。这种定位方式根据输入文字的多少确定字高，字高与字宽比例不变。即在两对齐点位置不变的情况下，输入的字数越多，字就越小。

图 2-41 用对齐方式定位字数对大小的影响

b. 调整 (F)。通过输入两点，根据字符串底线的长度和原设定好的字高确定字的定位。即字高始终不变，当两定位点确定之后，输入的字多，字就变窄，反之字就变宽，如图 2-42 所示。

图 2-42 用调整方式定位字数对字形的影响

c. 其他定位点。其他各定位点的位置如图 2-43 所示，不再详述。

3) 样式 (S)。该选项是用于改变当前文字样式。输入 s✓，命令行提示：

输入样式名或[?]<Standard>：

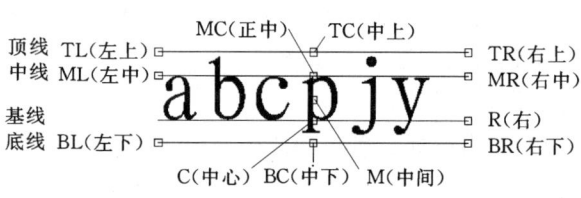

图 2-43 各定位点的位置

输入的样式名必须是已经设置好的文字样式。系统默认的样式名为 Standard，其字体文件名为 txt.shx，采用"单行文字"命令时，这种字体不能用于输入中文字符，输入的汉字只能显示为"?"。

在上句提示行中输入"?"并按 Enter 键后，屏幕上弹出"AutoCAD 文本窗口"，显示已设置的文字样式名及其所选字体文件名，如图 2-44 所示。

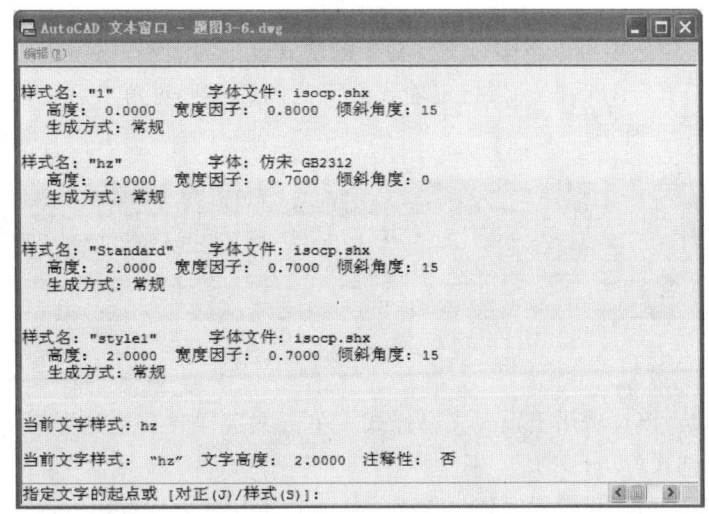

图 2-44 显示文字样式的"AutoCAD 文本窗口"

2. 多行文字的输入

（1）功能。可以通过输入或导入文字创建多行文字对象。在一个虚拟的文本框内生成一段文字，用户可以定义文字边界，指定边界内文字的段落宽度、文字的对齐方式等内容。

（2）命令格式。

1）单击图标。在"绘图"工具栏中。

2）下拉菜单。单击菜单栏中的"绘图"→"文字"→"多行文字"命令。

3）由键盘输入命令。输入 mt↙（Mtext 的缩写）。

选择上述任一方式执行，命令行提示：

命令:_mtext
当前文字样式:"Standard"文字高度:2.5 注释性:否
指定第一角点:(指定虚拟框的第一角点,命令行继续提示)
指定对角点或 [高度(H)/对正(J)/行距(L)/旋转(R)/样式(S)/宽度(W)/栏(C)]:

（3）选项说明。

1）指定对角点。该选项为默认选项，用于指定虚拟文本框的另一角点，确定文字行的宽度，以虚拟框的顶边为字符串的顶线，确定第一行字符串的位置。当输入或指定另一顶点后，弹出"文字格式"对话框，如图 2-45 所示。

2）高度（H）。该选项用于指定文字高度。

3) 对正（J）。该选项用于定义多行文字对象在虚拟文本框中的 9 种对齐排列方式，可利用"文字格式"对话框中的对正方式 6 个图标组合选用。默认方式为"左上（TL）"。

4) 行距（L）。该选项用于设置多行文字行与行之间的间距。

5) 旋转（R）。该选项用于指定虚拟文本框的旋转角度。

6) 样式（S）。该选项用于重新输入文字样式名。

7) 宽度（W）。该选项用于指定文字行的宽度。

8) 栏（C）。该选项可以将多行文字对象的格式设定为多栏。

(4) "文字格式"对话框。当指定输入文字范围的矩形对角点后，弹出"文字格式"对话框，如图 2-45 所示。

图 2-45 "文字格式"对话框

1) 文字样式。该选项用于设置文字样式。单击文字样式右边的下拉列表框按钮，可选择已设置好的样式。

2) 字体。该选项用于设置字体。单击字体右边下拉列表框按钮可选择不同字体。

3) 文字高度。该选项用于设置文字高度。单击右边的下拉列表框按钮可选择已设置的字高，也可以直接输入字高。

4) 堆叠。该选项是控制用分数、公差与配合的输出形式。将要堆叠的字符中间加入堆叠控制码，然后选中，再单击堆叠图标，完成堆叠操作。堆叠有以下 3 种形式：

用"/"堆叠控制码堆叠成分数形式。例如，输入"H7/h6"，选中 H7/h6 后单击图标，则显示"$\frac{H7}{h6}$"。

用"#"堆叠控制码堆叠成分数形式。例如，输入"H7#h6"，选中 H7#h6 后单击图标，则显示"$^{H7}/_{h6}$"。

用"^"堆叠控制码堆叠成分数形式。例如，输入"R^a"，选中 R^a 后单击图标，则显示"R_a"。

5) 选项。该选项为下拉菜单形式，具有快速插入各种符号和字符串等功能。

6) 其他选项。对于标尺、加粗 B、斜体 I、下划线 U、放弃、重做和颜色等，与一般软件图标含义一样，这里不再重述。

3. 特殊字符的输入

AutoCAD 提供了制图中常用的符号，可通过键盘输入特殊字符代码的方式输入（或从"选项"下拉菜单中选取）。

特殊字符"ϕ"，代码为"％％c"。例如，ϕ10，输入"％％c10"。

特殊字符"°"，代码为"％％d"。例如，45°，输入"45％％d"。

特殊字符"±"，代码为"％％p"。例如，±0.000，输入"％％p0.000"。

任务三 编 辑 文 本

1. 文字编辑

(1) 功能。对选定的文字进行修改。

(2) 命令格式。

1) 单击位置。在"文字"工具栏中。

2) 下拉菜单。单击菜单栏中的"修改"→"对象"→"文字"→"编辑"命令。

3) 由键盘输入命令。输入 ddedit↙

选择上述任一方式执行，命令行提示：

选择注释对象或[放弃(U)]：（根据拾取的文字对象不同所要编辑的内容也不同）

(3) 编辑单行文字。拾取单行文字后，文字范围内加上阴影。单击后直接进入编辑状态。可重新输入、删除或增添文字。两次按 Enter 键，完成编辑操作。

(4) 编辑多行文字。拾取多行文字后，弹出"文字格式"对话框（图 2-45）。在该对话框中可重新输入、删除或增添文字，并可进行字高、字体、颜色等其他内容的修改。完成修改后单击 确定 按钮，完成编辑操作。

2. 查找和替换

(1) 功能。指定要查找、替换或选择的文字和控制搜索的范围及结果。

(2) 命令格式。

1) 单击图标。在"文字"工具栏中。

2) 下拉菜单。单击菜单栏中的"编辑"→"查找"命令。

3) 由键盘输入命令：输入 find↙。

选择上述任一方式执行，弹出"查找和替换"对话框，如图 2-46 所示。

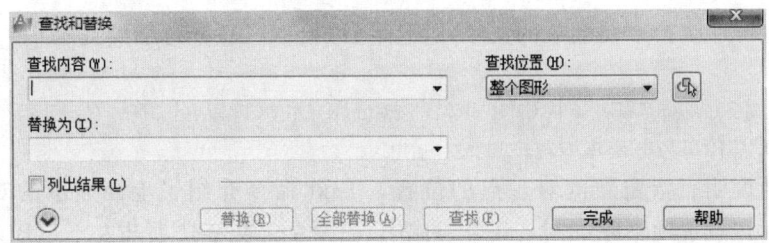

图 2-46 "查找和替换"对话框

3. 缩放文字

(1) 功能。放大或缩小文字。

(2) 命令格式。

1) 单击图标。在"文字"工具栏中。

2) 下拉菜单。单击菜单栏中的"修改"→"对象"→"文字"→"比例"命令。

3) 由键盘输入命令。输入 Scaletext↙。

选择上述任一方式执行，命令行提示：

选择对象:(拾取要缩放的文字)

选择对象:(可继续拾取要缩放的文字,直接回车,结束拾取。命令行继续提示)

输入缩放的基点选项:[现有(E)/左(L)/中心(C)/中间(M)/右(R)/左上(TL)/中上(TC)/右上(TR)/左中(ML)/正中(MC)/右中(MR)/左下(BL)/中下(BC)/右下(BR)]<现有>:

指定一个位置作为缩放基点。按照基点提示,可以选择某个位置作为缩放基点,供每个选定的文字对象单独使用。缩放基点位于文字选项的一个插入点处,但是即使选项与选择插入点时的选项相同,文字对象的对正也不受影响。当输入基点选项后,命令行提示:

指定新模型高度或[图纸高度(P)/匹配对象(M)/比例因子(S)]<2.5>:

(3) 选项说明。

1) 指定新模型高度。可以仅指定非注释性对象的模型高度。

2) 图纸高度(P)。可以仅指定注释性对象的图纸高度。

3) 匹配对象(M)。缩放最初选定的文字对象,与选定的文字对象大小匹配。

4) 比例因子(S)。按参照长度和指定的新长度缩放所选文字对象。

4. 对正文字(Justifytext)

(1) 功能。用于修改文字的定位点。文字的定位点即为夹点。在命令状态下,直接拾取文字,文字的定位点变成冷夹点,当定位点变成热夹点后,可直接进行夹点编辑的各项操作。

(2) 命令格式。

1) 单击图标。在"文字"工具栏中。

2) 下拉菜单。单击菜单栏中的"修改"→"对象"→"文字"→"对正"命令。

3) 由键盘输入命令。输入 Justifytext ↙

选择上述任一方式执行,命令行提示:

选择对象:(拾取要缩放的文字,可以选择单行文字对象、多行文字对象、引线文字对象和属性对象)

选择对象:(可继续拾取要缩放的文字,回车结束拾取。命令行继续提示)

入对正选项

[左对齐(L)/对齐(A)/布满(F)/居中(C)/中间(M)/右对齐(R)/左上(TL)/中上(TC)/右上(TR)/左中(ML)/正中(MC)/右中(MR)/左下(BL)/中下(BC)/右下(BR)]<居中>:

(3) 选项说明。指定新的对正点的位置,Text 命令介绍了上面显示的对正点选项。单行文字的对正点选项,除"对齐"、"调整"和"左"文字选项与左下(BL)多行文字附着点等价外,其余选项与多行文字的选项相似。输入对正选项后,结束命令。

项目四 创建表格

表格是在行和列中包含数据的对象。可以从空表格或表格样式创建表格对象。还可以将表格链接至 Microsoft Excel 电子表格中的数据。表格创建完成后，用户可以单击该表格上的任意网格线以选中该表格，然后通过使用"特性"选项板或夹点来修改该表格。与文字样式一样，用户可以为表格定义样式。

任务一 设置表格样式

1. 功能
制定表格的基本形状。
2. 命令格式
（1）单击图标。 在"样式"工具栏中。
（2）下拉菜单。单击菜单栏中的"格式"→"表格样式"命令。
（3）由键盘输入命令。输入 Tablestyle↙。
选择上述任一方式执行，弹出"表格样式"对话框，如图2-47所示。

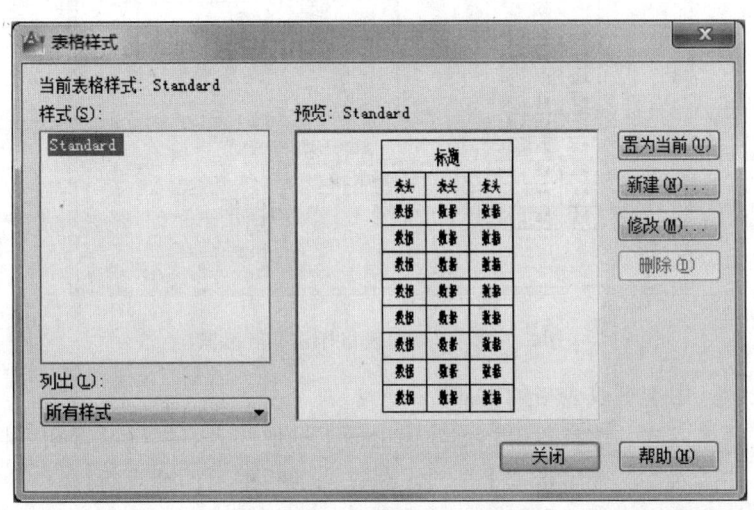

图2-47 "表格样式"对话框

3. 对话框说明
（1）"当前表格样式"。说明当前的表格样式。
（2）"样式"列表框。显示当前已建立的表格样式，当前样式的名字以高亮显示。在该列表框中右击，弹出快捷菜单，在其中进行指定当前样式、重命名、删除样式等操作。

(3) 预览窗口。显示"样式"列表框中选定样式的预览图像。

(4) 置为当前(U) 和 删除(D) 按钮。分别用于将在"样式"列表框中选中的表格样式置为当前、删除对应的表格样式。

(5) 新建(N)... 和 修改(M)... 按钮。分别用于新建表格样式和修改已有的表格样式。

下面介绍如何新建和修改表格样式。

单击"表格样式"对话框中的 新建(N)... 按钮，AutoCAD 弹出"创建新的表格样式"对话框，如图 2-48 所示。通过该对话框中的"基础样式"下拉列表框选择基础样式，并在"新样式名"文本框中输入新样式的名称（如输入"表格 1"），单击 继续 按钮，AutoCAD 弹出"新建表格样式"对话框，如图 2-49 所示。

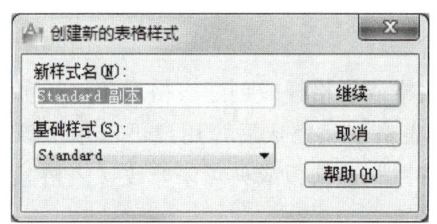

图 2-48 "创建新的表格样式"对话框

下面介绍图 2-49 所示对话框中主要选项的功能。

起始表格：可以在图形中选定一个表格作为样例来设置新表格样式的格式，也可以将所选表格从当前指定的表格样式中删除。

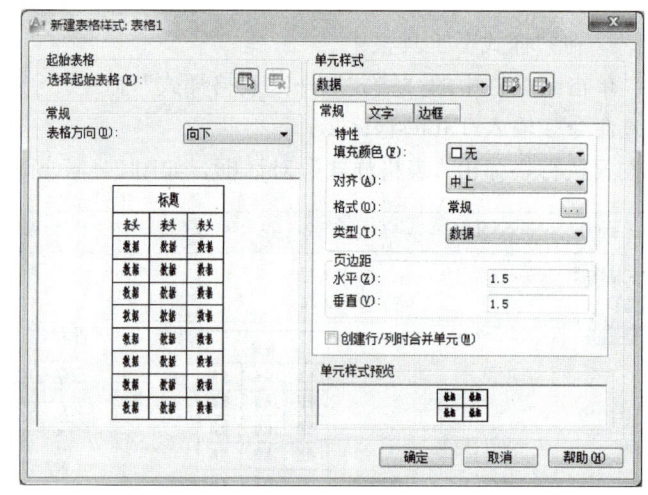

图 2-49 "新建表格样式"对话框

常规选项区：用于更改表格的方向。

向下：是默认方式。选择该项将创建由上而下读取的表，即标题行和列标题行位于表的顶部。单击"插入行"并单击"下"时，将在当前行的下面插入新行。

向上：选择该方式将创建由下而上读取的表，即标题行和列标题行位于表的底部。单击"插入行"并单击"上"时，将在当前行的上面插入新行。

单元样式选项区：用于设置表中各种数据单元所用的文字外观。数据、标题、表头 3 个选项分别设置表格的数据、标题、表头对应的格式。

单元样式预览：用来显示当前表格样式设置后的效果图例。

任务二 创 建 表 格

1. 功能

表格是在行和列中包含数据的对象。可以从空表格或表格样式创建表格对象。还可以将表格链接至 Microsoft Excel 电子表格中的数据。

2. 命令格式

(1) 单击图标。▦在"文字"工具栏中。

(2) 下拉菜单。单击菜单栏中的"绘图"→"表格"命令。

(3) 由键盘输入命令。输入 Table↙

选择上述任一方式执行，弹出"插入表格"对话框，如图 2-50 所示。

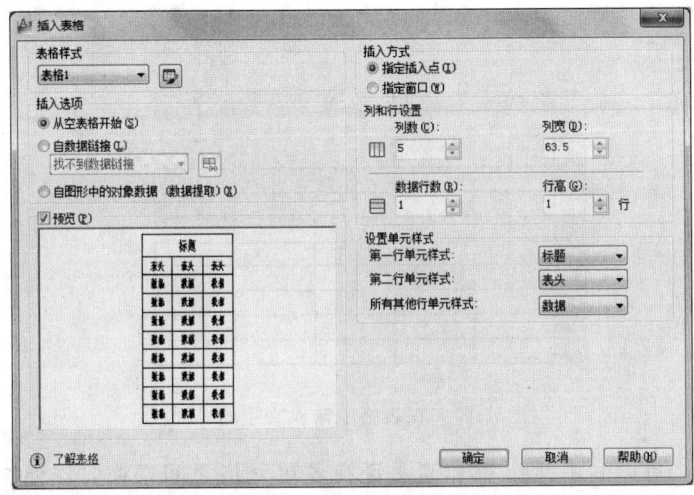

图 2-50 "插入表格"对话框

3. 对话框说明

(1) 表格样式设置栏。该栏可以用右边的下拉列表框箭头选择表格样式，并显示被选表格样式的字高；也可以单击右边图标，新建或修改表格样式。

(2) 插入选项。指定插入表格的方式。从空表格开始，创建可以手动填充数据的空表格；从数据链接开始，从外部电子表格中的数据创建表格；从数据提取开始，启动"数据提取"向导。

(3) 预览。控制是否显示预览。如果从空表格开始，则预览将显示表格样式的样例。如果创建表格链接，则预览将显示结果表格。处理大型表格时，清除此选项可提高性能。

(4) 插入方式。指定表格位置。指定插入点，指定表格左上角的位置，可以使用定点设备，也可以在命令提示下输入坐标值，如果表格样式将表格的方向设置为由下而上读取，则插入点位于表格的左下角；指定窗口，指定表格的大小和位置。可以使用定点设备，也可以在命令提示下输入坐标值，选定此选项时，行数、列数、列宽和行高取决于窗口的大小以及列和行设置。

（5）列和行设置。在该栏可以指定行数、行高、列数、列宽。其中行高和列宽在指定窗口中自动等分确定。

（6）设置单元样式。对于那些不包含起始表格的表格样式，请指定新表格中行的单元格式。第一行单元样式，指定表格中第一行的单元样式，默认情况下，使用标题单元样式；第二行单元样式，指定表格中第二行的单元样式，默认情况下，使用表头单元样式；所有其他行单元样式，指定表格中所有其他行的单元样式，默认情况下，使用数据单元样式。

在"插入表格"对话框中进行相应的设置后，单击 确定 按钮，系统在指定的插入点或窗口中自动插入一个空表格，并显示"文字格式"工具栏，同时将表格中的第一个单元格醒目显示，此时就可以直接向表格输入文字，如图2-51所示。

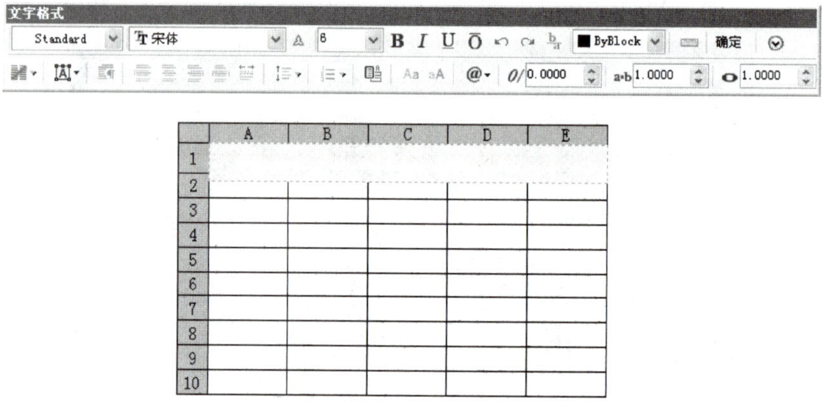

图2-51 在表格中输入文字的界面

输入文字时，可以利用Tab键和箭头键在各单元格之间切换，以便在各单元格中输入文字。单击"文字格式"工具栏中的"确定"按钮，或在绘图屏幕上任意一点单击，则会关闭"文字格式"工具栏。

【例2-12】 创建图2-52所示的表格。

明细表			
序号	名称	件数	备注
1	螺栓	4	GB/T 5780—2000《六角头螺栓—C级》
2	螺母	4	GB/T 41—2000《六角螺母—C级》
3	压板	2	发蓝
4	压块	2	发蓝

图2-52 表格

操作步骤如下：

（1）定义表格样式"表格1"，过程略。

（2）执行"插入表格"命令，AutoCAD弹出"插入表格"对话框，从中进行对应的设置，如图2-53所示。

项目四 创 建 表 格

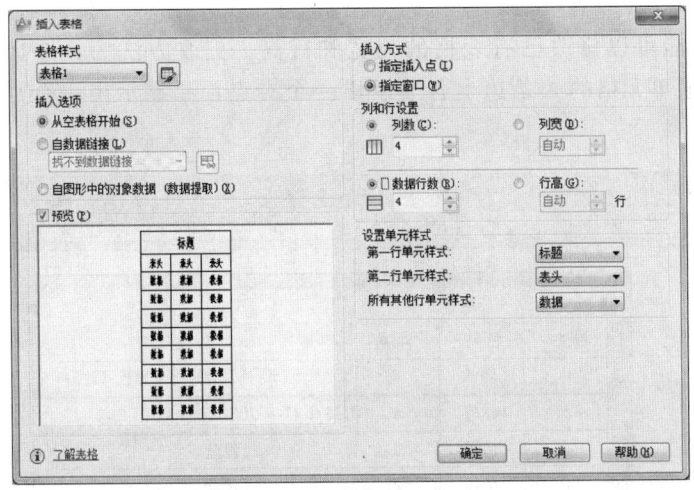

图 2-53 表格设置

(3) 单击"确定"按钮,根据提示确定表格的位置,并填写表格,如图 2-54 所示。

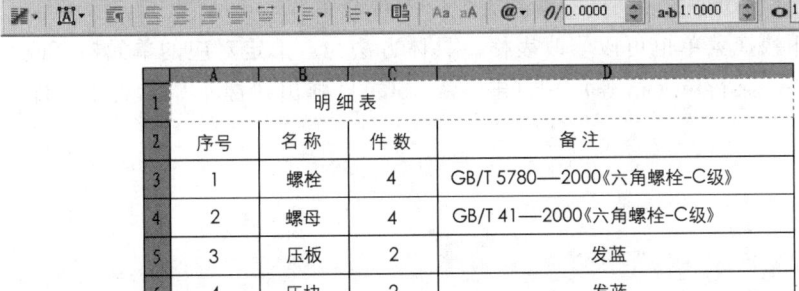

图 2-54 填写表格

(4) 单击工具栏中的"确定"按钮,完成表格的填写。结果如图 2-52 所示。

任务三 编 辑 表 格

用户既可以修改已创建表格中的数据,也可以修改已有表格,如更改行高、列宽、合并单元格等。

1. 编辑表格数据

编辑表格数据的方法很简单,双击绘图屏幕中已有表格的某一单元格,AutoCAD "文字格式"工具栏,并将表格显示成编辑模式,同时将所双击的单元格醒目显示。在编辑模式修改表格中的各数据后,单击"文字格式"工具栏中的"确定"按钮,即可完成表格数据的修改 。

2. 修改表格

利用夹点功能可以修改已有表格的列宽和行高。更改方法为：选择对应的单元格，AutoCAD 会在该单元格的 4 条边上各显示出一个夹点，并显示出一个"表格"工具栏，如图 2-55 所示。

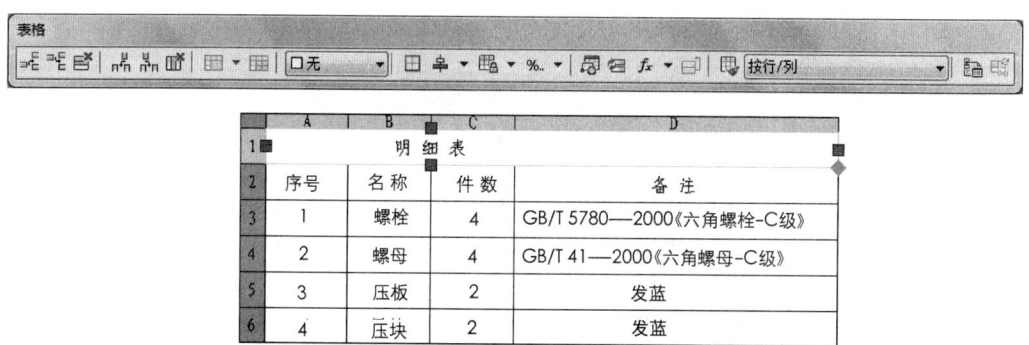

图 2-55　表格编辑模式

通过拖拽夹点，就能改变对应行的高度或对应列的宽度。利用"表格"工具栏，可以对表格进行各种编辑操作，如插入行、插入列、删除行、删除列及合并单元格等，具体操作与在 Microsoft Word 中对表格的编辑类似，不再介绍。

提示：利用快捷菜单也可以修改表格。具体方法为：选定对应的单元格（或几个单元格、某列单元格、某行单元格等）并右击，AutoCAD 弹出快捷菜单，利用其即可执行各种编辑操作。

项目五 图 案 填 充

在机械、建筑或工程制图时，经常需要对指定的区域进行图案填充。AutoCAD 2012 中，系统提供了多种不同的符号供用户选择，并提供有专门的命令和面板用于填充各种图案和渐变颜色。

任务一 图 案 填 充

1. 功能

要想实现图案的填充，必须要有一个可被充满的区域。有限大的区域必有边界，能够被定义为图案填充边界的对象可以是直线、圆、圆弧、二维多段线、样条曲线、椭圆和视口的图纸空间。作为边界的图形对象至少应有一部分可在当前屏幕上看到；否则无法实现图案的填充。将选定的填充图案（或自定义图案）填充到指定的区域，系统可自动识别边界。

2. 命令格式

(1) 单击图标。在"绘图"工具栏中。

(2) 下拉菜单。执行菜单栏中的"绘图"→"图案填充"命令。

(3) 由键盘输入命令。输入 bh↙（Bhatch 的缩写）。

选择上述任一方式执行，弹出"图案填充和渐变色"对话框，如图 2-56 所示。

3. 对话框说明

(1)"类型和图案"选项区域。

1) 类型 (Y)。单击类型选项右边的下拉列表框箭头，从中选取填充图案的类型。

2) 图案 (P)。单击该选项右边的下拉列表框箭头，从中选取填充图案的名称。其中"ANSI31"是机械制图中最常用的 45°剖面线的图案。

3) 样例。单击样例右边的图标，可显示"填充图案选项板"对话框，如图 2-57 所示。根据显示的图案进行选择。

(2)"角度和比例"选项区域。

1) 角度 (L)。在该下拉列表框内填写填充图案需要旋转的方向。例如，45°平行线图案旋转 90°时，绘制的剖面线为 135°。

2) 比例 (S)。可在该下拉列表框内填写填充图案的绘制比例，确定其线条的疏密程度，以满足不同场合的需要。

3) 双向 (U)。该选项表示用户自定义图案时，可将图案复制旋转 90°。如一组平行线图案，选择双向后就变成网格状图案。

4) 间距 (C)。该选项表示用户自定义图案时，用户可在输入框内输入线与线之间的距离，确定图案的疏密。

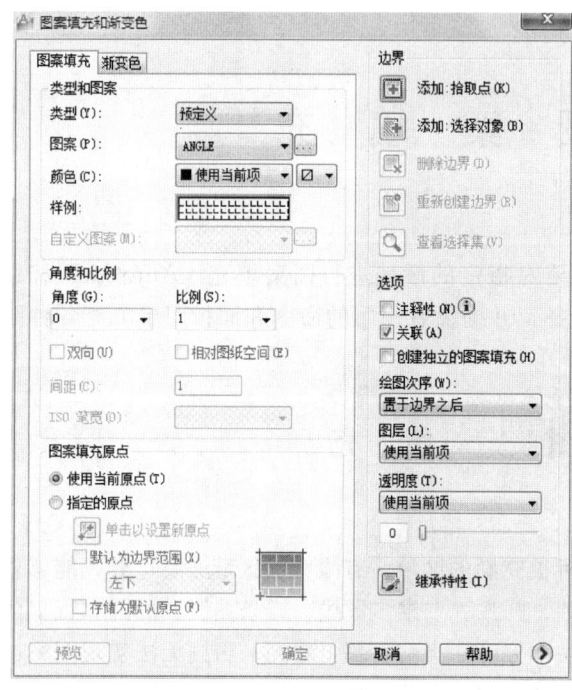

图 2-56 "图案填充"选项卡

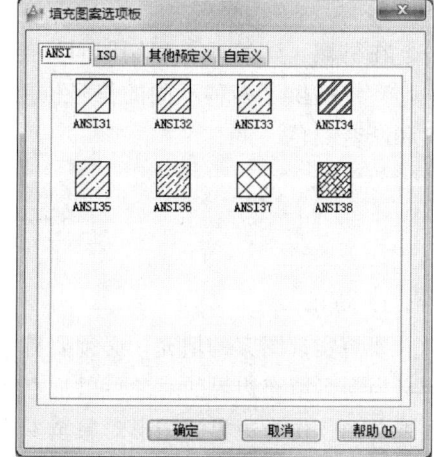

图 2-57 "填充图案选项板"对话框

5) 相对图纸空间 (E)。该选项表示只在图纸空间使用的填充图案。

6) ISO 笔宽 (O)。在"填充图案选项板"对话框中选择"ISO"选项卡中的某一图案时，可设置填充图案的线宽；否则，填充图案的线宽是随层的。

(3) "图案填充原点"选项区域。

"图案填充原点"是控制填充图案生成的起始位置。某些图案填充时需要与图案填充边界上的一点对齐。例如，在剖视图中进行二次局部剖时，虽然剖面符号的方向与间隔要相同，但剖面线要错开，这就需要重新设置起始位置。默认情况下，所有图案填充原点都对应于当前的坐标原点。

1) 使用当前原点 (T)。该选项为默认选项，填充图案生成的起始位置为坐标原点。

2) 指定的原点。指定新的图案填充原点。

(4) "边界"选项区域。

1) 添加拾取点 。在需要填充的封闭区域内拾取一点确定填充边界。系统将自动搜索并生成最小封闭区域，其边界以虚线醒目显示。

2) 添加选择对象 。用拾取实体对象的方式建立填充边界。

3) 删除边界 。当发现作为填充边界的对象选择错了时，可以用此命令删除多余边界。

4) 重新创建边界 。围绕选定的图案填充或填充对象创建多段线或面域，并使其与图案填充对象相关联。

5) 查看选择集 。暂时关闭对话框，并使用当前的图案填充或填充设置显示当前定义的边界。如果未定义边界，则此选项不可用。

(5) "选项"选项区域。

1) 注释性。指定图案填充为注释性。

2) 关联（A）。关联是指填充图案与边界的关系。如果选中"关联"复选框，当边界发生改变时，填充图案的范围随之改变。

3) 创建独立的图案填充（H）。该选项是用来控制当拾取了几个独立的闭合边界时，是创建单个图案填充对象，还是创建多个图案填充对象。主要用在画装配图时，快速画出剖面线。

4) 绘图次序（W）。该选项为填充图案指定绘图次序。

(6) "继承特性"图标 。

该选项用于选择当前图形中一个已有的填充和作为当前填充图案。单击"继承特性"图标后，"边界填充图案"对话框暂时消失，光标变成刷子状。

任务二 渐 变 填 充

1. 功能

"渐变色"选项卡是定义要应用的渐变填充的外观。用渐变颜色来填充对象，而不是用某种线条图案来填充对象，会得到预想不到的效果。主要用于产品造型设计和建筑装饰设计图中。

2. 命令格式

(1) 单击图标。在"绘图"工具栏中。

(2) 下拉菜单。执行菜单栏中的"绘图"→"渐变色"命令。

(3) 由键盘输入命令。输入 gd↙（Gradient 的缩写）。

选择上述任一方式执行，弹出"图案填充和渐变色"对话框中的"渐变色"选项卡，如图 2-58 所示。

3. 对话框说明

(1) 单色（O）。该选项是为了指定使用从较深着色到较浅着色的色调平滑过渡的单色填充。

(2) 双色（T）。该选项是为了指定在两种颜色之间平滑过渡的双色渐变填充。

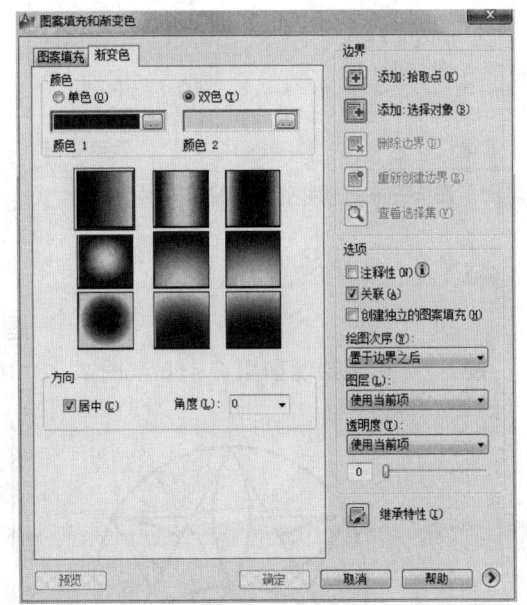

图 2-58 "渐变色"选项卡

(3) 居中（C）。指定对称的渐变配置。如果没有选定此选项，渐变填充将朝左上方变化，创建光源在对象左边的图案。

(4) 角度（L）。它指定渐变填充的角度。相对当前 UCS 指定角度。可在角度下拉列表框箭头选项中选择角度，也可以直接输入角度值。此选项与指定给图案填充的角度互不影响。

（5）渐变图案。显示用于渐变填充的9种固定图案。

任务三　图案填充的编辑

1. 功能

对已有的填充图案进行修改，包括改变图案类型、图案特性（倾角、比例）及属性等。

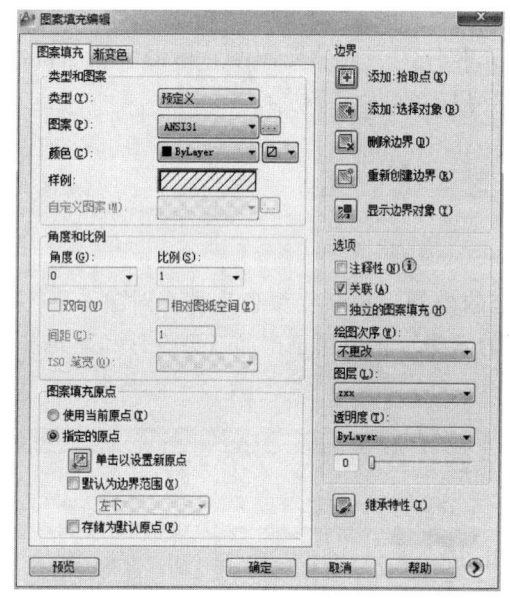

图 2-59　"图案填充编辑"对话框

2. 命令格式

（1）下拉菜单。选择"修改"→"对象"→"图案填充"菜单命令。

（2）图标。在"修改Ⅱ"工具条中。

（3）输入命令。输入 He↙（Hatchedit 的缩写）。

选择上述任一方式执行，命令行提示：

选择关联填充对象：（选取填充图案对象后，弹出如图 2-59 所示的"图案填充编辑"对话框）

3. 对话框的操作说明

"图案填充编辑"对话框与"边界图案填充"对话框中内容基本一致，只是有较多的按钮或选项呈现灰色（表示不可操作）。可按需要改变填充图案的类型、样式、角度、比例等，也可进入"高级"和"渐变色"选项卡，改变孤岛检测样式，完成后单击"确定"按钮。

习　题　二

按 1∶1 比例绘制如图 2-60 至图 2-70 所示的图形，不标注尺寸。

图 2-60　习题二图一

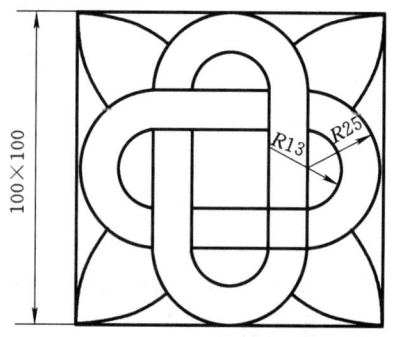

图 2-61　习题二图二

习 题 二

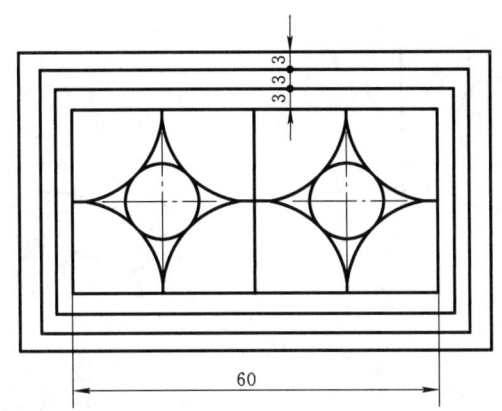

图 2-62 习题二图三

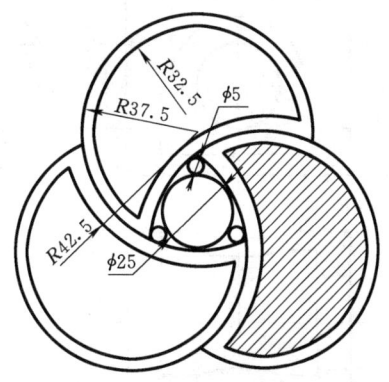

图 2-63 习题二图四

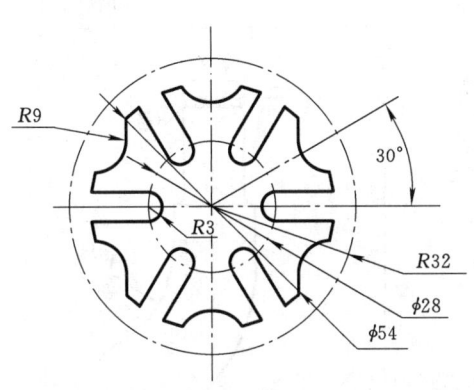

图 2-64 习题二图五

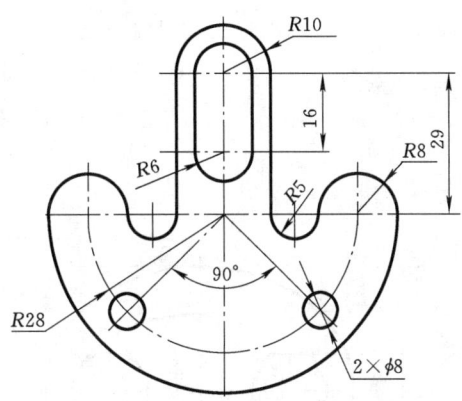

图 2-65 习题二图六

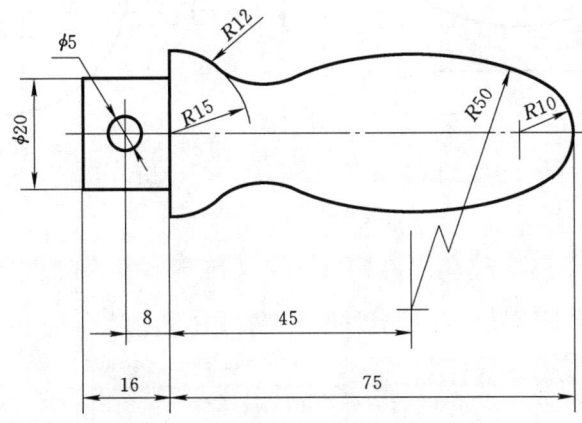

图 2-66 习题二图七

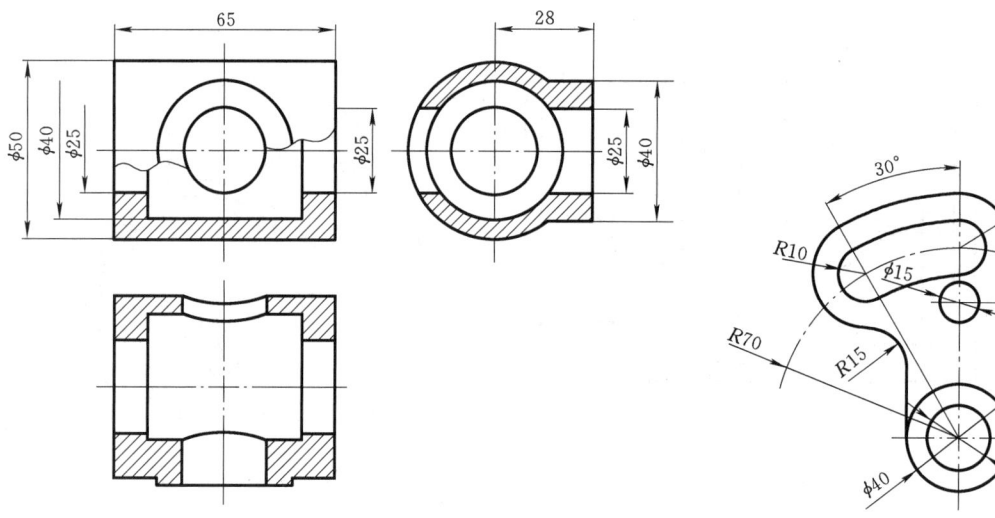

图 2-67 习题二图八

图 2-68 习题二图九

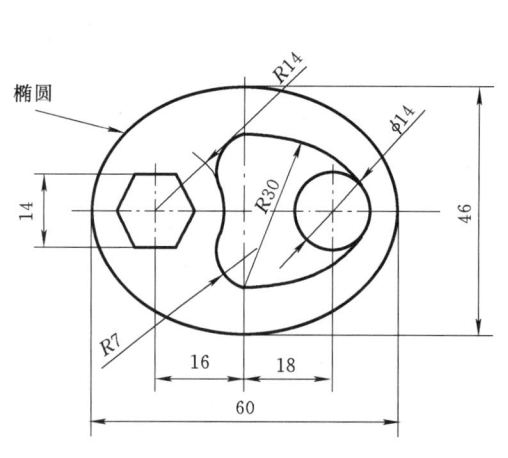

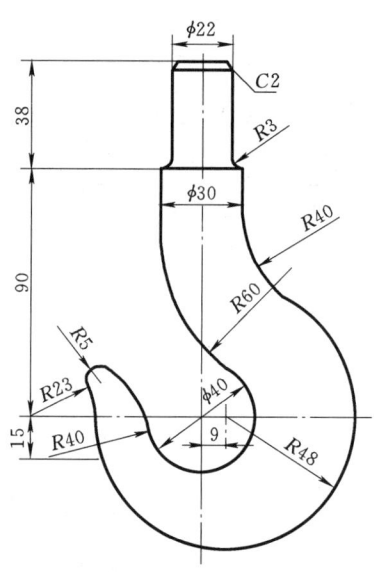

图 2-69 习题二图十

图 2-70 习题二图十一

模块三 尺寸标注

尺寸是机械工程图的重要组成部分，它能够清晰、准确地反映零件的真实大小，以及零件间的相对位置关系，是实际生产的重要加工依据。AutoCAD 2012 为用户提供了一套非常完整、灵活的标注体系，使用户能够轻松地完成尺寸标注。下面将介绍尺寸标注的基本概念、创建标注样式的方法以及常用的尺寸标注命令的特点和用途等。

项目一 尺寸样式

任务一 尺寸标注的基本概念

要对图形进行尺寸标注，就要先了解一下尺寸标注的组成、规则及步骤等基本概念。

1. 尺寸的组成要素

在机械制图或其他工程绘图中，尺寸标注有多种类型和外观，但其基本构成元素一样，都是由尺寸线、尺寸界线、尺寸箭头和尺寸文本等 4 部分内容组成，如图 3-1 所示。AutoCAD 将尺寸作为一个块，以块的形式放在图形文件内。因此，一个尺寸可看成是一个实体。

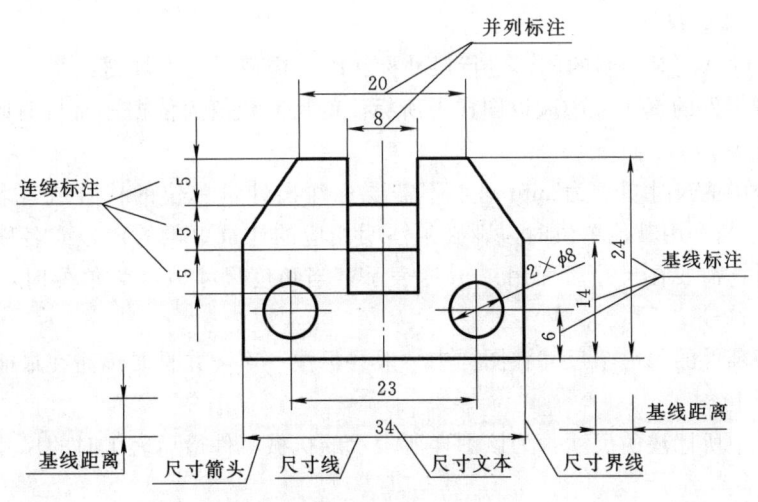

图 3-1 尺寸的组成和类型

(1) 尺寸线。尺寸线用来表示尺寸标注的范围，它一般是一条带有双箭头的单线段。对于角度的标注，尺寸线为弧线。

(2) 尺寸界线。为了标注清晰，通常用尺寸界线将标注的尺寸引出被标注对象之外。有时也用对象的轮廓线或中心线代替尺寸界线。

(3) 尺寸箭头。尺寸箭头位于尺寸线的两端，用于标记标注的起始和终止位置。"箭头"是一个广义的概念，AutoCAD提供有各种箭头供用户选择，也可以用短画线、点或其他标记代替尺寸箭头。

(4) 尺寸文本。尺寸文本可以只反映基本尺寸，可以带尺寸公差，还可以按极限尺寸形式标注。如果尺寸界线内放不下尺寸文字，AutoCAD会自动地将其放到外部。尺寸文字用来确定实体实际尺寸的大小，可以使用AutoCAD自动测量值，也可以使用文字对测量值进行替代，这种方式称为文字替代。

注意：尺寸文本不一定就是两尺寸界线之间的实际距离值。当图形按1∶5的比例绘制时，若两尺寸界线之间的实际距离值为20。那么，此时的尺寸文本应为100（即20×5）。

2. 尺寸标注的类型

尺寸标注类型有连续标注、基线标注和并列标注3种，如图3-1所示。

(1) 连续标注。连续标注是指同一方向尺寸首尾相连，一般尺寸线在一条线上。这样标注整齐，少占图面。但累积误差较大，一般用在尺寸要求不高的场合，主要用在土木工程图样上。

(2) 基线标注。基线标注是指同一方向尺寸从同一基准点测量的尺寸，各尺寸有一个公共的尺寸界线。这样标注占用图面较大，但可最大限度地减少了累积误差，主要用在机械图样上。

(3) 并列标注。并列标注是指同一方向尺寸都是对称的，是以对称面为基准的标注方法。不管在什么场合，只要是对称图形就可以采用并列标注。

3. 尺寸标注的规则

使用AutoCAD对绘制的图形进行尺寸标注时，应遵循以下规则：

(1) 机械零件的真实大小应以图样上所标注的尺寸数值为依据，而与图形的大小及绘图的准确度无关。

(2) 图样中的尺寸单位为mm时，不需要标注出计量单位的代号或者名称，如50、R30、φ40等。当采用其他单位时，则必须注明相应的计量单位的代号或名称。例如，以厘米为单位时，需要在尺寸后面用"cm"表示；当角度尺寸以度为单位时，需要在图样的尺寸后标上符号"°"。

(3) 机械零件的每一个尺寸在图样中一般只标注一次，并且要标注在最能反映该结构的视图或图形上。

(4) 图样中所标注的尺寸，为该图样所表示的机械零件最后完工时的尺寸；否则应另加说明。

4. 尺寸标注的步骤

在AutoCAD中，尺寸标注的一般步骤如下：

(1) 为所有尺寸标注建立单独的图层，通过该图层就能很容易地将尺寸标注与图形的其他对象区分开来，以方便管理图形。

(2) 专门为尺寸文字创建文本样式。

(3) 创建合适的尺寸标注样式。如果需要的话，还可以为尺寸标注样式创建子标注样式或替代标注样式，以标注一些特殊尺寸。

(4) 设置并打开对象捕捉模式，利用各种尺寸标注命令标注尺寸。

任务二　创建国标尺寸样式

使用标注样式可以控制尺寸标注的格式和外观，建立和强制执行图形的绘图标准，这样做有利于对标注格式及用途进行修改。标注样式定义了如下内容：

(1) 尺寸线和尺寸界线的外观特性。

(2) 箭头、圆心标记的格式和位置。

(3) 标注文字的外观、位置和对齐方式。

(4) 放置文字与尺寸线的管理规则以及标注特征比例。

(5) 主单位、换算单位和角度标注单位的格式和精度。

(6) 公差值的格式和精度。

在 AutoCAD 中，系统总是使用当前的标注样式 创建标注，如以公制为样板创建新的图形，则默认的当前样式是国际标准化组织的 ISO-25 样式，用户也可以创建其他样式并将其设置为当前样式。

1. 功能

用于管理已存在的尺寸标注样式、新建尺寸标注样式及设置尺寸变量。

2. 命令格式

(1) 单击图标。在"标注"工具栏中。

(2) 下拉菜单。单击菜单栏中的"格式"→"标注样式"命令。

(3) 由键盘输入命令。输入 d↙（Dimstyle 的缩写）。

选择上述任一方式执行，弹出"标注样式管理器"对话框，如图 3-2 所示。通过这个对话框可以命名新的尺寸样式或修改样式中的尺寸变量。各选项功能如下：

1) 当前标注样式。显示当前标注样式的名称。图 3-2 中说明当前有"ISO-25"，这是 AutoCAD 提供的默认标注样式。

2) 样式框。显示当前图形文件中已定义的所有尺寸标注样式。图 3-2 中说明当前有"ISO-25"、"Annotative"和"Standard"等样式。"Annotative"为注释性尺寸样式（因为样式名前有图标）。

3) 预览框。显示当前尺寸标注样式设置的各种特征参数的最终效果。

4) "列出"下拉列表框。用于控制在当前图形文件中是否全部显示所有的尺寸标注样式。

5) 置为当前(U) 按钮。用于设置当前标注样式。对每一种新建立的标注样式或对原式样修改后，均要置为当前设置才有效。

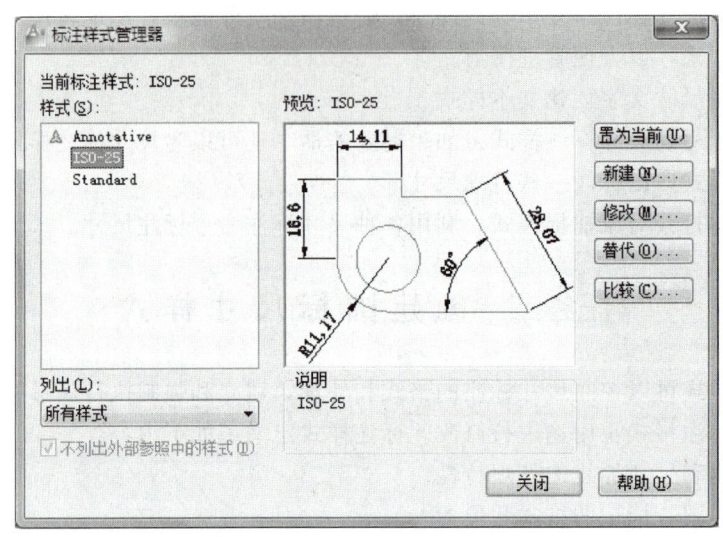

图3-2 "标注样式管理器"对话框

6) 新建(N)... 按钮。用于创建新的标注样式。

7) 修改(M)... 按钮。用于修改已有标注样式中的某些尺寸变量。

8) 替代(O)... 按钮。用于创建临时的标注样式。当采用临时标注样式标注某一尺寸后,再继续采用原来的标注样式标注其他尺寸时,其标注效果不受临时标注样式的影响。

9) 比较(C)... 按钮。用于比较不同标注样式中不相同的尺寸变量,并用列表的形式显示出来。

任务三 新建尺寸标注样式

1. 新建尺寸标注样式操作步骤

建立新的标注样式,并将它置为当前样式。其操作步骤如下:

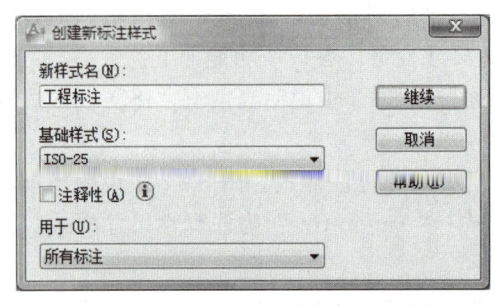

图3-3 "创建新标注样式"对话框

(1) 单击"标注样式管理器"对话框(图3-2)中的 新建(N)... 按钮,弹出"创建新标注样式"对话框,如图3-3所示。在该对话框的"新样式名"文本框中输入新的样式名称"工程标注"。在"基础样式"下拉列表框中指定某个尺寸样式作为新样式的基础样式,则新样式将包含基础样式的所有设置。此外,还可在"用于"下拉列表框中设定新样式对某一种类尺寸的特殊控制。默认情况下,"用于"下拉列表框的选项是"所有标注",是指新样式将控制所有类型尺寸。

(2) 单击 继续 按钮,打开"新建标注样式"对话框,如图3-4所示。

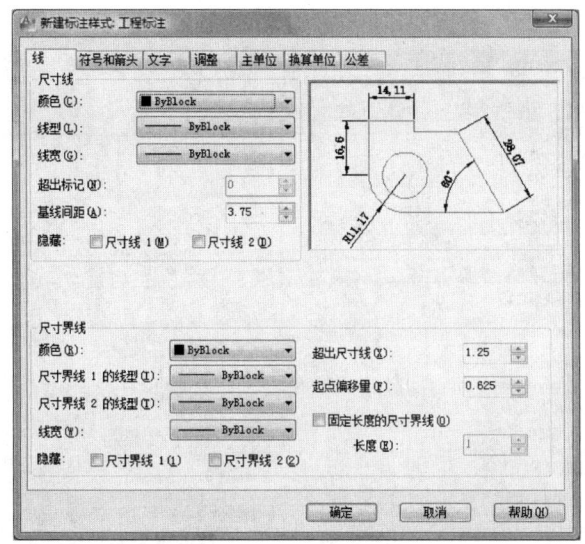

图 3-4 "线"选项卡

（3）在"新建标注样式－工程标注"对话框中，分别对对话框中"线"、"符号和箭头"、"文字"、"调整"、"主单位"、"换算单位"和"公差"7个选项卡进行重新设置，设定后单击 确定 按钮，返回到"标注样式管理器"对话框。

（4）单击 置为当前(U) 按钮，关闭对话框，则刚设置的新标注样式即成为当前标注样式。

2．"新建标注样式"对话框中各选项卡的说明

（1）"线"选项卡（图 3-4）。

1）"尺寸线"组框。设置尺寸线的特征参数。

a. 颜色、线型与线宽。用于设置尺寸线的颜色、线型和线宽。

b. 超出标记。用于设置尺寸线超出尺寸界线的长度，该选项只有当箭头样式为斜线或无箭头时才能用。

c. 基线间距。用于控制标注并列尺寸和基线尺寸时尺寸线之间的间距（图 3-4）。

d. 隐藏。用于控制是否显示尺寸线，主要用在半标注中。国家标准规定，对称形体允许画一半，但标注尺寸时要标整体大小。

2）"尺寸界线"组框。设置尺寸界线的特征参数。

a. 颜色。用于设置尺寸界线的颜色。

b. 尺寸界线 1 的线型。用于设置尺寸界线 1 线型。

c. 尺寸界线 2 的线型。用于设置尺寸界线 2 的线型。

d. 线宽。用于设置尺寸界线的线宽。

e. 超出尺寸线。用于控制尺寸界线相对箭头的超出长度。

f. 起点偏移量。用于控制尺寸界线起始点相对轮廓线的偏移量。

g. 隐藏。用于控制是否显示尺寸界线，与尺寸线的隐藏配合使用。

h. 固定长度的尺寸界线。当选择该复选框时，可设置固定的尺寸界线长度。不管尺寸线与所标线段有多远，尺寸界线只按设置的长度画出。一般用在房屋建筑工程图中。

(2)"符号和箭头"选项卡(图3-5)。

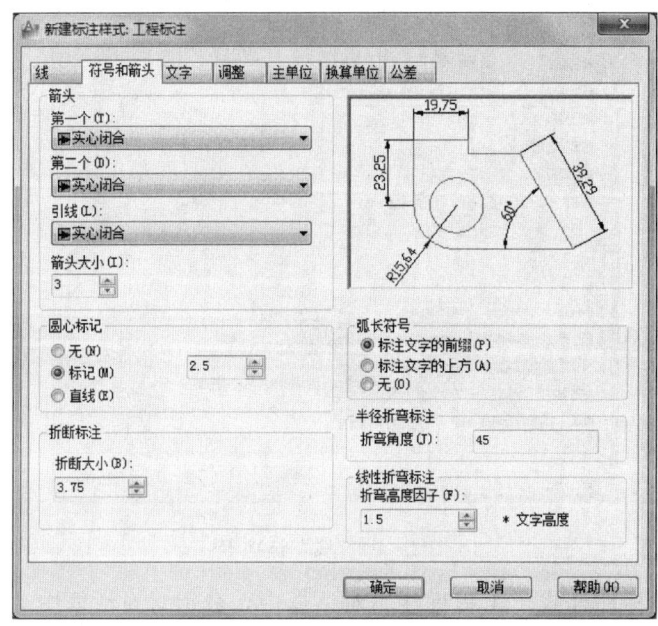

图3-5 "符号和箭头"选项卡

1)"箭头"组框。设置尺寸线终端的箭头形状及尺寸,从列表框中选取。

a. 第一个与第二个。用于设置尺寸线第一端点和第二端点的箭头形状。

b. 引线。用于设置指引线终端的箭头形状。

2)"圆心标记"组框。设置圆或圆弧的圆心标记。

a. 单选按钮。用于设置圆或圆弧的圆心标记类型。其中"无"表示对圆或圆弧的圆心不作任何标记;"标记"表示对圆或圆弧的圆心以十字线符号作为标记;"直线"表示圆或圆弧的圆心标记为中心线。

b. 大小。用于设置圆心标记的半长度和中心线超出圆或圆弧轮廓线的长度。

3)"弧长符号"组框。设置弧长标注形式。它有3个单选按钮,"标注文字的前缀"表示将圆弧符号放在弧长尺寸数字的前面;"标注文字的上方"表示将圆弧符号放在弧长数字的上面;"无"表示不加圆弧符号。

4)半径折弯标注。设置大圆弧标注时,半径的尺寸线折弯角度。默认为90°,一般选择45°比较好。

(3)"文字"选项卡(图3-6)。

1)"文字外观"组框。设置尺寸文本的字体样式、字体高度及颜色等参数。

a. 文字样式。设置尺寸文本的当前字体样式。单击下拉列表箭头,可从下拉列表框中选择已设置的文字样式;也可单击 按钮进入"文字样式"对话框,进行创建或修改文字样式。

b. 文字颜色。用于设置文字颜色及文字高度。

c. 文字填充颜色。用于设置文字填充背景颜色。

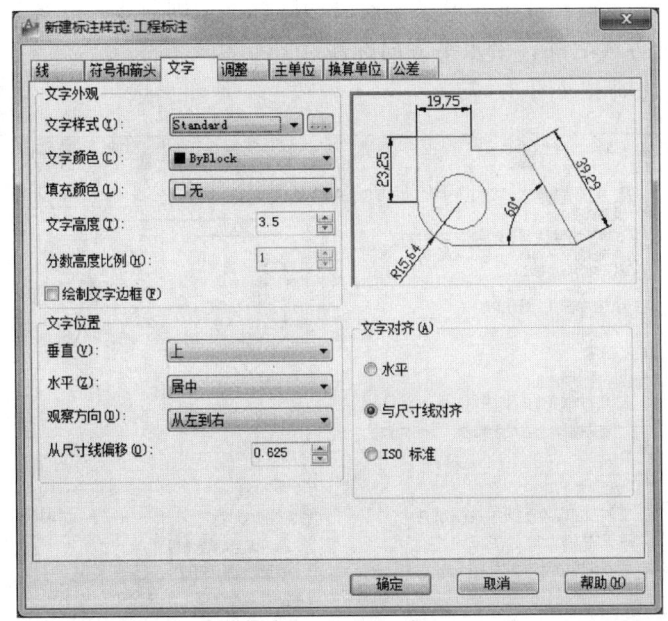

图 3-6 "文字"选项卡

　　d. 文字高度。用于设置文字高度。

　　e. 分数高度比例。用于设置分数文本的相对字高，主要用于标注尺寸公差。

　　f. 绘制文字边框。用于设置标注基本参考尺寸，即是否用一矩形框包围文字。

　2)"文字位置"组框。用于控制尺寸文本相对于尺寸线和尺寸界线的位置。

　　a. 垂直。用于设置尺寸文本相对于尺寸线在垂直方向的位置。它有 4 种位置："居中"表示尺寸文本位于尺寸线的中断处；"上"表示尺寸文本位于尺寸线的上方；"外部"表示尺寸文本位于尺寸线的外侧；"JIS"表示按日本国工业标准规定的方式放置尺寸文本。

　　b. 水平。用于标注文字在尺寸线上相对于尺寸界线的水平位置。它有 5 种位置："居中"表示尺寸文本位于两尺寸界线中间；"第一条尺寸界线"表示尺寸文本沿尺寸线与第一条尺寸界线左对正，伸线与标注文字的距离是箭头大小加上文字间距之和的两倍；"第二条尺寸界线"表示尺寸文本沿尺寸线与第二条尺寸界线右对正，伸线与标注文字的距离是箭头大小加上文字间距之和的两倍；"第一条尺寸界线上方"表示沿第一条尺寸界线放置标注文字或将标注文字放在第一条尺寸界线之上；"第二条尺寸界线上方"表示沿第二条尺寸界线放置标注文字或将标注文字放在第二条尺寸界线之上。

　　c. 观察方向。控制标注文字的观察方向。"从左到右"为按从左到右阅读的方式放置文字；"从右到左"为按从右到左阅读的方式放置文字。

　　d. 从尺寸线偏移。用于确定尺寸文本底部与尺寸线之间的偏移量。

　3)"文字对齐"组框。用于设置尺寸文本的放置方式。

　　a. 水平。表示所有标注的尺寸文本均水平放置。

　　b. 与尺寸线对齐。表示所有尺寸文本均按尺寸线方向标注，即与尺寸线对齐。

c. ISO 标准。表示所标注的尺寸文本符合国际标准，即位于尺寸界线之内沿尺寸线方向标注；位于尺寸界线之外，沿水平方向标注。

(4)"调整"选项卡（图 3-7）。

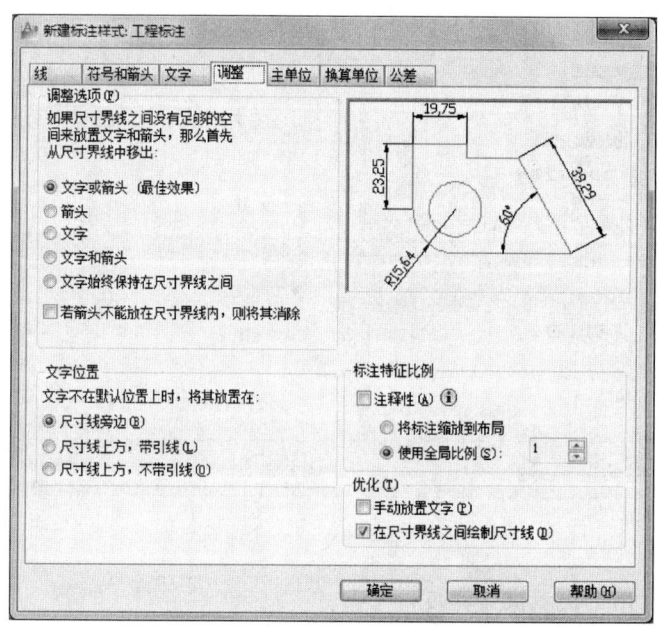

图 3-7　"调整"选项卡

1)"调整选项"组框。控制基于尺寸界线之间可用空间的文字和箭头的位置。如果有足够大的空间，文字和箭头都将放在尺寸界线内；否则，将按照"调整选项"放置文字和箭头。

a. 文字或箭头（最佳效果）。系统将根据尺寸界线之间的距离，来判断文字和箭头放置的位置，并会以最佳效果自动调整文字和箭头的位置。当标注圆的直径时，如数字放在圆外，则两箭头由外指向圆，如图 3-8（a）所示。当直径数字放在圆内，只显示一个箭头，如图 3-8（b）所示。

b. 箭头。表示当尺寸界线内空间不足时，将箭头放置在尺寸界线外面。

c. 文字。表示当尺寸界线内空间不足时，将尺寸文本放置在尺寸界线外面。

d. 文字和箭头。表示当尺寸界线内空间不足时，将尺寸文本和箭头均放置在尺寸界线外面。当标注圆的直径时，数字始终在圆内，尺寸线两端都有箭头，且由圆内指向圆，如图 3-8（c）所示。

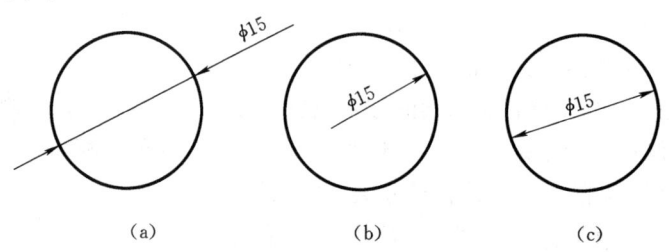

图 3-8　圆的直径 3 种标注方法

e. 文字始终保持在尺寸界线之间。表示所标注的尺寸文本始终放置在尺寸界线之间。

f. 若箭头不能放在尺寸界线内，则将其消除。表示当两尺寸界线之间没有足够空间放置箭头时，则隐藏箭头。

2)"文字位置"组框。当尺寸文本离开其默认位置时的放置位置。

a. 尺寸线旁边。表示当所标注的尺寸文本不能放置在默认位置时，将尺寸文本放置在尺寸界线的旁边，如图 3-9（a）所示。

b. 尺寸线上方，带引线。表示所标注的尺寸文本不能放置在默认位置

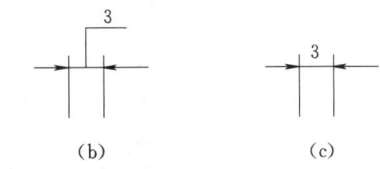

图 3-9 三种文字位置

时，系统将自动创建引线，将尺寸文本放置在尺寸线上方，如图 3-9（b）所示。

c. 尺寸线上方，不带引线。表示所标注的尺寸文本不能放置在默认位置时，将尺寸文本放置在尺寸线上方，不创建引线，如图 3-9（c）所示。

3)"标注特征比例"组框。设置全局标注比例值或图纸空间比例。

a. 注释性。用于确定标注样式是否为注释性样式。

b. 将标注缩放到布局。根据当前模型空间视口和图纸空间之间的比例确定比例因子。

c. 使用全局比例。为所有标注样式设置一个比例，这些设置指定了大小、距离或间距，包括文字和箭头大小。该缩放比例并不更改标注的测量值。即实际标注参数与设置参数的大小之比。如设置字高为 2.5，全局比例为 2，则标注出来的实际字高为 5。

4)"优化"组框。设置尺寸文本的精细微调选项。

a. 手动放置文字。忽略所有水平对正设置，并把文字放在"尺寸线位置"提示下指定的位置。

b. 在尺寸界线之间绘制尺寸线。即使箭头放在测量点外，也在测量点之间绘制尺寸线。

(5)"主单位"选项卡（图 3-10）。

1)"线性标注"组框。用于设置线性标注的格式和精度。

a. 单位格式。用于设置除角度之外的工程尺寸的单位类型。在下拉列表框中提供的选项有科学、小数、工程、建筑、分数和 Windows 桌面。

b. 精度。用于确定工程尺寸的精度。

c. 分数格式。用于设置分数的格式，该选项只有当"单位格式"设为"分数"时才有效。可选项中包括水平、对角、非堆叠。

d. 小数分隔符。用于设置十进制的整数部分和小数部分之间的分隔符。可选项中包括句号、逗号、空格。

e. 舍入。用于设定小数点的精确位数。如有两个尺寸分别为 20.2536 和 20.1457，若将"舍入"值由原来的 0.0000 改为 0.0100，则这两个数将显示为 20.25 和 20.15。

f. 前缀和后缀。用于设置给标注的文本添加一个前缀或后缀。例如，如果使用的单位不是 mm，而是 m，则可在"后缀"一栏中输入 m。

2)"测量单位比例"组框。用于设置比例因子，控制该比例因子是否只应用到布局标

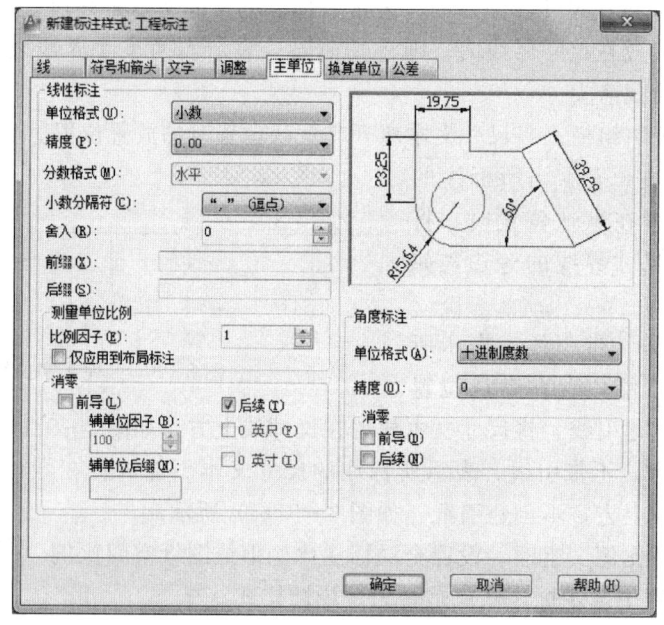

图 3-10 "主单位"选项卡

注中。

a. 比例因子。用于设置除角度之外的所有标注测量值的比例因子，默认值为 1，即系统将按实际测量值标注尺寸。如设置比例因子为 2，实际绘图尺寸为 20，则所标注的尺寸为 40。

b. 仅应用到布局标注。表示所设置的比例因子仅在布局中创建的标注有效，而对模型空间的尺寸标注无效。

3) "消零"组框。用于控制前导和后续零。

a. 前导。选取该项，表示系统不输出十进制尺寸的前导零。例如，实际尺寸为 "0.4000"，而标注时则显示为 ".4000"。

b. 后续。选取该项，表示系统不输出十进制尺寸的后续零。例如，实际尺寸为 "0.4000"，而标注时则显示为 "0.4"。

4) "角度标注"组框。用于设置角度标注的格式。

a. 单位格式。用于设置角度单位的类型。选项中包括十进制度数、度/分/秒、百分度、弧度。

b. 精度。用于确定角度的精度。

5) "消零"组框。用于控制角度尺寸的前导和后续零。

(6) "换算单位"选项卡（图 3-11）。

1) 显示换算单位复选框。用于控制是否显示经过换算后标注文字的值。选中该复选框时，在标注文字中将同时显示以两种单位标识的测量值。

2) "换算单位"组框。该组框中的选项是用于控制经过换算后的值，其中单位格式、精度、舍入精度、前缀、后缀、前导和后续在前面已叙述过，下面只介绍前面没有涉及的

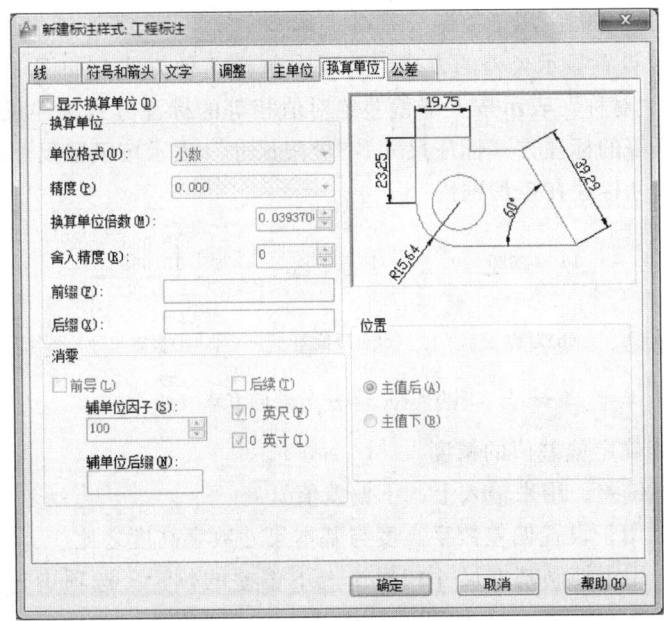

图 3-11 "换算单位"选项卡

选项。

换算单位倍数。用于确定主单位尺寸和换算单位尺寸之间的换算因子。

3)"位置"组框。用于控制换算单位尺寸与主单位尺寸的相对位置。

a. 主值后。选取该选项，表示换算单位尺寸放置在主单位尺寸的后面。

b. 主值下。选取该选项，表示换算单位尺寸放置在主单位尺寸的下面。

(7) "公差"选项卡（图 3-12）。

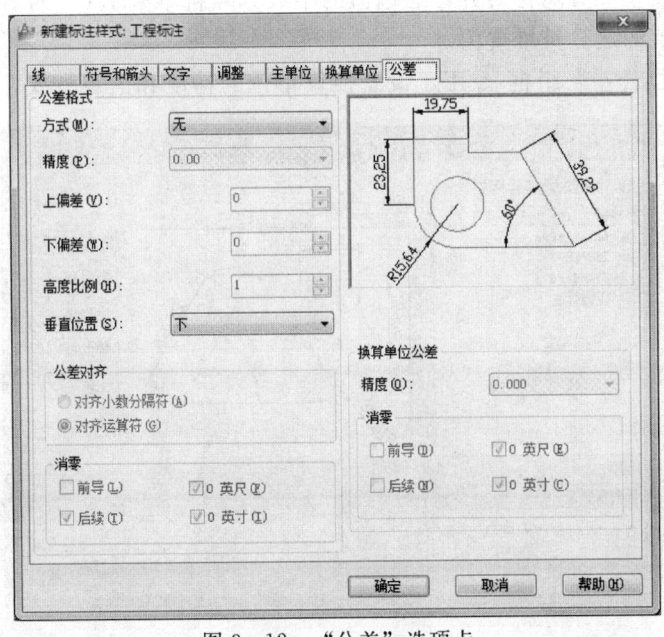

图 3-12 "公差"选项卡

1)"公差格式"组框。用于控制公差格式。

a. 方式。用于设置显示公差的方式。选项中包括5种方式,如图3-13所示。"无"表示不标注偏差;"对称"表示按上下偏差绝对值相等的标注方式标注尺寸;"极限偏差"表示按上下偏差不等的标注方式标注尺寸;"极限尺寸"表示按极限尺寸进行标注;"基本尺寸"表示基本尺寸标注在矩形框内。

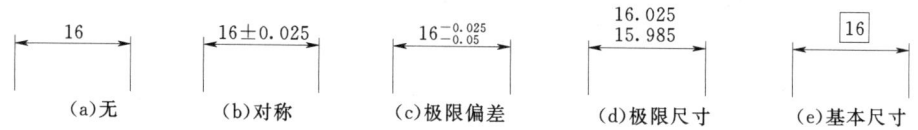

图3-13 显示公差的方式

b. 精度。用于确定偏差值的精度。
c. 上偏差与下偏差。用来输入上、下偏差值。
d. 高度比例。用于设置偏差数字高度与基本尺寸数字高度之比。
e. 垂直位置。用于控制基本尺寸相对于上下偏差的位置。选项中包括3种位置,如图3-14所示。

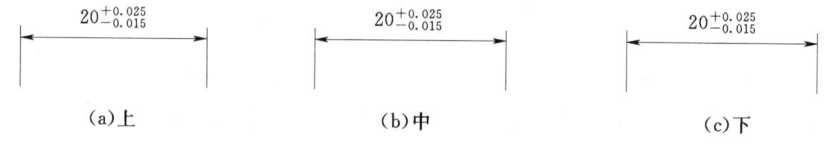

图3-14 公差文字的3种对齐方式

2)"公差对齐"组框。用于堆叠时,控制上偏差值和下偏差值的对齐。其中"对齐小数分隔符"表示使小数分隔符对齐,通过值的小数分隔符堆叠值;"对齐运算符"表示运算符对齐,通过值的运算符堆叠值。

3)"换算单位公差"组框。用于设置换算单位的精度和消零方式,控制是否禁止输

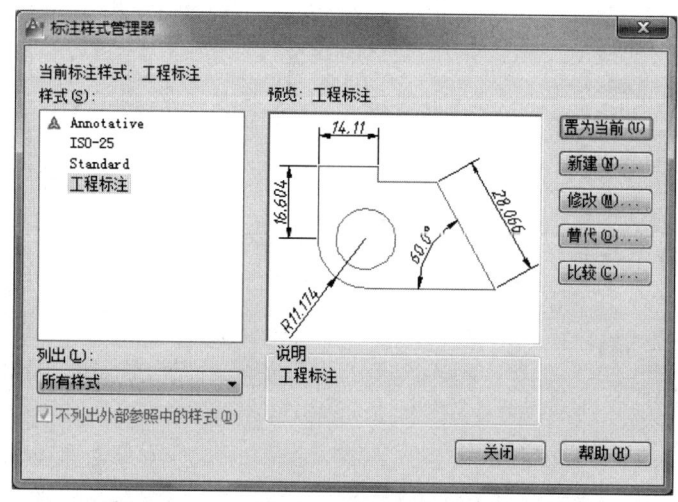

图3-15 "标注样式管理器"对话框

出前导零和后续零以及零英尺和零英寸部分。"前导"表示不输出所有十进制标注中的前导零，如0.5000变成.5000。"后续"表示不输出所有十进制标注的后续零，如12.5000变成12.5、30.0000变成30。"0英尺"表示如果长度小于一英尺，则消除英尺—英寸标注中的英尺部分，如0′—6 1/2″变成6 1/2″。"0英寸"表示如果长度为整英尺数，则消除英尺—英寸标注中的英寸部分，如1′—0″变为1′。

利用"新建标注样式"对话框设置样式后，单击对话框中的 确定 按钮，完成样式的设置，AutoCAD返回到"标注样式管理器"对话框，再单击 置为当前(U) 按钮使新样式成为当前样式，单击对话框中的 关闭 按钮关闭对话框，完成尺寸标注样式的设置，如图3-15所示。

项目二 尺寸标注命令

AutoCAD 2012 提供了一套完整的尺寸标注命令用以标注图形对象，尺寸标注的工具栏和下拉菜单如图 3-16 所示。AutoCAD 的标注工具可以标注线性尺寸，也可以标注直径、半径、角度等尺寸，并可以进行多重引线标注、快速标注和公差标注等。完成标注后，还可以对标注的尺寸进行各种编辑操作。

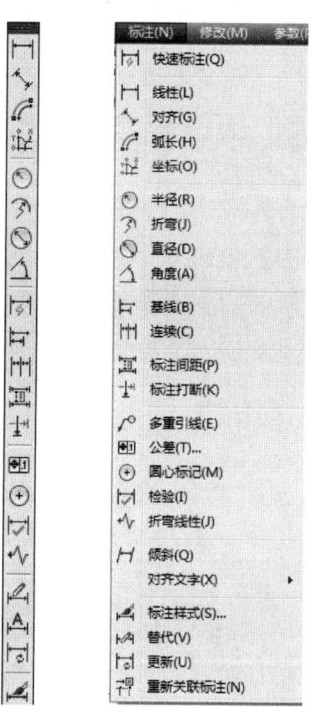

图 3-16 尺寸标注工具栏及尺寸标注下拉菜单

任务一 线 性 标 注

1. 功能

标注水平、垂直和倾斜的线性尺寸。

2. 命令格式

(1) 单击图标。在"标注"工具栏中。

(2) 下拉菜单。单击菜单栏中的"标注"→"线性"命令。

(3) 由键盘输入命令。输入 dli✓（Dimlinear 的缩写）。

选择上述任一方式执行,命令行提示:

命令:_dimlinear

指定第一条尺寸界线原点或<选择对象>:(指定点或↙选择要标注的对象)

指定第二条尺寸界线原点:

指定尺寸线位置或

[多行文字(M)/文字(T)/角度(A)/水平(H)/垂直(V)/旋转(R)]:

3．选项说明

(1) 指定尺寸线位置。使用指定点定位尺寸线并且确定绘制尺寸界线的方向。指定位置之后,将绘制标注。

(2) 多行文字(M)。显示在位文字编辑器,可用它来编辑标注文字。要添加前缀或后缀,则在生成的测量值前后输入前缀或后缀。要编辑或替换生成的测量值,请删除文字,输入新文字,然后单击"确定"按钮。

(3) 文字(T)。在命令提示下,自定义标注文字。生成的标注测量值显示在尖括号中。

输入标注文字<当前>:

输入标注文字,或按 Enter 键接受生成的测量值。要包括生成的测量值,则用尖括号(< >)表示生成的测量值。

(4) 角度(A)。修改标注文字的角度。

(5) 水平(H)。创建水平线性标注。

(6) 垂直(V)。创建垂直线性标注。

(7) 旋转(R)。创建旋转线性标注。

【例 3-1】 标注如图 3-17 (a) 所示尺寸。

命令:_dimlinear

指定第一条尺寸界线原点或<选择对象>:(选 P1 点)

指定第二条尺寸界线原点:(选 P2 点)

指定尺寸线位置或

[多行文字(M)/文字(T)/角度(A)/水平(H)/垂直(V)/旋转(R)]:(单击 P3 点附近)

此时在 P3 点附近标注出图示尺寸,其中尺寸文本是系统提供的,未对其进行修改。

结果如图 3-17 (a) 所示。

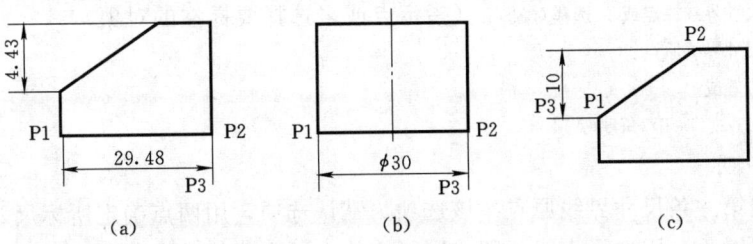

图 3-17 线性标注示例

【例 3-2】 标注如图 3-17 (b) 所示尺寸。

命令:_dimlinear

指定第一条尺寸界线原点或<选择对象>：（选 P1 点）

指定第二条尺寸界线原点：（选 P2 点）

指定尺寸线位置或

[多行文字(M)/文字(T)/角度(A)/水平(H)/垂直(V)/旋转(R)]：T↙

输入标注文字<29.48>：%%c30↙

指定尺寸线位置或

[多行文字(M)/文字(T)/角度(A)/水平(H)/垂直(V)/旋转(R)]：（单击 P3 点附近）

结果如图 3-17（b）所示。

【例 3-3】 标注如图 3-17（c）所示尺寸。

命令：_dimlinear

指定第一条尺寸界线原点或<选择对象>：（选 P1 点）

指定第二条尺寸界线原点：（选 P2 点）

指定尺寸线位置或

[多行文字(M)/文字(T)/角度(A)/水平(H)/垂直(V)/旋转(R)]：V↙

指定尺寸线位置或 [多行文字(M)/文字(T)/角度(A)]：T↙

输入标注文字<9.68>：10↙

指定尺寸线位置或 [多行文字(M)/文字(T)/角度(A)]：（单击 P3 点附近）

结果如图 3-17（c）所示。

任 务 二　对　齐　标　注

1. 功能

用于标注带有倾斜尺寸线的尺寸标注。

2. 命令格式

（1）单击图标。在"标注"工具栏中。

（2）下拉菜单。单击菜单栏中的"标注"→"对齐"命令。

（3）由键盘输入命令。输入 dal↙（Dimaligned 的缩写）

选择上述任一方式执行，命令行提示：

命令：_dimaligned

指定第一条尺寸界线原点或<选择对象>：（指定点或↙选择要标注的对象）

指定第二条尺寸界线原点：

指定尺寸线位置或

[多行文字(M)/文字(T)/角度(A)]：

3. 选项说明

（1）指定第一条尺寸界线原点。该选项为默认选项，用两点确定所标尺寸。

（2）选择对象。用选择直线、圆或圆弧实体，以实体的端点或圆上任意点作为测量点标尺寸。

【例 3-4】 标注如图 3-18 所示尺寸。

命令：Dimaligned

指定第一条尺寸界线原点或[选择对象]:(选P1点)
指定第二条尺寸界线原点:(选P2点)
指定尺寸线位置或
[多行文字(M)/文字(T)/角度(A)]:T✓
输入标注文字<23.4>:24✓
指定尺寸线位置或
[多行文字(M)/文字(T)/角度(A)]:(在P3点附近单击)
结果如图3-18所示。

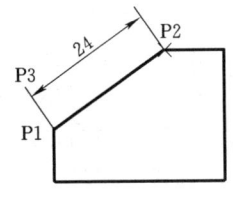

图3-18 对齐标注示例

任务三 弧 长 标 注

1. 功能

弧长标注用于测量圆弧或多段线圆弧段上的距离。弧长标注的尺寸界线可以正交或径向。在标注文字的上方或前面将显示圆弧符号。

2. 命令格式

(1) 单击图标。在"标注"工具栏中。

(2) 下拉菜单。单击菜单栏中的"标注"→"弧长"命令。

(3) 由键盘输入命令。输入dimarc✓。

选择上述任一方式输入命令,命令行提示:

命令:_dimarc

选择弧线段或多段线圆弧段:(拾取圆弧或多段线中的圆弧,命令行继续提示)

指定弧长标注位置或[多行文字(M)/文字(T)/角度(A)/部分(P)/引线(L)]:

3. 选项说明

(1) 指定弧长标注位置。该选项为默认选项。

(2) 多行文字(M)/文字(T)/角度(A)。这3个选项与线性标注中相应的选项含义相同,不再重述。

(3) 部分(P)。缩短弧长标注的长度。

(4) 引线(L)。添加引线对象。仅当圆弧(或圆弧段)大于90°时才会显示此选项。引线是按径向绘制的,指向所标注圆弧的圆心。

指定弧长标注位置或[多行文字(M)/文字(T)/角度(A)/部分(P)/无引线(N)]:

指定点或输入选项。引线将自动创建。"无引线"选项可在创建引线之前取消"引线"选项。要删除引线,先删除弧长标注,然后重新创建不带引线选项的弧长标注。

任务四 坐 标 标 注

1. 功能

坐标标注测量原点(称为基准)到特征(如部件上的一个孔)的垂直距离。这种标注保持特征点与基准点的精确偏移量,从而避免增大误差。

2. 命令格式

(1) 单击图标。在"标注"工具栏中。

(2) 下拉菜单。单击菜单栏中的"标注"→"坐标"命令。

(3) 由键盘输入命令。输入 dor↙（Dimordinate 的缩写）。

选择上述任一方式执行，命令行提示：

命令:_dimordinate

指定点坐标：

指定引线端点或 [X 基准(X)/Y 基准(Y)/多行文字(M)/文字(T)/角度(A)]:

3. 选项说明

(1) 指定引线端点。使用点坐标和引线端点的坐标差可确定它是 X 坐标标注还是 Y 坐标标注。如果 Y 坐标的坐标差较大，标注就测量 X 坐标；否则就测量 Y 坐标。

(2) X 基准。测量 X 坐标并确定引线和标注文字的方向。将显示"引线端点"提示，从中可以指定端点。

(3) Y 基准。测量 Y 坐标并确定引线和标注文字的方向。将显示"引线端点"提示，从中可以指定端点。

(4) 多行文字（M）。显示在文字编辑器，可用它来编辑标注文字。要添加前缀或后缀，则在生成的测量值前后输入前缀或后缀。要编辑或替换生成的测量值，先删除文字，输入新文字，然后单击"确定"按钮。

(5) 文字（T）。在命令提示下，自定义标注文字。生成的标注测量值显示在尖括号中。

输入标注文字 <当前>：（输入标注文字，或↙接受生成的测量值）

(6) 角度（A）。修改标注文字的角度。

指定标注文字的角度：（输入角度。如要将文字旋转 45°，请输入 45）

指定角度后，将再次显示"引线端点"提示。要包括生成的测量值，请用尖括号（<>）表示生成的测量值。

任务五 半 径 标 注

1. 功能

用于标注圆或圆弧的半径尺寸。

2. 命令格式

(1) 单击图标。在"标注"工具栏中。

(2) 下拉菜单。单击菜单栏中的"标注"→"半径"命令。

(3) 由键盘输入命令。输入 dra↙（Dimradius 的缩写）。

选择上述任一方式执行，命令行提示：

选择圆弧或圆：（拾取要标注尺寸的圆弧或圆）

标注文字=（测量值）

指定尺寸线位置或[多行文字(M)/文字(T)/角度(A)]：（确定尺寸线位置，即完成圆弧或圆尺寸的

标注)

任务六 折 弯 标 注

1. 功能

测量选定对象的半径,并显示前面带有一个半径符号的标注文字。可以在任意合适的位置指定尺寸线的原点。一般用于大圆弧半径的标注。

2. 命令格式

(1) 单击图标。在"标注"工具栏中。

(2) 下拉菜单。单击菜单栏中的"标注"→"弯折"命令。

(3) 由键盘输入命令。输入 djo✓ (Dimjogged 的缩写)。

选择上述任一方式输入命令,命令行提示:

选择圆弧或圆:(拾取圆弧或圆,命令行继续提示)

指定中心位置替代:(指定一点为替代的圆心,命令行继续提示)

标注文字=(测量的半径值)

指定尺寸线位置或[多行文字(M)/文字(T)/角度(A)]:(确定尺寸线位置,即完成圆或圆弧半径的标注)

指定折弯位置:(指定弯折的位置,结束命令)

任务七 直 径 标 注

1. 功能

用于标注圆或圆弧的直径尺寸。

2. 命令格式

(1) 单击图标。在"标注"工具栏中。

(2) 下拉菜单。单击菜单栏中的"标注"→"直径"命令。

(3) 由键盘输入命令。输入 ddi✓ (Dimdiameter 的缩写)。

选择上述任一方式执行,命令行提示:

选择圆或圆弧:(拾取要标注尺寸的圆或圆弧)

标注文字=(测量值)

尺寸线位置或[多行文字(M)/文字(T)/角度(A)]:(确定尺寸线位置,即完成圆或圆弧尺寸的标注)

任务八 角 度 标 注

1. 功能

用于标注圆弧的中心角、两条非平行线之间的夹角或指定 3 个点所确定的夹角。

2. 命令格式

(1) 单击图标。在"标注"工具栏中。

(2) 下拉菜单。单击菜单栏中的"标注"→"角度"命令。

(3) 由键盘输入命令。输入 dan ↙（Dimangular 的缩写）。

选择上述任一方式输入命令，命令行提示：

选择圆弧、圆、直线或<指定顶点>：

3. 选项说明

(1) 选择圆弧。在圆弧上拾取一点，系统会以弧线中心与弧线两端点的连线，作为两条夹角边测量出角度值，并以拖动方式显示尺寸标注，命令行提示：

指定标注弧线位置或[多行文字(M)/文字(T)/角度(A)]：[确定弧线位置，系统会自动绘制一条圆弧尺寸线，并标注出圆弧的角度，如图 3-19（a）所示]。

(2) 选择圆。在圆上拾取一点，拾取点与圆心的连线构成夹角边的第一条尺寸界线，命令行提示：

指定角的第二个端点：（在圆上任取一点，拾取点与圆心的连线构成夹角边的第二条尺寸界线，命令行继续提示）。

指定标注弧线位置或[多行文字(M)/文字(T)/角度(A)]：[确定弧线位置，系统会自动绘制一条圆弧尺寸线，并标注出弧的圆心角度，如图 3-19（b）所示]。

(3) 选择直线。分别选择两非平行直线，并以拖动方式显示出尺寸标注，命令行提示：

指定标注弧线位置或[多行文字(M)/文字(T)/角度(A)]：[确定弧线位置，系统会自动绘制一条圆弧尺寸线，并标注出两直线间的夹角，如图 3-19（c）所示]。

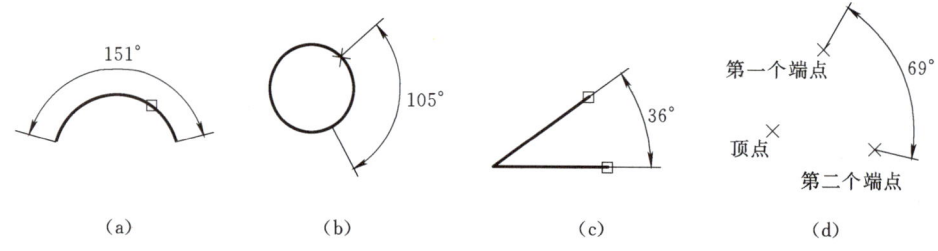

图 3-19 角度尺寸标注

(4) 按回车键，即选定默认的"指定顶点"顶。系统会自动按三点方式绘制角度标注尺寸，命令行提示：

指定角的顶点：（指定一点作为角的顶点，命令行继续提示）

指定角的第一个端点：（指定一点作为角的第一个端点，命令行继续提示）

指定角的第二个端点：（指定一点作为角的第二个端点，命令行继续提示）

指定标注弧线位置或[多行文字(M)/文字(T)/角度(A)]：[确定弧线位置，完成角度尺寸标注，如图 3-19（d）所示]。

注意：国标规定角度数字一律水平书写，一般注写在尺寸线的中断处，必要时可注写在尺寸线上方或外面，也可画引线标注。为使角度数字的放置形式符合国标，可采用当前尺寸样式下建立用于角度的标注。方法如下：

(1) 单击"标注"工具栏上的 按钮，打开"标注样式管理器"对话框。

(2) 单击 新建(N)... 按钮，打开"创建新标注样式"对话框。在"用于"下拉列表框中设定选择"角度标注"选项，如图 3-20 所示。

(3) 选择"文字"选项卡，在"文字对齐"框中选择"水平"单选按钮，如图 3-21 所示。

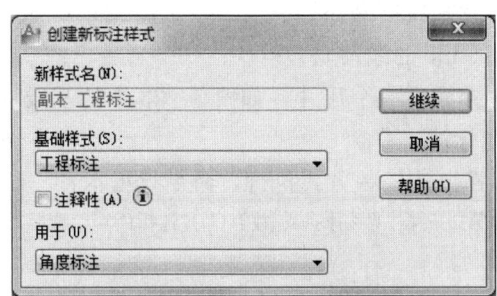

图 3-20 建立用于角度的标注

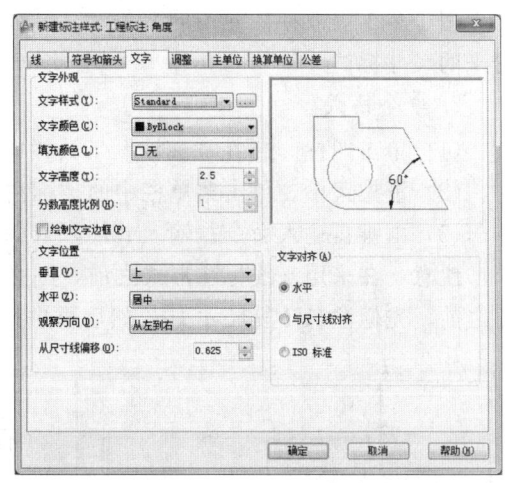

图 3-21 "文字"选项卡

任务九　连　续　标　注

1. 功能

用于标注一连串的尺寸，即每一个尺寸的第二个尺寸界线原点，是下一个尺寸的第一个尺寸界线的原点。

2. 命令格式

(1) 单击图标。 在"标注"工具栏中。

(2) 下拉菜单。单击菜单栏中的"标注"→"连续"命令。

(3) 由键盘输入命令。输入 dco↙（Dimcontinue 的缩写）。

注意：在采用连续标注形式之前，必须先标注出一个尺寸，如图 3-22 中的 AB 段尺寸 20。

选择上述任一方式执行，命令行提示：

指定第二条尺寸界线原点或[放弃(U)/选择(S)]<选择>：（捕捉 C 点）

标注文字＝20

指定第二条尺寸界线原点或[放弃(U)/选择(S)]<选择>：（捕捉 D 点）

标注文字＝20

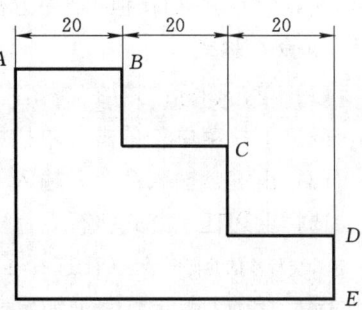

图 3-22 连续型尺寸标注结果

指定第二条尺寸界线原点或[放弃(U)/选择(S)]<选择>：↙（结束连续尺寸标注）

结果如图 3-22 所示。

任务十 基 线 标 注

1. 功能

用于多个尺寸标注使用同一条尺寸界线作为基准，创建一系列由相同的标注原点测量出来的尺寸标注。

2. 命令格式

(1) 单击图标。在"标注"工具栏中。

(2) 下拉菜单。单击菜单栏中的"标注"→"基线"命令。

(3) 由键盘输入命令。输入 dba↙（Dimbaseline 的缩写）。

注意：在采用基线标注形式之前，则必须先标注出一个尺寸，如图 3-23 中的基线标注之前，先标注 AB 段尺寸 10，然后再进行基线标注。

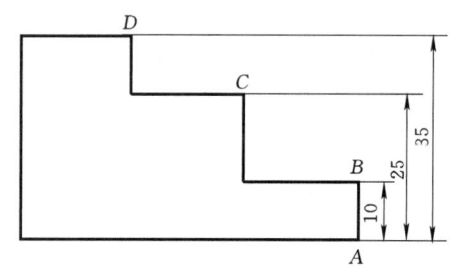

图 3-23 基线型尺寸标注结果

选择上述任一方式执行，命令行提示：

指定第二条尺寸界线原点或[放弃(U)/选择(S)]<选择>：（捕捉 C 点）

标注文字＝25

指定第二条尺寸界线原点或[放弃(U)/选择(S)]<选择>：（捕捉 D 点）

标注文字＝35

指定第二条尺寸界线原点或[放弃(U)/选择(S)]<选择>：↙（结束基线尺寸标注）

结果如图 3-23 所示。

任务十一 快 速 标 注

1. 功能

可快速创建一系列标注。特别适合创建系列基线或连续标注，或为一系列圆、圆弧创建标注，它是并列标注的唯一方法。

2. 命令格式

(1) 单击图标。在"标注"工具栏中。

(2) 下拉菜单。单击菜单栏中的"标注"→"快速标注"命令。

(3) 由键盘输入命令。输入 Qdim↙。

选择上述任一方式执行，命令行提示：

选择要标注的几何图形：（在选择了一个或多个需要标注的对象后，命令行继续提示）

指定尺寸线位置或[连续(C)/并列(S)/基线(B)/坐标(O)/半径(R)/直径(D)/基准点(P)/编辑(E)/设置(T)]<连续>：（若↙或右击确定，则系统按当前选项对所选对象进行快速标注；否则，用户可根据提示输入一个选项，完成标注）

3. 选项说明

(1) 连续。创建一系列连续标注尺寸,为默认项。

(2) 并列。创建一系列并列标注尺寸。

(3) 基线。创建一系列基线标注尺寸。

(4) 坐标。创建一系列坐标标注尺寸。

(5) 半径。创建一系列半径标注尺寸。

(6) 直径。创建一系列直径标注尺寸。

(7) 基准点。为基线和坐标标注设置新的基准点。此时,系统将要求用户输入新的基准点,新的基准确定后,系统又返回前面的提示。

(8) 编辑。通过增加或减少尺寸标注点来编辑一系列尺寸。

提示:快速标注命令特别适合基线标注、连续标注及一系列圆的半径、直径尺寸的标注。

4. 并列标注

(1) 拾取需要标注的几何元素。单击"快速标注"图标,命令行提示:

关联标注优先级=端点

选择要标注的几何图形:指定对角点:找到 7 个[用窗口拾取方法拾取需要标注的几何元素,如图 3-24(a)所示,细实线矩形表示拾取窗口]

选择要标注的几何图形:(右击结束拾取,命令行继续提示)

指定尺寸线位置或

[连续(C)/并列(S)/基线(B)/坐标(O)/半径(R)/直径(D)/基准点(P)/编辑(E)/设置(T)]

<连续>:s✓(设置为并列标注类型,命令行继续提示)

指定尺寸线位置或

[连续(C)/并列(S)/基线(B)/坐标(O)/半径(R)/直径(D)/基准点(P)/编辑(E)/设置(T)]

<并列>:(这时可以看到尺寸,但不一定是理想的状态。有可能不需要标注的点被拾取,也有可能需要标注的点未能被拾取,这就要对拾取点进行编辑)

(2) 对拾取点进行编辑。当需要对拾取点进行编辑时,输入 e✓,所有拾取点处有一个小叉表示,如图 3-24(b)所示。命令行继续提示:

指定要删除的标注点或[添加(A)/退出(X)]<退出>:(拾取中心线上一个端点,命令行继续提示)

已删除一个标注点

指定要删除的标注点或[添加(A)/退出(X)]<退出>:(拾取中心线上另一个端点,命令行继续提示)

已删除一个标注点

指定要删除的标注点或[添加(A)/退出(X)]<退出>:A✓(进入添加拾取点状态,命令行继续提示)

指定要添加的标注点或[删除(R)/退出(X)]<退出>:(拾取圆中心线的端点,命令行继续提示)

已添加一个标注点

指定要添加的标注点或[删除(R)/退出(X)]<退出>:[拾取另一个圆中心线端点,如图 3-24(c)所示,命令行继续提示]

已添加一个标注点

指定要添加的标注点或[删除(R)/退出(X)]<退出>:x✓(输入 x 或右击结束编辑,回到原命令行提示状态)

指定尺寸线位置或

[连续(C)/并列(S)/基线(B)/坐标(O)/半径(R)/直径(D)/基准点(P)/编辑(E)/设置(T)]
<并列>:

(3) 确定尺寸线位置。用光标拖动指定尺寸线位置后单击,完成并列标注,如图3-24(d)所示。

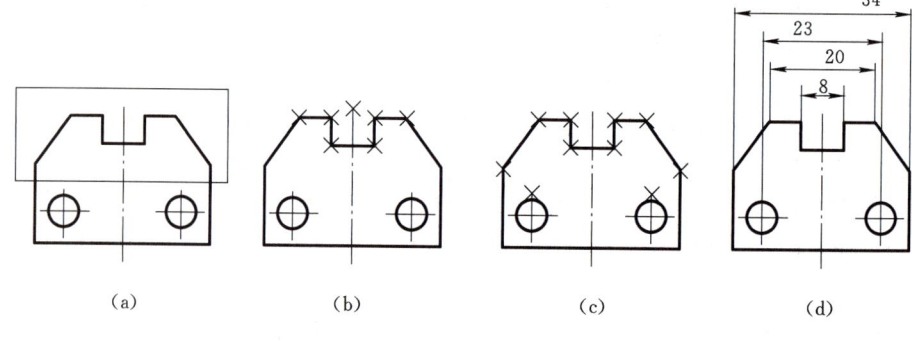

图 3-24 并列标注图例

任务十二 多重引线标注

1. 定义多重引线样式

(1) 功能。设置当前多重引线样式,以及创建、修改和删除多重引线样式。

(2) 命令格式。

1) 单击图标。在"样式"工具栏中。

2) 下拉菜单。单击菜单栏中的"格式"→"多重引线样式"命令。

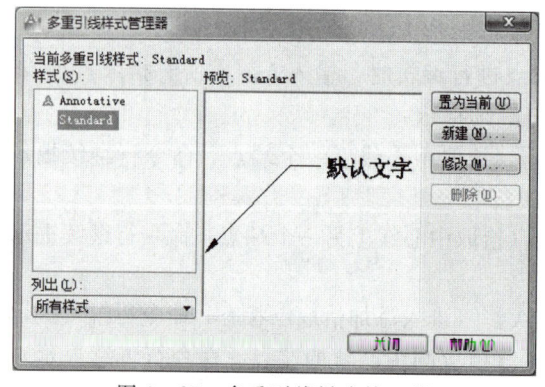

图 3-25 多重引线样式管理器

3) 由键盘输入命令。输入 Mleaderstyle↵

选择上述任一方式执行,AutoCAD 弹出"多重引线样式管理器"对话框,如图3-25所示。

(3) 选项说明。

1) 当前多重引线样式。显示当前多重引线样式名称。图3-25说明当前多重引线样式为"Standard",这是 AutoCAD 提供的默认多重引线样式。

2) "样式"列表框。列出已有的多重引线样式的名称。图3-25说明当前有两个多重引线样式,即"Standard"和"Annotative"。很显然,"Annotative"为注释性多重引线样式,因为样式名前有图标 。

3) "列出"下拉列表框。确定要在"样式"列表框中列出哪些多重引线样式。可以通过下拉列表在"所有样式"和"正在使用的样式"之间选择。

4) "预览"窗口。预览在"样式"列表框中所选中的多重引线样式的标注效果。

5)「置为当前(U)」按钮。将指定的多重引线设为当前样式。设置方法为：在"样式"列表框中选择对应的多重引线样式，单击"置为当前"按钮。

6)「新建(N)...」按钮。创建新多重引线样式。单击"新建"按钮，弹出如图 3-26 所示的"创建新多重引线样式"对话框。用户可以通过

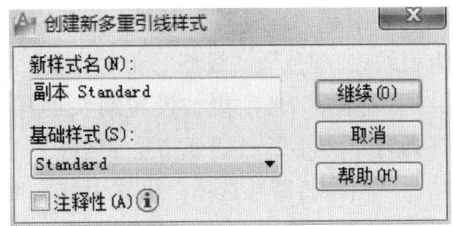

图 3-26 "创建新多重引线样式"对话框

该对话框中的"新样式名"文本框指定新样式名称；通过"基础样式"下拉列表框确定用于创建新样式的基础样式。如果新定义的样式是注释性样式，应选中"注释性"复选框。确定了新样式的名称和相关设置后，单击「继续(O)」按钮，AutoCAD 弹出"修改多重引线样式"对话框，如图 3-27 所示。

7)「修改(M)...」按钮。修改已有的多重引线样式。从"样式"列表框中选择要修改的多重引线样式，单击「修改(M)...」按钮 AutoCAD 弹出与图 3-27 类似的"修改多重引线样式"对话框，用于样式的修改。

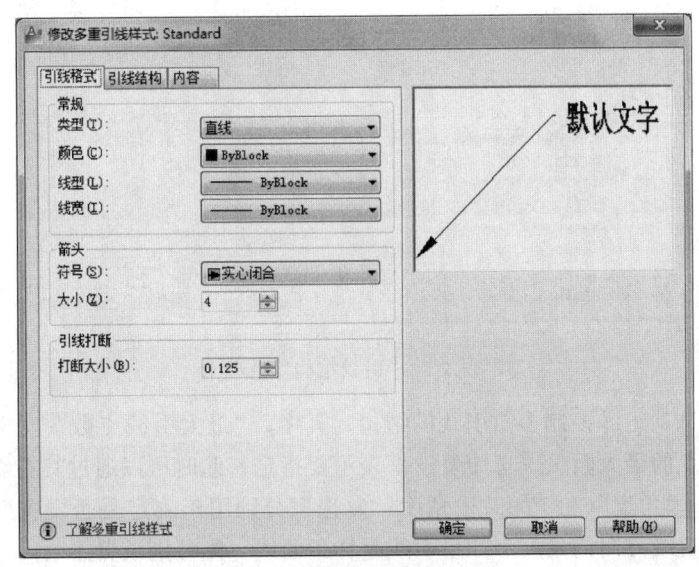

图 3-27 "修改多重引线样式"对话框

8)「删除(D)」按钮。删除已有的多重引线样式。从样式列表框中选择要删除的多重引线样式，单击「删除(D)」按钮即可将其删除。

提示：只能删除当前图形中没有使用的多重引线样式。

图 3-27 所示的对话框中有"引线格式"、"引线结构"和"内容"3 个选项卡，下面分别介绍这些选项卡的功能。

1)"引线格式"选项卡。此选项卡用于设置引线格式，图 3-27 是对应的对话框。下面介绍选项卡中主要项的功能。

a."常规"选项组。设置引线的外观。其中，"类型"下拉列表框用于设置引线的类

型,列表中有"直线"、"样条曲线"和"无"3个选项,分别表示引线为直线、样条曲线或没有引线;"颜色"、"线型"和"线宽"下拉列表框分别用于设置引线的颜色、线型及线宽。

b."箭头"选项组。设置箭头的样式与大小。可以通过"符号"下拉列表框选择样式,通过"大小"微调框指定大小。

c."引线打断"选项。设置引线打断时的打断距离值,通过"打断大小"微调框设置即可。

d.预览框。预览对应的引线样式。

2)"引线结构"选项卡。用于设置引线的结构,图3-28是对应的对话框,下面介绍选项卡中主要项的功能。

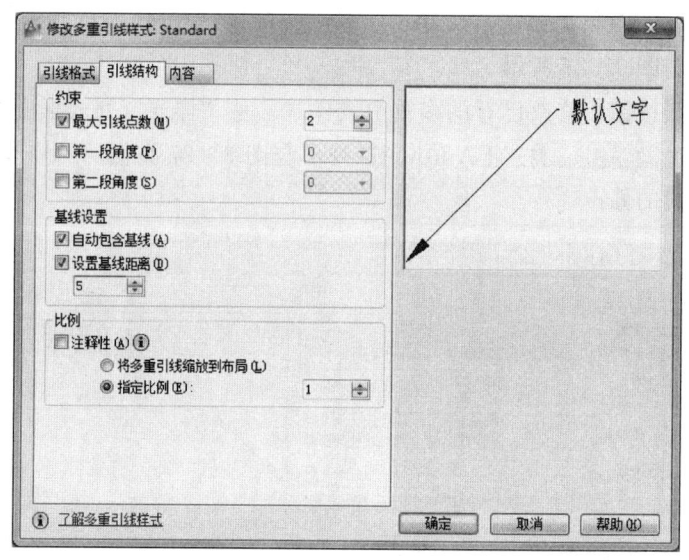

图3-28 "引线结构"选项卡

a."约束"选项组。控制多重引线的结构。其中,"最大引线点数"复选框用于确定是否要指定引线端点的最大数量。选中复选框表示要指定,此时可以通过其右侧的组合框指定具体的值;"第一段角度"和"第二段角度"复选框分别用于确定是否设置反映引线中第一段线条和第二段直线方向的角度(如果引线是样条曲线,则分别设置第一段样条曲线和第二段样条曲线起点切线的角度)。选中复选框后,用户可以在对应的组合框中指定角度。需要说明的是,一旦指定了角度,对应线段(或曲线)的角度方向会按设置值的整数倍变化。

b."基线设置"选项组。设置多重引线中的基线(即在图3-28所示对话框的预览框中,引线上的水平直线部分)。其中,"自动包含基线"复选框用于设置引线中是否含基线。选中该复选框表示含有基线,此时还可以通过"设置基线距离"组合指定基线的长度。

c."比例"选项组。设置多重引线标注的缩放关系。"注释性"复选框用于确定多重引线样式是否为注释性样式;"将多重引线缩放到布局"单选按钮表示将根据当前模型空间视口和图纸空间之间的比例确定比例因子;"指定比例"单选按钮用于为所有多重引线标注设置一个缩放比例。

3)"内容"选项卡。设置多重引线标注的内容。图3-29是对应的对话框。

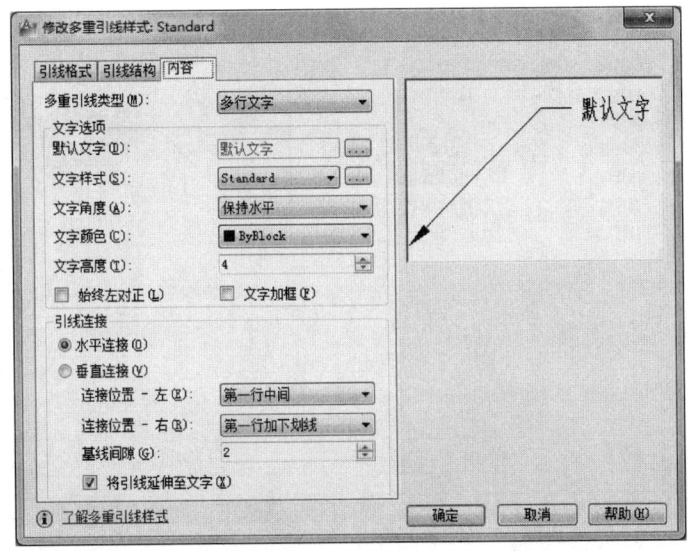

图 3-29 "内容"选项卡

下面介绍选项卡中主要项的功能。

a. "多重引线类型"下拉列表框。设置多重引线标注的类型。列表中有"多行文字"、"块"和"无"3 个选项，即表示由多重引线标注的对象分是多行文字、块或没有内容。

b. "文字选项"选项组。如果在"多重引线类型"下拉列表框中选中"多行文字"选项，则会显示出此选项组，用于设置多重引线标注的文字内容。其中，"默认文字"文本框用于确定多重引线标注中使用的默认文字，可以单击右侧的按钮，从弹出的文字编辑器中输入。"文字样式"下拉列表框用于确定所采用的文字样式；"文字角度"下拉列表框用于确定文字的倾斜角度；"文字颜色"下拉列表框和"文字高度"组合框分别用于确定文字的颜色和高度；"始终左对正"复选框用于确定是否使文字左对齐；"文字加框"复选框用于确定是否要为文字加边框。

c. "引线连接"选项组。"水平连接"单选按钮表示以引线终点位于所标注文字的左侧或右侧。"垂直连接"单选按钮表示引线终点位于所标注文字的上方和下方。如果选中"水平连接"单选按钮，可以设置基线相对于文字的具体位置。

如果通过"多重引线类型"下拉列表框选择了"块"选项，表示多重引线标注出的对象是块。对应的界面如图 3-30 所示。

2. 多重引线标注

（1）功能。引线用于指示图形中包含的特征，并注出关于这个特征的信息。通常用于倒角或形位公差代号的标注，在装配图中用来标注零件序号。在化工工艺图、电气工程图和给排水工程图中也有广泛的应用。多重引线对象通常包含箭头、水平基线、引线或曲线和多行文字对象或块。多重引线可创建为箭头优先、引线基线优先或内容优先。可以从图形中的任意点或部件创建引线，并在绘制时控制其外观。引线可以是直线段或平滑的样条曲线。如果已使用多重引线样式，则可以从该指定样式创建多重引线。

（2）命令格式。

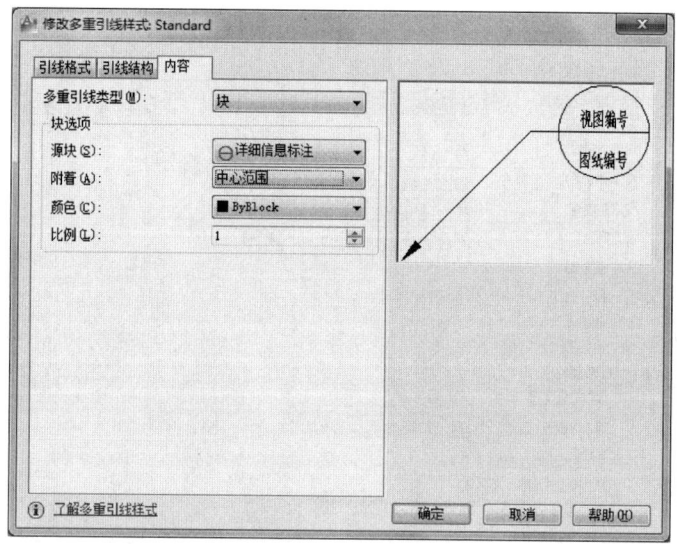

图 3-30 "多重引线类型"设为"块"后的界面

1) 下拉菜单。单击菜单栏中的"标注"→"多重引线"命令。

2) 由键盘输入命令。输入 Mleader↙。

选择上述任一方式执行，命令行提示：

指定引线箭头的位置或 [引线基线优先(L)/内容优先(C)/选项(O)]<选项>：

(3) 选项说明。

1) 指定引线箭头的位置。指定多重引线对象箭头的位置。

2) 引线基线优先 (L)。指定多重引线对象的基线的位置。如果先前绘制的多重引线对象是基线优先，则后续的多重引线也将先创建基线（除非另外指定）。

3) 内容优先 (C)。指定与多重引线对象相关联的文字或块的位置。如果先前绘制的多重引线对象是内容优先，则后续的多重引线对象也将先创建内容（除非另外指定）。将与多重引线对象相关联的文字标签的位置设置为文本框。完成文字输入后，单击"确定"按钮或在文本框外单击。也可以如上所述，选择以引线基线优先的方式放置多重引线对象。如果此时选择"端点"，则不会有与多重引线对象相关联的基线。

4) 选项。指定用于放置多重引线对象的选项。执行该选项 AutoCAD 提示：

输入选项 [引线类型(L)/引线基线(A)/内容类型(C)/最大节点数(M)/第一个角度(F)/第二个角度(S)/退出选项(X)]：

其中，引线类型 (L) 选项用于确定引线的类型；引线基线 (A) 选项用于确定是否使用基线；内容类型 (C) 选项用于确定多重引线标注的内容（多行文字、块或无）；最大节点数 (M) 选项用于确定引线端点的最大数量；第一个角度 (F) 和第二个角度 (S) 选项用于确定前两段引线的方向角度。

执行 Mleader 命令后，如果在：指定引线箭头的位置或 [引线基线优先(L)/内容优先(C)/选项(O)]<选项>：提示下指定一点，即指定引线的箭头位置后，AutoCAD 提示：

指定下一点：

指定下一点：
指定引线基线的位置：

在这样的提示下依次指定各点后按 Enter 键，AutoCAD 弹出文字编辑器，如图 3－31 所示（如果设置了最大点数，达到此点数后会自动显示出文字编辑器）。

通过文字编辑器输入对应的多行文字后，单击"文字格式"工具栏上的"确定"按钮，即可完成引线标注。

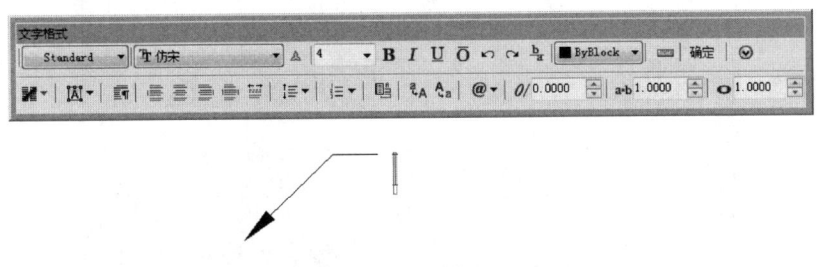

图 3－31　输入多行文字

【例 3－5】　对图 3－32（a）所示的图形进行多重引线标注，结果如图 3－32（b）所示。

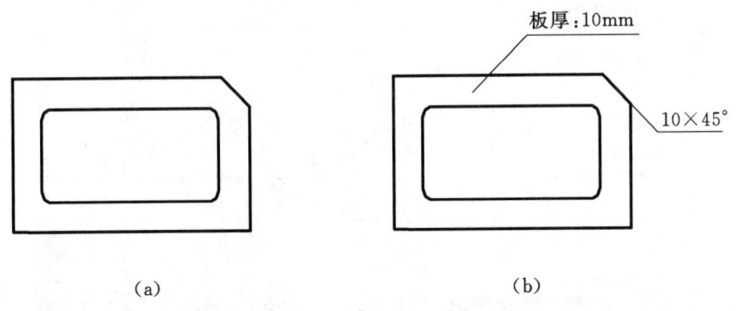

图 3－32　多重引线标注

操作步骤如下：

（1）定义多重引线标注样式。执行 Mleaderstyle 命令，AutoCAD 弹出"多重标注样式管理器"对话框，单击其中的"新建"按钮，在弹出的"创建新多重引线样式"对话框中的"新样式名"文本框中输入"1"，其余采用默认设置，如图 3－33 所示。

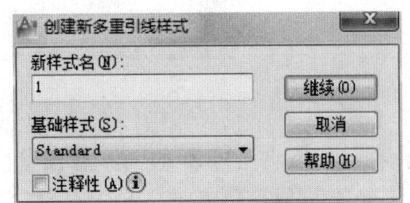

图 3－33　"创建新多重引线样式"对话框

单击"继续"按钮，在"引线格式"选项卡中，将"箭头"选项组中的"符号"项设为"无"，如图 3－34 所示。

在"引线结构"选项卡中，将"最大引线点数"设为"2"，不使用基线，如图 3－35 所示。

在"内容"选项卡中，将"连接位置-左"和"连接位置-右"均设为"最后一行加下

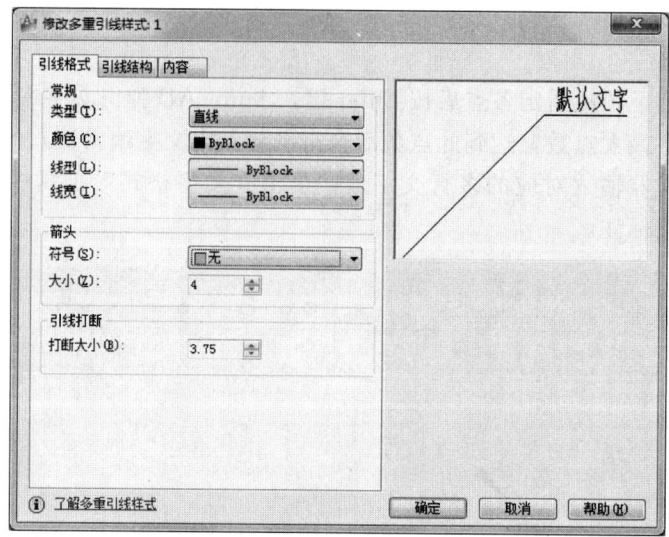

图 3-34 "引线格式"选项卡设置

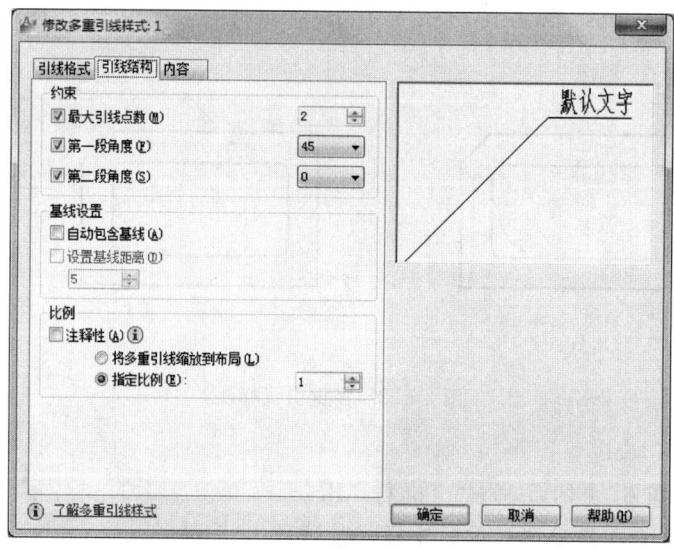

图 3-35 "引线结构"选项卡设置

划线",如图 3-36 所示(注意预览图像的标注效果)。

单击 确定 按钮,AutoCAD 返回到"多重引线样式管理器"对话框,如图 3-37 所示。

单击 关闭 按钮,完成新多重引线样式"1"的定义,并将新样式"1"设为当前样式。

(2) 标注倒角尺寸。执行 Mleader 命令,AutoCAD 提示:

指定引线箭头的位置或 [引线基线优先(L)/内容优先(C)/选项(O)]＜选项＞:
指定引线基线的位置:

AutoCAD 弹出文字编辑器,从中输入对应的文字,如图 3-38 所示。单击"文字格

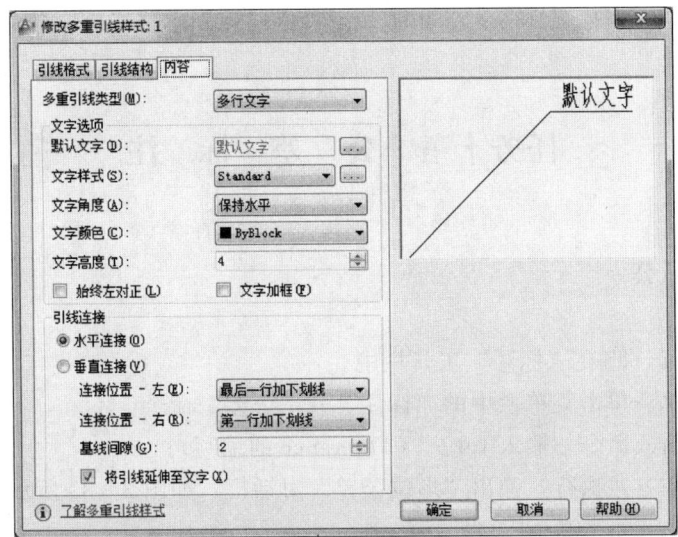

图 3-36 "内容"选项卡设置

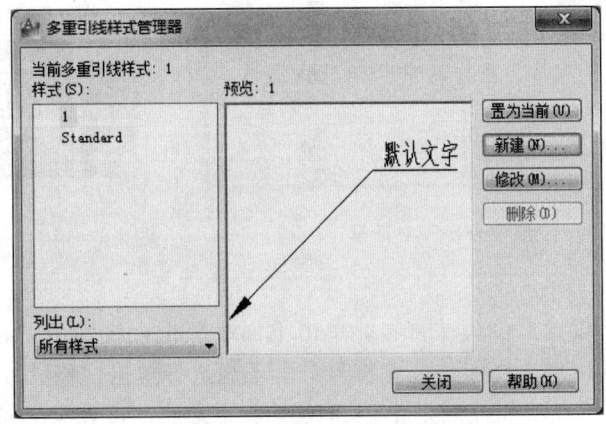

图 3-37 "多重引线样式管理器"对话框

式"工具栏上的"确定"按钮,即可标注出对应的倒角尺寸。

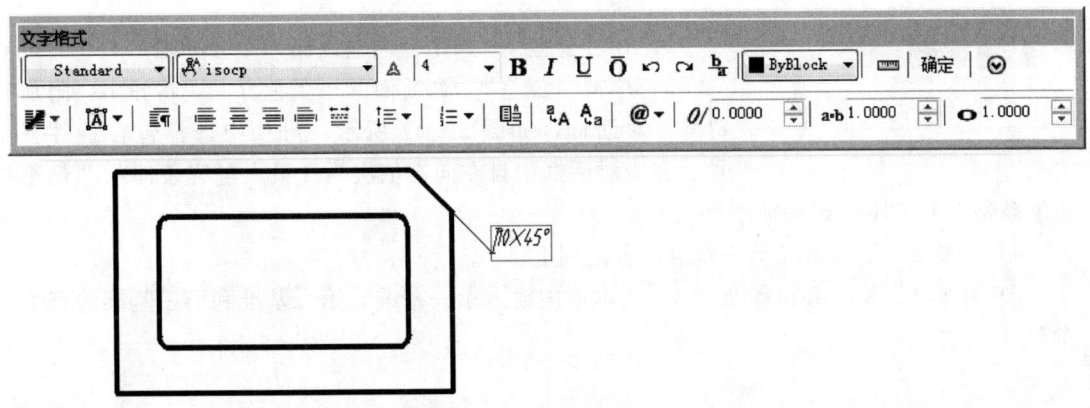

图 3-38 输入倒角尺寸

（3）标注文字"板厚：10mm"。用类似的方法标注文字"板厚：10mm"，结果如图 3-32（b）所示。

任务十三　公　差　标　注

1. 功能

用于标注形位公差。

2. 命令格式

（1）单击图标。在"标注"工具栏中。

（2）下拉菜单。单击菜单栏中的"标注"→"公差"命令。

（3）由键盘输入命令。输入 tol↙（Tolerance 的缩写）。

选择上述任一方式执行，弹出"形位公差"对话框，如图 3-39 所示。

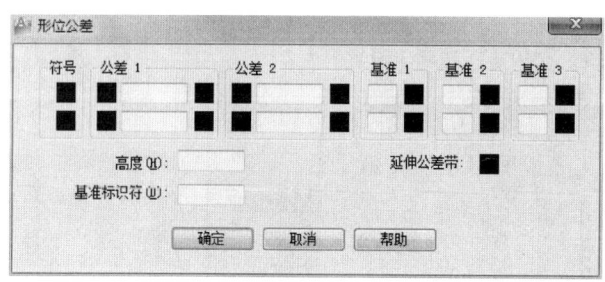

图 3-39　"形位公差"对话框

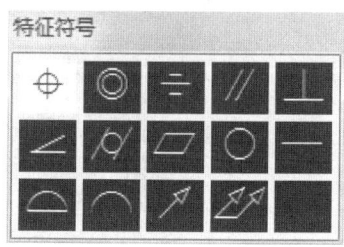

图 3-40　"特征符号"对话框

3. 选项说明

（1）符号。用于设置形位公差符号。单击下面小黑框，将弹出"特征符号"对话框，如图 3-40 所示，供用户选择形位公差符号，若不想选择单击白格。

（2）公差 1。用于在特征控制框中创建第一个公差值。可在公差值前插入直径符号，在其后插入包容条件符号。

图 3-41　"附加符号"对话框

1）单击"公差 1"列前面的小黑色方框，插入一个直径符号。

2）在"公差 1"列中框内输入第一个公差值。

3）单击"公差 1"列后面的小黑色方框，将弹出"附加符号"对话框，如图 3-41 所示。可从中选择包容条件符号。在该对话框中自左向右依次为"最大包容条件"、"最小包容条件"和"不考虑特征条件"。

4）公差 2。输入第二个公差值，方法同上。

5）基准 1、基准 2 和基准 3。在文本框中输入第一基准、第二基准和第三基准的有关参数。

项目三　编 辑 尺 寸 标 注

当需要更改已标注的尺寸时，不必删除已标注的尺寸并重新标注，而是使用 AutoCAD 所提供的尺寸编辑命令来实现尺寸的修改。本项目主要介绍尺寸编辑、文本位置的调整、尺寸标注变量的替代。

任务一　编 辑 标 注

1. 功能

用于改变已标注文本的内容、转角、位置，同时改变尺寸界线与尺寸线的相对倾角。

2. 命令格式

(1) 单击图标。在"标注"工具栏中。

(2) 下拉菜单。单击菜单栏中的"标注"→"对齐文字"→"默认"命令。

(3) 由键盘输入命令。输入 ded ✓（Dimedit 的缩写）。

选择上述任一方式执行，命令行提示：

输入标注编辑类型[默认(H)/新建(N)/旋转(R)/倾斜(O)]<默认>：

3. 选项说明

(1) 默认（H）。可以使改变过位置的标注文本恢复到标注样式定义的默认位置。

(2) 新建（N）。用于更改已标注的文本。

(3) 旋转（R）。可对已标注的文本按指定的角度进行旋转。

任务二　调整尺寸文本位置

1. 功能

用于改变标注文本相对于尺寸线的位置（使用"左"、"右"、"中心"、"默认"选项）和角度（使用"旋转"选项）。

2. 命令格式

(1) 单击图标。在"标注"工具栏中。

(2) 下拉菜单。单击菜单栏中的"标注"→"对齐文字"→各子命令。

(3) 由键盘输入命令。输入 dimted ✓（Dimtedit 的缩写）。

选择上述任一方式执行，命令行提示：

选择标注：(拾取要调整的标注文本对象，命令行继续提示)

指定标注文字的新位置或[左(L)/右(R)/中心(C)/默认(H)/角度(A)]：

3. 选项说明

(1) 左（L）。将尺寸文本移至靠近左尺寸界线的位置。

(2) 右（R）。将尺寸文本移至靠近右尺寸界线的位置。

(3) 中心（C）。将尺寸文本移至尺寸界线中心处（在尺寸界线内有足够空间的情况下）。

(4) 默认（H）。将尺寸文本恢复到原来的默认位置。

(5) 角度（A）。改变标注文本的旋转角度。

(6) 指定标注文字的新位置。用手动改变文字和尺寸线位置。

任务三 尺 寸 替 代

1. 功能

用于临时修改某个尺寸标注的系统变量，而不改动整个尺寸标注样式。该操作只对指定的尺寸对象进行修改，修改后不影响原系统变量的设置。

2. 命令格式

(1) 下拉菜单。单击菜单栏中的"标注"→"替代"命令。

(2) 由键盘输入命令。输入 dov✓（Dimoverride 的缩写）。

选择上述任一方式执行，命令行提示：

输入要替代的标注变量名或[清除替代(C)]:

3. 选项说明

(1) 输入要替代的标注变量名。直接输入尺寸标注系统变量名。

(2) 清除替代（C）。用于消除已替代的尺寸变量，恢复到原来状态。该选项只对已替代的尺寸才有效。

任务四 标 注 更 新

1. 功能

更新当前的标注样式内容。

2. 命令格式

(1) 单击图标。在"标注"工具栏中。

(2) 下拉菜单。单击菜单栏中的"标注"→"更新"命令。

(3) 输入命令。输入－dimstyle✓（注意，前面要加横线）。

选择上述任一方式执行，命令行提示：

当前标注样式:ISO-25 注释性:否

输入标注样式选项

[注释性(AN)/保存(S)/恢复(R)/状态(ST)/变量(V)/应用(A)/?]<恢复>:（输入选项或按 Enter 键）可以将标注系统变量保存或恢复到选定的标注样式。

3. 选项说明

(1) 注释性（AN）。创建注释性标注样式。

创建注释性标注样式［是(Y)/否(N)］＜是＞：

（2）保存（S）。将标注系统变量的当前设置保存到标注样式。

（3）恢复（R）。将标注系统变量设置，恢复为选定标注样式的设置。

（4）状态（ST）。显示所有标注系统变量的当前值。

（5）变量（V）。列出某个标注样式或选定标注的标注系统变量设置，但不修改当前设置。

（6）应用（A）。将当前尺寸标注系统变量设置应用到选定标注对象，永久替代应用于这些对象的任何现有标注样式。但不更新现有基线标注之间的尺寸线距离，标注文字变量设置也不更新现有引线文字。

（7）?。列出当前图形中命名的标注样式。

任务五　调整标注间距

1. 功能

可以自动调整图形中现有的平行线性标注和角度标注，以使其间距相等或在尺寸线处相互对齐。

2. 命令格式

（1）单击图标。在"标注"工具栏中。

（2）下拉菜单。单击菜单栏中的"标注"→"等距标注"命令。

（3）输入命令。输入 Dimspace↙。

选择上述任一方式执行，命令行提示：

选择基准标注：（选择作为基准的尺寸）

选择要产生间距的标注：（依次选择要调整间距的尺寸）

选择要产生间距的标注：↙

输入值或［自动(A)］＜自动＞：

3. 选项说明

如果输入距离值后按 Enter 键，AutoCAD 调整各尺寸线的位置，使它们之间的距离值为指定的值。如果直接按 Enter 键，AutoCAD 会自动调整尺寸线的位置。

任务六　折　弯　线　性

1. 功能

可以将折弯线性添加到线性标注。折弯线用于表示不显示实际测量值的标注值。通常，标注的实际测量值小于显示的值。

2. 命令格式

（1）单击图标。在"标注"工具栏中。

（2）下拉菜单。单击菜单栏中的"标注"→"标注折弯"命令。

（3）输入命令。输入 Dimjogline↙

选择上述任一方式执行，命令行提示：

选择要添加折弯的标注或［删除(R)］：（选择线性标注或对齐标注）

指定折弯位置（或按 ENTER 键）：（指定一点作为折弯位置，或按 Enter 键以将折弯放在标注文字和第一条尺寸界线之间的中点处，或基于标注文字位置的尺寸线的中点处）

3. 选项说明

（1）添加折弯。

指定折弯位置（或按 Enter 键）：（指定一点作为折弯位置，或按 Enter 键以将折弯放在标注文字和第一条尺寸界线之间的中点处，或基于标注文字位置的尺寸线的中点处）

（2）删除。指定要从中删除折弯的线性标注或对齐标注。

选择要删除的折弯：（选择线性标注或对齐标注）。

任务七 检　验　标　注

1. 功能

检验使用户可以有效地传达检查所制造的部件的频率，以确保标注值和部件公差位于指定范围内。可以将检验添加到任何类型的标注对象。

2. 命令格式

（1）单击图标。在"标注"工具栏中。

（2）下拉菜单。单击菜单栏中的"标注"→"检验"命令。

（3）输入命令。输入 Diminspect ↙

选择上述任一方式执行，弹出"检验标注"对话框，如图 3-42 所示。

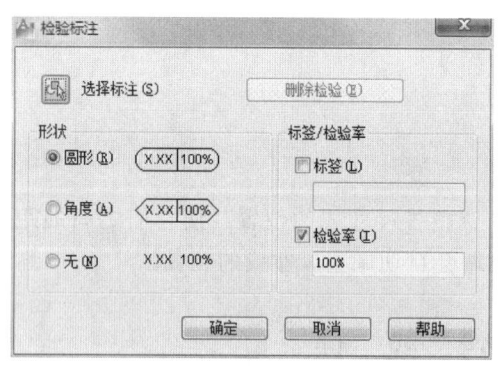

图 3-42 "检验标注"对话框

3. 选项说明

（1）选择标注。指定应在其中添加或删除检验标注。

（2）删除检验。从选定的标注中删除检验标注。

（3）形状。控制围绕检验标注的标签、标注值和检验率绘制的边框形状。

1）圆形。使用两端点上的半圆创建边框，并通过垂直线分隔边框内的字段。

2）角度。使用在两端点上形成 90°角的直线创建边框，并通过垂直线分隔边框内的字段。

3）无。指定不围绕值绘制任何边框，并且不通过垂直线分隔字段。

（4）标签/检验率。为检验标注指定标签文字和检验率。

1）标签。打开和关闭标签字段显示

2）标签值。指定标签文字。选中"标签"复选框后，将在检验标注最左侧部分中显示标签。

3）检验率。打开和关闭比率字段显示。

4)检验率值。指定检验部件的频率。值以百分比表示,有效范围从 0 到 100。选中"检验率"复选框后,将在检验标注的最右侧部分中显示检验率。

习 题 三

3-1 按 1∶1 比例画出图 3-43 至图 3-45 所示图形,并标注尺寸。

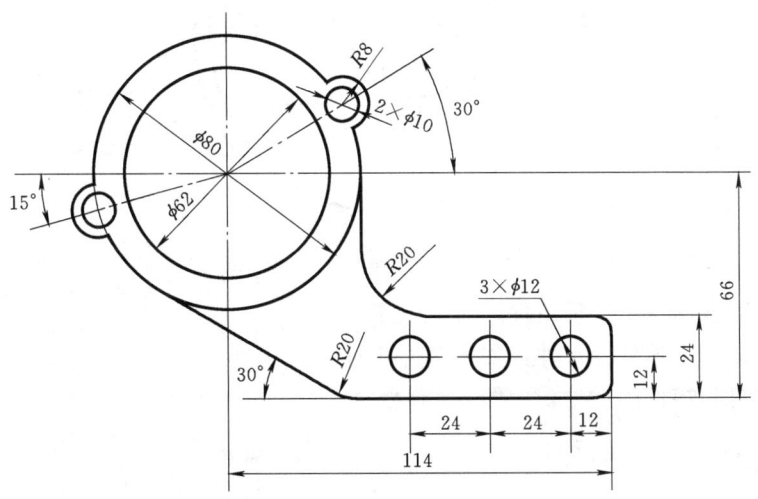

图 3-43 习题三 3-1 图一

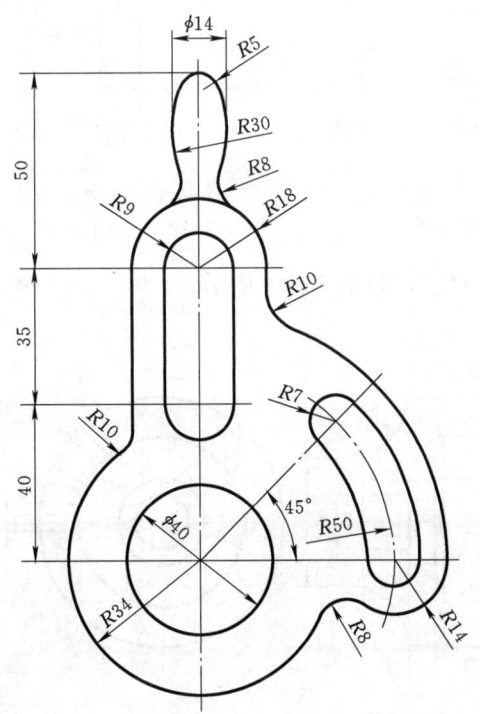

图 3-44 习题三 3-1 图二

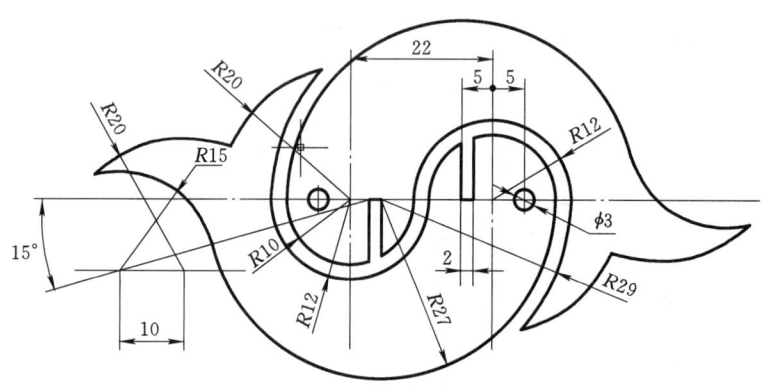

图 3-45 习题三 3-1 图三

3-2 下列各图是千斤顶组件，对其标注尺寸。
(1) 标注旋转杆零件图尺寸，如图 3-46 所示。
(2) 标注螺钉零件图尺寸，如图 3-47 所示。

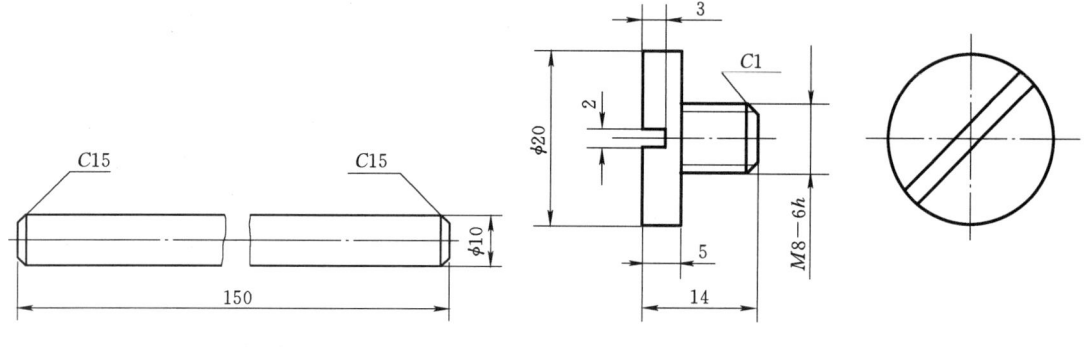

图 3-46 旋转杆零件图尺寸　　　　图 3-47 螺钉零件图尺寸

(3) 标注顶盖零件图尺寸，如图 3-48 所示。

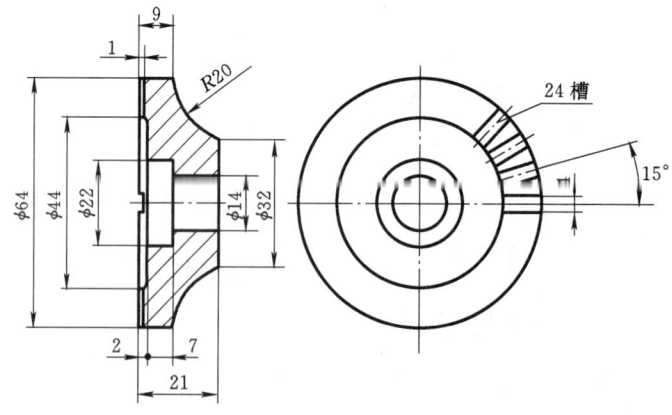

图 3-48 顶盖零件图尺寸

习 题 三

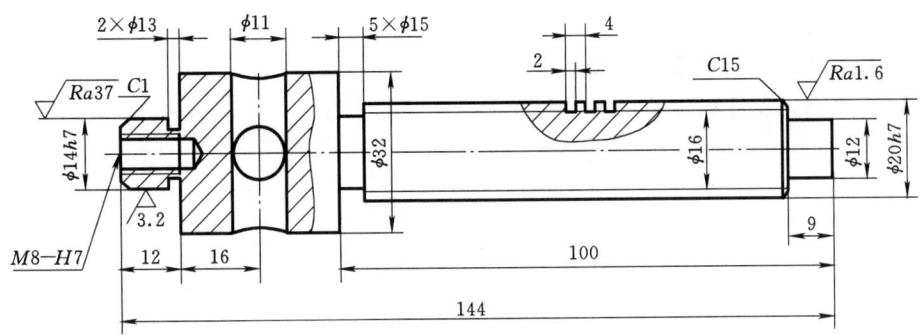

图 3-49 起重螺杆零件尺寸

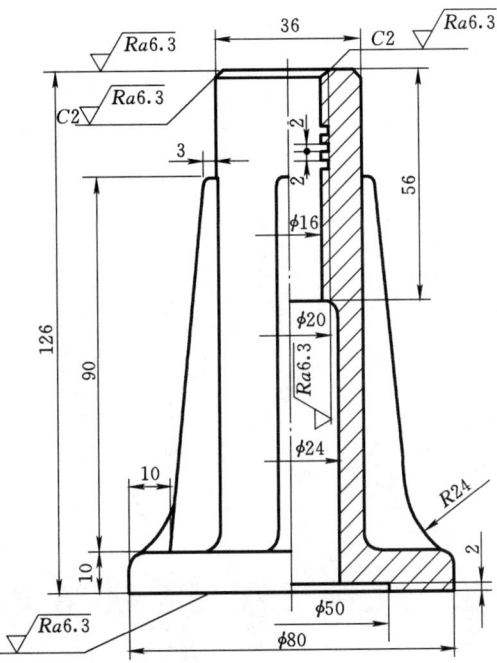

图 3-50 底座零件图尺寸

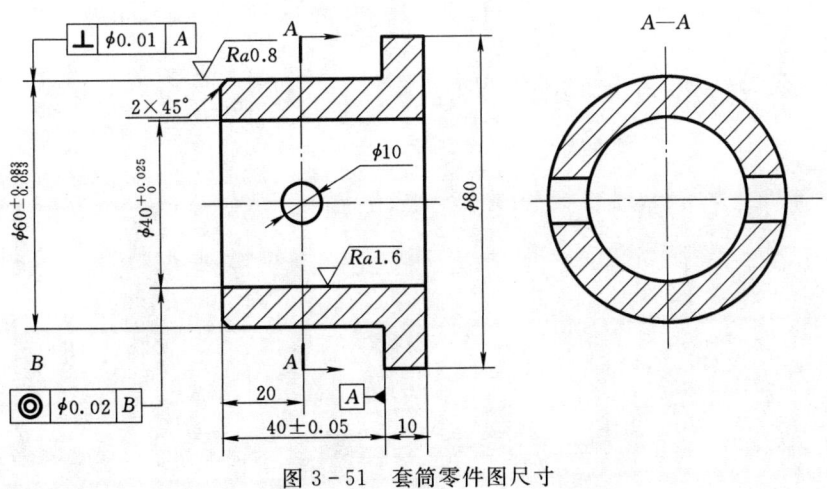

图 3-51 套筒零件图尺寸

(4) 标注起重螺杆零件图尺寸,如图 3-49 所示。

(5) 标注底座零件图尺寸,如图 3-50 所示。

(6) 标注套筒零件图各项尺寸,如图 3-51 所示。

模块四 图块和设计中心

图块是 AutoCAD 提供给用户的最有用的工具之一。它可以将经常使用的图形命名、存储,以便当前图形文件或其他图形文件调用。利用"块"可以简化绘图过程,减少重复劳动,提高绘图效率。

外部参照的功能类似于块,但实质有很大区别。它将外部图形文件链接到当前图形中,为同一设计项目多个设计者的协同工作提供了极大的方便。

设计中心是 AutoCAD 提供给用户的一个集成化图形组织和管理工具。使用"设计中心"可以浏览、打开、查找、复制、管理图形文件和属性。还可以通过拖动操作,将位于本地计算机、局域网和 Internet 上的图形、块和外部参照等内容插入到当前图形。

项目一 图 块

块是由多个对象组成并赋予块名的一个整体。可以将块当作一个单一的对象插入到零件图或装配图的图形中,同时可以缩放和旋转。块是系统提供给用户的重要工具之一,具有以下特点:

(1) 提高绘图速度。在绘制零件图和装配图时,常常要绘制一些重复出现的图形对象(如表面粗糙度、标准件、常用件、序号等),这时就可以用插入块的方法实现,避免大量重复性的工作,提高绘图速度。

(2) 节省存储空间。一个块尽管包含若干个图形信息,但系统把每个块只当作一个图形信息来处理。块定义越复杂,插入的次数越多,越能体现其优越性。

(3) 便于修改图形。一张工程图样往往需要进行多次修改,当需要修改的图形是块时,则只需将该块重新定义,图中所引用该图块的地方会自动更新。

(4) 可以加入属性。块加入文本信息称为属性,这些信息可以在每次插入块时改变,而且还可以设置它的可见性,从图形中提取这些文本信息,传送给外部数据库进行管理。

任务一 块的定义与插入

1. 块的定义 (Block)

(1) 功能。对已有的图形定义为一个块,并给出块名。

(2) 命令格式。

1) 单击图标。在"绘图"工具栏中。
2) 下拉菜单。单击菜单栏中的"绘图"→"块"→"创建"命令。
3) 由键盘输入命令。输入 b↙（Block 的缩写）。

选择上述任一方式执行，弹出"块定义"对话框，如图 4-1 所示。其各选项功能如下：

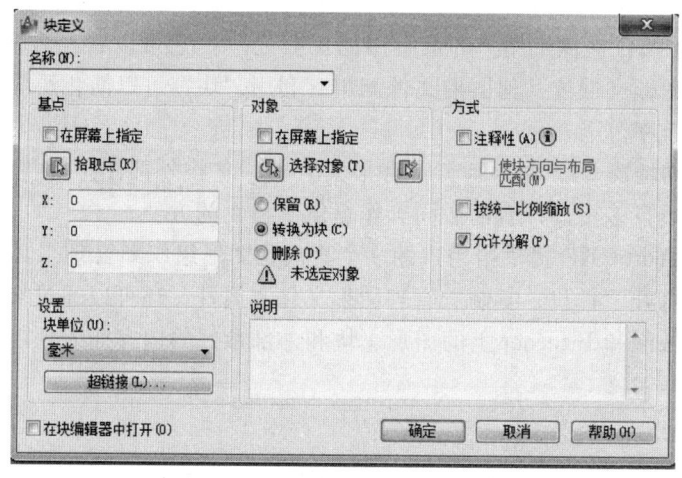

图 4-1 "块定义"对话框

(1) "名称"栏。指定块的名称。名称最多可以包含 255 个字符，包括字母、数字、空格以及操作系统或程序未作他用的任何特殊字符。块名称及块定义保存在当前图形中。

(2) "基点"选项组。指定基点的位置。

1) "拾取点"图标。在屏幕上拾取块的基点，即插入图块时的参考点。
2) 基点坐标文本框。在 X、Y、Z 文本框中直接输入基点坐标。

(3) "对象"选项组。选择定义块的对象。

1) "选择对象"图标。在屏幕上拾取组成图块的对象。确定对象后，按 Enter 键后再次返回原对话框。
2) "快速选择"图标。用于过滤被选择对象的特性。单击该图标，打开"快速选择"对话框，选择定义图块中的对象。
3) "保留"单选按钮。创建图块后，将原选定对象保留在当前的图形中。
4) "转换为块"单选按钮。创建图块后，将这些对象转换为图形中的图块。
5) "删除"单选按钮。创建图块后，从图形中删除原选定的对象。

(4) "设置"选项组。指定块的设置。

1) "块单位"下拉列表框。指定块插入到图形中的缩放单位。
2) "超链接"按钮。打开"超链接"对话框，可以使用该对话框将某个超链接与块定义相关连。

(5) 方式选项组。指定块的行为。

1) "注释性"复选框。指定块为注释性。

2)"使块方向与布局匹配"复选框。指定在图纸空间视口中的块参照的方向与布局的方向匹配。如果未选中"注释性"复选框,则该选项不可用。

3)"按统一比例缩放"复选框。指定是否阻止块参照不按统一比例缩放。

4)"允许分解"复选框。指定块参照是否可以被分解。

5)"说明"文本框。输入与块有关的文字说明,如块的用途和用法等。

(6)"在块编辑器中打开"复选框。选定复选框后,单击 确定 按钮,在块编辑器中打开当前的块定义。

【例 4-1】 创建一个表面粗糙度符号块。

操作步骤如下:

(1)绘制表面粗糙度符号。

表面粗糙度符号的规定画法如图 4-2 所示,其中 $H=1.4h$(h 为文字高度)。根据图中给定的尺寸,取 $h=3.5$($H=1.4\times3.5=4.9$)绘制该符号,操作过程略。

(2)将表面粗糙度符号创建为块。

1)单击"绘图"工具栏中的"创建块"图标 (或单击菜单栏中的"绘图"→"创建块"命令),系统打开"块定义"对话框。

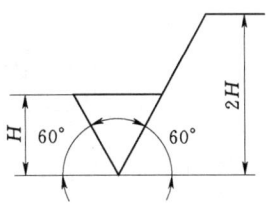

图 4-2 表在粗糙度符号画法

2)在该对话框中进行相关设置,如图 4-3 所示。从图中可以看出,块名为"表面粗糙度符号",单击"拾取点"图标,选择图 4-2 中位于最下方的线交点作为基点;单击"选择对象"图标,选择图 4-2 中组成表面粗糙度符号的 4 个对象;选中"转换为块"单选按钮,自动将所选择对象转换为块。

3)单击 确定 按钮,完成表面粗糙度符号的块定义。

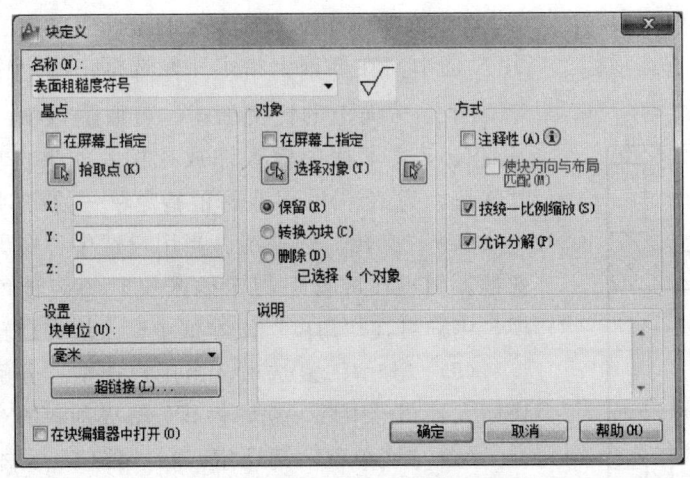

图 4-3 "块定义"对话框

2. 块的插入(Insert)

(1)功能。将已定义的块插入到当前图形中指定的位置。在插入的同时,还可以改变所插入块图形的比例与旋转角度。

(2) 命令格式。

1) 单击图标。在"绘图"工具栏中。

2) 下拉菜单。单击菜单栏中的"插入"→"块"命令。

3) 由键盘输入命令。输入 i↙（Insert 的缩写）。

选择上述任一方式执行，弹出"插入"对话框，如图4-4所示。其各选项功能如下：

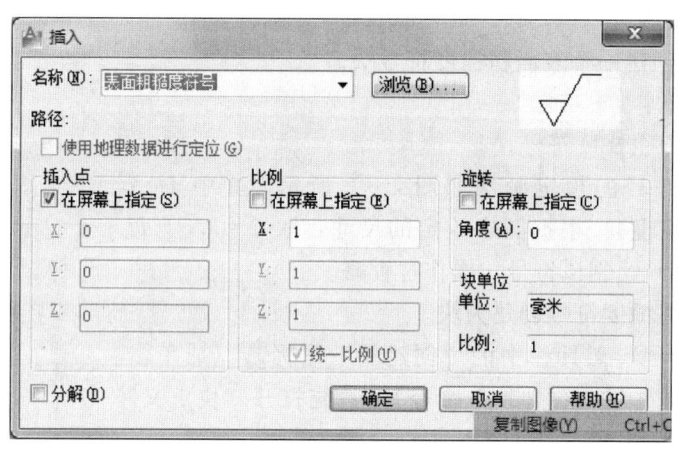

图4-4 "插入"对话框

(1) "名称"栏。在下拉列表框中选择要插入当前图形中已存在的块名。单击 浏览(B)... 按钮，弹出"选择图形文件"对话框，在该对话框中选择要插入的块或图形文件。当插入的是一个外部图形文件时，系统将把插入的图形自动生成一个内部块。

(2) "插入点"选项组。当用户选中"在屏幕上指定"复选框，在屏幕上指定插入点。若取消该项，用户可以在 X、Y、Z 的文本框中输入插入点的坐标值。

(3) 缩放比例选项组。当用户选中"在屏幕上指定"复选框，用户输入插入块时的 X、Y、Z 方向上的比例因子。若取消该项，用户还可以在 X、Y、Z 文本框中输入缩放比例。如果选中"统一比例"复选框，为 X、Y、Z 坐标值指定单一的比例。

(4) "旋转"选项组。当用户选中"在屏幕上指定"复选框，用户在屏幕上指定插入块时的旋转角度。若取消该项，用户可在"角度"文本框中输入块的旋转角度值。

(5) "分解"复选项。当用户选中"分解"复选框，将块插入到图形中后，立即将其分解成基本的对象。

(6) "块单位"选项组。在"单位"文本框，显示插入的块进行自动缩放所用的图形单位。在"比例"文本框显示单位比例因子。

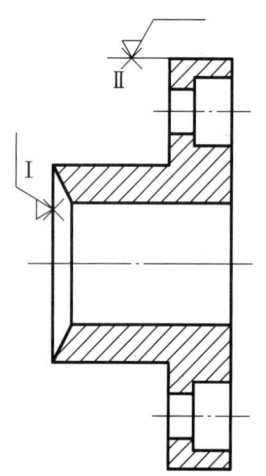

图4-5 插入图块到指定位置

【例4-2】 将表面粗糙度符号图块插入到图4-5所示位置。

操作步骤如下：

（1）创建表面粗糙度图块（图4-2，操作步骤略）。

（2）由键盘输入命令。输入 i ↙。

（3）弹出"插入"对话框。在"名称"栏的下拉列表框中选择"表面粗糙度符号"选项，同时在"插入点"选项组、"缩放比例"选项组和"旋转"选项组中均选中"在屏幕上指定"复选框，单击 确定 按钮，命令行提示：

指定插入点或[比例(S)/X/Y/Z旋转(R)/预览比例(PS)/PX/PY/PZ/预览旋转(PR)]：（指定插入点Ⅰ）

指定比例因子<1>：↙

指定旋转角度<0>：90 ↙

重复上述操作，将图块插入到上表面。捕捉点Ⅱ作为插入点，当命令行提示指定旋转角度时，按图中位置输入0。

3. 块的矩形阵列插入（Minsert）

（1）功能。按行、列的形式插入多个块。

（2）命令格式。

由键盘输入命令：minsert ↙。

输入命令后，命令行提示：

输入块名或[?]：××（输入块名）↙

单位：毫米　转换：1.0000

指定插入点或[基点(B)/比例(S)/X/Y/Z/旋转(R)]：↙（给出插入点）

输入X比例因子，指定对角点，或[角点(C)/XYZ(XYZ)]<1>：↙

输入Y比例因子或<使用X比例因子>：↙

指定旋转角度<0>：××（输入阵列的旋转角度）↙

输入行数(---)<1>：××（行数）↙

输入列数(|||)<1>：××（列数）↙

输入行间距或指定单位单元(---)：××（行间距）↙

指定列间距(|||)：××（列间距）↙

说明：不能分解用Minsert命令插入的块，因为整个阵列是一个块。

任务二　图　块　的　管　理

1. 块存盘（Wblock）

（1）功能。将整个图形、对象或内部块以文件的形式保存起来，生成图形文件（文件格式为.dwg），又称为外部块。

（2）命令格式。由键盘输入命令：w ↙（Wblock的缩写）。

输入命令后，弹出"写块"对话框，如图4-6所示。

（3）对话框说明。

1)"源"选项组。指定存盘对象的类型。

a."块"单选按钮。打开右侧的下拉列表框，从中选择已定义的块来定义外部块

图 4-6 "写块"对话框

文件。

b. "整个图形"单选按钮。将当前整个图形来定义外部块。

c. "对象"单选按钮。从屏幕上选择要作为外部块的对象及基点。

2) "基点"选项组。确定块在插入时的参考点。

3) "对象"选项组。选择所组成外部块的对象。

4) "目标"选项组。确定外部块文件的名称、存盘路径及在插入时所采用的单位。

2. 块的更新

当用户需要修改块而并不改变原块的块名时,可采用块的更新来完成。其操作步骤如下:

(1) 在图形中先插入要修改的块。

(2) 将块进行分解,使其还原为各自独立的对象。

(3) 对组成块的对象进行修改。

(4) 将修改后的对象重新定义为块,并输入与修改前相同的块名。当屏幕出现图 4-7 所示的"警告"对话框时,选择"重新定义块"表示确认,此时即完成了块的更新。对当前图形中所有已插入的同名块,都将自动更新为新定义的块。

说明:当某个块是由多个块组成时,这种块中含块的现象称为块的嵌套。用"分解"命令一次只能分解一级实体,所以对嵌套的块需进行多次分解,才能使该块分解为各自独立的对象。

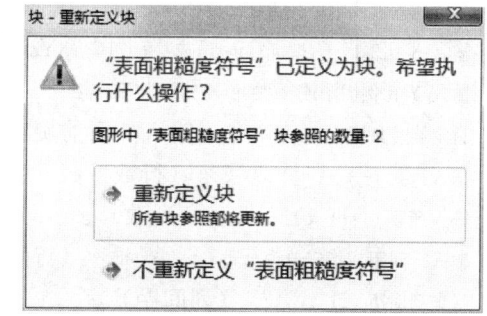

图 4-7 块重新定义警告框

任务三 图块的属性

1. 图块的属性

图块的属性是从属于图块的非图形信息,它是块的一个组成部分,并通过"定义属性"命令以字符串的形式表现出来。

2. 块的属性定义(Attdef 或 Ddattdef)

其命令格式有以下两种:

(1) 下拉菜单。单击菜单栏中的"绘图"→"块"→"定义属性"命令。

(2) 由键盘输入命令。输入 att↙（Attdef 的缩写）。

选择上述任一方式执行，弹出"属性定义"对话框，如图 4-8 所示。其各选项功能如下：

(1) "模式"选项组。规定属性的特性。

1) "不可见"复选框。表示在插入块时不显示其属性。

2) "固定"复选框。表示块的属性已设为指定值，块在插入时不再提示属性信息，也不能对其属性值进行修改。

3) "验证"复选框。表示在插入块时，对每个属性值都会进行提示，要求用户验证属性值的输入是否正确。如有误，则要求重新输入正确的属性值。

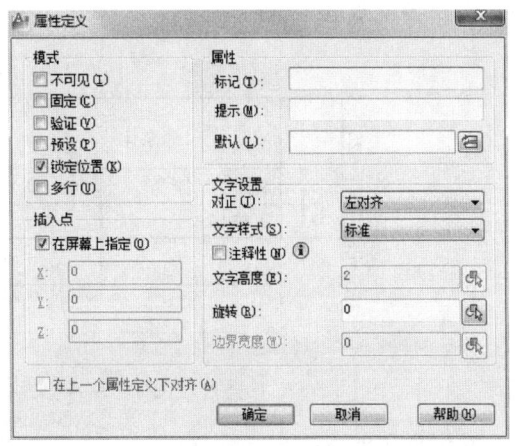

图 4-8 "属性定义"对话框

4) "预设"复选框。该选项的功能与"固定"选项的功能类似，其主要区别在于可以修改其属性值。

5) "锁定位置"复选框。确定是否锁定属性在块中的位置，如果没有锁定，插入块后，可以利用夹点功能改变属性的位置。

6) "多行"复选框。指定属性值是否可以包含多行文字。如果选中此复选框，可以通过"文字设置"选项组中的"边界宽度"文本框中输入对应信息即可。

(2) "属性"选项组。输入属性标记、属性提示、属性值。

1) "标记"文本框。输入用来确认属性的名称。属性名必须为字符串，最长可达 256 个字符。属性名不能为空值，属性中的字母总是以大写形式出现。

2) "提示"文本框。用于输入提示用户的信息。

3) "默认"文本框。设置属性的默认值。如单击"插入字段"图标，显示"字段"对话框。可以插入一个字段作为属性的全部或部分值。

(3) "插入点"选项组。确定属性值在图形中的位置。用户可在图形中指定一个点作为属性值的定位点，也可以在 X、Y、Z 栏中输入定位点的坐标值。

(4) "文字设置"选项组。确定属性文字的对齐方式、文字样式、文字高度、文字的旋转角度等。

(5) "在上一个属性定义下对齐"复选框。选取该复选框表示属性的字体、文字样式、文字高度、旋转角度的设置均与上一个属性相同。

说明：在定义了第一个属性后，才可以使用"在上一个属性定义下对齐"选项。

3. 定义带有属性的块

在需要定义带有属性的块时，应先绘制出所要组成图块的对象，然后使用"定义属性"命令来建立块的属性，最后定义带有属性的图块。

【例 4-3】 将标题栏定义为一个带属性的块文件，块名为"标题栏"，并将该块插入到 A4 的图幅中去,并按图 4-9 所示内容,填写图名、制图人姓名、日期、比例、材料、图号、校名及班名等。

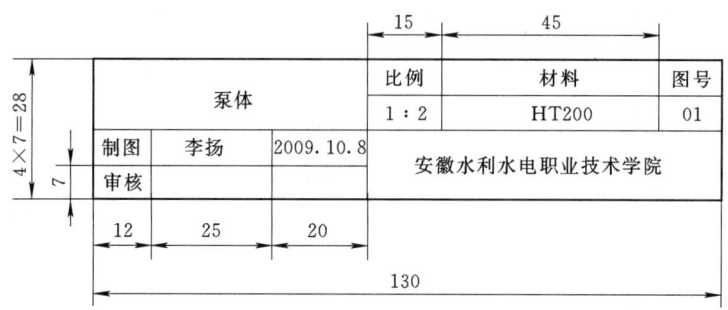

图 4-9 定义块的属性应用图例

操作步骤如下:

(1) 首先按尺寸画出标题栏,并填写标题栏中各项内容,如图 4-10 所示。

(2) 在标题栏中定义块的属性。下面以"图名"为例,说明定义块属性的过程。

1) 单击菜单栏中的"绘图"→"块"→"定义属性"命令,弹出"定义属性"对话框。

2) 在"属性"选项组内的"标记"栏内输入"图名"。

3) 在标题栏内的 a 点处拾取一点作为属性文字的定位点。

4) 在"文字设置"选项组内设定文字样式(可书写汉字样式)、文字高度(5)、旋转角度(0)及对齐方式(左),单击 确定 按钮。

重复使用"定义属性"命令,依次按指定的文字定位点 b、c、d、e、f、g,定义出属性名为"制图人姓名"、"日期"、"校名及班名"、"比例"、"材料"、"图号",其中设"校名及班名"文字高度为 5,其他均为 2.5。完成属性定义的标题栏,如图 4-11 所示。

		比例	材料	图号
制图				
审核				

图 4-10 标题栏及项目名称

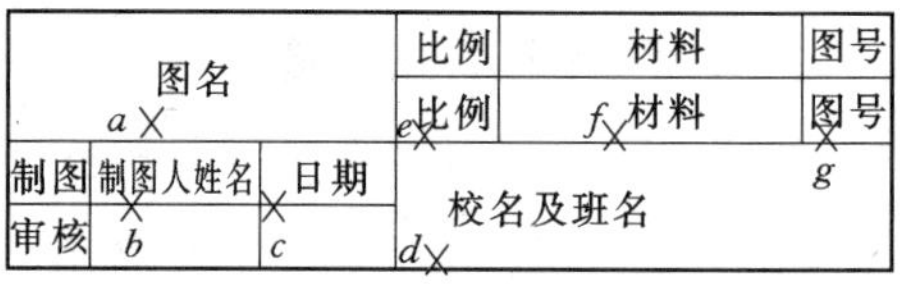

图名 a×		比例 e×	材料 f×	图号
制图	制图人姓名×	日期	校名及班名 g	
审核	b×	c×	d×	

图 4-11 定义属性后的标题栏

(3) 将定义属性后的标题栏保存为块文件标题栏,其过程如下:

1) 在命令行内输入块存盘命令 w↙,弹出"写块"对话框,在"文件名和路径"下拉列表框内,指定存储块文件的路径和块名。

2) 在"基点"选项组内单击"拾取点"图标 ,拾取标题栏右下角为基点。

3) 在"对象"选项组内单击"选择对象"图标 ,选取整个标题栏,单击 确定 按钮。

(4) 将标题栏块文件插入到图幅右下角,其过程如下:

1) 建立新的图形文件,绘制 A4 图幅的图框,单击菜单栏中的"插入"→"块"命令,弹出"插入"对话框。

2) 单击 [浏览(B)...] 按钮，弹出"选择图形文件"对话框，按存入块文件的路径选中"标题栏"文件，单击 [打开(O)▼] 按钮，返回原对话框。

3) 在插入点、缩放比例和旋转3个选项组内，均选取"在屏幕上指定"复选框，单击 [确定] 按钮，命令行提示：

指定插入点或[比例(S)/X/Y/Z/旋转(R)/预览比例(PS)/PX/PY/PZ/预览旋转(PR)]：（捕捉标题栏右下角点Ⅰ为插入点）

指定比例因子<1>:↙

指定旋转角度<0>:↙

校名及班名:安徽水利水电职业技术学院↙

图号:01↙

材料:HT200↙

比例:1：1↙

制图:李扬↙

图样名称:泵体↙

日期:2009.10.8↙

插入标题栏后的图幅如图4-12所示。

4. 块的属性编辑

(1) 编辑属性定义 (Ddedit)。

1) 功能。在属性定义与块相连之前对属性进行修改。

2) 命令格式。

a. 单击图标。在"文字"工具栏中。

b. 下拉菜单：单击菜单栏中的"修改"→"对象"→"文字"→"编辑"命令。

c. 由键盘输入命令。输入 ddedit↙。

选择上述任一方式执行，命令行提示：

选择注释对象或[放弃(U)]：（选择要进行编辑的属性定义）

弹出"编辑属性定义"对话框，可对选定的属性内容进行修改，如图4-13所示。

(2) 编辑块属性 (Eattedit)。

图4-12 插入标题栏后的图幅

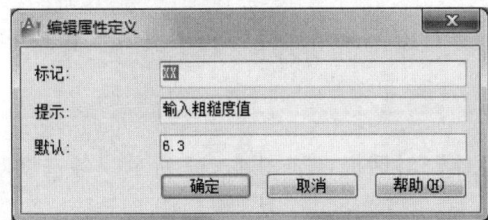

图4-13 "编辑属性定义"对话框

1) 功能。用于修改已插入到图形中的块的属性值。

2) 命令格式。

a. 单击图标。在"修改Ⅱ"工具栏中。

b. 下拉菜单。单击菜单栏中的"修改"→"对象"→"属性"→"单个"命令。

c. 由键盘输入命令。输入 eattedit↙。

选择上述任一方式执行，命令行提示：

选择块：↙（选择要修改的带属性的图块）

弹出"增强属性编辑器"对话框，重新设置属性，如图 4-14 所示。

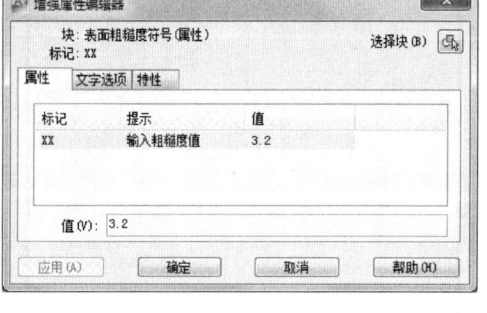

图 4-14 "属性"选项卡

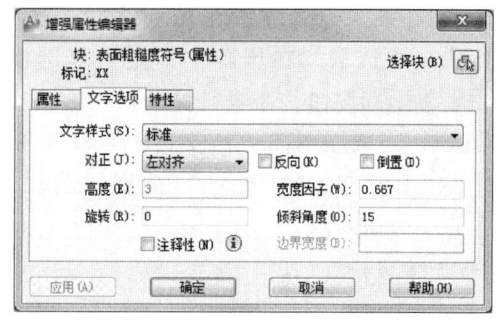

图 4-15 "文字选项"选项卡

"增强属性编辑器"对话框中各选项卡的功能如下：

（1）"属性"选项卡。该选项卡（图 4-14）的列表框显示了块中每个属性的标记、提示和值。在列表框中选择某一属性后，在"值"文本框中将显示出该属性对应的属性值，用户可以通过它来修改属性值。

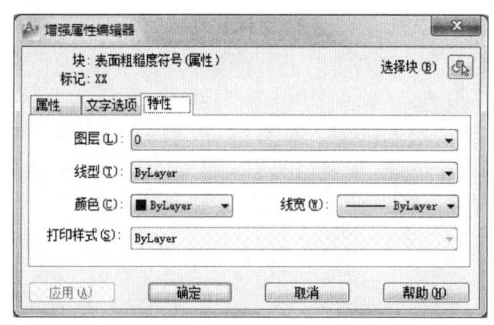

图 4-16 "特性"选项卡

（2）"文字选项"选项卡。该选项卡（图 4-15）用于修改属性值的文字格式，即对文字的样式、文字的对齐方式、文字高度、旋转角度、文字的宽度系数和文字的倾斜角度等进行设置。其中"反向"和"倒置"两个选项，分别表示文字行是否反向显示以及是否上下颠倒显示。

（3）"特性"选项卡。该选项卡（图 4-16）用于修改属性值文字的图层以及它的线宽、线型、颜色及打印样式等。

5. 块属性管理器

（1）功能。用于管理块中的属性。

（2）命令格式。

1）单击图标。在"修改Ⅱ"工具栏中。

2）下拉菜单。单击菜单栏中的"修改"→"对象"→"属性"→"块属性管理器"命令。

3）由键盘输入命令。输入 battman↙。

选择上述任一方式执行，弹出"块属性管理器"对话框，如图 4-17 所示。各选项功能如下：

项目一 图 块

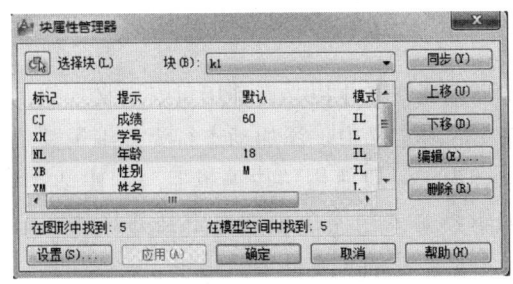

图 4-17 "块属性管理器"对话框

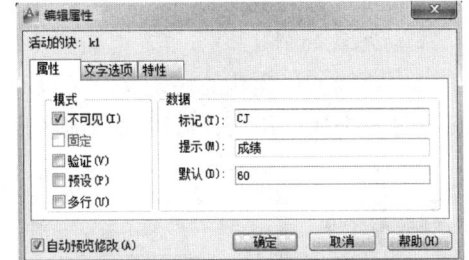

图 4-18 "编辑属性"对话框

a."选择块"图标。单击该图标，切换到绘图窗口，在绘图窗口中选择需要操作的块。

b. 块列表框。在列表框中列出了当前图形中含有属性的所有块的名称，也可通过下拉列表框选定要操作的块。

c. 同步(Y) 按钮。更新已修改的属性特性实例。

d. 上移(U) 按钮。将选中的属性上移，每按一次上移一个位置。

e. 下移(D) 按钮。将选中的属性下移，每按一次下移一个位置。

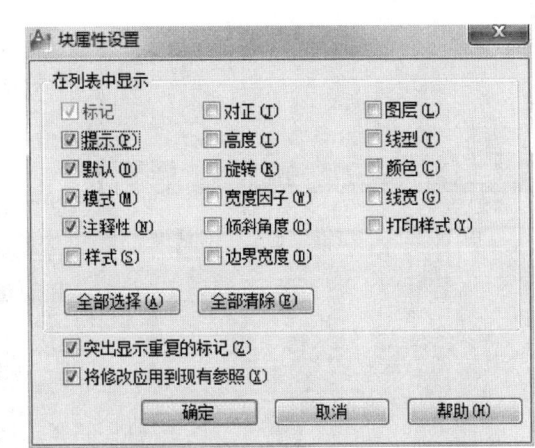

图 4-19 块属性"设置"对话框

f. 编辑(E)... 按钮。单击该按钮，弹出"编辑属性"对话框，如图 4-18 所示。重新设置属性定义的构成、文字特性和图形特性等。

g. 删除(K)... 按钮。单击该按钮，可删除当前所选中的属性。

h. 设置(S)... 按钮。单击该按钮，弹出"设置"对话框，设置块属性列表中所显示的内容，如图 4-19 所示。

任务四 动 态 块

1. 动态块概述

块是大多数图形中的基本构成部分，用于表示现实中的物体。现实物体的不同种类需要定义不同的块，这就需要定义成千上万的块，在这种情况下，如果块的某个外观有些区别，用户就需要分解开块来编辑其中的几何图形。这种解决方法会产生大量的、矛盾的和错误的图形。动态块功能使用户可编辑图形外观而不需要分解开它们，用户可以在插入图形时或插入块后操作块实例。动态块大大增强了图块的功能及应用范围，具有灵活性和智能性。用户在操作时可以轻松地更改图形中的动态块参照，可以通过定义夹点或自定义特性，操作动态块参照中的几何图形。用户可以根据需要在当前位置调整块，而无需重新定义该块或插入另一个块。

2. 动态块的创建

(1) 功能。创建新的块定义；可以在当前位置调整修改块，而不用重新定义现有的块或搜索另一个块以插入；可以向当前图形中存在的块定义中，添加动态行为或编辑其中的动态行为。一般使用"块编辑器"创建动态块。块编辑器是专门用于创建块定义并添加能够使块成为动态块的元素的编写区域。

(2) 命令格式。

1) 单击图标。在"标准"工具栏中。

2) 下拉菜单。单击菜单栏中的"工具"→"块编辑器"命令。

3) 由键盘输入命令。输入 Bedit↵。

选择上述任一方式执行，弹出"编辑块定义"对话框，如图 4-20 所示。输入要创建的块名或选择要编辑的块，单击"确定"按钮，打开块编辑器，如图 4-21 所示。

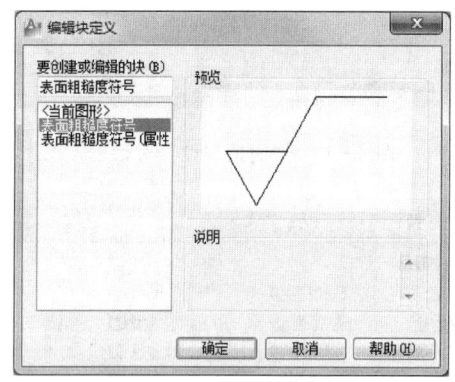

图 4-20 "编辑块定义"对话框

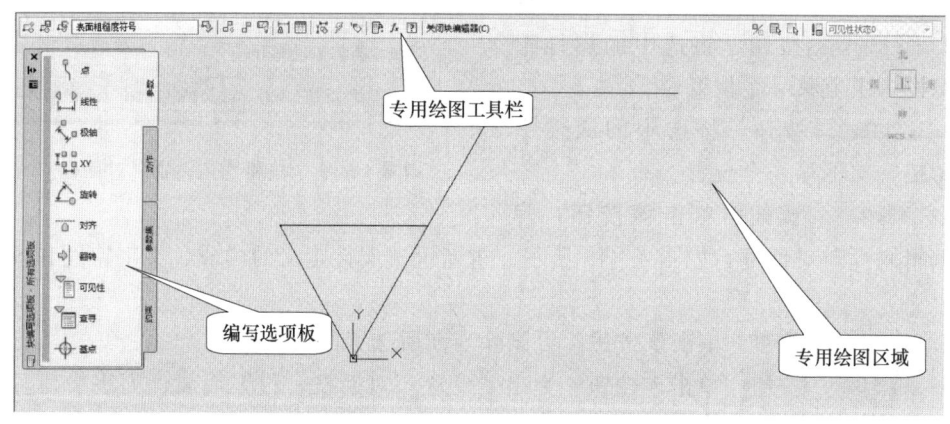

图 4-21 块编辑器环境

在块编辑器中，提供了专用绘图区域、编写选项板和一个专门的工具栏。

(1) 专用绘图区域。用户可以根据需要在专用绘图区域中绘制和编辑几何图形。

(2) 专用绘图工具栏。只能用在块编辑器中进行动态块操作的专用工具。

(3) 编写选项板。可以快速访问编写工具，如图 4-22 所示。

1) "参数"选项板。提供向块编辑器中的动态块定义中添加参数的工具。

2) "动作"选项板。提供向块编辑器中的动态块定义中添加动作的工具。

3) "参数集"选项板。提供向块编辑器中的动态块定义中添加一个参数和至少一个动作的工具。将参数集添加到动态块中时，动作将自动与参数相关联。将参数集添加到动态块中后，双击黄色警告图标，然后按照命令行上的提示，将动作与几何图形选择集相关联。

要成为动态块的块,至少包含一个参数以及一个与该参数关联的动作。向块中添加了这些元素,也就为块增添了灵活性和智能性。

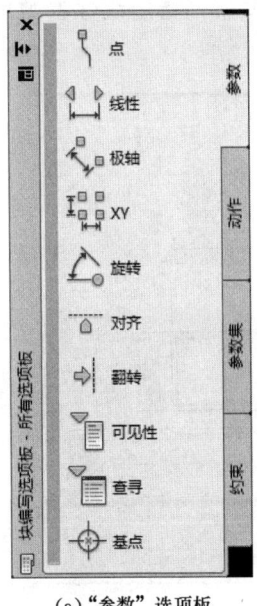
(a)"参数"选项板

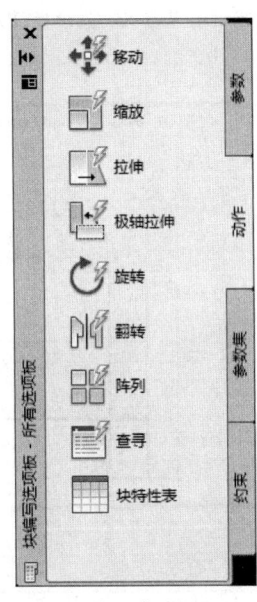
(b)"动作"选项板

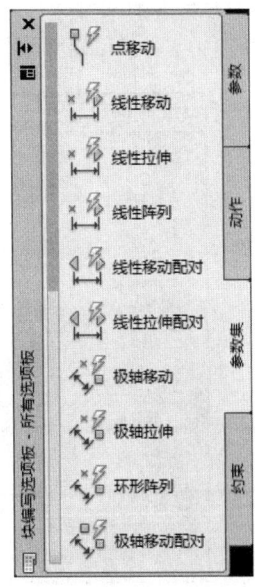
(c)"参数集"选项板

图 4-22 动态块编写选项板

【**例 4-4**】 在块编辑器中创建"螺栓 GB5782 M12×50"的图块。M12 螺栓的公称长度系列还有 45、50、55、60、65、70、80、90、100、110、120、130、140、150 和 160,添加动态行为,使插入的图块可以根据需要调整其公称长度。

操作步骤如下:

(1) 绘图环境设置(略)。

(2) 启动块编辑器。单击标准工具栏中的"块编辑器"图标 ,弹出"编辑块定义"对话框,如图 4-23 所示,在"要创建或编辑的块"文本框中输入"螺栓 M12",单击"确定"按钮,打开块编写区域,如图 4-24 所示。

(3) 按简化画法绘制螺栓 M12×50(如图 4-24 所示,可不标尺寸)。

(4) 添加动态行为。向图块添加线性参数,从屏幕左侧"块编写选项板"中的"参数"选项板上选择"线性参数",系统提示及操作如下:

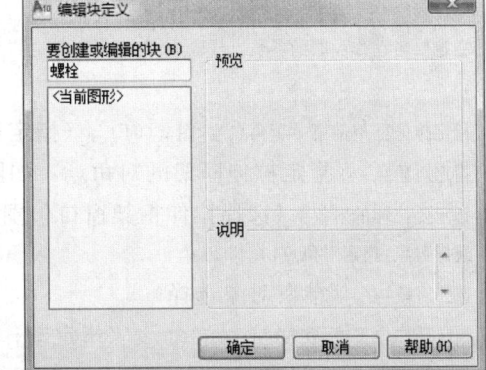

图 4-23 "编辑块定义"对话框

命令:_BParameter 线性
指定起点或[名称(N)/标签(L)/链(C)/说明(D)/基点(B)/选项板(P)/值集(V)]:v↙
输入距离值集合的类型[无(N)/列表(L)/增量(I)]<无>:l↙

输入距离值列表(逗号分隔):45,55,60,65,70,80,90,100,110,120,130,140,150,160↙

指定起点或[名称(N)/标签(L)/链(C)/说明(D)/基点(B)/选项板(P)/值集(V)]:(指定线性参数的起点为 A 点)

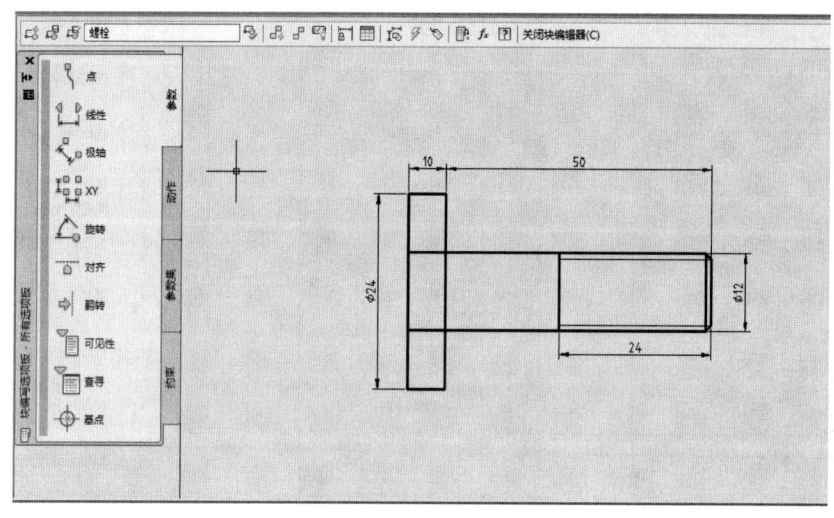

图 4-24 "螺栓 M12"块编写区域

指定端点:(指定线性参数的端点为 B 点)

指定标签位置:(指定参数标签的位置,如图 4-25 所示)

命令:_BActionTool 拉伸 (单击动作选项板中的"拉伸动作"图标,将拉伸动作与线性参数相关联)

选择参数:(选择上面定义的线性参数)

指定要与动作关联的参数点或输入[起点(T)/第二点(S)]<第二点>:(指定要与动作关联的参数点 B 点)

指定拉伸框架的第一个角点或[圈交(CP)]:(指定拉伸对象框架的第一个角点)

指定对角点:(指定拉伸框架的对角点,如图 4-25 所示)

指定要拉伸的对象:(选择拉伸框架窗口包围的或相交的所有对象)

选择对象:指定对角点:找到 20 个

选择对象:↙(结束对象选择)

指定动作位置或[乘数(M)/偏移(O)]:(指定动作的位置,如图 4-25 所示)

命令:_BActionTool 拉伸 (单击"动作"选项板中的"拉伸动作"图标,将拉伸动作与线性参数相关联)

选择参数:(选择上面定义的线性参数)

指定要与动作关联的参数点或输入[起点(T)/第二点(S)]<起点>:(指定要与动作关联的参数点 A 点)

指定拉伸框架的第一个角点或[圈交(CP)]:(指定拉伸对象框架的第一个角点)

指定对角点:(指定拉伸框架的对角点,如图 4-26 所示)

指定要拉伸的对象：（选择拉伸框架窗口包围的或相交的所有对象）

选择对象：指定对角点：找到 20 个

选择对象：（结束对象选择）

指定动作位置或[乘数(M)/偏移(O)]：（指定动作的位置，如图 4-26 所示）

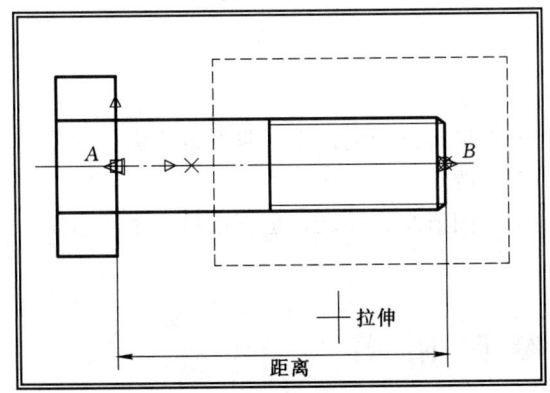

图 4-25　添加第一个拉伸动作

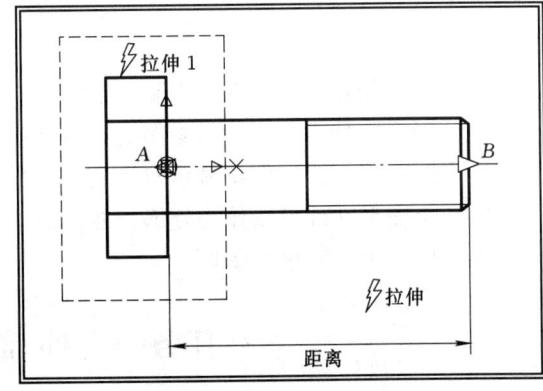

图 4-26　添加第二个拉伸动作

（5）关闭块编辑器，单击"插入块"图标（或单击菜单栏中的"插入"→"块"命令），插入"螺栓 M12"图块在当前图形中。单击选择该图块，然后拉伸图块上与拉伸动作相关联的 A、B 两个参照点，按动态调整螺栓的公称长度，而不必分解图块来编辑其中的几何图形。

项目二 外 部 参 照

可以将任意图形文件插入到当前图形中作为外部参照。

将图形文件附着为外部参照时,可将该参照图形链接到当前图形。打开或重新加载参照图形时,当前图形中将显示对该文件所做的所有更改。

一个图形文件可以作为外部参照同时附着到多个图形中;反之,也可以将多个图形作为参照图形附着到单个图形。

任务一 外部参照附着

1. 功能

用于把其他图形附着(链接)到当前图形中。

2. 命令格式

(1) 单击图标。 在"参照"工具栏中。

(2) 下拉菜单。单击菜单栏中的"插入"→"DWG 参照"等命令。

(3) 由键盘输入命令。输入 xattach ✓ (缩写名 XA)。

选择上述任一方式执行,弹出"选择参照文件"对话框,如图 4-27 所示。从目录中选择需要附着的文件,单击 打开(0) 按钮,弹出"附着外部参照"对话框,如图 4-28 所示:

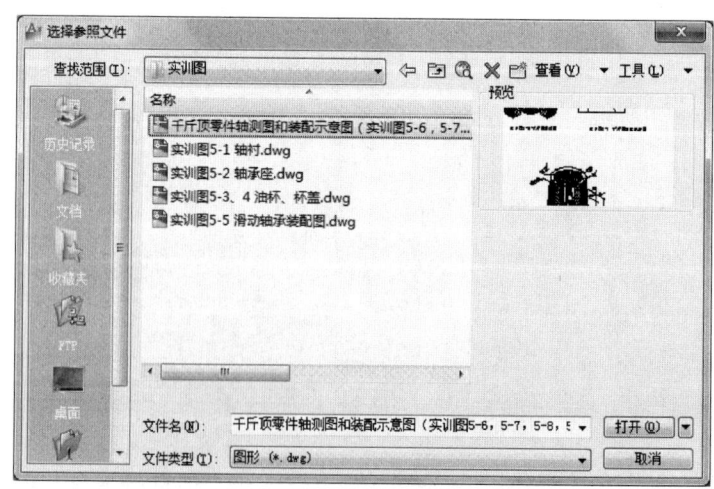

图 4-27 "选择参照文件"对话框

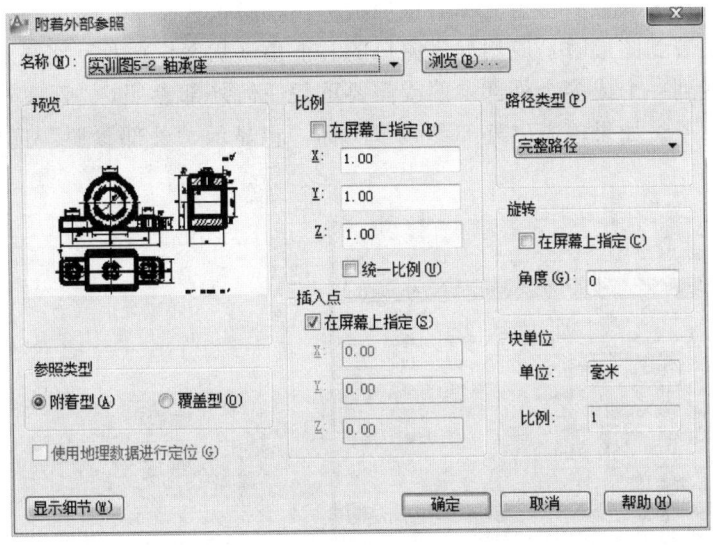

图 4-28 "附着外部参照"对话框

各选项功能如下：

(1) "名称"下拉列表框。选择要参照的图形文件，列表框中列出当前图形已参照的图形名，通过 浏览(B)... 按钮，可以选择新的参照图形。

(2) "参照类型"选项组。选定附着的类型。

1) 附着型。指外部参照可以嵌套。

2) 覆盖型。指外部参照不可嵌套。

(3) "插入点"、"比例"、"旋转"选项组。可以分别确定插入点的位置、插入的比例、旋转角。它们既可以在编辑框中输入，也可以在屏幕上确定，同块的插入操作类似。

任务二 外部参照管理

1. 功能

"外部参照"选项板用于组织、显示和管理参照文件，如 DWG 文件（外部参照）、DWF、DWFx、PDF 或 DGN 参考底图以及光栅图像。

2. 命令格式

(1) 单击图标。在"参照"工具栏中。

(2) 下拉菜单。单击菜单栏中的"插入"→"外部参照"命令。

(3) 由键盘输入命令。输入 xref✓（缩写名 XR）。

选择上述任一方式执行，弹出"外部参照"选项板，如图 4-29 所示。

"外部参照"选项板包含若干按钮，分为两个窗格。上部的窗格称为"文件参照"窗格，可以以列表或树状结构显示文件参照。快捷菜单和功能键提供了使用文件的选项。下部的窗格称为"详细信息/预览"窗格，可以显示选定文件参照的特性，还可以显示选定文件参照的缩略图预览。注意：使用"外部参照"选项板时，建议打开自动隐藏功能或锚定选项板，之后从选项板中移走光标后选项板将自动隐藏。

外部参照附着到图形时，应用程序窗口的右下角（状态栏托盘）将显示一个外部参照图标。如果未找到一个或多个外部参照或需要重载任何外部参照，"管理外部参照"图标中将出现一个叹号。如果单击"外部参照"图标，将显示"外部参照"选项板。如图4-30所示。

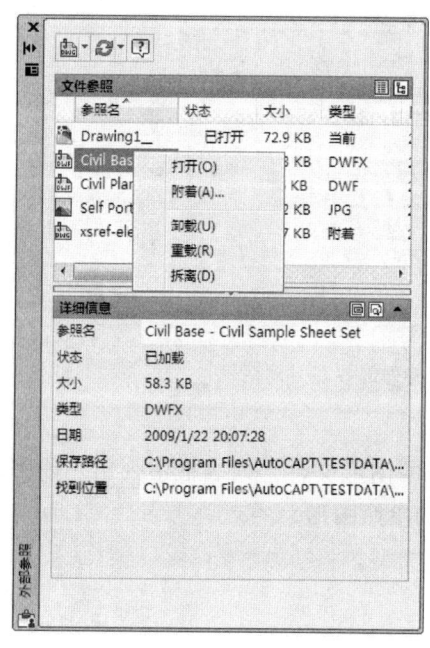
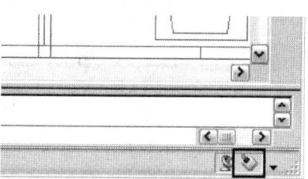

图4-29　"外部参照"选项板　　　　图4-30　"外部参照"图标

项目三 设 计 中 心

在 AutoCAD 中利用设计中心可以有效地管理图块、外部参数以及来自其他源文件或应用程序的内容，从而有效地利用和共享本地计算机、局域网或因特网上的图块、图层和外部参数，以及用户自定义的图形资源，提高图形的管理和设计效率。另外，用户还可以使用图形查询功能快速查看图形对象的数据信息。

AutoCAD 2012 的设计中心与 Windows 的资源管理器类似，是一个直观而高效的工具。利用设计中心，不仅可以浏览、查找、打开、预览或管理 AutoCAD 图形、块、外部参照和光栅图像等文件，而且只要使用鼠标操作，就能将用户计算机、网络位置或网站中的块、图层和外部参照等插入到图形文件中。如果打开多个图形文件，则可以利用设计中心在图形之间复制和粘贴其他内容，如图层、文字样式、标注样式线型、布局等，从而利用和共享大量现有资源来简化绘图过程，提高绘图效率。

在 AutoCAD 2012 中，使用设计中心可以完成以下工作：

（1）浏览用户计算机、网络驱动器和 Web 页上的图形内容。

（2）查看块、图层和其他图形文件的定义，并将这些图形定义插入到当前图形文件中。

（3）创建指向常用图形、文件和因特网网址的快捷方式。

（4）通过控制显示方式来控制设计中心控制板的显示效果，还可以在控制板中显示与图形文件相关的描述信息和预览图形。

任务一 打开设计中心

（1）从菜单栏中选择"工具"→"选项板"→"设计中心"命令。

（2）在功能区"视图"选项卡的"选项板"面板中单击"设计中心"按钮。

（3）在命令窗口中输入 ADCENTER 命令，按 Enter 键。

执行上述任意一种操作后，即可打开如图 4-31 所示的"设计中心"选项板。

任务二 使用设计中心插入对象

使用 AutoCAD 2012 提供的设计中心功能，用户可以方便、快捷地在当前图形中插入块、引用光栅图形及外部参照，并可以在图形之间复制块、图层、线型、文字样式、标注样式和用户定义内容等。

1. 插入块

在"设计中心"选项板的内容区，右击需要插入的块，从弹出的快捷菜单中选择"插

模块四 图块和设计中心

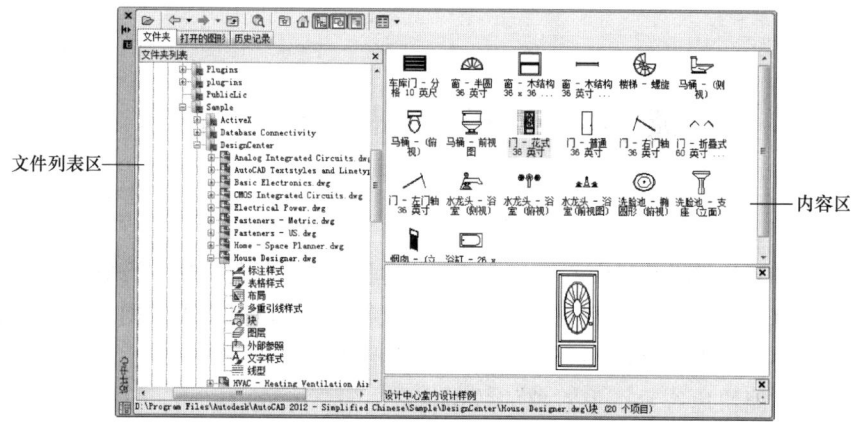

图 4-31 "设计中心"选项板

入块"命令,程序会打开"插入"对话框,如图 4-32 和图 4-33 所示。

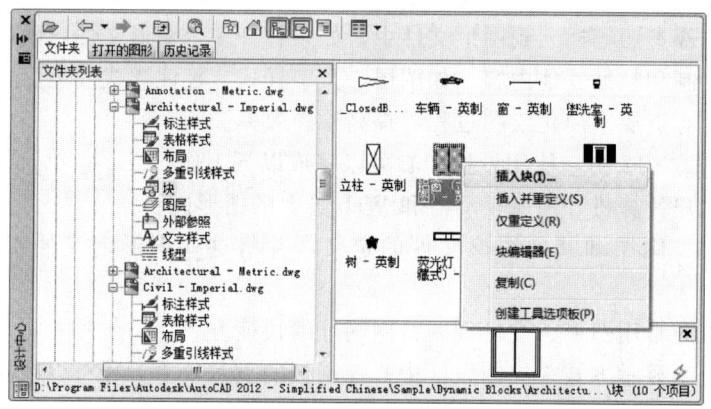

图 4-32 从快捷菜单中选择"插入块"命令

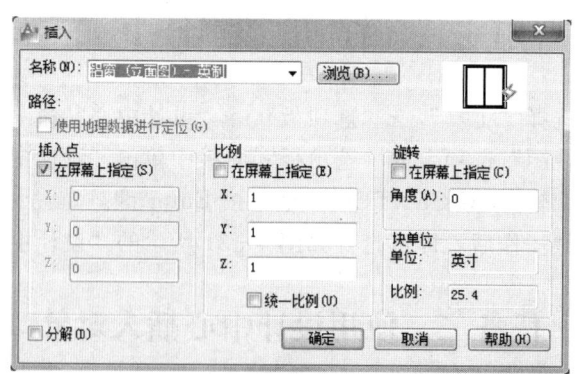

图 4-33 "插入"对话框

2. 引用外部参照

使用"设计中心"选项板,还可以引用外部参照。

在"设计中心"选项板的内容区中,右击需要引用的外部参照,从弹出的快捷菜单中选择"附着为外部参照"命令,如图 4-34 所示,将会打开图 4-35 所示的"附着外部参照"

对话框。在该对话框中指定插入点、插入比例和旋转角度,单击"确定"按钮即可。

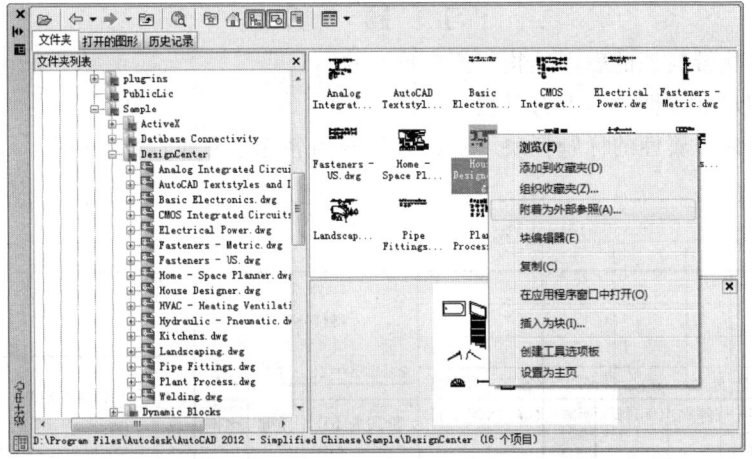

图 4-34 从快捷菜单中选择"附着为外部参照"命令

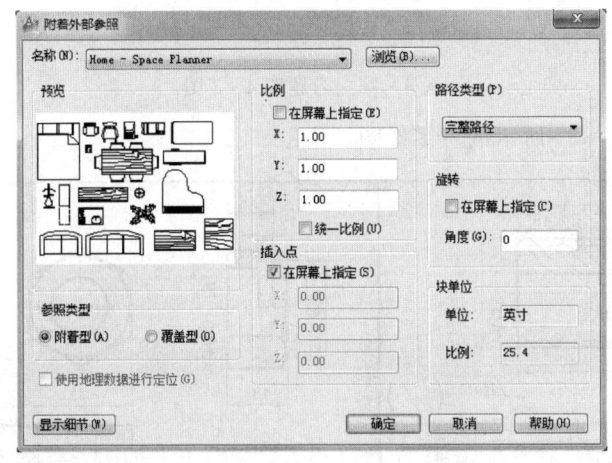

图 4-35 "附着外部参照"对话框

3. 在图形中进行复制操作

使用设计中心可以将图形文件中指定的图层复制到当前图形文件中,这样既方便又快捷,还保持了图形的一致性。在"设计中心"窗口中选择一个或多个图层,然后将其拖动到当前图形文件中即可。还可以用同样的方法复制线型、文字样式、标注样式、布局及块等。

4. 将设计中心中的项目添加到工具选项板中

可以将设计中心中的图形、块和图案填充添加到当前的工具选项板中。

(1) 在设计中心的内容区,可以将一个或多个项目拖动到当前的工具选项板中。

(2) 在设计中心树状图中,可以右击并从快捷菜单中创建当前文件夹、图形文件或块图标的新的工具选项板。

向工具选项板中添加图形时,如果将它们拖动到当前图形中,那么被拖动的图形将作为块被插入。

注意：可以从内容区中选择多个块或图案填充并将它们添加到工具选项板中。

习 题 四

4-1 创建带属性的表面结构（粗糙度）块。

4-2 创建带属性的基准符号块。

4-3 创建带属性的标题栏块（对带有括号的名称定义属性），如图4-36所示。

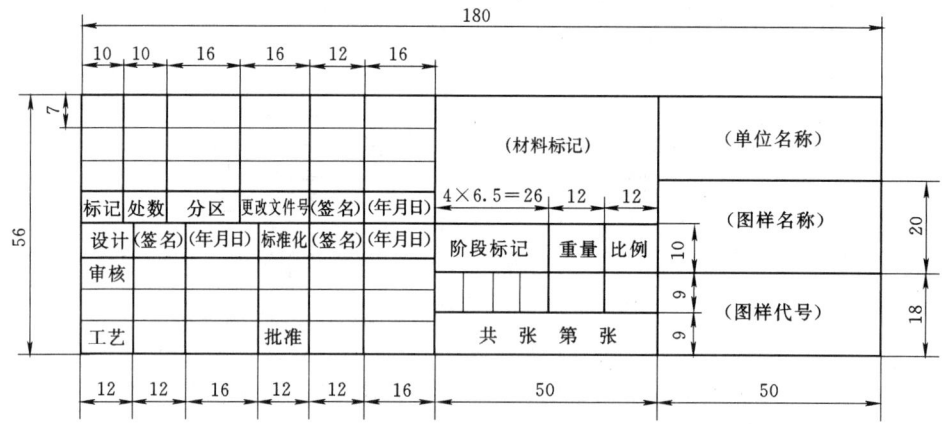

图4-36 习题四4-3图

4-4 绘制图4-37所示的各零件图。

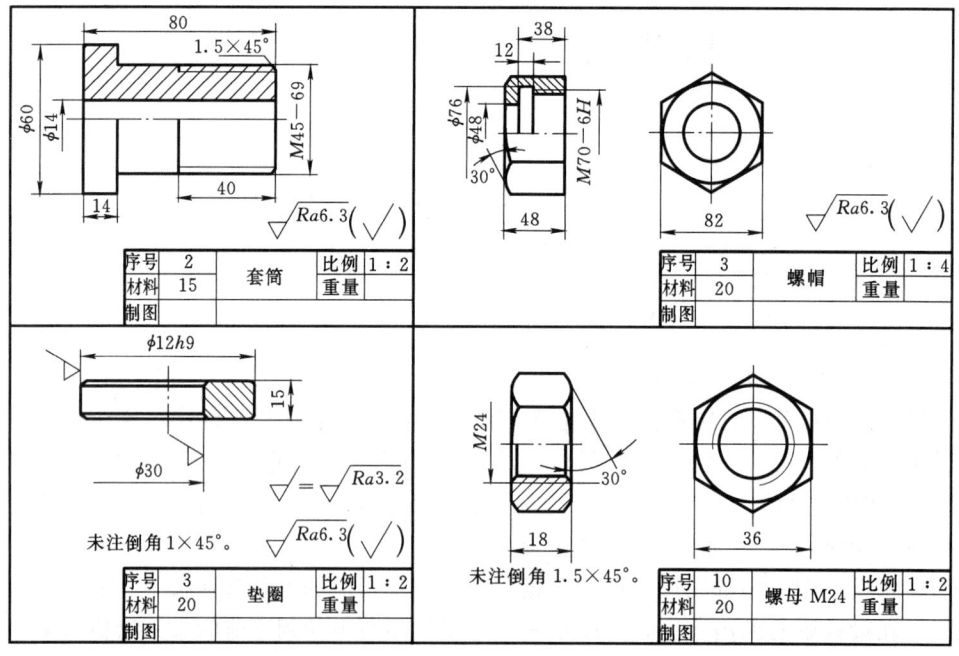

图4-37 各零件图

模块五 绘制机械图样

本模块将通过实例方式讲解 AutoCAD 2012 绘制机械零件图和装配图的方法。

项目一 绘制机械模板图

AutoCAD 每次创建新文件时,均默认打开 acadiso.dwt,绘制图形时,总要进行大量的设置工作,如绘图环境、常用图层、线型、颜色设置等。为了提高工作效率,应创建一些标准图幅模板图供用户绘图时使用。下面以创建 A3 图幅的模板图为例,介绍创建的方法和步骤,其他图幅模板创建的方法与此相似。

绘制机械图时,用户也可以进行与此类似的工作,即事先设置好绘图幅面、绘制好图幅框和标题栏。基于 AutoCAD 本身的特点,用户还可以进行更多的绘图设置,如设置绘图单位的格式、标注文字与标注尺寸的标注样式、图层及打印设置等。利用 AutoCAD 的样板文件,用户就可以便捷地达到这些要求。

AutoCAD 模板文件的扩展文件名为.dwt,文件上通常包括一些通用图形对象,如图幅框和标题栏等,还有一些与绘图相关的标准(或通用)设置,如图层、文字标注样式及尺寸标注样式的设置等。通过样板创建新图形,可以避免一些重复操作,如绘图环境的设置等。这样,不仅能够提高绘图的效率,而且还保证了图形的一致性。当用户基于某一样板文件绘图新图形并以.dwg 格式(AutoCAD 图形文件格式)保存后,所绘图对样板文件没有影响。

任务一 绘图环境设置

1. 建立新图形

为定义样板文件,首先应创建一个新图形。单击"标准"工具栏的"新建"按钮,或选择"文件"→"新建"命令,或执行 NEW 命令,均可打开"选择样板"对话框,从中选择样板文件 acadiso.dwt 作为新绘图形的样板(acadiso.dwt 文件是一公制样板,其有关设置接近我国的绘图标准)。单击对话框中的"打开"按钮,AutoCAD 创建对应的新图形。此时就可以进行样板文件的相关设置或绘制相关图形。

2. 设置绘图单位

用户设置绘图单位格式的命令是 UNITS。选择"格式"→"单位"菜单命令,或执行 UNITS 命令,均可打开"图形单位"对话框,确定长度尺寸和角度尺寸的单位格式及相应的精确度。

3. 设置绘制图形界限

由表 5-1 可知,A3 图纸的幅面尺寸是 420×297。

表 5-1　　　　　　　　　　基 本 幅 面 尺 寸　　　　　　　　　　单位:mm

幅面代号		A0	A1	A2	A3	A4
尺寸 $B×L$		841×1189	594×841	420×594	297×420	210×297
边框	a	25				
	c	10			5	
	e	20			10	

用于设置图形界线的命令是 LIMITS,选择"格式"→"图形界限"菜单命令,或执行 LIMITS 命令,AutoCAD 提示:

命令:Limits

重新设置模型空间界限:

指定左下角点或[开(ON)/关(OFF)]<0.0,0.0>:✓

指定右上角点<420.0,297.0>:420,297✓

此时,完成图形界线的设置。为了使所设图形界限有效,还需要 LIMITS 命令的"开(ON)"选项进行相应的设置。设置过程如下:

执行 LIMITS 命令,AutoCAD 提示:

命令:Limits

重新设置模型空间界限:

指定左下角点或[开(ON)/关(OFF)]<0.0,0.0>:on✓

执行 ON 选项后,使所设图形界限有效,即用户只能在设定的范围内绘图,如果所绘图形超出了制定的图形界限,AutoCAD 拒绝绘图,并给出了相应的提示。

提示:设置图形界限后,一般选择"视图","缩放","全部"菜单命令,使设置的绘图区域显示在计算机屏幕的中间,并尽可能充满屏幕。完成这样的设置后,可通过显示栅格点的方式观看绘图的范围。单击状态栏的栅格显示 按钮(或按F7键)即可显示栅格点。过程如下:

命令:ZOOM

指定窗口的角点,输入比例因子(nX 或 nXP),或者

[全部(A)/中心(C)/动态(D)/范围(E)/上一个(P)/比例(S)/窗口(W)/对象(O)]<实时>:A

正在重生成模型

命令:<栅格 开>

任务二　设　置　图　层

单击菜单栏上的"常用"→"图层"→"图层特性"命令,弹出"图层特性管理器"

对话框,单击"新建图层"按钮,新建并设置图层,如图 5-1 所示。

图层名称、颜色、线型和线宽的设置,见模块一中表 1-1 的设置。

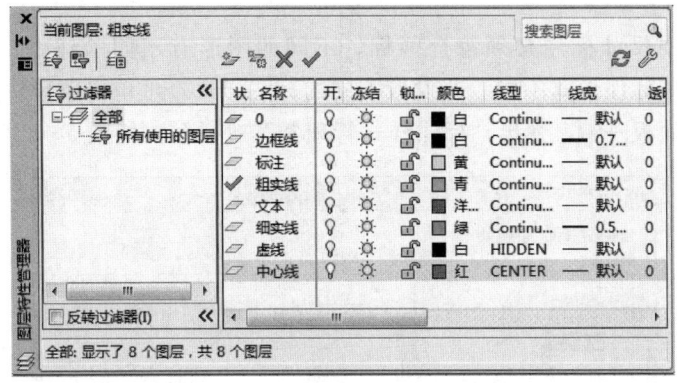

图 5-1 "图层特性管理器"对话框

任务三 文 本 设 置

为了方便标题栏内容的书写和满足图样上技术要求的标注,必须对文本进行设置。AutoCAD 2012 提供了可标注符合国家制图标准的中文字体,即 gbcbig.shx。另外,当中、英文混排时,为使标注出的中、英文文字的高度协调,AutoCAD 还提供了对应的符合国家制图标准的英文字体 gbenor.shx 和 gbeitc.shx,其中 gbenor.shx 用于标注正体,gbeitc.shx 则用于标注斜体。

执行 Style 命令,AutoCAD 弹出"文字样式"对话框。单击该对话框中的"新建"按钮,在弹出的"新建文字样式"对话框内输入"工程字",单击对话框中的"确定"按钮,AutoCAD 返回到"文字样式"对话框,通过此对话框进行设置,如图 5-2 所示。单击对话框的"应用"按钮,完成新文字样式的定义。单击"关闭"按钮,AutoCAD 关闭对话框,并将文字样式"工程字"设为当前样式。

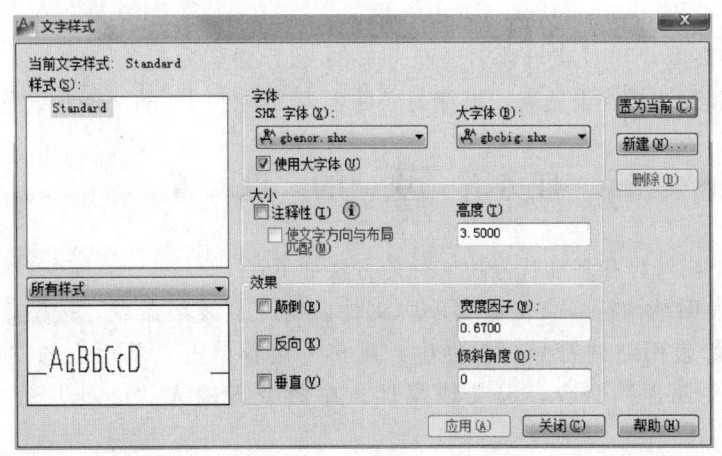

图 5-2 定义文字样式

任务四　尺寸样式设置

在机械图样中尺寸标注必须符合国标，不同的图形有不同的样式，例如线性尺寸、圆、圆弧和角度等标注形式不同。要设置不同的标注样式，可单击菜单栏上的"注释"选项卡→"标注"面板→，弹出"标注样式管理器"对话框，如图 5-3 所示。

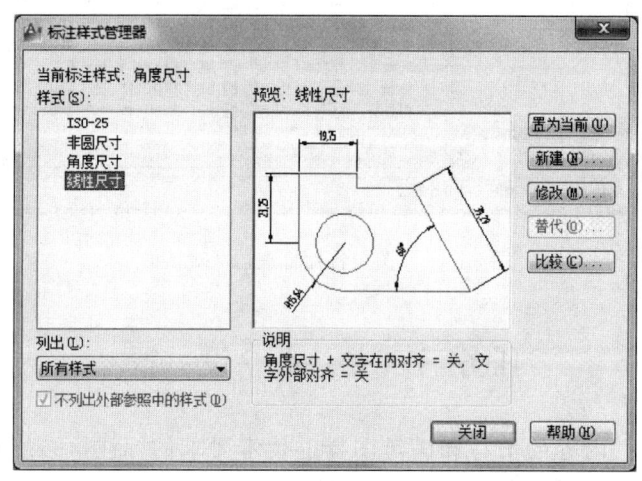

图 5-3　标注样式管理器

通常设置 3 种标注样式（样式名由用户定义）：线性尺寸标注样式，设置和系统的 ISO-25 相同，主要标注尺寸数字和尺寸线平行的所有尺寸；角度尺寸标注样式，将"标注样式"样式中的"文字"选项卡中的"文字对齐"方式设置为"水平"，主要标注角度尺寸和尺寸线水平折弯的尺寸；非圆尺寸样式，在"标注样式"中的"主单位"选项卡中的"前缀"文本框中输入"％％c"，主要在非圆图形上标注直径。其他设置根据具体的图形设置，比如尺寸数字的字高等。

(1) "箭头大小（I）"，设置为 3.5。

(2) "文字样式（Y）"，选择"工程字"。

(3) "文字高度"T"，字母数字设置为 3.5；汉字设置为 5。

完成图层和标注样式设置后，另存为文件名为"零件图"的文件并设置好保存路径。

任务五　块的设置

创建表面结构符号和基准代号块文件的方法如下：

(1) 创建表面结构符号（粗糙度）块文件。用"直线"命令，按图 5-4 所示给定的尺寸，绘制好表面结构符号（粗糙度）图形。接着单击菜单栏上的"插入"→"块定义"→"定义属性"命令，定义块属性。在命令行输入"block"命令，保存为内部块。

项目一 绘制机械模板图

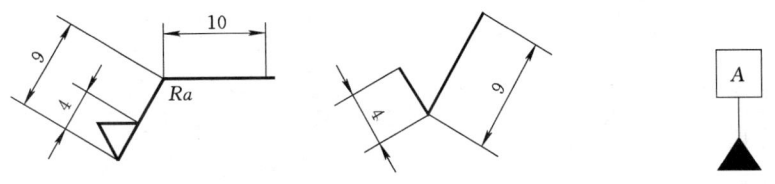

图 5-4 创建表面结构符号　　　　图 5-5 创建基准代号

（2）创建基准代号块文件。用"直线"命令，按图 5-5 所示，绘制好基准代号图形。接着单击菜单栏上的"插入"→"块定义"→"定义属性"命令，定义块属性。在命令行输入"block"命令，保存为内部块。

任务六　边框和标题栏的绘制

1. 绘制图纸边框和标题栏

按图 5-6 所示的 A3 图纸及其边框尺寸，选择相应的图层，用直线命令绘制 A3 图纸边框，同时绘制出标题栏，标题栏中的文字高度值为 5，标题栏尺寸如图 5-7 所示。

2. 定义标题栏属性

单击菜单栏上的"插入"→"块定义"→"定义属性"命令。弹出"属性定义"对话框。在此对话框中，将图名、绘图、比例、数量、图号、材料及（校名、班级、姓名）这 7 个属性的属性标签分别进行属性定义，插入到标题栏相应的位置中，如图 5-8 所示。在命令行输入"block"命令，保存为内部块。

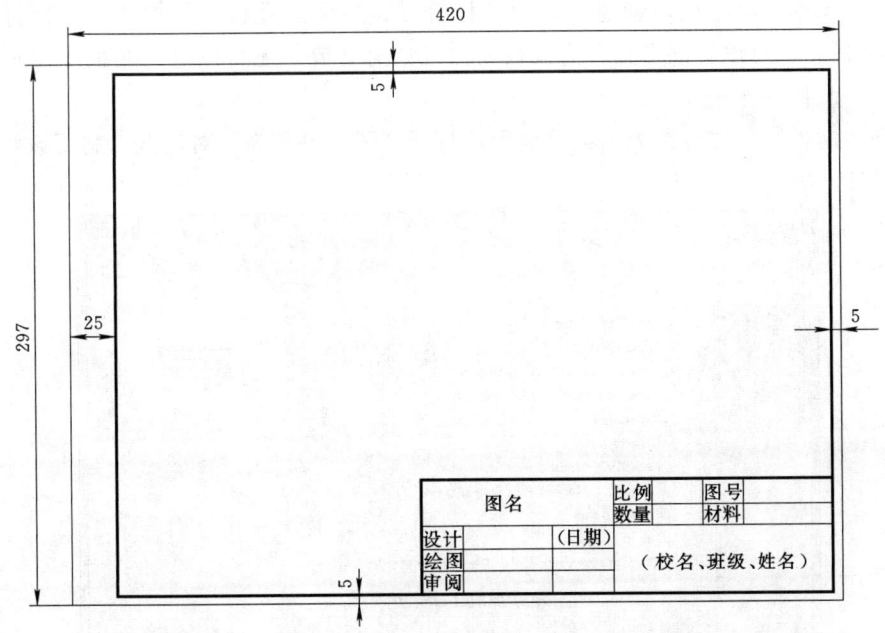

图 5-6　A3 图纸及其边框尺寸

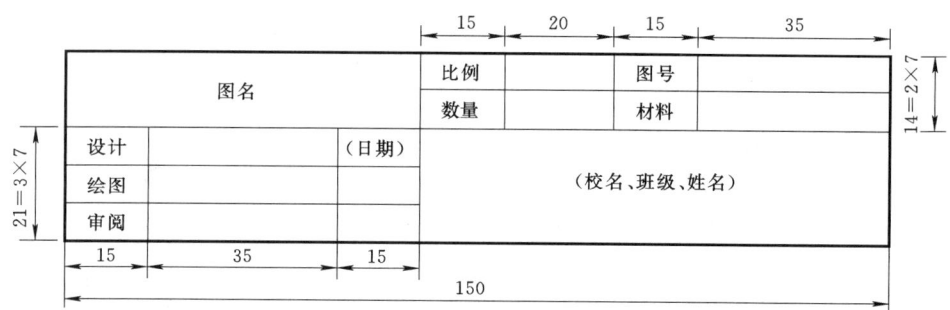

图 5-7 标题栏尺寸

图名			比例	比例	图号	图号
			数量	数量	材料	材料
设计		（日期）	（校名、班级、姓名）			
绘图						
审阅						

图 5-8 标题栏的属性

任务七 保存样板文件

前面分别设置了绘图单位格式、图形界限、图层；定义了对应的文字样式与尺寸样式；绘制了图框与标题栏；创建了表面结构符号、基准代号和标题栏块；进行打印设置（略）等之后，就可以将图形保存为模板文件（如有必要，还可以进行其他绘图环境方面的设置）了。保存方法如下：

选择"文件"→"另存为"菜单命令，打开"图形另存为"对话框。利用该对话框进行相应设置，如图 5-9 所示。

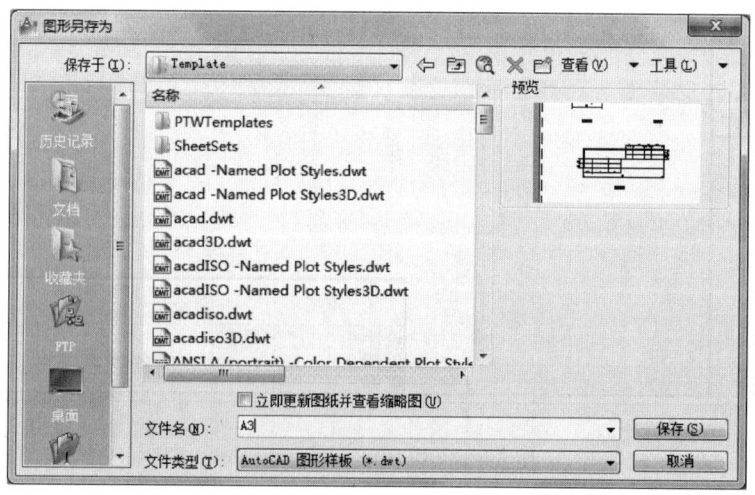

图 5-9 "图形另存为"对话框

在该对话框中的"文件类型"下拉列表框将文件保存类型选择为"AutoCAD 图形样板（*.dwt）"，单击对话框中的"保存"按钮，打开"样板选项"对话框。在该对话框中输入对应的说明（如果有说明的话，如图 5-10 所示），单击"确定"按钮完成样板文件的定义。

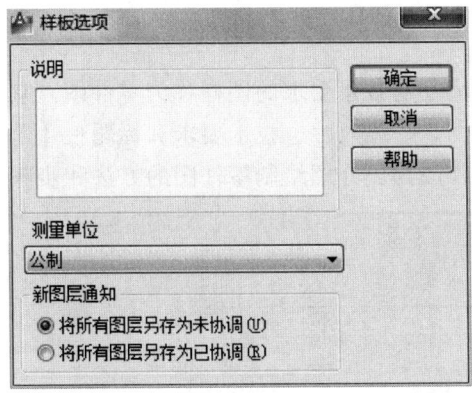

图 5-10　"样板选项"对话框

项目二 绘制零件图

用于表达零件结构、大小与技术要求的图样称为零件图。它是生产过程中必备的技术资料。零件图包括一组视图、一组尺寸、技术要求和标题栏 4 部分内容。下面以图 5-11 所示的手动气阀中阀芯零件图为例介绍绘制零件图的方法和步骤。

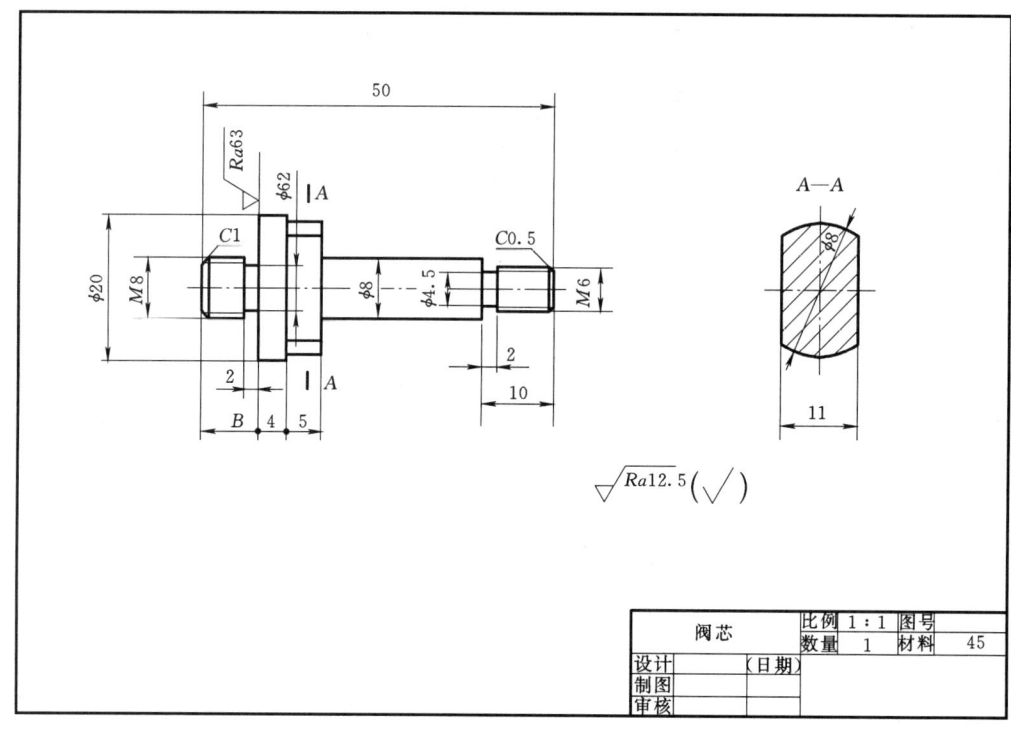

图 5-11 阀芯零件图

任务一 调用模板图

根据零件的大小、复杂程度，选择合适的模板图。主动齿轮轴长 58，选择 A4（竖放）模板图打开，另存为文件名为"阀芯"的文件并设置好保存路径。

任务二 绘制视图

1. 绘制轴线

将中心线层设为当前层，单击"直线"图标，或单击菜单栏中的"绘图"→"直线"命令，命令行提示：

命令：_line 指定第一点：（在绘图区合适的位置单击，确定中心线的起点）

指定下一点或[放弃(U)]：（使正交按钮处于开的状态，鼠标水平向右移动）75↙

指定下一点或[放弃(U)]：↙（结束命令）

2. 绘制轴的轮廓线

将粗实线层设为当前层。

(1) 绘制左端轮廓线。单击"构造线"图标，或单击菜单栏中的"绘图"→"构造线"命令，命令行提示：

命令：_xline 指定点或[水平(H)/垂直(V)/角度(A)/二等分(B)/偏移(O)]:o↙

指定偏移距离或[通过(T)]<通过>:4↙

选择直线对象：（选中轴线）

指定向哪侧偏移：（在轴线的上方单击）

选择直线对象：（选中轴线）

指定向哪侧偏移：（在轴线的下方单击）

选择直线对象：↙（结束命令）

单击"直线"图标，在两构造线之间绘制左侧的垂直轮廓线。单击"构造线"图标，命令行提示：

命令：_xline 指定点或[水平(H)/垂直(V)/角度(A)/二等分(B)/偏移(O)]:o↙

指定偏移距离或[通过(T)]<4.0000>:6↙

选择直线对象：（选中刚画出的垂直轮廓线）

指定向哪侧偏移：（在刚画出的垂直轮廓线的右方单击）

选择直线对象：↙（结束命令）

绘制出的图形，如图 5-12 所示。

单击"修剪"图标，或单击菜单栏中的"修改"→"修剪"命令，修剪多余图线。修剪后的图形如图 5-13 所示。

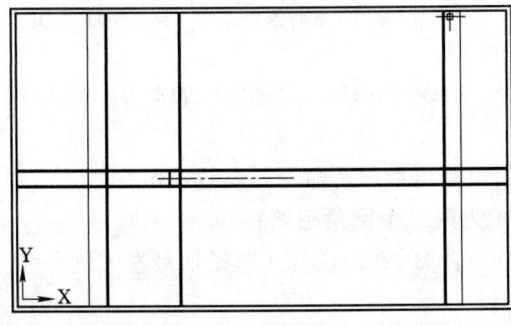 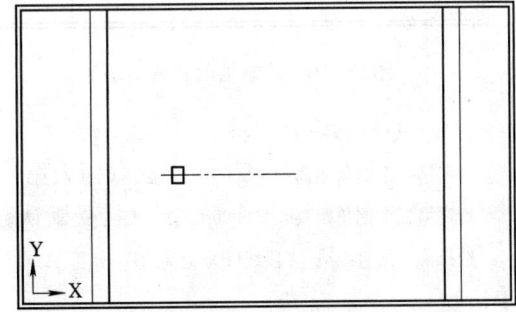

图 5-12 绘制轴的轮廓（一）　　　图 5-13 绘制轴的轮廓（二）

(2) 绘制其他轮廓线。重复"构造线"命令中的"偏移"选项，将刚才偏移的右端的直线继续向右偏移两个图形单位，依次偏移 4、5、23、2、8 个图形单位。重复"构造线"命令中的"偏移"选项，将轴线分别向上偏移 3.1、10、9、4、2.25、3 个图形单位，如

图 5-14 所示。

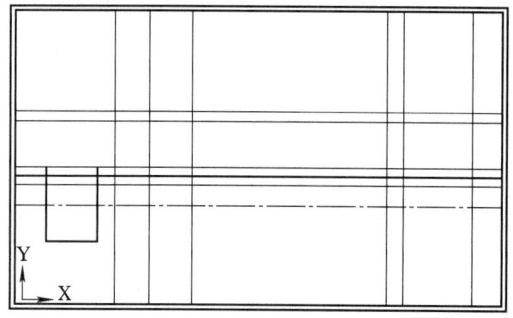

图 5-14 绘制轴的轮廓（三）

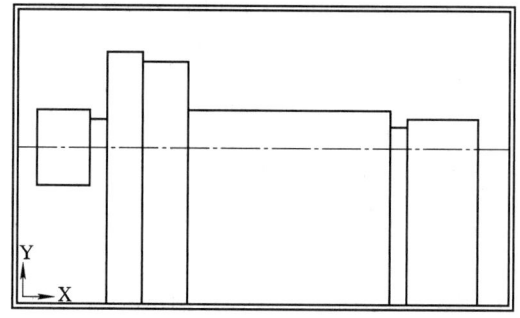

图 5-15 绘制轴的轮廓（四）

单击"修剪"图标，或单击菜单栏中的"修改"→"修剪"命令，修剪图线。修剪后的图形如图 5-15 所示。单击"镜像"图标，或单击菜单栏中的"修改"→"镜像"命令，命令行提示：

命令:_mirror

选择对象:（用窗选法选中轴的上部轮廓线）

选择对象:↙（结束选择）

指定镜像线的第一点:指定镜像线的第二点:（在轴线上任意选择两个点指定镜像线）

要删除源对象吗？[是(Y)/否(N)]<N>:↙（结束命令）

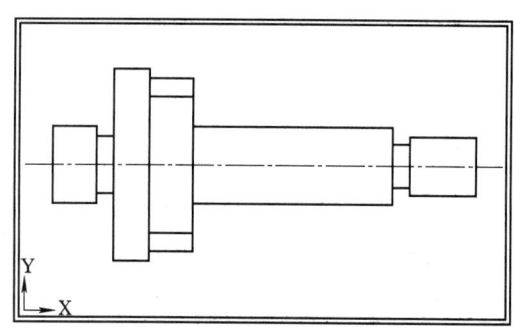

图 5-16 绘制轴的轮廓（五）

单击"修剪"图标，或单击菜单栏中的"修改"→"修剪"命令，修剪图线。修剪后的图形如图 5-16 所示。

（3）绘制左端倒角。单击"倒角"图标，或单击菜单栏中的"修改"→"倒角"命令，命令行提示：

命令_chamfer

（"修剪"模式）当前倒角距离 1＝0.0000,距离 2 ＝0.0000

选择第一条直线或[多段线(P)/距离(D)/角度(A)/修剪(T)/方式(M)/多个(U)]:d↙

指定第一个倒角距离<0.0000>:1↙（输入第一个倒角距离数值，命令行继续提示）

指定第二个倒角距离<1.0000>:↙（接受默认数值 1 为第二个倒角距离）

选择第一条直线或[多段线(P)/距离(D)/角度(A)/修剪(T)/方式(M)/多个(U)]:（选择轴最左端的竖线单击）

选择第二条直线:（选择与之垂直相交的水平线单击）

完成左端上部的倒角。按空格键或↙，重复倒角命令，绘制左端下部倒角。

（4）绘制右端倒角。单击"倒角"图标，或单击菜单栏中的"修改"→"倒角"命令，命令行提示：

命令_chamfer

("修剪"模式)当前倒角距离 1=0.0000,距离 1=0.0000

选择第一条直线或[多段线(P)/距离(D)/角度(A)/修剪(T)/方式(M)/多个(U)]:d↙（设置倒角距离）

指定第一个倒角距离<0.0000>:0.5↙（输入第一个倒角距离，命令行继续提示）

指定第二个倒角距离<0.5000>:↙（接受默认数值 0.5 为第二个倒角距离）

其余操作步骤同上。

用"直线"命令全部完成左、右端倒角的绘制。图 5-17 所示为绘制倒角后的图形。

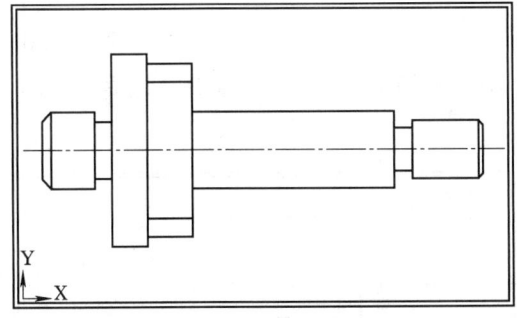

图 5-17 绘制轴的轮廓（六）

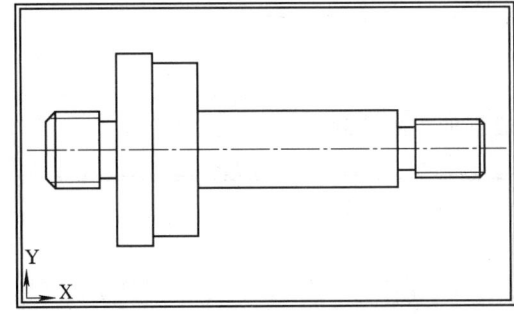

图 5-18 绘制轴的轮廓（七）

（5）绘制两端螺纹。将细实线层设为当前层，重复"构造线"命令中的"偏移"选项和"修剪"命令，绘制轴两端螺纹线，如图 5-18 所示。

3. 绘制断面图

将中心线层设为当前层，用"直线"命令在主视图右方的适当位置绘制圆的中心线，如图 5-19 所示。

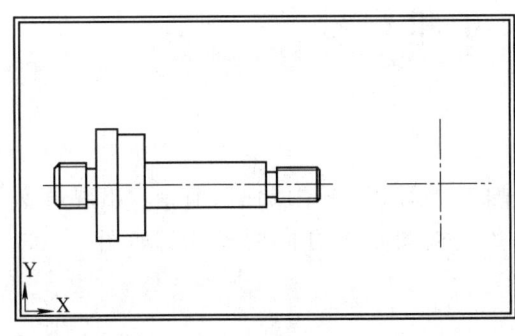

图 5-19 绘制断面图（一）

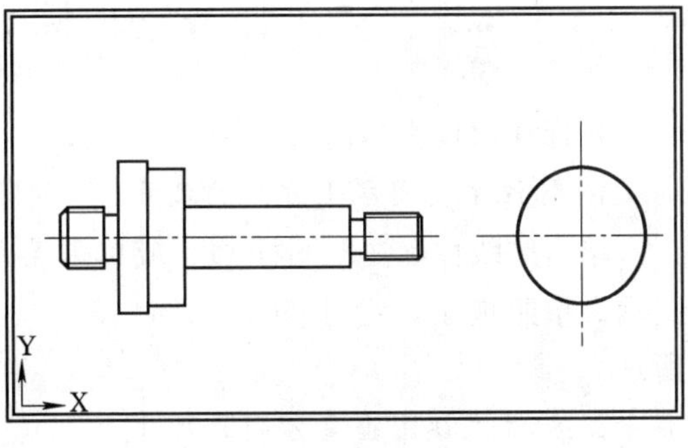

图 5-20 绘制断面图（二）

将粗实线层设为当前层，画出直径为 18 的圆，如图 5-20 所示。

用"构造线"命令中的"偏移"选项和"修剪"命令，绘制 φ18 轴段被截切部分。同时，利用"高平齐"投影关系，完成主视图 φ18 轴段上的截交线，如图 5-21 所示。

将剖面线层设置为当前层。单击"图案填充"图标，或单击菜单栏中的"绘图"→"图案填充"命令，弹出"图案填充和渐变色"对话框，在该对话框中将"图案"设置为"ANSI31"，"角度"设为 0，"比例"设为 0.5。单击"添加：拾取点"图标，"图案填充和渐变色"对话框消失，命令行提示：

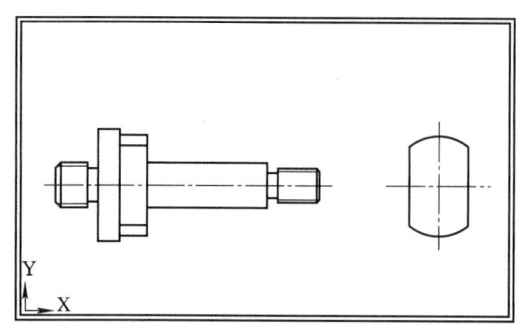

图 5-21 绘制断面图（三）

命令：_bhatch
选择内部点:正在选择所有对象…（在要填充剖面线的区域内单击，所选区域的图线变为虚线）
正在选择所有可见对象…
正在分析所选数据…
正在分析内部孤岛…
选择内部点：✓（结束命令）
"图案填充和渐变色"对话框重新出现，单击该对话框中的 确定 按钮，完成剖面线的绘制，如图 5-22 所示。

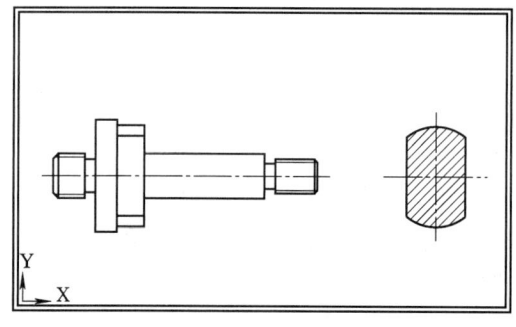

图 5-22 绘制断面图（四）

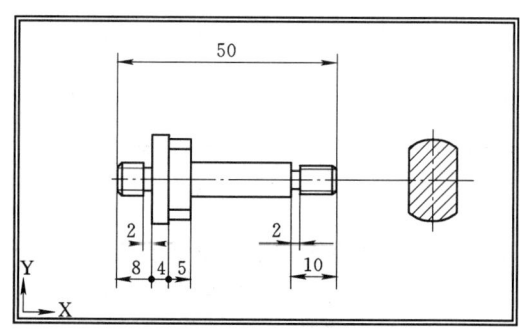

图 5-23 标注主视图水平方向尺寸

任务三 标注尺寸和符号

将标注层设为当前层。

1. 标注主视图水平方向的尺寸

单击"线性标注"图标，或单击菜单栏中的"标注"→"线性"命令，出现命令提示。按照提示，标注 50、8、4、5、2、10、2 主视图水平方向的尺寸，如图 5-23 所示。

2. 标注主视图垂直方向的尺寸

由于垂直方向尺寸是非圆视图直径，所以用"非圆标注"标注样式。

单击"线性标注"图标，或单击菜单栏中的"标注"→"线性"命令，出现命令提示。按照提示，标注 $\phi 20$、$\phi 8$、$\phi 6.2$、$\phi 8$、$\phi 4.5$、$\phi 6$ 主视图垂直方向的尺寸，如图 5-24 所示。

双击左侧 $\phi 8$ 尺寸，弹出"特性"窗口，选中"主单位"选项板，在"前缀"文本框中输入 M，将 $\phi 8$ 修改为 M8。采用同样方法，将 $\phi 6$ 修改为 M6，如图 5-25 所示。

3. 标注断面图尺寸和剖切符号

单击"直径"图标，或单击菜单栏中的"标注"→"直径"命令，标注 $\phi 18$。单击

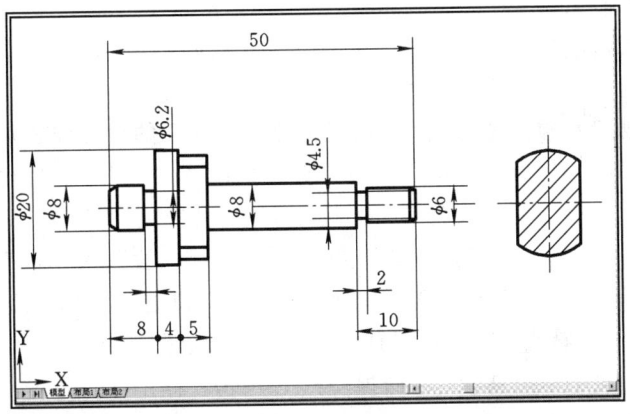

图 5-24 标注主视图垂直方向的尺寸

"线性标注"图标，或单击菜单栏中的"标注"→"线性"命令，标注 11。单击"直线"图标，在主视图的 φ18 轴段的上、下方绘制两段粗实线，每段长度比图形中所标注文字的高度稍长即可，在右侧的断面图上方用"文字"命令标注"A—A"，如图 5-26 所示。

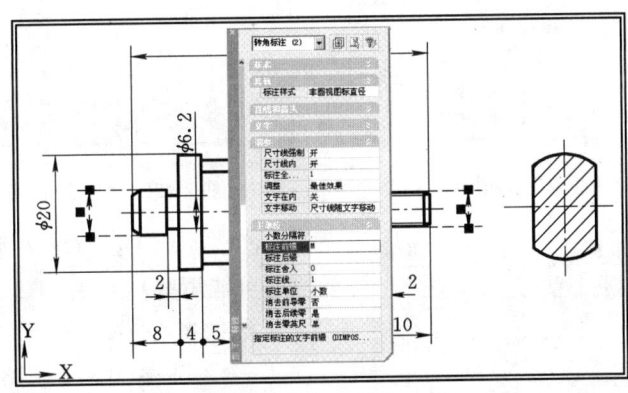

图 5-25 修改 φ8、φ6 为 M8、M6

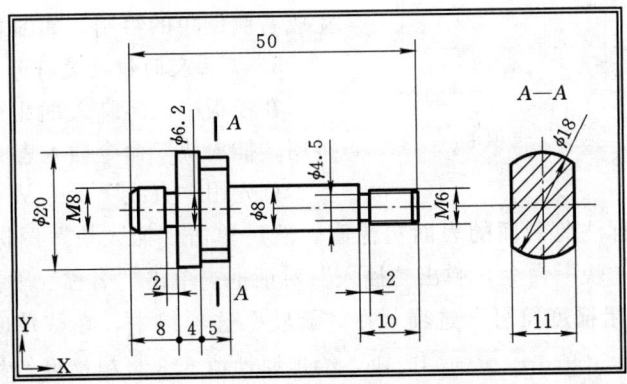

图 5-26 标注断面图尺寸和剖切符号

4. 标注倒角尺寸

创建引线和引线注释。

命令:_qleader

指定第一个引线点或[设置(S)]<设置>:✓（设置标注"引线"的尺寸样式）

弹出"引线设置"对话框，如图 5-27 所示。在"注释"选项卡中，设置"注释类型"为"多行文字"；单击"引线和箭头"选项卡，设置"引线"为"直线"，"箭头"样式为"无"，"角度约束"中的"第一段"为"45°"、"第二段"为"水平"，如图 5-28 所示；单击"附着"选项卡，选中"最后一行加下划线"复选框，如图 5-29 所示。

设置完毕后单击 确定 按钮，回到绘图区。命令行继续提示：

指定第一个引线点或[设置(S)]<设置>:（捕捉交点 B 单击）

指定下一点:（将鼠标按设置的 45°方向移到合适的位置单击，如图 5-30 所示）

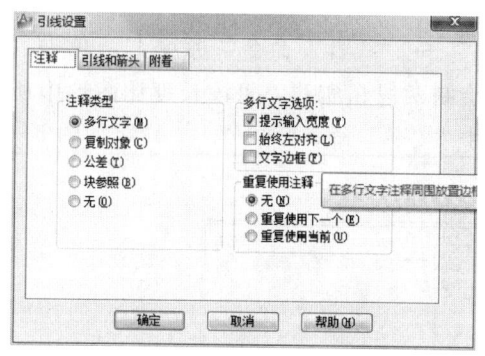

图 5-27 "注释"选项卡   图 5-28 "引线和箭头"选项卡

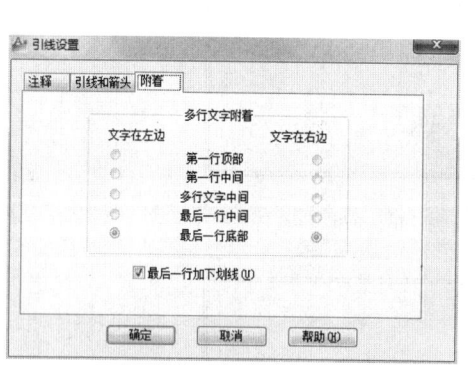

指定下一点:0.1 ✓（输入水平线段长度，该线段尽可能短些）

指定文字宽度<0>:✓

输入注释文字的第一行<多行文字(M)>:C1 ✓

输入注释文字的下一行:✓（结束命令）

完成轴左侧倒角的绘制。采用同样方法，完成右侧倒角的绘制，如图 5-31 所示。

5. 标注表面粗糙度符号

在模板中已定义表面粗糙度符号块，可直接用"插入块"命令插入表面粗糙度符号。

图 5-29 "附着"选项卡

首先用"直线"命令从 φ20 轴段左侧向上画出一条直线用来标注此侧面的表面粗糙度。然后单击"插入块"图标，或单击菜单栏中的"插入"→"块"命令，弹出"插入"对话框，单击"名称"下拉列表框的下拉箭头，选择"表面粗糙度符号"选项，在"旋转"选项组中，在"角度"文本框中输入90，如图 5-32 所示。单击 确定 按钮，给出属性值 6.3 将粗糙度符号插入到合适的位置，如图 5-33 所示。

项目二 绘制零件图

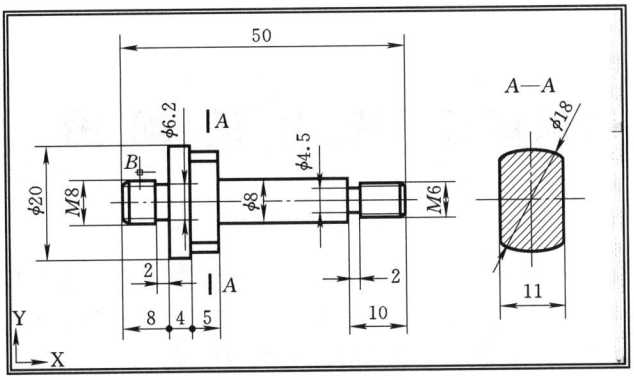

图 5-30 标注轴倒角（一）

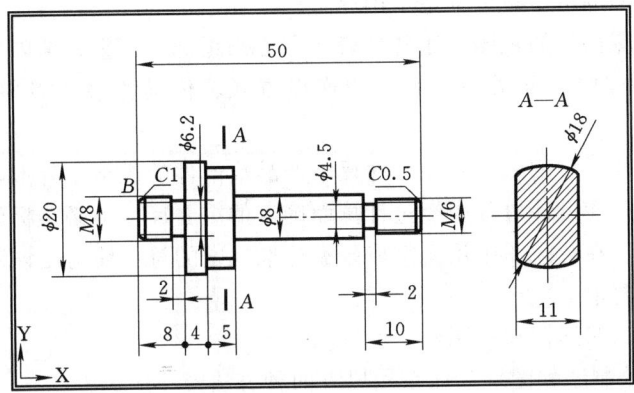

图 5-31 标注轴倒角（二）

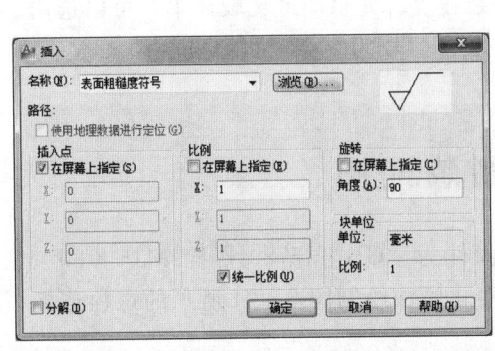

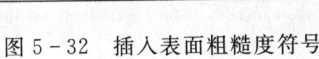

图 5-32 插入表面粗糙度符号

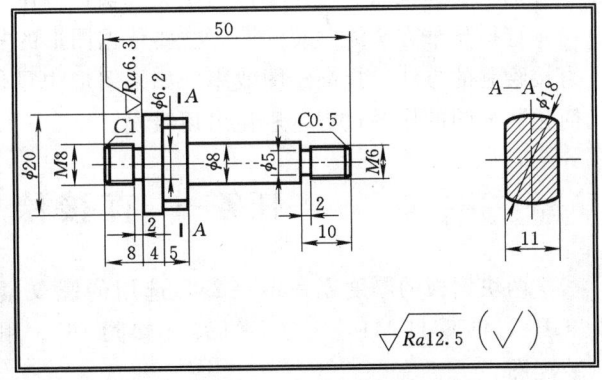

图 5-33 标注表面粗糙度符号

任务四 检 查 、存 盘

插入前面已经创建好的图框块，并输入相应的属性值，调整图形在图框中的位置。对全图进行检查修改，确认无误后，单击"保存"图标，将所绘图形存盘，结果如图 5-11 所示。

175

项目三　绘制装配图

在产品或部件的设计过程中，一般是先设计画出装配图，然后再根据装配图进行零件设计，画出零件图；在产品或部件的制造过程中，先根据零件图进行零件加工和检验，再依据装配图所制定的装配工艺规程将零件装配成机器或部件；在产品或部件的使用、维护及维修过程中，也要通过装配图来了解产品或部件的工作原理及构造。

一张完整的装配图应具备以下基本内容：

(1) 一组表达零部件的视图。用各种表达方法来正确、完整、清晰地表达机器或部件的工作原理、各零件的装配关系、零件的连接方式、传动路线以及零件的主要结构形状等。

(2) 必要的尺寸。装配图中必须标注反映产品或部件的规格、外形、装配、安装所需的必要尺寸。另外，在设计过程中经过计算而确定的重要尺寸也必须标注。

(3) 技术要求。在装配图中用文字或国家标准规定的符号注写出该装配体在装配、检验、使用等方面的要求。

(4) 零件序号、明细栏和标题栏。

用 AutoCAD 绘制装配图，一般采用以下两种方法：

(1) 直接绘制法。根据装配关系，将各个零件逐个画出，直接绘出装配图。

(2) 块插入法。将各零件图定义成块，应用块插入命令绘制装配图。

选择哪种方法绘制装配图，主要依据图形的复杂程度。如果图形比较简单，可以选用直接绘制的方法，提高绘图效率。如果图形中零件较多、较为复杂，可以选择块插入法，简化装配图的作图过程，避免出现错误。

任务一　直接绘制装配图

两块钢板的厚度 $\delta_1 = \delta_2 = 28$，选用的螺纹紧固件为"GB/T 5780 螺栓 M16×80"、"GB/T 41 螺母 M16"、"GB/T97.1 垫圈 16"。用简化画法绘制图 5-34 所示的螺栓连接装配图。

绘图过程如下：

1. 设置绘图环境

新建图形文件、设置图形界限（A4 竖放）、图层（5 个图层：中心线层、粗实线层、细实线层、剖面线层、尺寸层）、文字样式和标注样式。

2. 绘制竖放 A4 图幅的外边框、内边框

(1) 绘制外边框。将细实线层设为当前层，单击"矩形"图标 ▭，命令行提示：

指定第一个角点或[倒角(C)/标高(E)/圆角(F)/厚度(T)/宽度(W)]:0,0↙（输入矩形第一角点坐标

值)。

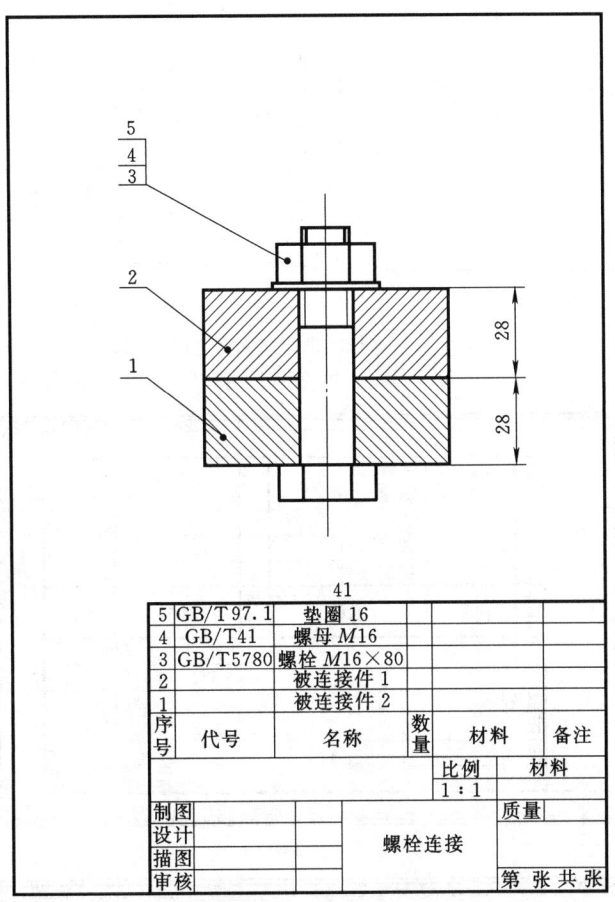

图 5-34 螺栓连接装配图

指定另一个角点或[面积(A)/尺寸(D)/旋转(R)]:210,297↙(输入矩形另一个对角点坐标值;也可输入 d 命令,通过给定矩形的尺寸绘制矩形)

(2) 绘制内边框。将粗实线层设为当前层,重复"矩形"命令,命令行提示:

指定第一个角点或[倒角(C)/标高(E)/圆角(F)/厚度(T)/宽度(W)]:10,10↙(输入矩形第一角点坐标值)

指定另一个角点或[面积(A)/尺寸(D)/旋转(R)]:190,277↙(输入矩形另一个对角点坐标值;也可输入 d 命令,通过给定矩形的尺寸绘制矩形),完成图框的绘制,如图 5-35(a)所示。

(3) 绘制标题栏。绘制标题栏和明细表,如图 5-35(b)所示。

(4) 填写文字。填写标题栏和明细表中的文字,如图 5-36(a)所示。

(5) 保存文件。单击"范围缩放"图标,将图形满屏显示,如图 5-36(b)所示。单击"保存"图标,在弹出的"图形另存为"对话框中,确定存盘地址并输入文件名"螺栓连接"存盘。

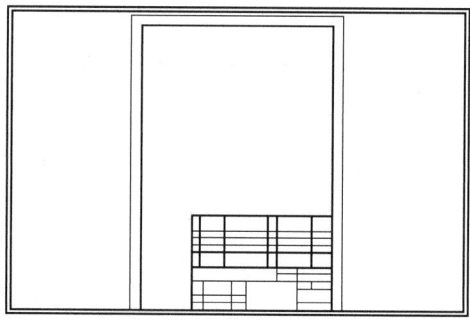

(a)   (b)

图 5-35 绘制图框、标题栏和明细表

(a) 图框；(b) 标题栏和明细表

(a)

(b)

图 5-36 填写文字和全图显示

(a) 填写文字；(b) 全图显示

3. 绘制图形

(1) 绘制中心线。将中心线层设为当前层，单击"直线"图标 ，或单击菜单栏中

的"绘图"→"直线"命令,命令行提示:

命令:line 指定第一点:(在绘图区合适的位置单击,确定中心线的起点)

指定下一点或放弃[放弃(U)]:100↙(鼠标向下移动,拉出起点的270°极轴追踪线,通过键盘输入距离)

指定下一点或放弃[放弃(U)]:↙

完成中心线的绘制,如图5-37所示。

(2) 绘制被连接件。将粗实线层设为当前层,用"构造线"命令及其中的"偏移"选项,完成被连接件轮廓线的绘制。

1) 绘制水平构造线。单击"构造线"图标,命令行提示:

命令:_xline 指定点或[水平(H)/垂直(V)/角度(A)/二等分(B)/偏移(O)]:h↙（绘制水平构造线）

指定通过点:(在合适的位置单击,为快速绘图先不要考虑构造线距中心线端点的距离,待图形绘制完毕后,再调整中心线的长度)

指定通过点:↙（结束命令）

完成水平构造线的绘制,如图5-38所示。

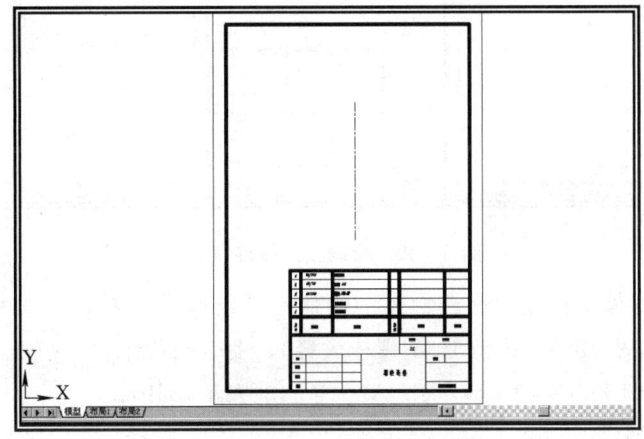

图5-37 绘制中心线

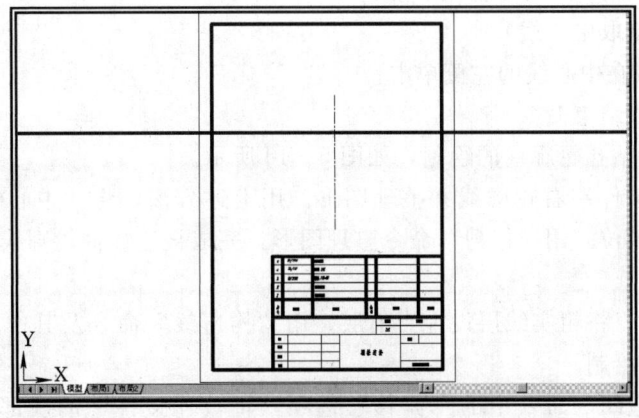

图5-38 绘制被连接件（一）

2)绘制被连接件水平轮廓线。继续执行"构造线"命令,命令行提示:

命令:_xline 指定点或[水平(H)/垂直(V)/角度(A)/二等分(B)/偏移(O)]:o✓

指定偏移距离或[通过(T)]<通过>:28✓

选择直线对象:(拾取刚绘制的构造线)

指定向哪侧偏移:(在刚绘制的构造线下方单击)

选择直线对象:(拾取刚绘制的构造线)

指定向哪侧偏移:(在刚绘制的构造线上方单击)

选择直线对象:✓(结束命令)

完成被连接件水平轮廓线的绘制,如图5-39所示。

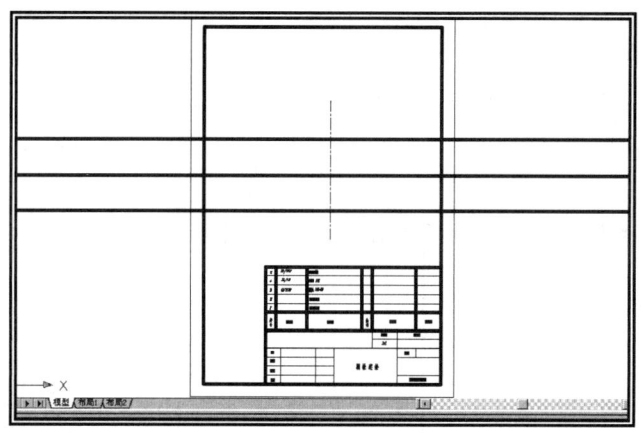

图 5-39 绘制被连接件(二)

3)绘制被连接件钻孔轮廓线。重复"构造线"命令(钻孔孔径 $=1.1d=1.1×16=17.6$;半径 $=17.6/2=8.8$;d 为16是螺栓大径),命令行提示:

命令:_xline 指定点或[水平(H)/垂直(V)/角度(A)/二等分(B)/偏移(O)]:o✓

指定偏移距离或[通过(T)]<通过>:8.8✓

选择直线对象:(拾取中心线)

指定向哪侧偏移:(在中心线的右侧单击)

选择直线对象:(拾取中心线)

指定向哪侧偏移:(在中心线的左侧单击)

选择直线对象:✓(结束命令)

完成被连接件钻孔轮廓线的绘制,如图5-40所示。

4)绘制被连接件左右轮廓线并整理图形。用上述方法,将"中心线"分别再向左、右偏移45个图形单位。用"修剪"命令整理图形,完成被连接件轮廓线的绘制,如图5-41所示。

(3)绘制螺栓。将粗实线层设为当前层,用"构造线"命令及其中的"偏移"选项,完成螺栓轮廓线的绘制。

1)使用"构造线"命令中的"偏移"选项,将被连接件中的底部水平线向下偏移11.2个图形单位;再分别向上偏移80、48个图形单位,绘制螺栓头部水平线、螺纹杆部

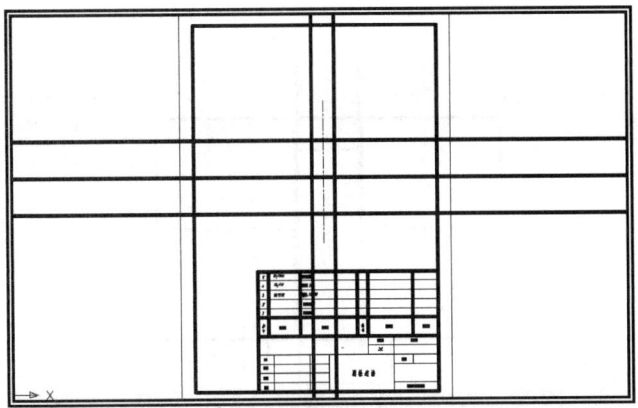

图 5-40 绘制被连接件（三）

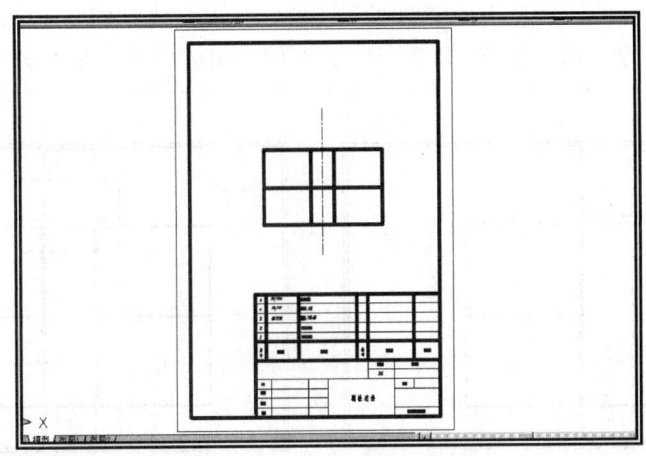

图 5-41 绘制被连接件（四）

上端水平线和螺纹终止线。

2) 继续使用"构造线"命令中的"偏移"选项，将中心线分别向左、右偏移 8 和 16 个图形单位，绘制螺栓杆部两条大径线、螺栓头部两条垂直线。

3) 将细实线层设为当前层，继续使用"构造线"命令中的"偏移"选项，将中心线分别向左、右偏移 6.8 个图形单位，绘制螺栓两条小径线。

4) 用"修剪"命令，整理图形，完成螺栓的绘制，如图 5-42 所示。

(4) 绘制垫圈。将粗实线层设为当前层，用"构造线"命令及其中的"偏移"选项，完成垫圈的绘制。

将粗实线层设为当前层，继续使用"构造线"命令中的"偏移"选项，将中心线分别向左、右偏移 17.6 个图形单位；将被连接件的上边线向上偏移 2.4 个图形单位，用"修剪"命令整理图形，如图 5-43 所示。

(5) 绘制螺母。将粗实线层设为当前层，用"构造线"命令及其中的"偏移"选项，完成螺母的绘制。

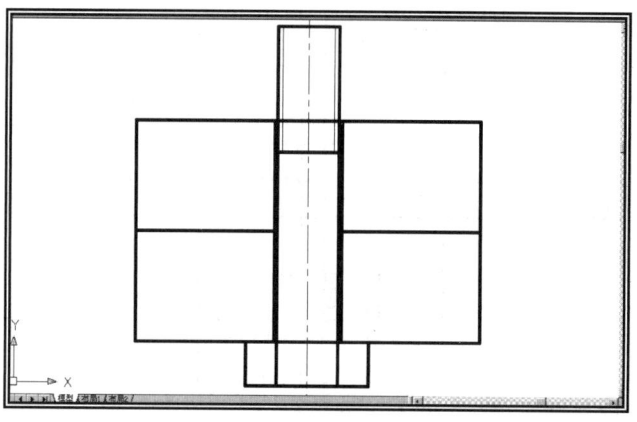

图 5-42 绘制螺栓

继续使用"构造线"命令中的"偏移"选项,将中心线分别向左、右偏移 16 个图形单位;将垫圈的上边线向上偏移 12.8 个图形单位,用"修剪"命令整理图形,如图 5-44 所示。

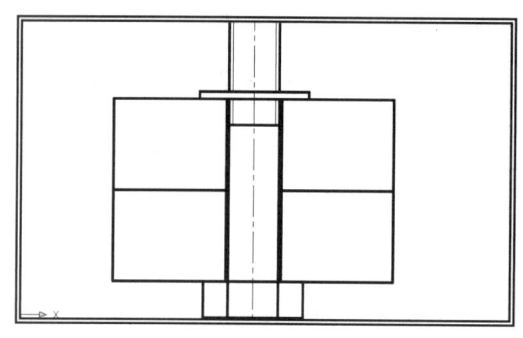

图 5-43 绘制垫圈　　　　　　　　　图 5-44 绘制螺母

(6) 绘制剖面线。将剖面线层设为当前层,用"剖面线"命令及其中的"偏移"选项,完成剖面线的绘制。

1) 将剖面线层设为当前层,单击"图案填充"图标,或单击菜单栏中的"绘图"→"图案填充"命令,弹出"图案填充及渐变色"对话框,在该对话框中将"图案"设置为"ANSI31","角度"设为 0,"比例"设为 1。单击"添加:拾取点"图标,"图案填充及渐变色"对话框消失,命令行提示:

命令:_bhatch

拾取内部点或[选择对象(S)/删除边界(B)](在要填充剖面线的左侧区域内单击,所选区域的边界线变为虚线)

正在选择所有对象...

正在选择所有可见对象...

正在分析所选数据...

正在分析内部孤岛...

拾取内部点或[选择对象(S)/删除边界(B)](在要填充剖面线的右侧区域内单击,所选区域的边

项目三 绘制装配图

界线变为虚线)

　　正在分析内部孤岛...

　　拾取内部点或[选择对象(S)/删除边界(B)]↙（结束命令）

"图案填充及渐变色"对话框重新出现，单击该对话框中的 确定 按钮，完成上面被连接件剖面线的绘制。

2）重复上述过程，在"图案填充及渐变色"对话框中，将"角度"设为90，可完成下面被连接件剖面线的绘制。

3）删除被连接件左右两边轮廓线，如图5-45所示。

4. 标注尺寸和标注序号

将尺寸层设为当前层，用"构造线"命令及其中的"偏移"选项，完成尺寸的标注。标注被连接件的厚度尺寸。用"引线"、"文字"命令标注零件序号，如图5-46所示。

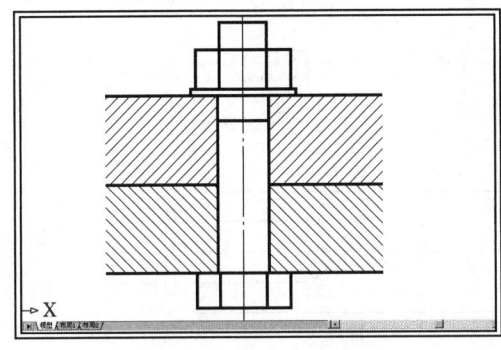
图5-45　绘制剖面线

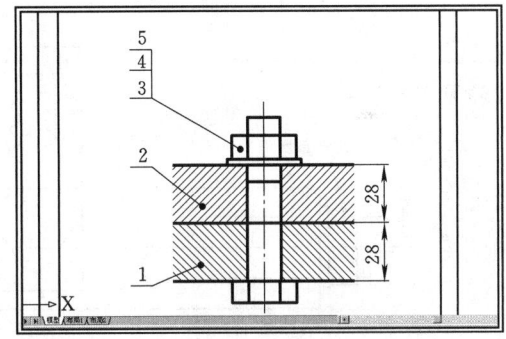
图5-46　标注尺寸和零件序号

5. 检查、存盘

对全图进行检查修改，确认无误后，单击菜单栏中的"视图"→"缩放"→"范围"命令，将全图充满屏幕。单击"保存"图标，将所绘图形存盘，如图5-34所示。

任务二　块插入法绘制装配图

块插入法是将各零件图定义成块，应用块插入命令绘制装配图。

图5-47所示为机用虎钳立体图和零件分解图，图5-48所示为机用虎钳的装配示意图。机用虎钳主要由9种零件组成，其中垫圈、圆柱销和螺钉是标准件，其余主要零件包括固定钳身、活动钳身、钳口板、螺杆、螺母等。其中主要零件间的装配关系为：螺母块从固定钳座的下方空腔装入"工"字形槽内，再装入螺杆，并用垫圈、环、圆柱销将螺杆轴向固定；通过螺钉将活动钳身与螺母块连接；最后用螺钉将两块钳口板分别与固定钳座和活动钳身连接。其工作原理为旋转螺杆使螺母块带动活动钳身在水平方向上左右移动，两侧钳口板就能夹紧或放松工件，以便进行切割加工。

183

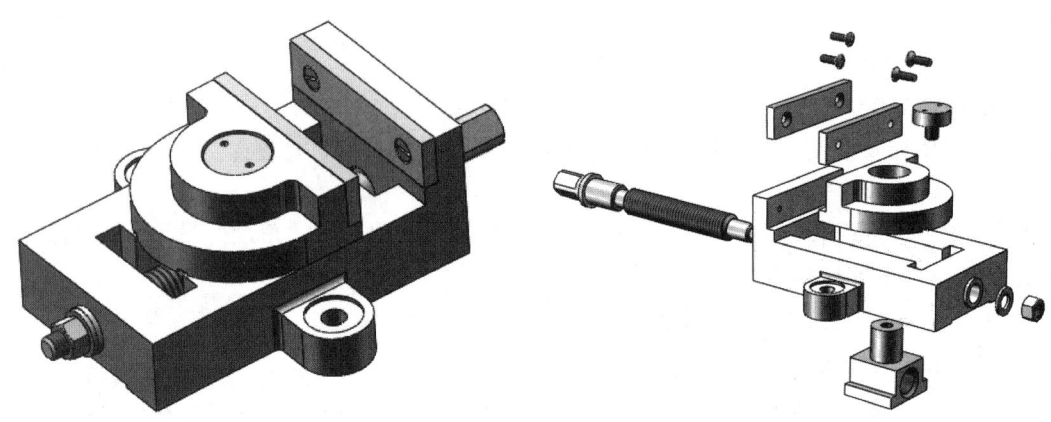

图 5-47 虎钳立体图和零件分解图

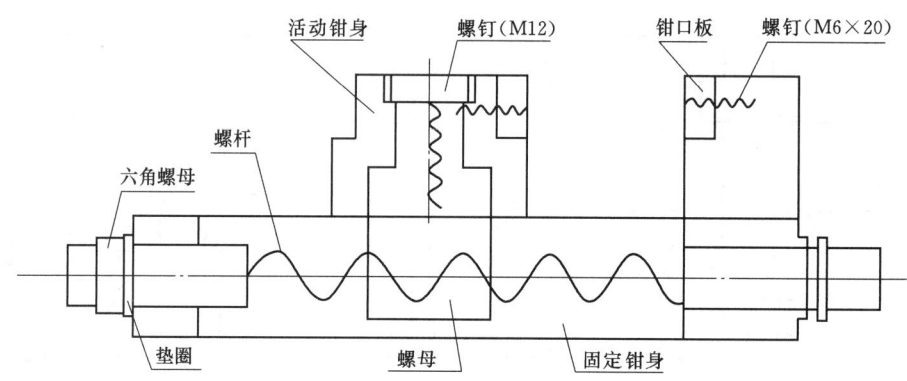

图 5-48 机用虎钳装配示意图

1. 机用虎钳装配图的表达方案

(1) 主视图的选择。从部件的装配示意图可以看出，部件有 9 种零件，其中有 4 种零件都装配在螺杆上，且该部件前后对称。因此，可以选择平行于螺杆轴线的方向作为主视图的投射方向，且沿螺杆轴线完全剖开部件得到主视图。这样，其中 8 种零件在主视图上都可以表达出来，可以将零件之间的装配关系、相互位置及部件的工作原理清晰表达出来。

(2) 其他视图的选择。左视图选择将螺母轴线和活动钳身放置在固定钳身安装孔的轴线位置，且根据部件前后对称把左视图画为半剖视图。这样，半个剖视图表达了固定钳身、活动钳身、螺钉、螺母之间的装配连接关系；半个视图表达了虎钳从左向右看的外形。俯视图画为视图，表达虎钳的外形，并在外形图上局部剖切，表达出钳口板的螺钉连接关系。

画主视图和俯视图时应将螺母和活动钳身放置在和左视图相同的位置画图，保证视图之间的投影对应关系。

2. 机用虎钳装配图

(1) 布置图面。根据选定的视图画出各视图的对称中心线和主要基准线，同时画出标题栏和明细栏的位置。

(2) 画出固定钳身的三视图。

(3) 按装配关系，逐个画出装配干线上零件的轮廓形状。需注意零件间的位置关系和遮挡的虚实关系。完成各个视图的底稿。

(4) 画剖面线，标注尺寸，编零件序号，填写标题栏、明细栏和技术要求。经检查无误后加深图线。

机用虎钳装配图上应注的尺寸：

规格尺寸。两钳口板之间的开闭距离，0～70 表示虎钳的规格。

装配尺寸。螺杆与固定钳身左右两端孔有配合，应注出尺寸 $\phi 25H8/f7$、$\phi 17H8/f7$；螺母 3 上部与活动钳身的孔之间有配合，应注出尺寸 $\phi 28H8/f7$。

外形尺寸。虎钳总体的长、宽、高尺寸为 275、150、76。

安装尺寸。虎钳是固定在机床上的，应注出安装孔的有关尺寸，如 150、97。

其他重要尺寸。在设计过程中，经计算或选定的重要尺寸。如螺杆轴线到底面的距离 18 等。

机用虎钳的装配图如图 5-49 所示。

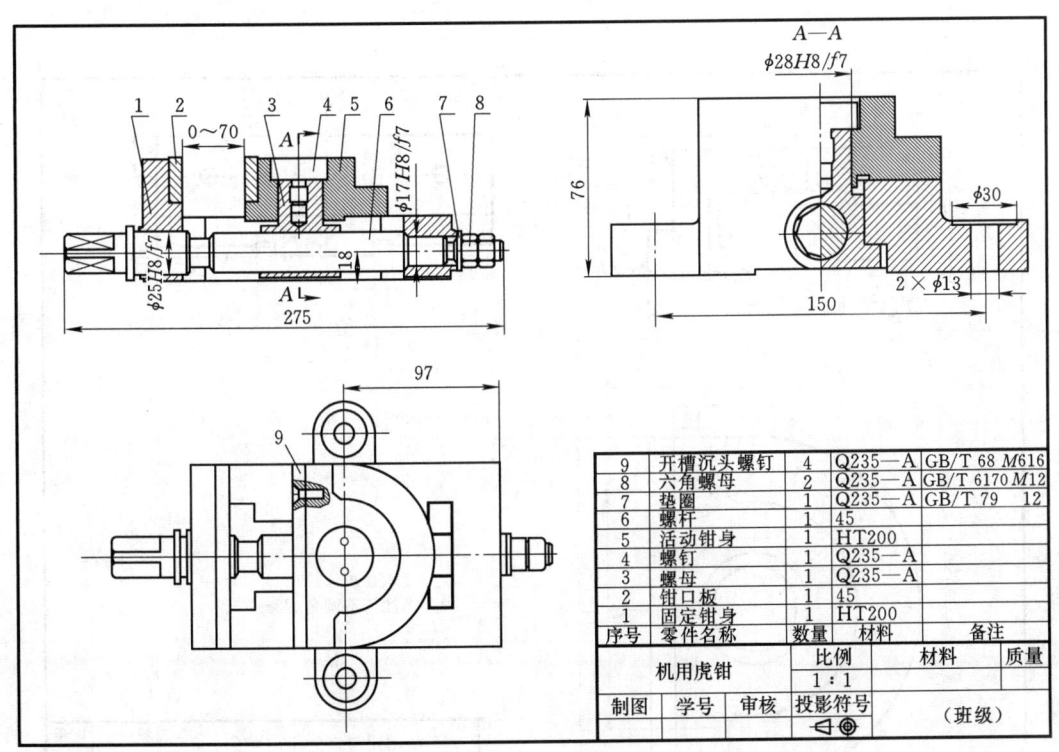

图 5-49 机用虎钳的装配图

3. 绘制机用虎钳零件图

在画装配图之前，首先要把机用虎钳各零件图（图 5-50 至图 5-55）全部绘制完成，保存在指定路径的磁盘中，然后供画装配图调用。

模块五　绘制机械图样

（1）活动钳身。活动钳身零件图如图 5-50 所示。
（2）固定钳身。固定钳身零件图如图 5-51 所示。
（3）螺杆。螺杆零件图如图 5-52 所示。
（4）螺母。螺母零件图如图 5-53 所示。
（5）螺钉、钳口板。螺钉、钳口板零件图如图 5-54 所示。
（6）六角螺母、垫圈。六角螺母、垫圈零件图如图 5-55 所示。

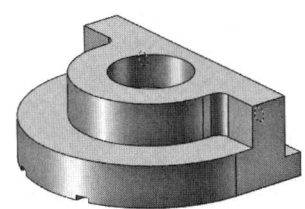

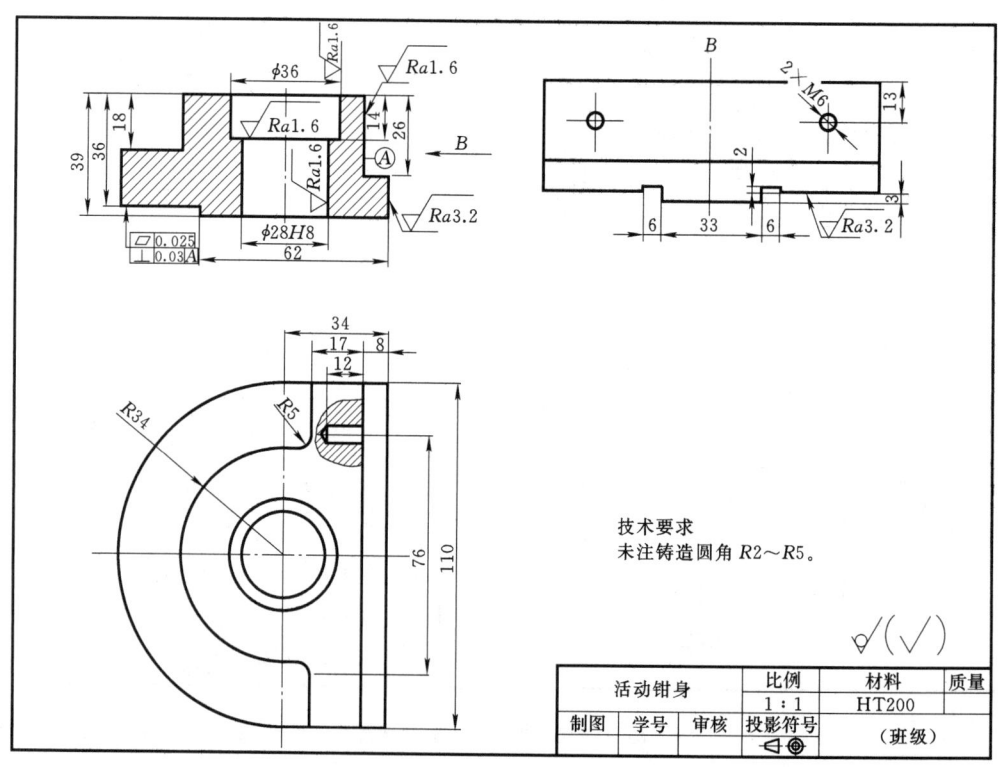

图 5-50　活动钳身零件图

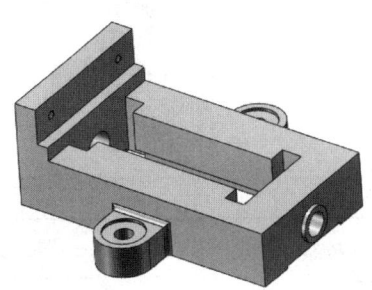

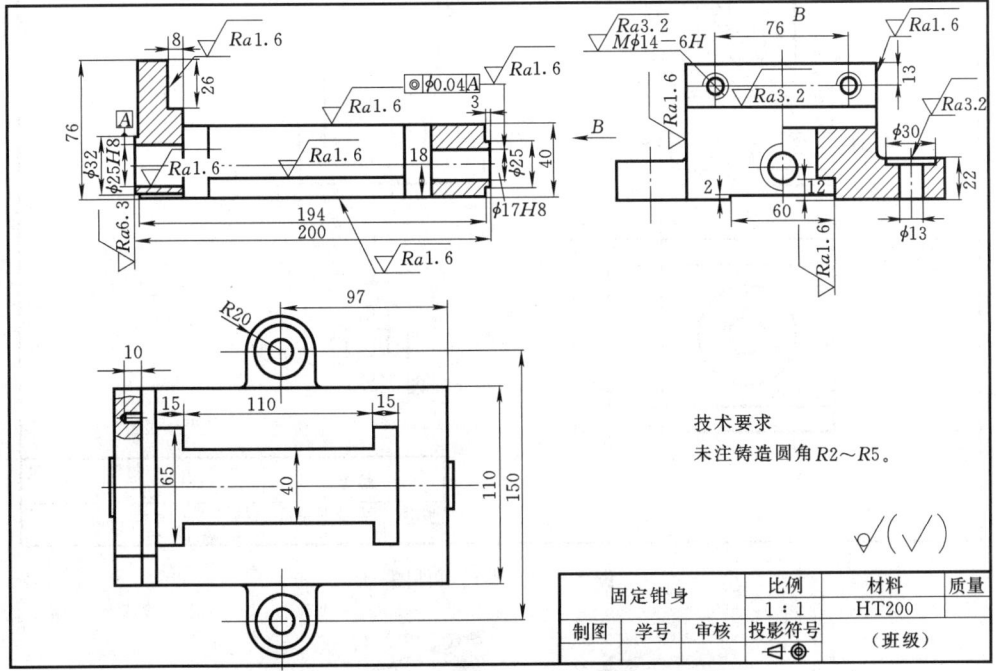

图 5-51　固定钳身零件图

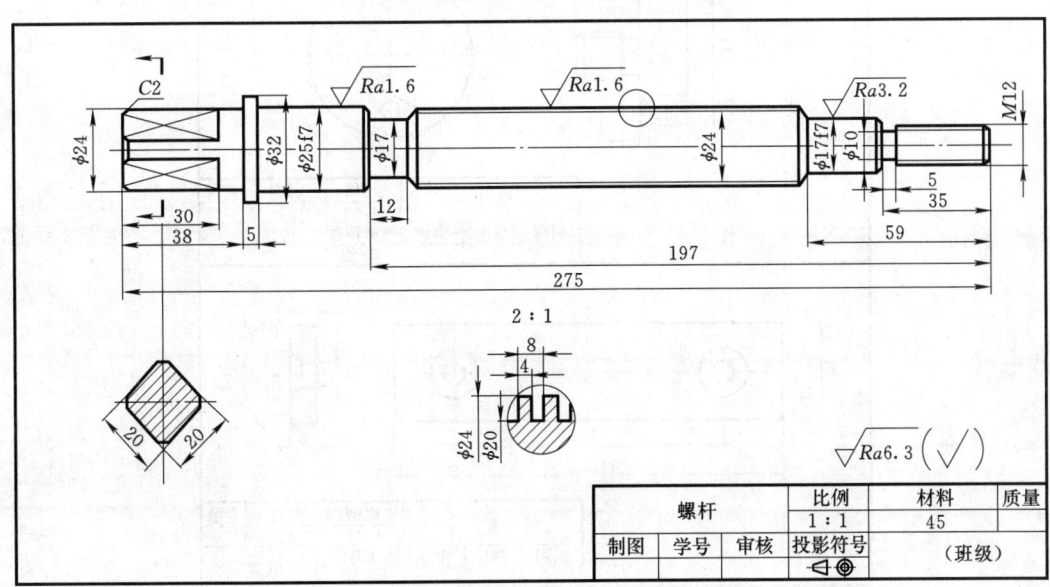

图 5-52　螺杆零件图

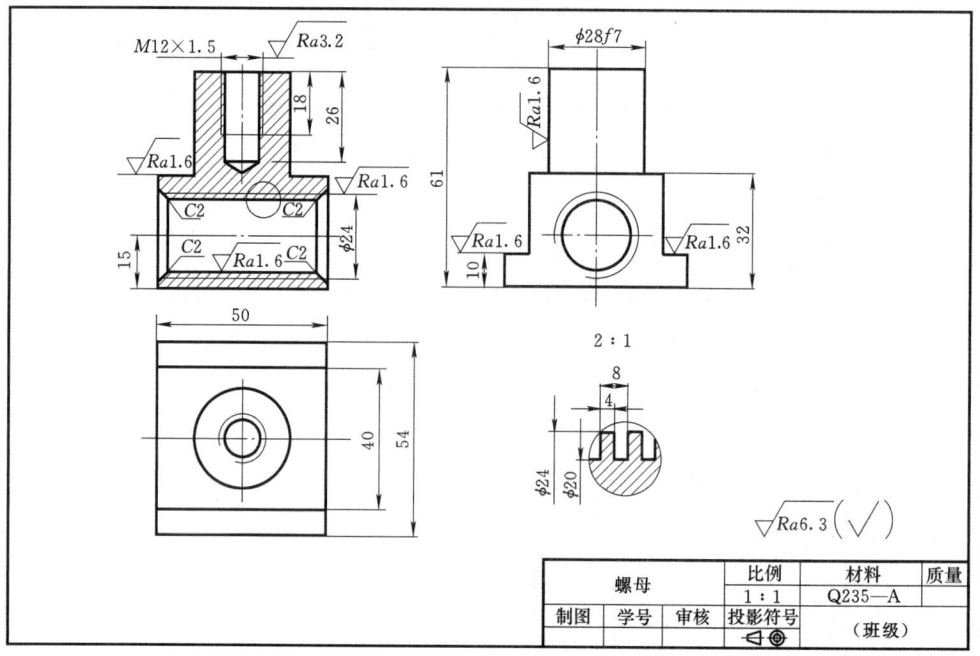

图 5-53 螺母零件图

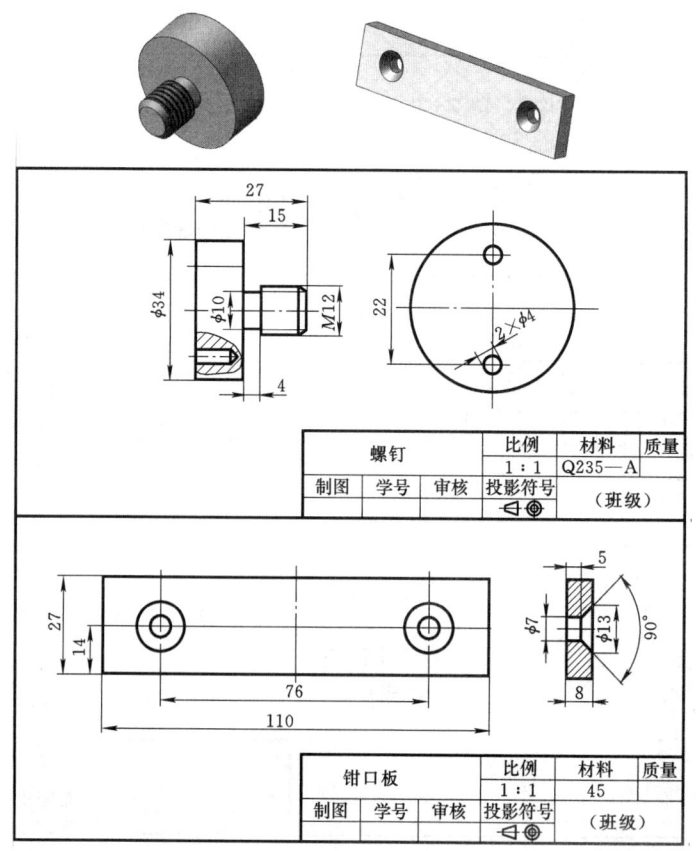

图 5-54 螺钉、钳口板零件图

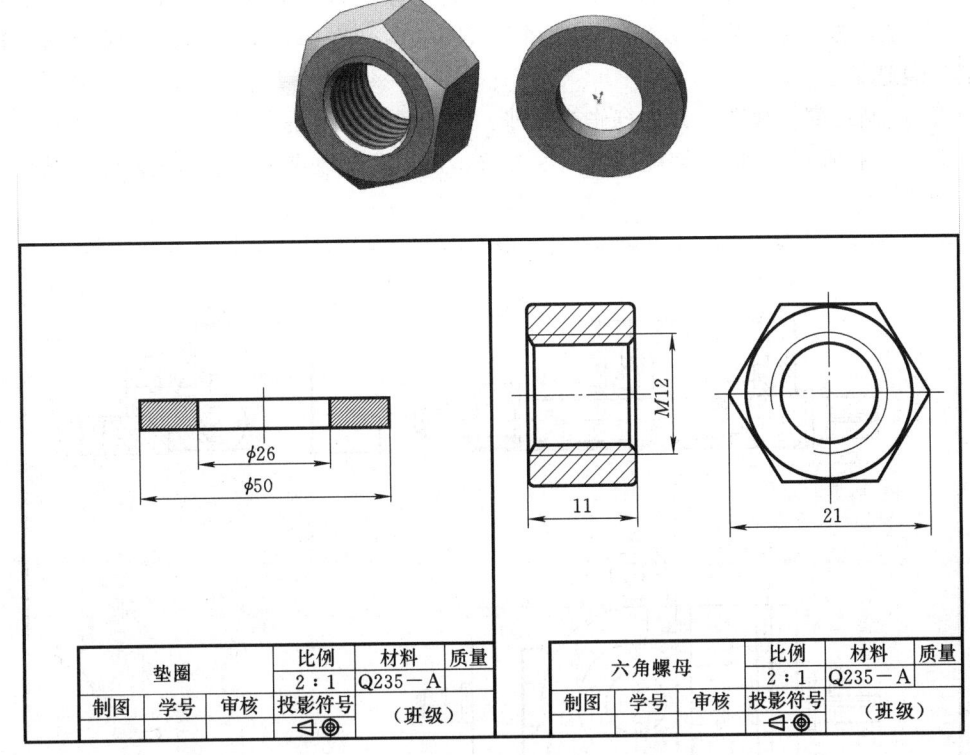

图 5-55 六角螺母、垫圈零件图

4. 创建块文件

（1）分别在固定钳身、活动钳身、钳口板、螺杆、螺母文件中，在命令行输入"wblock"或"w"，按 Enter 键，弹出的"写块"对话框。在图形中先拾取插入基点，然后单击"选择对象"，这时对话框临时关闭，切换到绘图窗口，选择要插入的图形即只选轮廓。可以将"标注"、"文本"等图层关闭，以便选择。也可以在"写块"对话框中单击"快速选择"，从中可以过滤选择集。选择好后按 Enter 键，回到"写块"对话框。

（2）在"对象"单选框中选择"转化为块"，在"文件名和路径"中指定存储路径和输入文件名。然后单击"确定"按钮。

5. 绘制机用虎钳装配图

（1）新建文件。打开前面已经创建好的文件名为 A3.DWT 的模板文件，另存为文件名为"机用虎钳装配图"的文件并设置好保存路径。

（2）插入图块。

1）通过 AutoCAD 设计中心，分别将活动钳身、固定钳身、钳口板、螺杆、螺母和螺钉块插入到当前"机用虎钳装配图"的文件中。或单击菜单栏上的"插入"→"块"→"插入"命令，选择要插入的块文件，插入到当前"机用虎钳装配图"的文件中。

2）分别将块插入到当前图形文件中的相应位置，或者先将块插入当前图形一个适当位置，再选择"移动"命令，将块移到相应位置，并进行适当修改。为了便于图形的修改，选择"分解"命令将图形分解。或在插入图块时，在弹出的"插入"对话框中选中"分解"复选框。

（3）绘制局部剖视图，并进行修改整理、添加和删除线条。

（4）绘制剖面线。根据装配图剖面线要求，使用图案填充工具绘制剖面线，结果如图 5-56 所示。

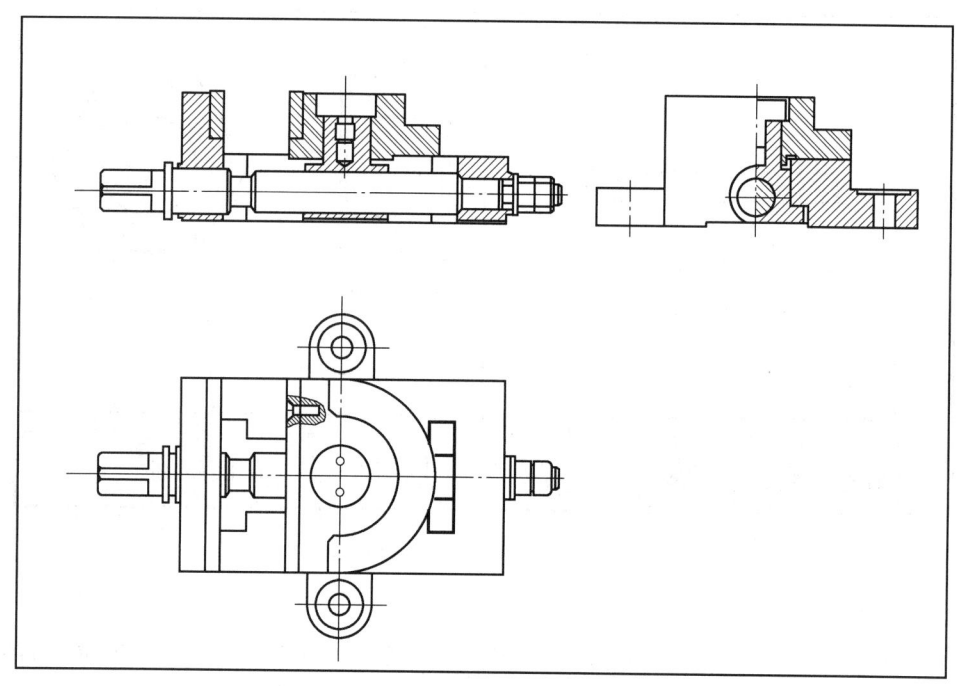

图 5-56 机用虎钳装配图的表达

（5）标注和书写文字。装配图标注只需要标注性能尺寸、装配尺寸、安装尺寸、总体尺寸和其他一些重要尺寸。

尺寸标注前面都已经提及，这里重点介绍一下配合尺寸的标注。例如标注 $\phi 25$ 轴的配合尺寸。如图 5-57 所示。选择线性标注工具标注 "25" 尺寸，选择该尺寸。

在命令行输入 "DDEDIT" 或 "ED"，在多行文字编辑器窗口，输入 "％％C25 H7/f6"，拖动鼠标选中 "H8/f7"，单击菜单栏上的 "文字编辑器" → "格式" → "堆叠" 命令，得到所需要的文字样式，设置好后，单击 "关闭文字编辑器" 按钮。如果堆叠的样式不是需要的样式，可以在多行文字编辑器窗口中选择堆叠文字（如 $H8/f7$），右击，在弹出的快捷菜单中单击 "堆叠特性" 命令，打开 "堆叠特性" 对话框，如图 5-58 所示。

可以在 "文字" 区更改文字；在 "外观" 区设置样式、位置和大小，设置后单击 "确定" 按钮。

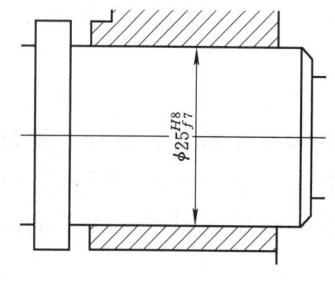

图 5-57 配合尺寸标注

（6）零件序号标注。单击菜单栏上的 "注释" → "引

项目三 绘制装配图

线"→，弹出"多重引线样式管理器"对话框，如图5-59所示。单击"新建"按钮，弹出"创建新多重引线样式"对话框，如图5-60所示。

单击"继续"按钮，弹出"修改多重引线样式"对话框，如图5-61所示。单击"引线格式"选项卡，在"箭头"选项区中"符号"下拉列表框中选择"小点";"大小"设置为"4"。

单击"引线结构"选项卡，在"基线设置"选项区中"设置基线距离"设置为"1"，如图5-62所示。

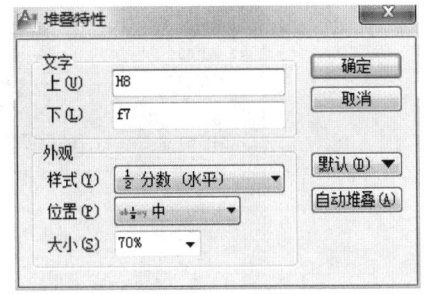

图5-58 "堆叠特性"对话框

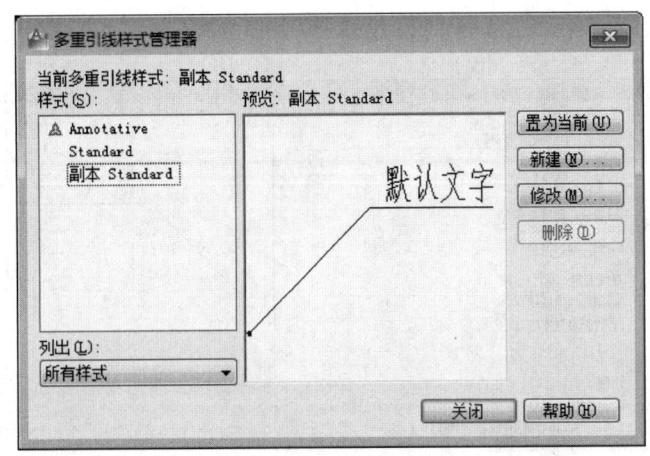

图5-59 "多重引线样式管理器"对话框

单击"内容"选项卡，在"引线连接"选项区中"垂直连接"→"连接位置—左（E）"下拉列表框中，选择"第一行加下划线"，如图5-63所示。然后单击"确定"按钮，关闭对话框，完成设置。

单击"多重引线"命令进行标注，指定要标注的对象，拉出引线到合适位置单击，在文本框中输入零件序号，在任一空白位置，再单击，完成零件序号标注。

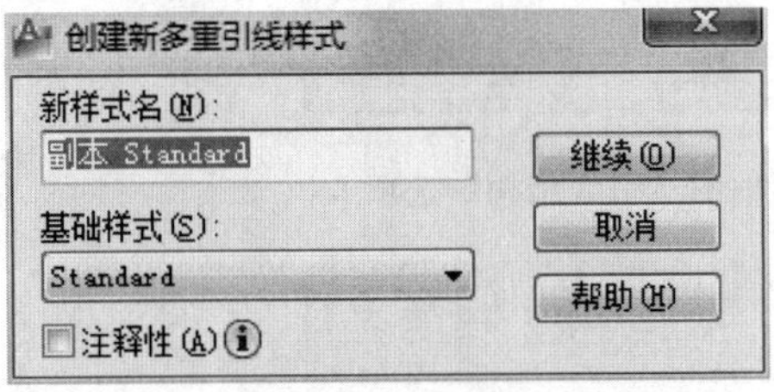

图5-60 "创建新多重引线样式"对话框

（7）插入图框。插入前面已创建的图框块到当前图形窗口适当位置，输入相应的属性值。

（8）绘制明细表。先放大明细表区域，然后绘制明细表，最后标注相应的文字并进行编辑，结果如图5-49所示。

在完成机用虎钳的装配图绘制后，将该图形另存为文件名为"机用虎钳的装配图"的文件。

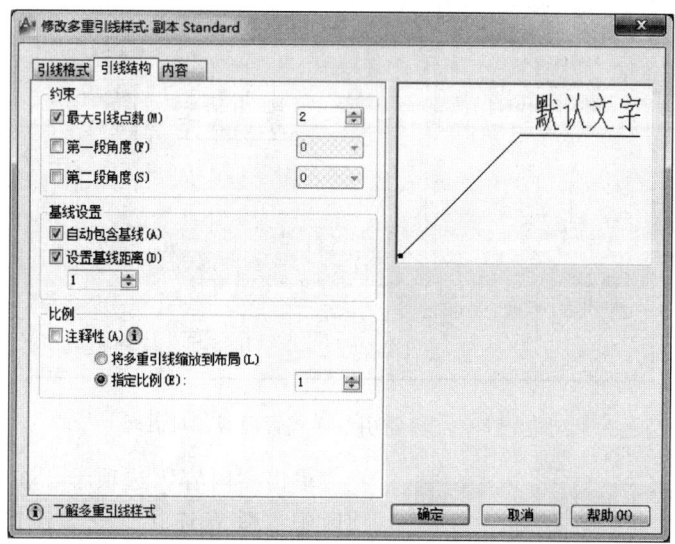

图 5-61 "修改多重引线样式"对话框的"引线格式"选项卡

图 5-62 "修改多重引线样式"对话框的"引线结构"选项卡

图 5-63 "修改多重引线样式"对话框的"内容"选项卡

习 题 五

5-1 绘制如图 5-64 所示的输出轴零件图。

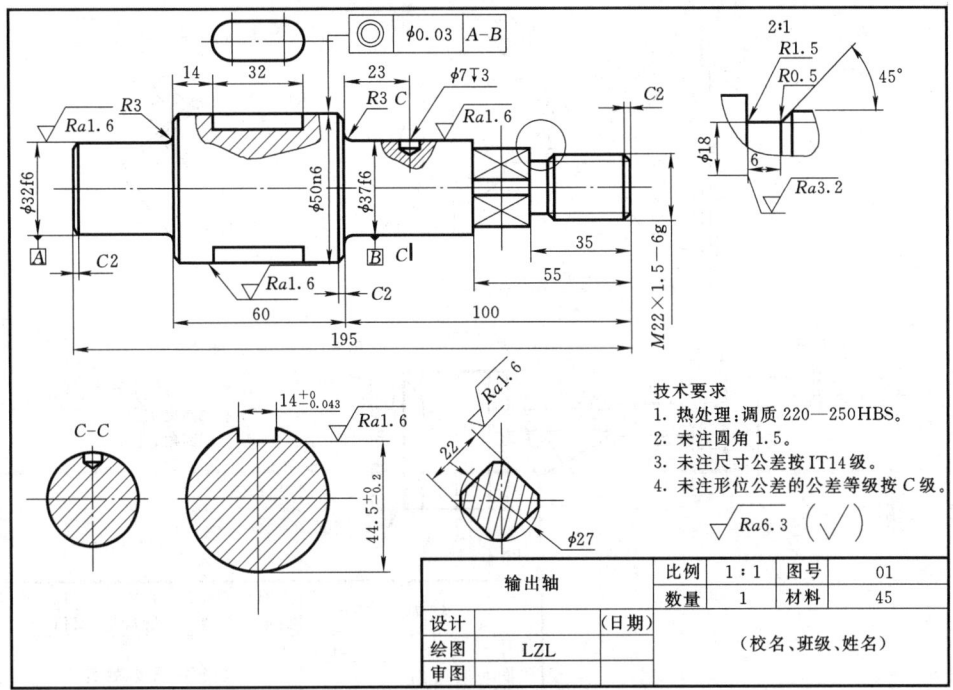

图 5-64 输出轴零件图

5-2 绘制如图 5-65 所示的轴承盖零件图。

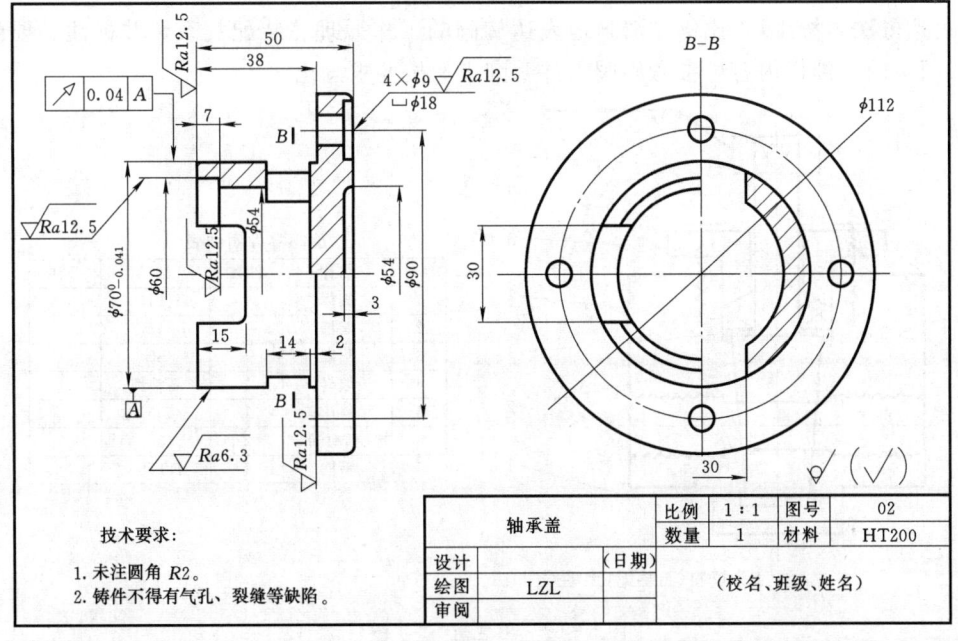

图 5-65 轴承盖零件图

5-3 绘制如图 5-66 所示的拨叉零件图。

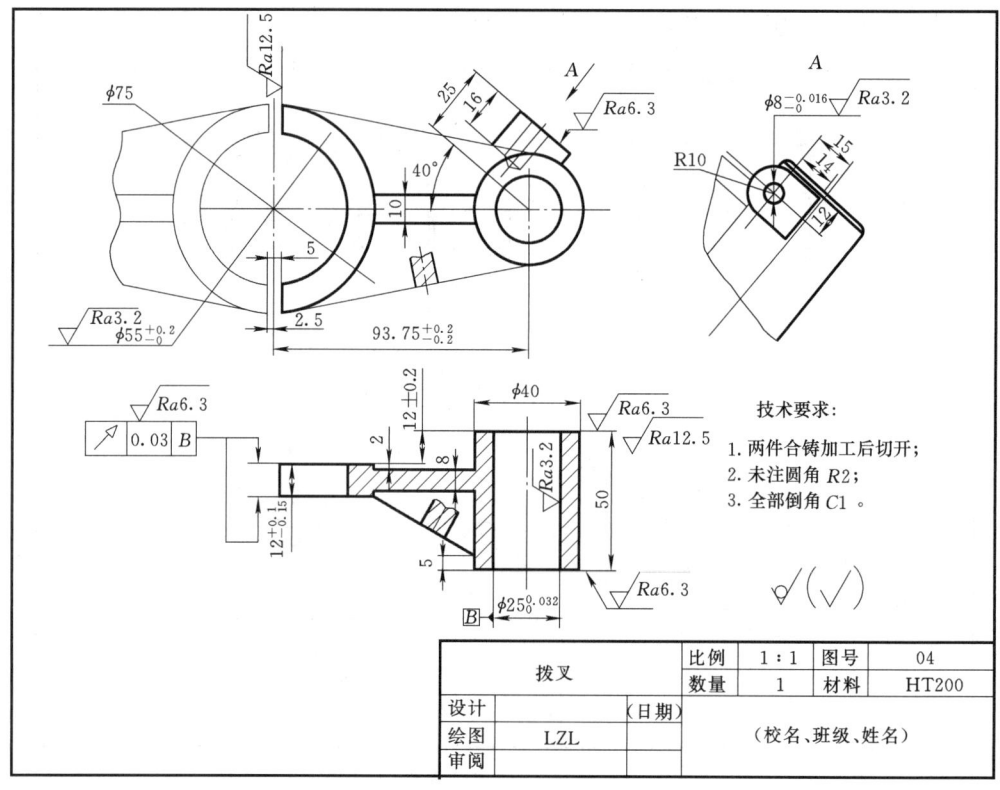

图 5-66 拨叉零件图

5-4 根据旋阀装配示意图和零件图拼画旋阀装配图（图 5-67～图 5-69）（采用适当的表达方法，按 1∶1 比例，清晰地表达旋阀的工作原理、装配关系，并标注必要的尺寸），图中的明细栏内容可参考旋阀零件明细表，按要求画出。

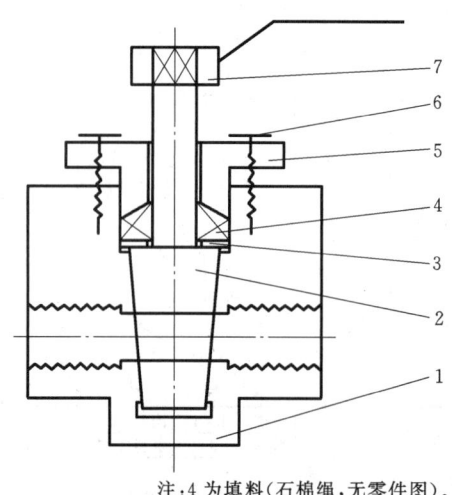

旋阀零件明细表

序号	名称	件数	材料	备注
1	阀体	1	HT150	
2	阀杆	1	45	
3	垫圈	1	35	
4	填料	1	石棉绳	
5	填料压盖	1	35	
6	螺栓 M10×25	2	35	
7	手柄	1	HT150	

注：4 为填料（石棉绳，无零件图）。

图 5-67 习题五 5-4 图一

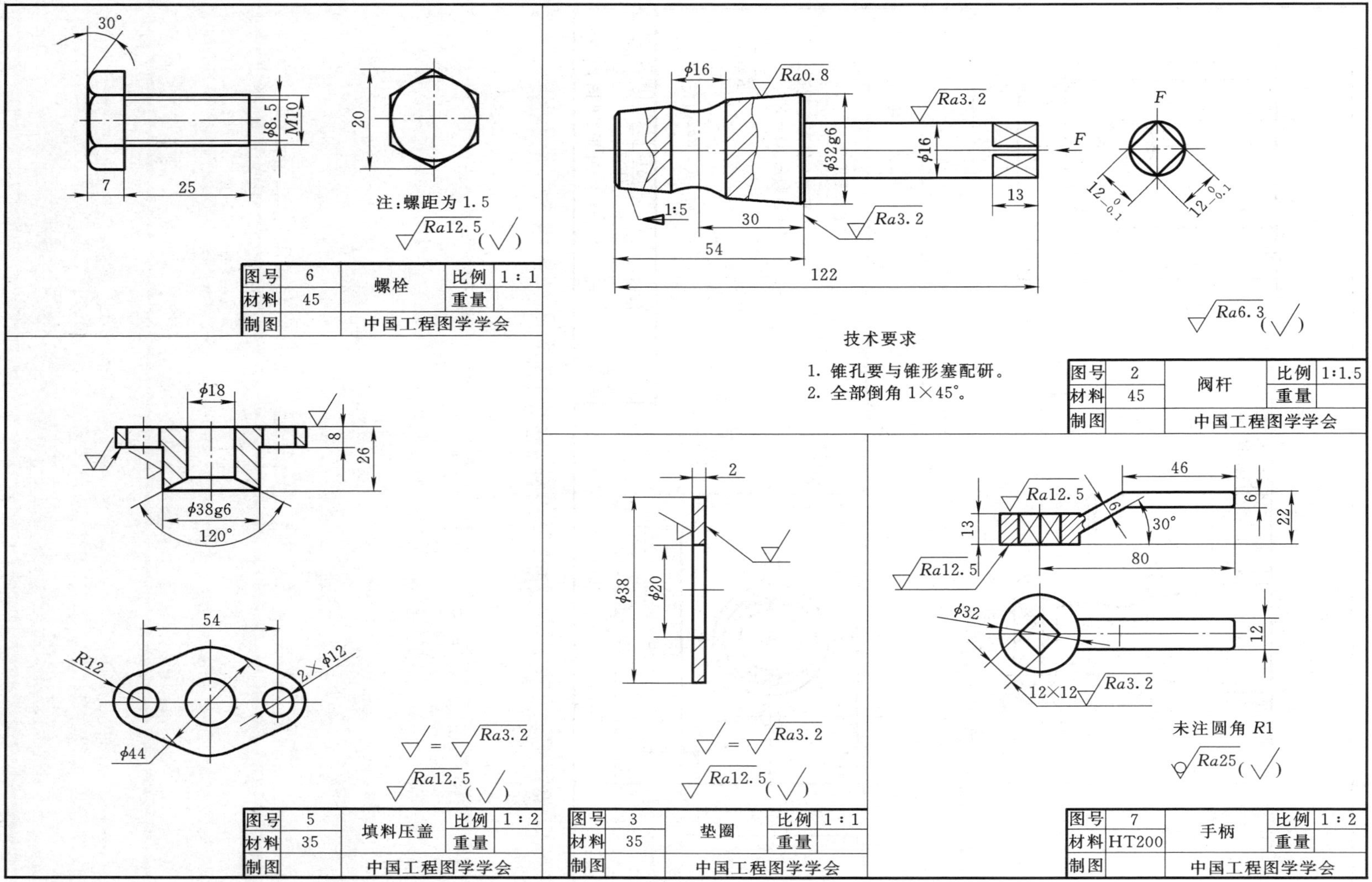

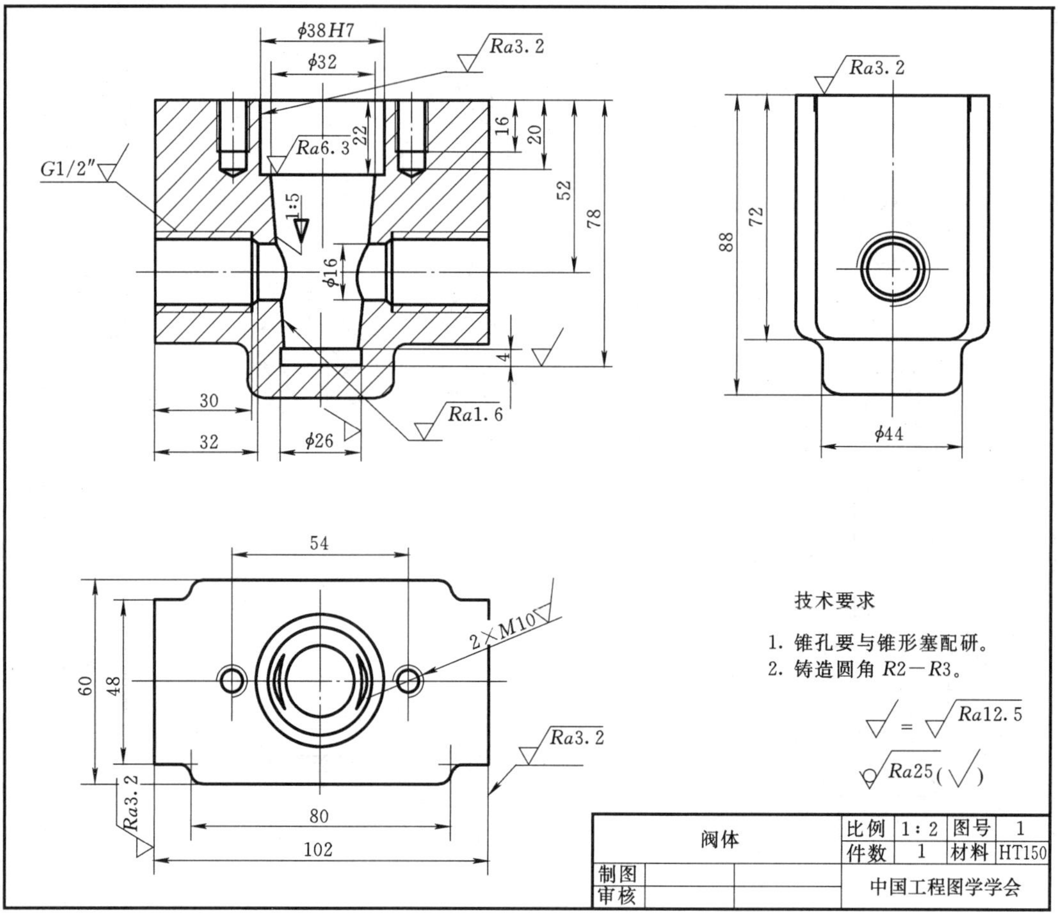

模块五 绘制机械图样

图 5-69 习题五 5-4 图三

模块六 参数化绘图

参数化绘图是一项使用具有约束设计的技术。对于参数化图形，可以为几何图形添加约束，以确保设计符合特定要求。约束是应用于几何图形的关联和限制。通过约束，可以在试验各种设计或进行更改时强制执行要求。对某个对象所做的更改可能会自动调整其他对象，并将更改限制为距离和角度值等。使用参数化功能进行绘图，能够提高其效率。

在 AutoCAD 中有两种常用的约束类型：

（1）几何约束。控制对象相对于彼此的关系。如同心、平行、垂直、重合和相切等。如图 6-1 所示，图中显示直线水平、两直线相等、两直线平行等信息。

（2）标注约束。控制对象的距离、长度、角度和半径值。图 6-2 所示为带有尺寸约束的图形。

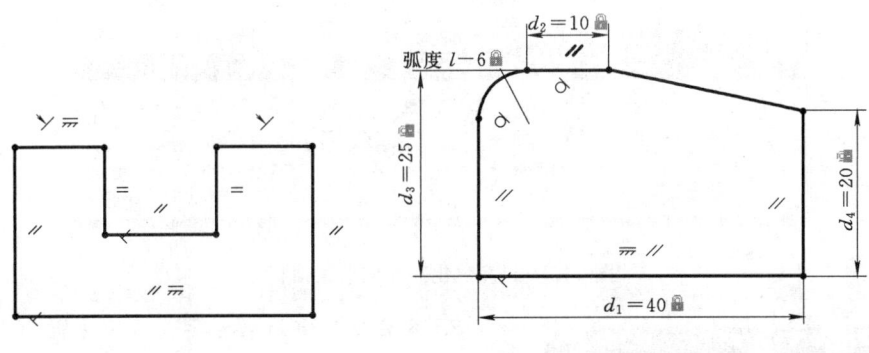

图 6-1 几何约束示意图　　图 6-2 标注约束示意图

在绘图时一般首先在设计中应用几何约束以确定设计的形状，然后应用标注约束以确定对象的大小。

创建或更改设计时，图形将处于以下 3 种状态之一：

（1）未约束。未将约束应用于任何几何图形。

（2）欠约束。只将部分约束应用于几何图形。

（3）完全约束。将所有相关几何约束和标注约束应用于几何图形。

完全约束的一组对象还需要包括至少一个固定约束，以锁定几何图形的位置。

项目一 几 何 约 束

任务一 建立几何约束

1. 功能

几何约束用于确定二维对象间或对象上各点间的几何关系，如平行、垂直、同心或重合等。例如，可添加平行约束使两条线段平行，添加重合约束使两端点重合等。应用约束后，只允许对该几何图形进行不违反此类约束的更改。

2. 命令格式

(1) 单击图标。选择工作空间，将"草图与注释"设置为当前空间，单击"参数化"选项卡，弹出如图 6-3 所示"参数化"几何约束面板。

(2) 下拉菜单。单击菜单栏中的"参数"→"几何约束"命令，如图 6-4 所示。

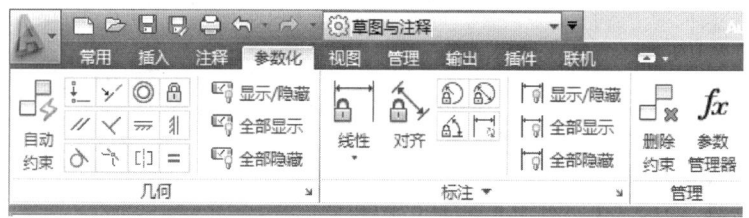

图 6-3 "参数化"几何约束面板

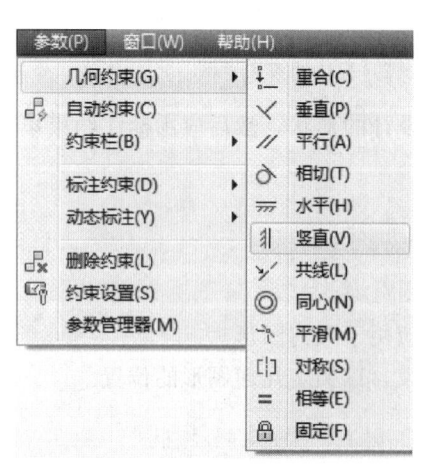

图 6-4 "几何约束"下拉菜单

3. 参数化几何约束主要选项的功能

自动约束：在指定的公差范围内（距离和角度），自动将多个约束应用于选定的对象。

水平约束：使一条直线或一对点与当前 UCS 的 x 轴保持平行。

竖直约束：使一条直线或一对点与当前 UCS 的 y 轴保持平行。

垂直约束：使两条直线或多段线的夹角保持 90°。

平行约束：使两条直线保持相互平行。

相切约束：使两条曲线保持相切或与其延长线保持相切。

平滑约束：使一条样条曲线与其他样条曲线、直线、圆弧或多段线保持几何连续性。

项目一 几何约束

重合约束：使两个点或一个点和一条直线重合。
同心约束：使选定的圆、圆弧或椭圆保持同一中心点。
共线约束：使两条直线位于同一条无限长的直线上。
对称约束：使两个对象或两个点关于选定直线保持对称。
相等约束：使两条直线或多段线具有相同长度，或使圆弧具有相同半径值。
固定约束：使一个点或一条曲线固定到相对于世界坐标系（WCS）的指定位置和方向上。

注意：在添加几何约束时，选择两个对象的顺序将决定对象怎样更新。通常，所选的第二个对象会根据第一个对象进行调整。例如，应用垂直约束时，选择的第二个对象将调整为垂直于第一个对象。

任务二 设置几何约束

在绘制图形时可以控制约束栏的显示。选择下拉菜单"参数"→"约束设置"，或在绘图区右击，在弹出的快捷菜单中选择"参数化"→"约束设置"，均可弹出如图6-5所示"约束设置"对话框。

选择"约束设置"对话框的"几何"选项卡，设置约束类型的显示。

（1）"推断几何约束"复选框。创建和编辑几何图形时推断几何约束。

（2）"约束栏显示设置"区域。控制图形编辑器中是否为对象显示约束栏或约束点标记，如可以为水平约束和竖直约束隐藏约束栏的显示。

（3）"全部选择"按钮。选择几何约束类型。

（4）"全部清除"按钮。清除选定的几何约束类型。

（5）"仅为处于当前平面中的对象显示约束栏"复选框。仅为当前平面上受几何约束的对象显示约束栏。

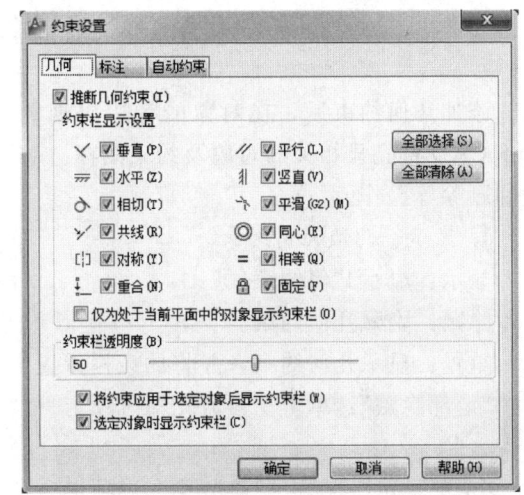

图6-5 "约束设置"对话框的"几何"选项卡

（6）"约束栏透明度"区域。使用滑块或输入值来设定图形中约束栏的透明度级别。默认值为50。

（7）"将约束应用于选定对象后显示约束栏"复选框。手动应用约束后或使用AUTO-CONSTRAIN命令时显示相关约束栏。

（8）"选定对象时显示约束栏"复选框。临时显示选定对象的约束栏。

【例6-1】 绘制图6-6（a）所示的相切圆。

（1）绘制圆。运用"圆"命令，选择适当的半径绘制4个圆，结果如图6-6（b）所示。

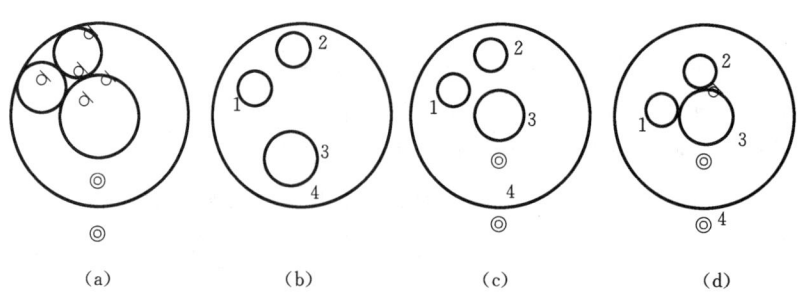

图 6-6 "几何约束"应用一

（2）约束两圆同心。单击参数化几何约束面板同心约束按钮 ，选择圆 4 和圆 3 系统自动调整为同心，结果如图 6-6（c）所示。

（3）约束两圆相切，选择圆 3 和圆 2，系统自动将圆 3 和圆 2 调整为相切，同理，选择圆 3 和圆 1，系统自动将圆 3 和圆 1 调整为相切，如图 6-6（d）所示。

（4）利用和上步相同的方法，设置圆 2 和圆 1、圆 2 和圆 4，圆 1 和圆 4 相切，结果如图 6-6（a）所示。

任务三　编辑几何约束

添加几何约束后，在对象的旁边出现约束图标。将光标移动到图标或图形对象上，AutoCAD 将亮显相关的对象及约束图标。对已加到图形中的几何约束可以进行显示、隐藏和删除等操作。

1. 显示、隐藏几何约束。

显示：显示几何约束。

隐藏：隐藏几何约束。

重置：显示几何约束，并将约束栏重置为相对于与其关联的参数的默认位置。

"全部隐藏"：单击"参数化"选项卡→"几何"面板→"全部隐藏"，隐藏所有几何约束。

"全部显示"：单击"参数化"选项卡→"几何"面板→"全部显示"，显示所有几何约束。

2. 删除几何约束

将光标放到某一约束上，该约束将加亮显示，右击，弹出快捷菜单，选择快捷菜单中的"删除"命令可以将该几何约束删除。

项目二 标 注 约 束

标注约束主要指对图形进行长度、角度、圆弧和圆的半径和直径等约束，使其在尺寸上满足设计者的要求。

任务一 建立标注约束

1. 功能

标注约束包括线性约束、对齐约束、角度约束和直径约束。标注约束会使几何对象之间或对象上的点之间保持指定的距离和角度。如果更改标注约束的值，图形的形状大小或位置将随之更改。

2. 命令格式

(1) 单击图标。选择工作空间，将"草图与注释"设置为当前空间，单击"参数化"选项卡，弹出如图 6-7 所示参数化标注约束面板。

(2) 下拉菜单。单击菜单栏中的"参数"→"标注约束"命令，如图 6-8 所示。

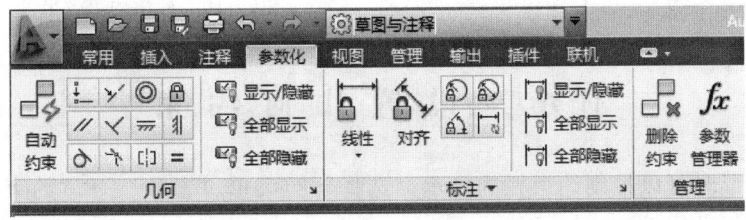

图 6-7 "参数化"标注约束面板

3. 参数化标注约束主要选项的功能

线性约束：约束两点之间的水平或竖直距离。

对齐约束：约束两点、点与直线、直线与直线间的距离。

角度约束：约束直线间的夹角、圆弧的圆心角或 3 个点构成的角度。

半径约束：约束选定圆或圆弧的半径。

直径约束：约束选定圆或圆弧的直径。

转换约束：对选定对象或对象上的点应用标注约束，或将关联标注转换为标注约束。

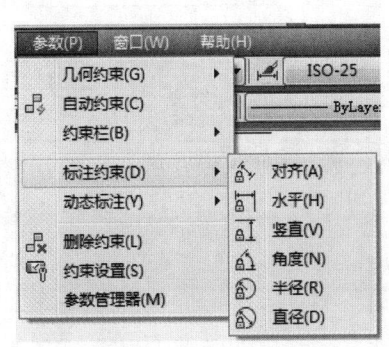

图 6-8 "标注约束"级联菜单

4. 标注约束的两种形式

（1）动态约束。标注外观由固定的预定义标注样式决定，不能修改，且不能被打印。在缩放操作过程中动态约束保持相同大小。

（2）注释性约束。标注外观由当前标注样式控制，可以修改也可打印。在缩放操作过程中注释性约束的大小发生变化。可把注释性约束放在同一图层上，设置颜色及改变可见性。

动态约束与注释性约束间可相互转换，选择标注约束并右击，在弹出的快捷菜单中选中"特性"命令，打开"特性"对话框，在"约束形式"下拉列表框中指定标注约束要采用的形式。

注意：默认情况下是动态约束，系统变量 CCONSTRAINTFORM 为 0。若为 1，则默认尺寸约束为注释性约束。

如图 6-9 所示的标注约束，默认是动态约束，如果改为注释性约束，可通过对象特性来修改，效果如图 6-10 所示。同样文字高度、箭头大小等也可在对象特性中修改，字体可在文字样式中修改。

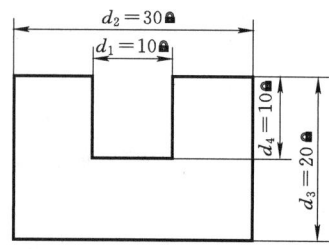
图 6-9 标注约束

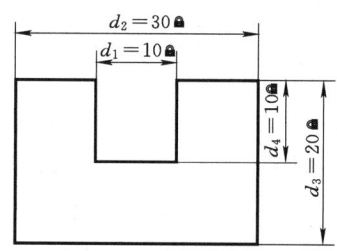
图 6-10 标注约束效果

任务二 设置几何约束

在绘制图形时可以控制约束栏的显示。选择下拉菜单"参数"→"约束设置"命令，或在绘图区右击，在弹出的快捷菜单中选择"参数化"→"约束设置"，均会弹出"约束设置"对话框，在"约束设置"对话框中选择"标注"选项卡，如图 6-11 所示，可控制显示标注约束时的系统配置。

（1）"标注约束格式"区域。设定标注名称格式和锁定图标的显示。

（2）"标注名称格式"下拉列表框。为应用标注约束时显示的文字指定格式。

将名称格式设定为：名称、值以及名称和表达式。

例如：宽度＝长度/2

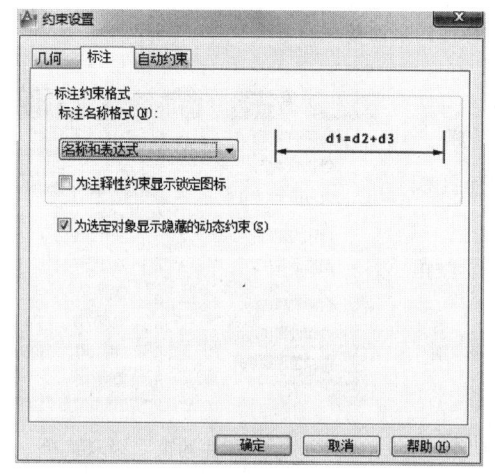
图 6-11 "约束设置"对话框的"标注"选项卡

（3）"为注释性约束显示锁定图标"复选

框。针对已应用注释性约束的对象显示锁定图标（DIMCONSTRAINTICON 系统变量）。

（4）"为选定对象显示隐藏的动态约束"复选框。显示选定时已设定为隐藏的动态约束。

【例 6-2】 绘制图 6-12 所示的图形。

在绘图时，可以首先粗略地绘制图形的大致形状，然后通过几何约束可得到图形的形状，最后通过标注约束可得到图形的尺寸和位置。

具体操作步骤如下：

（1）新建一个文件，创建两个图层，图层名分别为"粗实线"和"标注"，设置"粗实线"线宽为 0.5mm，"标注"线宽为默认，颜色自定。使粗实线层为当前层。

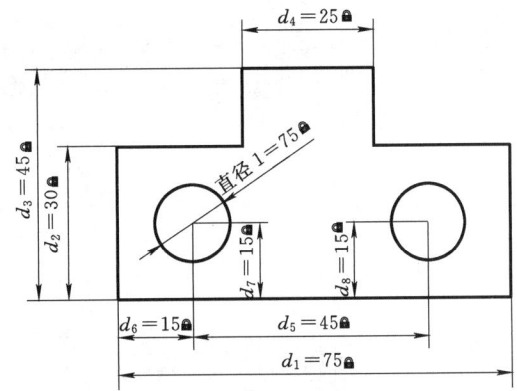

图 6-12 例 6-2 用图

（2）输入 LIMITS 命令设置图幅 200×100，然后单击 图标，将图幅满屏。

（3）选择工作空间，将"草图与注释"设置为当前空间，单击"常用"→"多段线"和"圆"命令，粗略地绘制闭合多段线和两个小圆，如图 6-13 所示。

图 6-13 绘制闭合线和两个圆

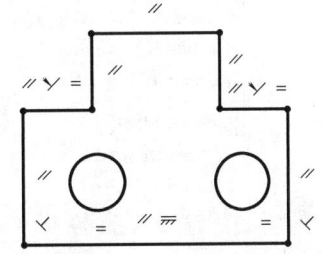

图 6-14 约束图形

（4）单击"参数化"→"自动约束"命令，框选如图 6-13 所示图形，按 Enter 键，完成对图形的自动约束。分别单击"垂直"、"平行"和"相等"等命令，对图形进行几何约束，得到如图 6-14 所示图形。最后单击"全部隐藏"，隐藏所有几何约束。

（5）单击"参数化"→"标注"命令，选择"注释性约束模式"。

单击菜单栏上"注释"→"标注"面板→ "标注样式"，弹出"标注样式管理器"对话框，如图 6-15 所示。

单击"修改"按钮，弹出"修改标注样式"对话框，如图 6-16 所示。选择"文字"选项卡，单击"文字样式"右边的 按钮，弹出"文字样式"对话框，如图 6-17 所示，字体选择"gbeitc.shx"，勾选"使用大字体"复选框，"大字体"选择"gbcbig.shx"，然后单击"应用"按钮。回到"修改标注样式"对话框，将"文字高度"设置为"3.5"，并单击"确定"按钮。

（6）对图形进行标注约束，最终得到如图 6-12 所示图形。

模块六　参数化绘图

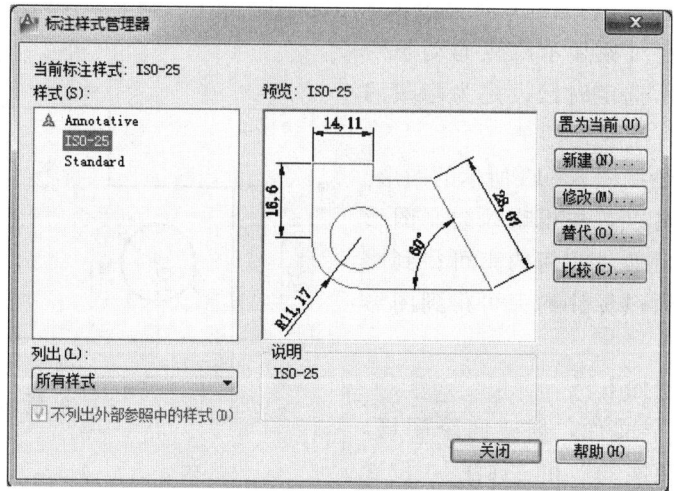

图6-15　"标注样式管理器"对话框

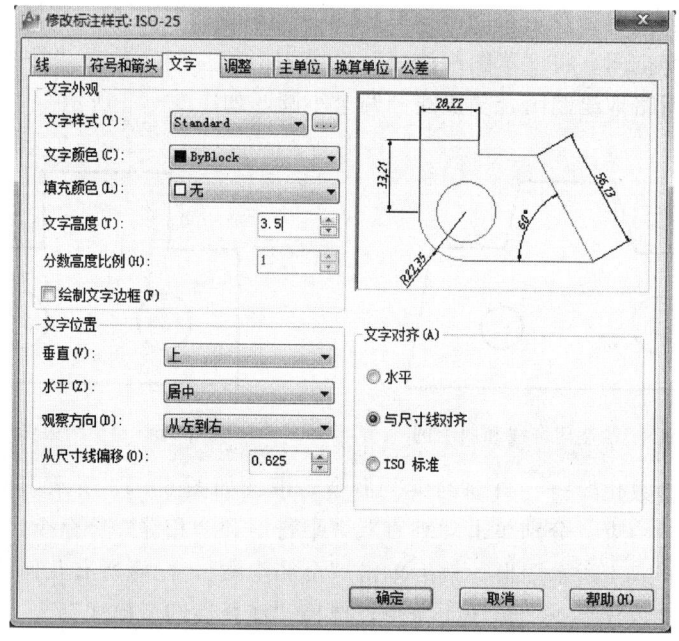

图6-16　"修改标注样式"对话框

（7）单击"参数化"→"管理"→"f_x参数管理器"，弹出"f_x参数管理器"对话框，如图6-18所示。创建新的用户参数，参数名称为"d"，表达式为"15"。按如图6-18所示要求对所列的标注约束参数名称和表达式进行编辑。结果得到的图形如图6-19所示。

（8）在绘图区内右击，在弹出的快捷菜单中选择"参数化"→"标注名称格式"命令，勾选"值"复选框。结果如图6-20所示。

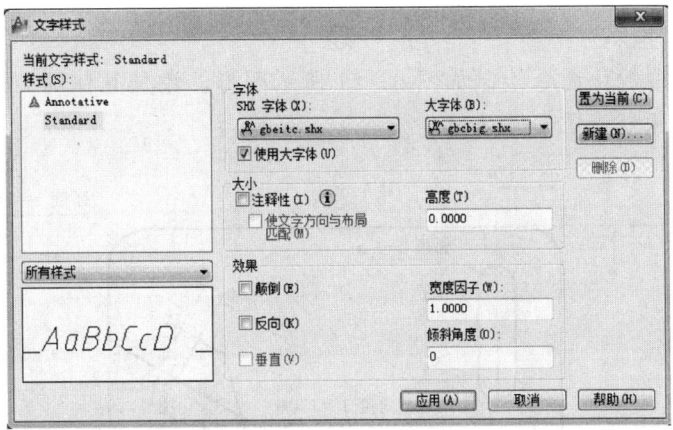

图 6-17 "文字样式"对话框

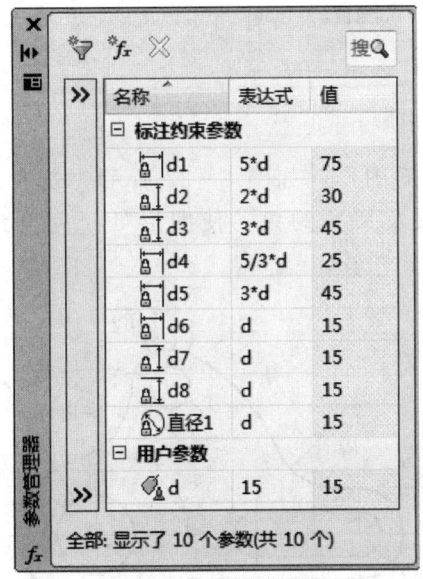

图 6-18 "f_x 参数管理器"对话框

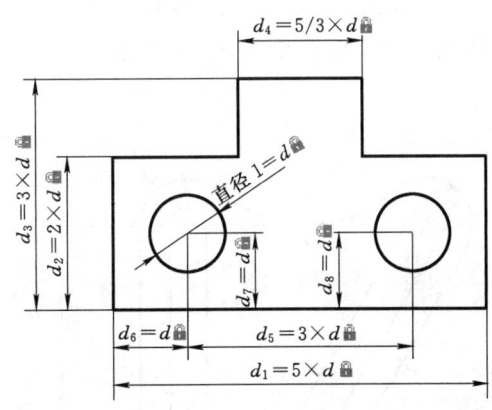

图 6-19 编辑图形的效果

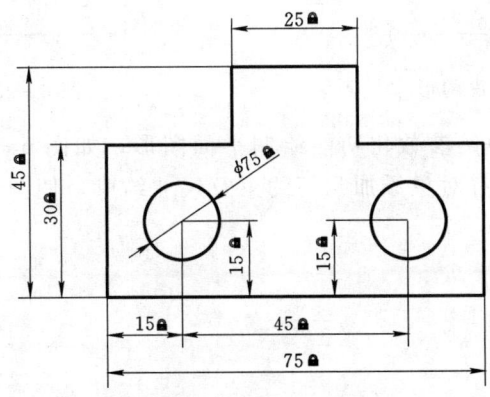

图 6-20 最终效果

习 题 六

6-1 使用参数化命令绘制如图6-21所示图形。添加几何约束及尺寸约束,使图形处于完全约束状态。

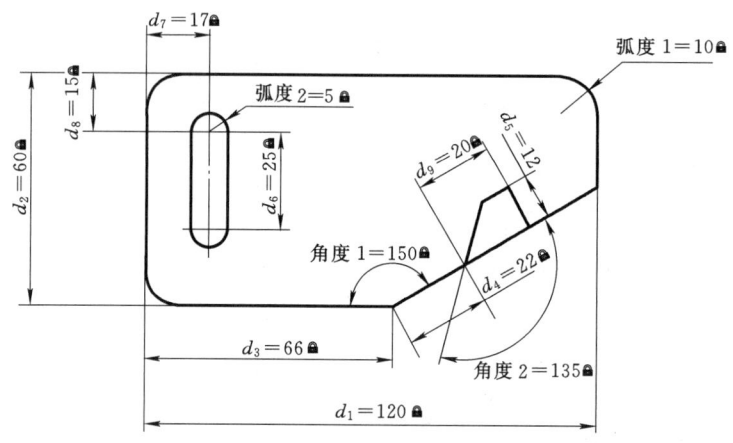

图6-21 绘制图形

6-2 利用AutoCAD的参数化功能绘制平面图形,如图6-22所示。先画出图形的大致形状,然后给所有对象添加几何约束及尺寸约束,使图形处于完全约束状态。

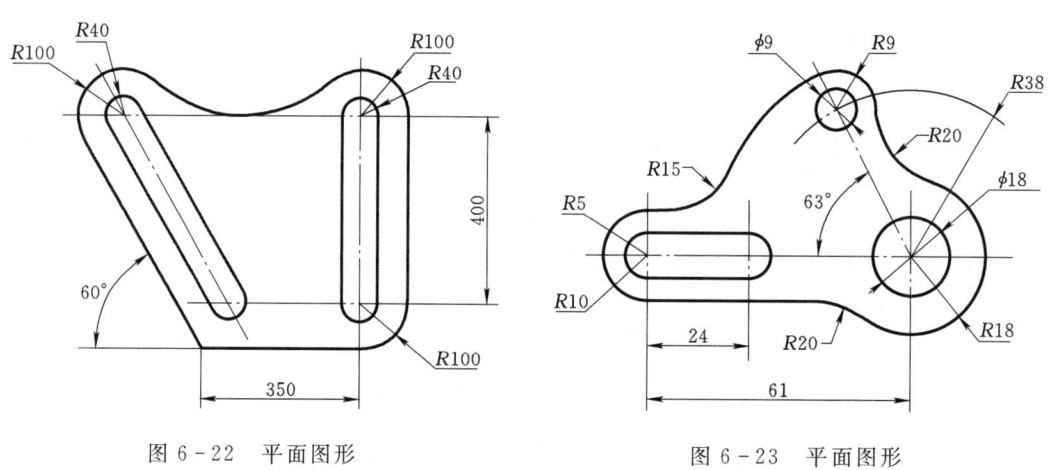

图6-22 平面图形　　　　　　　　图6-23 平面图形

6-3 用AutoCAD的参数化功能绘制平面图形,如图6-23所示。先画出图形的大致形状,然后给所有对象添加几何约束及尺寸约束,使图形处于完全约束状态。

模块七 三维实体造型

项目一 三维绘图基础

在工程设计和绘图过程中,三维图形应用越来越广泛。AutoCAD 系统提供了较为完善的三维立体表达能力,合理运用其三维功能,可以准确地表达设计思想,提高设计效率,使读图人员能快速而准确地理解图样的设计意图。

任务一 三维模型的类型及特点

1. 三维模型的类型

在 AutoCAD 中,用户可以创建 3 种类型的三维模型:线框模型、表面模型及实体模型。

(1) 线框模型。线框模型是一种轮廓模型,它是用线(三维空间的直线及曲线)表达三维立体,不包含面及体的信息。不能使该模型消隐或着色。又由于其不含有体的数据,用户也不能得到对象的质量、重心、体积、惯性矩等物理特性,不能进行布尔运算。

(2) 表面模型。表面模型是用物体的表面表示物体。表面模型具有面及三维立体边界信息。表面不透明,能遮挡光线,因而表面模型可以被渲染及消隐。对于计算机辅助加工,用户还可以根据零件的表面模型形成完整的加工信息。但是不能进行布尔运算。

(3) 实体模型。实体模型具有线、面、体的全部信息。对于此类模型,可以区分对象的内部及外部,可以对它进行打孔、切槽和添加材料等布尔运算,对实体装配进行干涉检查,分析模型的质量特性,如质心、体积和惯性矩。对于计算机辅助加工,用户还可利用实体模型的数据生成数控加工代码,进行数控刀具轨迹仿真加工等。图 7-1 所示为实体模型。

图 7-1 实体模型

模块七 三维实体造型

2. 三维建模的特点

(1) 从任何有利位置查看模型。

(2) 自动生成可靠的标准或辅助二维视图。

(3) 创建截面和二维图形。

(4) 消除隐藏线并进行真实感着色。

(5) 检查干涉和执行工程分析。

(6) 添加光源和创建真实渲染。

(7) 浏览模型。

(8) 使用模型创建动画。

(9) 提取加工数据。

任务二 用户坐标系

AutoCAD 有两种坐标系：一种是称为世界坐标系（WCS）的固定坐标系；另一种是称为用户坐标系（UCS）的可变动坐标系。系统默认的坐标系为世界坐标系，此时用户所有的二维绘图与编辑操作都是在 WCS 的 XOY 平面（工作平面）上进行的。但是在绘制三维图形时，经常需要改变工作平面。为了方便绘图，用户可通过 UCS 命令重新定义坐标系的位置和方向。

1. 建立 UCS

(1) 功能。建立、管理和使用用户坐标系。

(2) 命令格式。

1) 单击图标。图标位于"UCS"工具栏中（图 7-2）。

图 7-2 "UCS"工具栏

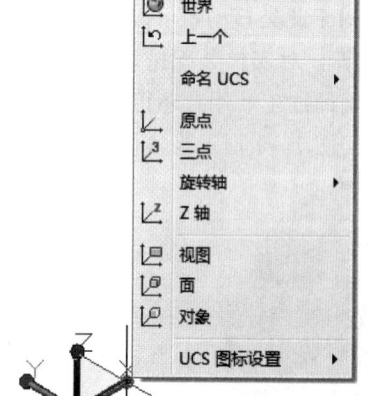

图 7-3 "新建 UCS"菜单命令

2) 下拉菜单。单击菜单栏中的"工具"→"新建 UCS"→"…"命令。

3) 快捷菜单。在 UCS 图标上右击，然后在弹出的快捷菜单中单击某个命令（图 7-3）。

4) 由键盘输入命令。输入 ucs↙。

选择上述任一方式执行后，命令行提示：

指定 UCS 的原点或 [面(F)/命名(NA)/对象(OB)/上一个(P)/视图(V)/世界(W)/X/Y/Z 轴(ZA)]<世界>：

(3) 选项说明。

1) 原点。相对于当前 UCS 的原点指定新原点。通过移动当前 UCS 的原点，保持其 X、Y 和 Z 轴方向不变，从而定义新的 UCS。该选项为默认项。

2) 面（F）。将 UCS 动态对齐到三维对象的面。要选择一个面，可在该面的边界内或面的边上单击，被选中的面将高亮显示，UCS 的 X 轴将与找到的第一个面上的最近边对齐。

提示：也可以选择并拖动 UCS 图标（或者从原点夹点菜单选择"移动并对齐"命令）来将 UCS 与面动态对齐，如图 7-4 所示。

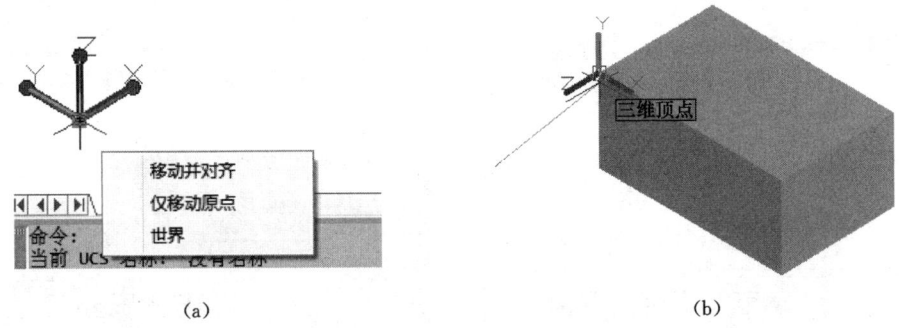

图 7-4 移动并对齐 UCS 坐标

3）命名（NA）。保存或恢复命名 UCS 定义。

提示：也可以在该 UCS 图标上右击，并在弹出的快捷菜单中单击"命名 UCS"命令来保存或恢复命名 UCS 定义，如图 7-3 所示。

4）对象（OB）。根据选定对象定义新的坐标系。新 UCS 的 Z 轴正方向与选定对象的拉伸方向相同。将 UCS 与选定的二维或三维对象对齐。UCS 可与任何对象类型对齐（除了参照线和三维多段线）。

5）上一个（P）。恢复上一个 UCS。可以在当前任务中逐步返回最后 10 个 UCS 设置。对于模型空间和图纸空间，UCS 设置单独存储。

6）视图（V）。将 UCS 的 XY 平面与垂直于观察方向的平面对齐。原点保持不变，但 X 轴和 Y 轴分别变为水平和垂直。

7）世界（W）。将 UCS 与世界坐标系（WCS）对齐。

提示：也可以右击 UCS 图标，并从弹出的快捷菜单中选择"世界"命令，如图 7-3 所示。

8）X，Y，Z。通过将当前坐标系绕 X 轴、Y 轴或 Z 轴旋转一定的角度来建立新的 UCS。在命令行提示中，可以输入正或负的角度以旋转 UCS，旋转的正方向用右手定则确定（用右手握住坐标轴，拇指所指方向与轴的正向一致，则四指弯曲方向代表正旋转方向）。

9）Z 轴（ZA）。用 Z 轴正半轴定义 UCS。通过选择两点，第一点为原点，第二点确定 Z 轴的正向，XY 平面垂直于新的 Z 轴。

2. 命名 UCS

（1）功能。控制视口的 UCS 和 UCS 图标设置。列出、重命名和恢复用户坐标系（UCS）定义，并控制视口的 UCS 和 UCS 图标设置。

（2）命令格式。

1）UCSⅡ工具栏。单击 UCS 工具栏 图标。

2) 由键盘输入命令。输入 ucsman↙。

选择上述任一方式执行后，打开如图 7-5 所示的"UCS"对话框。

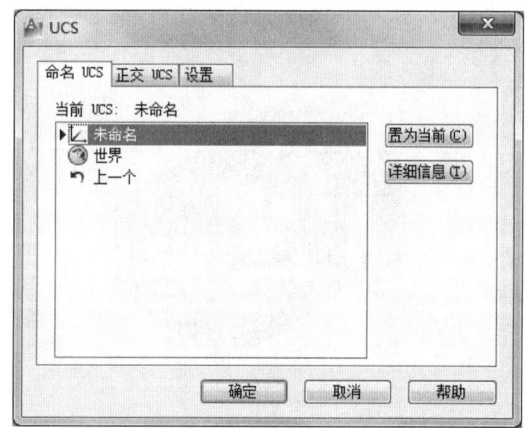

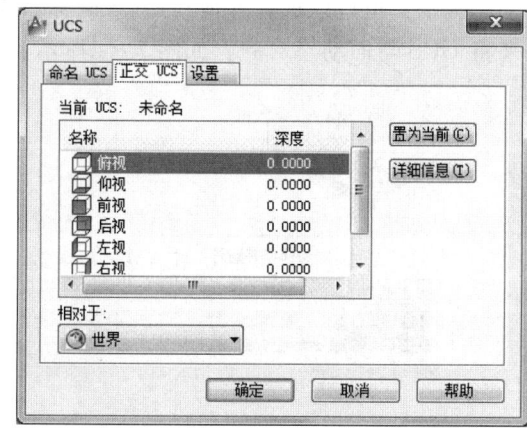

图 7-5 "UCS"对话框的"命名 UCS"选项卡　　　　图 7-6 "正交 UCS"选项卡

提示：也可在 UCS 图标上右击，然后在弹出的快捷菜单中单击"命名 UCS"命令并保存（图 7-3）。

命令：_ucs

当前 UCS 名称：*没有名称*

指定 UCS 的原点或 [面(F)/命名(NA)/对象(OB)/上一个(P)/视图(V)/世界(W)/X/Y/Z/Z 轴(ZA)] <世界>：_na

输入选项 [恢复(R)/保存(S)/删除(D)/?]：_s

输入保存当前 UCS 的名称或 [?]：C1（输入名称）

注意：名称最多可以输入 255 个字符，包括字母、数字和特殊字符，如下划线（_）、连字符（-）和美元符号（$）等。

(3) 选项说明。"命名 UCS"选项卡如图 7-5 所示。列出 UCS 定义并设置当前 UCS。

1) 当前 UCS。显示当前 UCS 的名称。如果该 UCS 未被保存和命名，则显示为未命名。

2) UCS 名称列表。列出当前图形中定义的坐标系。

如果有多个视口和多个未命名 UCS 设置，列表将仅包含当前视口的未命名 UCS。当前视口中不会列出锁定到其他视口（UCSVP 系统变量＝1）的未命名 UCS 定义。指针指向当前的 UCS。

如果当前 UCS 未被命名，则 UNNAMED 始终是第一个条目。列表中始终包含"世界"，它既不能被重命名，也不能被删除。如果在当前编辑任务中为活动视口定义了其他坐标系，则下一条目为"上一个"。重复选择"上一个"和"置为当前"，可逐步返回到这些坐标系。

要向此列表中添加 UCS 名称，可使用 UCS 命令的"保存"选项。

3) 置为当前。恢复选定的坐标系。要恢复选定的坐标系，可以在列表中双击坐标系的名称,或在此名称上右击,然后在弹出的快捷菜单中选择"置为当前"命令。

4)详细信息。显示"UCS详细信息"对话框,其中显示了UCS坐标数据。也可以在选定坐标系的名称上右击,然后在弹出的快捷菜单中选择"详细信息"命令来查看该坐标系的详细信息。

5)重命名(仅适用于快捷菜单图7-3"新建UCS"菜单中"命名UCS")。重命名自定义UCS。不能重命名世界UCS。

6)删除[仅适用于快捷菜单仅适用于快捷菜单(图7-3)"新建UCS"菜单中"命名UCS"命令]。删除自定义UCS。不能删除世界UCS。

3. 选择"正交UCS"

由于大多数情况下所使用的坐标都是比较规则的坐标系,因此AutoCAD系统提供了6种正交关系的UCS,在UCS对话框中选择"正交UCS"选项卡(图7-6),在选择某一UCS且单击"置为当前"按钮后,系统将根据"相对于"下拉列表框中的设置改变当前UCS。

(1)当前UCS。显示当前UCS的名称。如果该UCS未被保存和命名,则显示为未命名。

(2)正交UCS名称。列出当前图形中定义的6个正交坐标系。正交坐标系是根据"相对于"下拉列表框中指定的UCS定义的。

1)名称。指定正交坐标系的名称。

2)深度。指定正交UCS的XY平面与通过由UCSBASE系统变量指定的坐标系原点的平行平面之间的距离。UCSBASE坐标系的平行平面可以是XY、YZ或XZ平面。

注意:可为选定的正交UCS指定深度和新的原点。

(3)置为当前。恢复选定的坐标系。

(4)详细信息。单击该按钮显示"UCS详细信息"对话框,其中显示了UCS坐标数据。也可以在选定坐标系的名称上右击,然后在弹出的快捷菜单中选择"详细信息"命令来查看该坐标系的详细信息。

(5)相对于。指定用于定义正交UCS的基准坐标系。默认情况下,WCS是基准坐标系。只要更改"相对于"设置,选定正交UCS的原点就会恢复到默认位置。如果将图形中的正交坐标系保存为视口配置的一部分,或从"相对于"下拉列表框中选择了其他设置而不是"世界",则正交坐标系的名称将变为未命名,以区别于预定义的正交坐标系。

(6)重置(只适用于快捷菜单)。如图7-7所示快捷菜单,恢复选定正交坐标系的原点。原点将恢复到相对于指定基准坐标系的默认位置(0,0,0)。

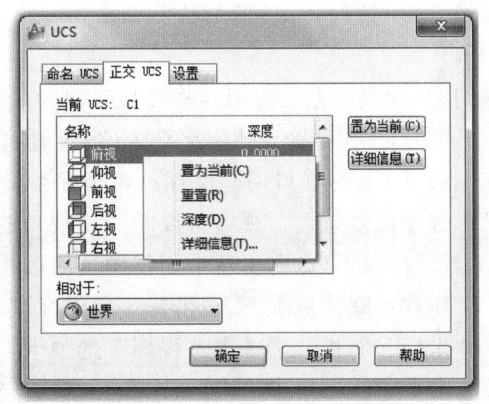

图7-7 正交UCS快捷菜单

(7)深度(快捷菜单或双击)。如图7-7所示快捷菜单,指定正交UCS的XY平面与经过坐标系原点的平行平面间的距离。

例如，要在立方体的 3 个互相垂直的面上绘制图形，用正交 UCS 设置坐标系，如图 7-8 所示。

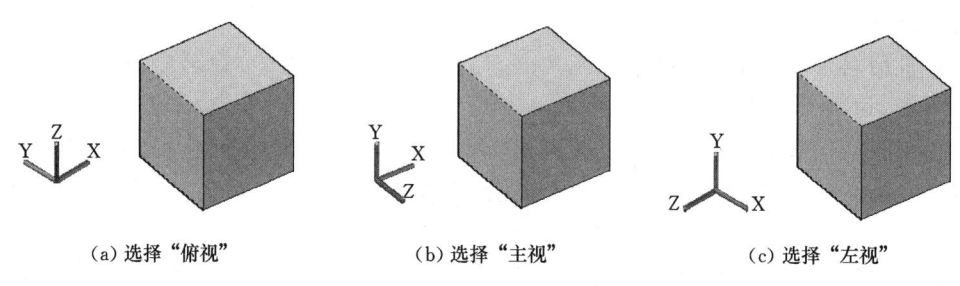

(a) 选择"俯视"　　　　　(b) 选择"主视"　　　　　(c) 选择"左视"

图 7-8　正交 UCS 的应用

4. 设置 UCS

UCS"设置"选项卡如图 7-9 所示，显示和修改与视口一起保存的 UCS 图标设置和 UCS 设置。

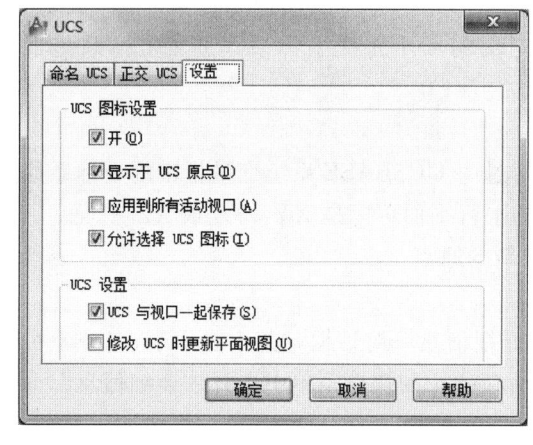

图 7-9　UCS"设置"选项卡

(1) UCS 图标设置。指定当前视口的 UCS 图标显示设置。

1) 开。显示当前视口中的 UCS 图标。

2) 显示于 UCS 原点。在当前视口中当前坐标系的原点处显示 UCS 图标。如果不选择该选项，或者坐标系原点在视口中不可见，则将在视口的左下角显示 UCS 图标。

3) 应用到所有活动视口。将 UCS 图标设置应用到当前图形中的所有活动视口。

4) 允许选择 UCS 图标。控制当光标移到 UCS 图标上是否图标将亮显，以及是否可以单击以选择它并访问 UCS 图标夹点。

(2) UCS 设置。指定更新 UCS 设置时 UCS 的行为。

1) UCS 与视口一起保存。将坐标系设置与视口（UCSVP 系统变量）一起保存。如果不选中此复选框，视口将反映当前视口的 UCS。

2) 修改 UCS 时更新平面视图。修改视口中的坐标系时恢复平面视图。

注意：默认情况下，"坐标"面板在"草图与注释"工作空间中处于隐藏状态。要显示"坐标"面板，请单击"视图"选项卡，然后右击并在弹出的快捷菜单中选择"显示面板"命令，然后单击"坐标"。在三维工作空间中，"坐标"面板位于"常用"选项卡中。

5. 在实体模型中使用动态 UCS

使用动态 UCS 功能，可以在创建对象时使 UCS 的 XOY 平面自动与实体模型上的平面临时对齐。使用绘图命令时，可以通过在面的一条边上移动指针对齐 UCS，而无需使用 UCS 命令。结束该命令后，UCS 将恢复到其上一个位置和方向。

例如，可以使用动态 UCS 在实体模型的一个角度面上创建圆柱，如图 7-10 所示。

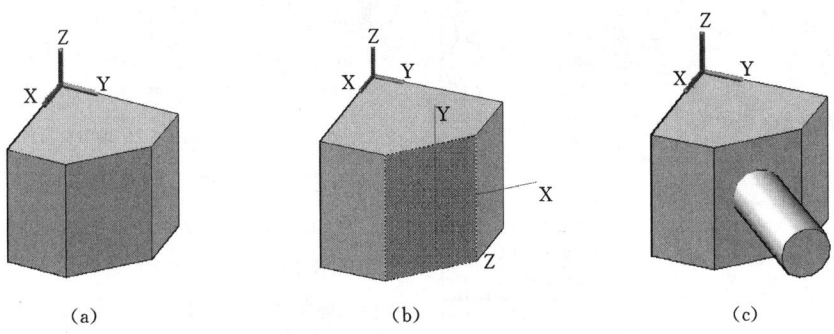

图 7-10 使用动态 UCS 创建圆柱

注意：要在光标上显示 XYZ 标签，请在状态栏"动态 UCS"按钮上右击并在弹出的快捷菜单中单击"显示十字光标标签"命令。

(1) 动态 UCS 的 X 轴沿面的一条边定位，且 X 轴的正向始终指向屏幕的右半部分。动态 UCS 仅能检测到实体的前向面。

可以使用动态 UCS 的命令类型包括：

1) 简单几何图形：直线、多段线、矩形、圆弧、圆。
2) 文字：文字、多行文字、表格。
3) 参照：插入、外部参照。
4) 实体：原型和 POLYSOLID。
5) 编辑：旋转、镜像、对齐。
6) 其他：UCS、区域、夹点工具操作。

提示：通过打开动态 UCS 功能，然后使用 UCS 命令定位实体模型上某个平面的原点，可以轻松地将 UCS 与该平面对齐。

如果打开了栅格模式和捕捉模式，它们将与动态 UCS 临时对齐。栅格显示的界限自动设定。将指针移动到面上时，通过按 F6 键或 Shift+Z 组合键可以临时关闭动态 UCS。

提示：仅当命令处于活动状态时动态 UCS 才可用。

(2) 动态更改 UCS 的步骤。

1) 启动动态 UCS 支持的命令。
2) 如果需要，单击状态栏上的"动态 UCS"将其打开。
3) 将指针移动到实体模型某个面的边界上方。
4) 完成该命令。

任务三 三维视图的观察方法

三维模型具有多个面，因此应根据具体情况选择恰当的观察方式。AutoCAD 允许设计者从三维空间的任何方向观察立体模型。

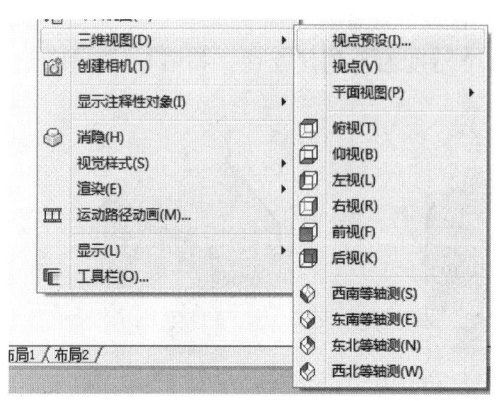

在 AutoCAD 2012 中，系统提供了两种视点：一种是标准视点；另一种是用户自定义视点。以下分别进行介绍。

1. 标准视点

标准视点是系统为用户定义的视点，共有 10 种，这些视点包括俯视、仰视、左视、右视、主视、后视、西南等轴测、东南等轴测、东北等轴测和西北等轴测。选择菜单栏中的"视图"→"三维视图"命令（图 7-11），或单击"视图"工具栏中的相应按钮（图 7-12），即可切换标准视点。

图 7-11 "三维视图"级联菜单

图 7-12 "视图"工具栏

2. 自定义视点

自定义视点是用户自己设置的视点，使用自定义视点可以精确地设置观测图形的方向。在 AutoCAD 2012 中，设置自定义视点的方法有以下几种：

（1）视点预置。用户可选择菜单栏中的"视图"→"三维视图"→"视点预设"命令或在命令行中输入命令 ddvpoint，弹出"视点预设"对话框，如图 7-13 所示。

该对话框中各选项功能介绍如下：

1）绝对于 WCS（W）和相对于 UCS（U）。表示视点绝对于世界坐标系或相对于当前用户坐标系设置视点。

2）X 轴（A）。指视线在 XY 平面上的投影与 X 轴正向的夹角。用户可在对话框的左图中单击所需角度值，也可在"自 X 轴"文本框内输入相应的角度值。

3）XY 平面（P）。指视线与 XY 平面的夹角。用户可在对话框的右图中单击所需角度值，也可在"自 XY 平面"文本框内输入相应的角度值。

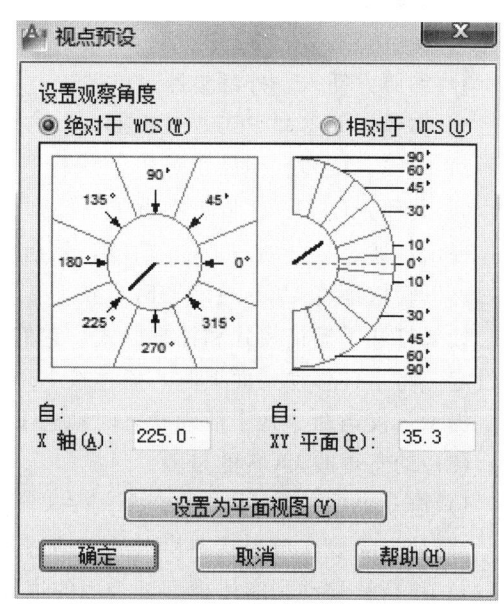

图 7-13 "视点预设"对话框

4）按钮。表示设置视线与 XY 平面垂直，即视线与 XY 平面的夹角为 90°。单击此按钮，设置查看角度以相对于选定坐标系显示平面视图。

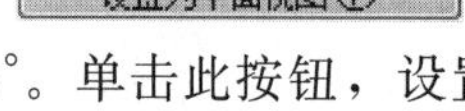

（2）视点。用户可以通过选择菜单栏中的"视图"→"三维视图"→"视点"命令，或在命令行输入命令 vpoint 执行视点设置命令，命令行提示：

命令：VPOINT
当前视图方向：VIEWDIR=195.7215,-166.5720,181.9719
指定视点或［旋转(R)］＜显示指南针和三轴架＞：

如图 7-14 所示。通过拖动鼠标移动十字光标，同时坐标系图标也随之变换方向，如果十字光标位于小圆以内，则视点落在 Z 轴正方向上；如果十字光标位于小圆与大圆之间，则视点落在 Z 轴负方向上。当十字光标处于适当位置时，单击即可确定视点。

3．动态观察对象

动态观察是指从任意角度观察对象，而不再是标注视图中定义的角度来观察。AutoCAD 2012 为用户提供了多种动态观察对象的方法。分别为"受约束的动态观察"、"自由动态观察"、"连续动态观察"和"ViewCube 工具"，选择"视图"→"动态观察"菜单命令或单击"动态观察"工具栏和

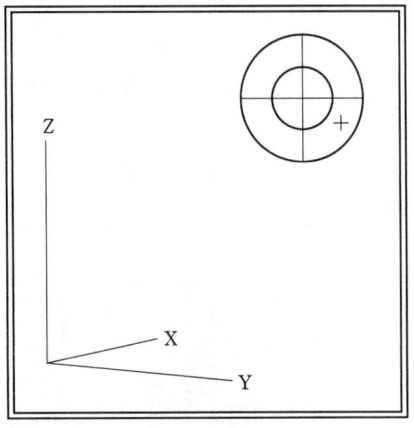

图 7-14　视点设置

ViewCube 工具中的相应按钮即可执行动态观察命令，如图 7-15 所示。

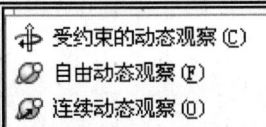

图 7-15　动态观察

（1）受约束的动态观察。执行该命令后，即可激活三维动态观察视图，在视图中的任意位置拖动并移动鼠标，即可动态观察图形中的对象。释放鼠标后，对象保持静止。使用该命令观察三维图形时，视图的目标始终保持静止，而观察点将围绕目标移动，所以从用户的视点看就像三维模型正在随着鼠标光标的拖动而旋转。拖动鼠标时，如果水平拖动光标，视点将平行于世界坐标系的 XY 平面移动；如果垂直拖动光标，视点将沿 Z 轴移动。

（2）自由动态观察。执行该命令后，激活三维自由动态观察视图，并显示一个导航球，它被更小的圆分成 4 个区域，拖动鼠标即可动态观察三维模型。在执行该命令前，用户可以选中查看整个图形，或者选择一个或多个对象进行观察。

（3）连续动态观察。执行该命令后，在绘图区域中单击并沿任意方向拖动鼠标，即可使对象沿着鼠标拖动方向移动。释放鼠标后，对象在指定方向上继续沿着轨迹运动。拖动

鼠标移动的速度决定了对象旋转的速度。

任务四　设置实体显示方式

在 AutoCAD 2012 中，用户可以使用缩放和平移命令来观察三维图形，在观察三维图形时，还可以通过旋转、消隐及设置视觉样式等方法来调整三维图形的显示效果。

1. 消隐图形

使用消隐命令可以暂时隐藏位于实体背后被遮挡的部分，这样就可以更好地观察三维曲面及实体的效果，如图 7-16 所示。

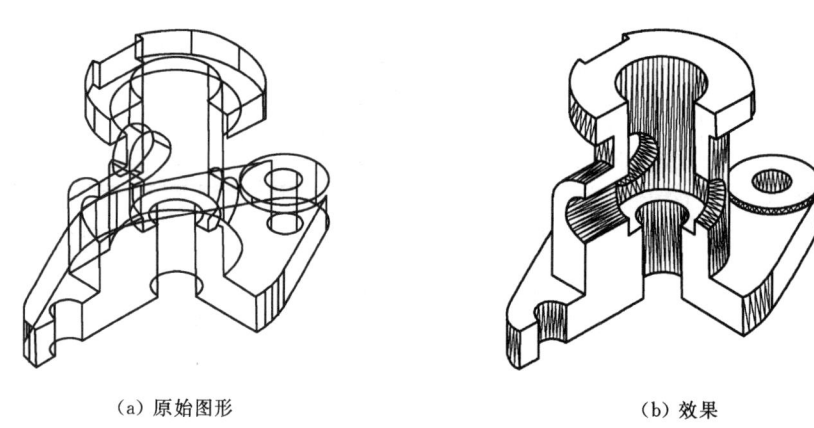

(a) 原始图形　　　　　　　　　　　　(b) 效果

图 7-16　消隐图形

执行消隐命令的方法有以下两种：

(1) 下拉菜单。单击菜单栏中的"视图"→"消隐"命令。

(2) 由键盘输入命令。输入 plan✓。

执行消隐命令后，绘图窗口将暂时无法使用"缩放"和"平移"命令，直到选择"视图"→"重生成"命令后才能使用。

2. 改变图形的视觉样式

在观察三维图形时，为了得到不同的观察效果，可以使用多种视觉样式进行观察，图 7-17 所示为采用多种视觉样式观察三维图形的效果。

在 AutoCAD 2012 中，改变图形视觉样式的方法有以下两种：

(1) 单击"视觉样式"工具栏中的相应按钮，如图 7-18 (a) 所示。

(2) 下拉菜单。单击菜单栏中的"视图"→"视觉样式"命令，如图 7-18 (b) 所示。

3. 设置曲面的轮廓素线

曲面的轮廓素线用于控制三维图形在线框模式下弯曲面的线条数，如图 7-19 所示。系统变量 ISOLINES 用于设置曲面的轮廓素线，系统默认值为 4，用户可以根据需要重新设置该系统变量值。曲面的轮廓素线越多，越接近三维实体。

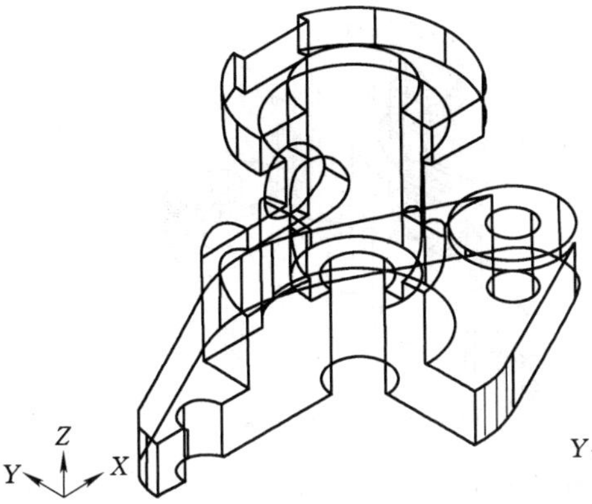

项目一 三维绘图基础

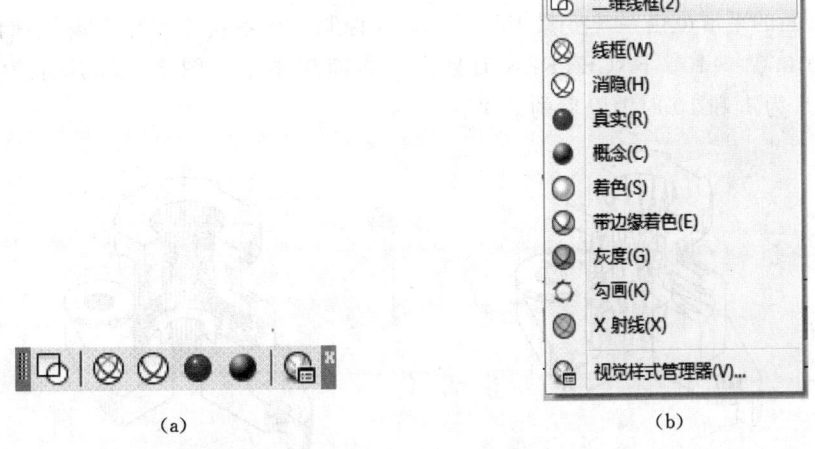

(a) 二维线框 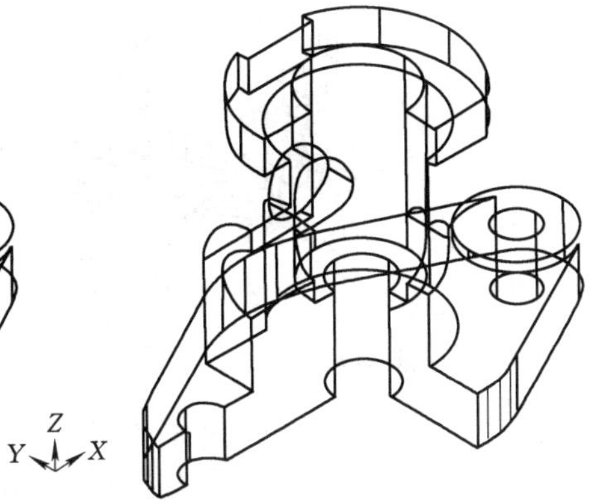　　　　　　　　　(b) 三维线框

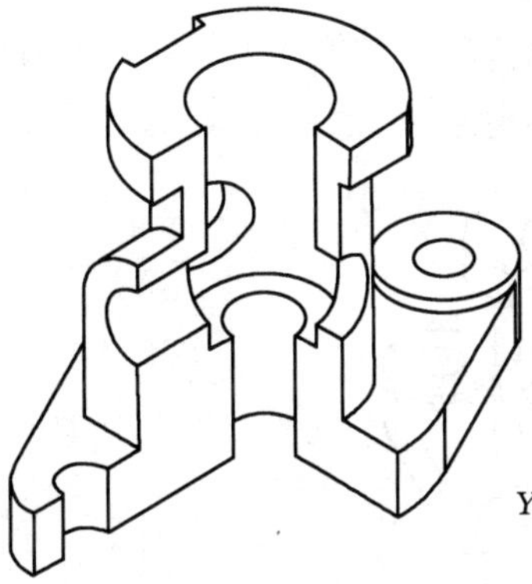

(c) 三维隐藏 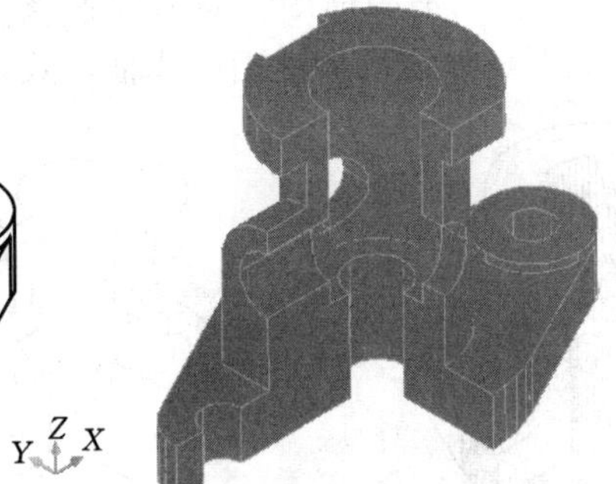　　　　(d) 真实 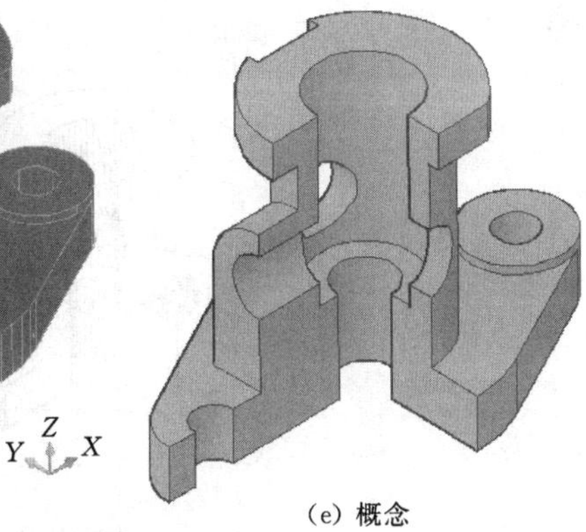　　　　(e) 概念

图 7-17　多种视觉样式观察三维图形

(a)　　　　　　　　　　　(b)

图 7-18　"视觉样式"工具栏和"视觉样式"子命令

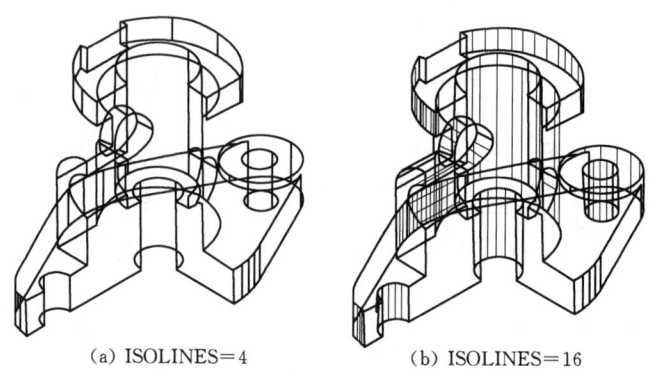

(a) ISOLINES=4　　　　　(b) ISOLINES=16

图 7-19　设置曲面轮廓素线

4. 显示实体轮廓

在 AutoCAD 2010 中，使用系统变量 DISPSILH 可以以线框形式显示实体轮廓，但必须设置该系统变量值为 1，然后使用消隐命令。如果设置该系统变量值为 0，再使用消隐命令，则在显示实体轮廓的同时还显示实体表面的线框，效果如图 7-20 所示。

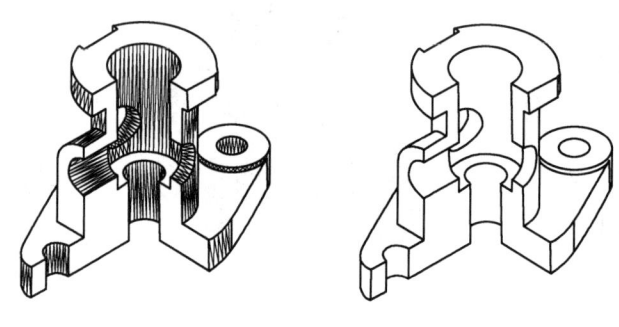

(a) DISPSILH=0　　　　　(b) DISPSILH=1

图 7-20　以线框形式显示实体轮廓

5. 改变实体表面的平滑度

实体表面的平滑度由系统变量 FACETRES 控制，该系统变量用于设置曲面的面数，取值范围为 0.01～10。FACETRES 值越大，曲面越平滑。图 7-21 所示为系统变量 FACETRES 为 1 和 10 时消隐后的效果。

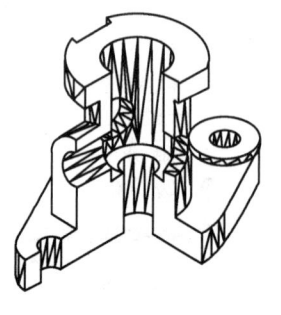 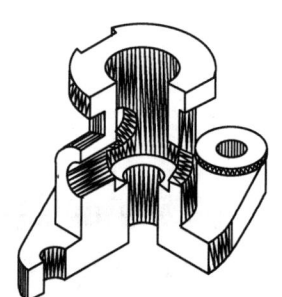

(a) FACETRES=1　　　　　(b) FACETRES=10

图 7-21　改变实体表面的平滑度

项目二 基本三维实体的绘制

在 AutoCAD 2012 中,系统提供了多种基本三维实体的创建命令,利用这些命令可以非常方便地创建多段体、长方体、楔体、圆柱体、圆锥体、球体、圆环体和棱锥面等基本三维实体。

选择下拉菜单栏中的"绘图"→"建模"命令(图 7-22),或单击"建模"工具栏上的相应按钮(图 7-23),即可创建基本三维实体。

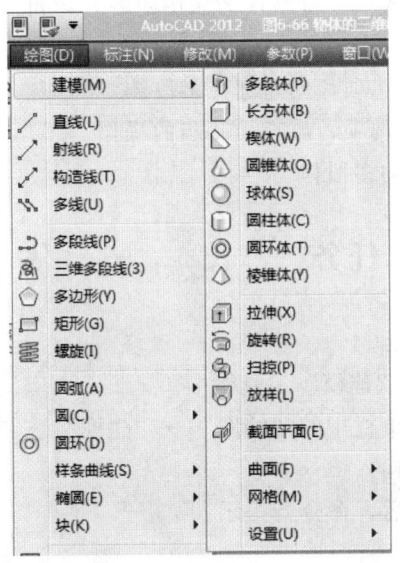

图 7-22 "绘图"→"建模"菜单命令

图 7-23 "建模"工具栏

任务一 多 段 体

在 AutoCAD 2012 中,执行绘制多段体命令的方法有以下 3 种。

1. 命令格式

(1) 单击图标。位于"建模"工具栏中。

(2) 下拉菜单。单击菜单栏中的"绘图"→"建模"→"多段体"命令。

(3) 由键盘输入命令。输入 Polysolid↙。

选择上述任一方式执行后，命令行提示：

命令：_ polysolid

指定起点或［对象(O)/高度(H)/宽度(W)/对正(J)］＜对象＞：（指定多段体的起点）

指定下一个点或［圆弧(A)/放弃(U)］：（指定多段体的下一点）

指定下一个点或［圆弧(A)/放弃(U)］：（按 Enter 键结束命令）

2. 其中各命令选项功能介绍如下：

（1）对象（O）。选择此选项，指定将二维图形转换成多段体。

（2）高度（H）。选择此选项，为绘制的多段体设置高度。

（3）宽度（W）。选择此选项，为绘制的多段体设置宽度。

（4）对正（J）。选择此选项，为绘制的多段体设置对齐方式，系统默认为居中对齐，还可以根据需要设置为左对齐或右对齐。

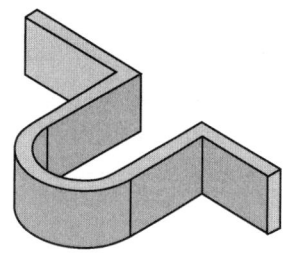

图 7-24 绘制的多段体

（5）圆弧（A）。选择此选项，创建圆弧多段体。

（6）放弃（U）。选择此选项，放弃上一步的操作。

图 7-24 所示即为绘制的多段体。

任务二 长 方 体

1. 命令格式

（1）单击图标。位于"建模"工具栏中。

（2）下拉菜单。单击菜单栏中的"绘图"→"建模"→"长方体"命令。

（3）由键盘输入命令。输入 Box↙。

选择上述任一方式执行后，命令行提示：

命令：_ box

指定第一个角点或［中心(C)］：（指定长方体底面的第一个角点）

指定其他角点或［立方体(C)/长度(L)］：（指定长方体底面的第二个角点）

指定高度或［两点(2P)］：（输入长方体的高）

2. 各命令选项功能

（1）中心（C）。选择此选项，使用指定的中心点创建长方体。

（2）立方体（C）。选择此选项，创建一个长、宽、高相同的长方体。

（3）长度（L）。选择此选项，按照指定长、宽、高创建长方体。

（4）两点（2P）。选择此选项，指定两点确定长方体的高。

【例 7-1】 绘制一个长、宽、高分别为 120、100、80 的长方体，如图 7-25 所示。

绘图步骤如下：

（1）单击菜单栏中的"绘图"→"建模"→"长方体"命令。

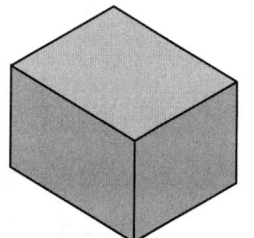

图 7-25 长方体

（2）在指定第一个角点或［中心(C)］:输入坐标（0，0），以原点作为长方体一角点。

（3）在指定其他角点或［立方体(C)/长度(L)］:提示下，输入 L，根据长、宽、高绘制长方体。

（4）在指定长度:提示下，指定长方体的长度为 120。

（5）在指定宽度:提示下，指定长方体的宽度为 100。

（6）在指定高度或［两点(2P)］提示下，指定长方体的宽度为 80。

（7）单击菜单栏中的"视图"→"三维视图"→"西南等轴测"命令，即可得到图 7-25 所示的长方体效果。

任务三　球　　体

1. 命令格式

（1）单击图标。位于"建模"工具栏中。

（2）下拉菜单。单击菜单栏中的"绘图"→"建模"→"球体"命令。

（3）由键盘输入命令。输入 Sphere↙。

选择上述任一方式执行后，命令行提示：

命令:_sphere

指定中心点或［三点(3P)/两点(2P)/切点、切点、半径(T)］:（确定球体的球心位置）

指定半径或［直径(D)］:（输入球体的半径或直径）

2. 各命令选项功能

（1）三点（3P）。选择此选项，通过指定 3 点来确定球体的大小和位置。

（2）两点（2P）。选择此选项，通过指定两点来确定球体的大小和位置，两点的端点为球体一条直径的端点。

（3）切点、切点、半径（T）。选择此选项，通过指定球体表面的两个切点和半径来确定球体的大小和位置。

（4）直径（D）。选择此选项，通过指定球体的直径来确定球体的大小。

任务四　圆　柱　体

1. 命令格式

（1）单击图标。位于"建模"工具栏中。

（2）下拉菜单。单击菜单栏中的"绘图"→"建模"→"圆柱体"。

（3）由键盘输入命令。输入 Cylinder↙。

选择上述任一方式执行后，命令行提示：

命令:_cylinder

指定底面的中心点或［三点(3P)/两点(2P)/切点、切点、半径(T)/椭圆(E)］:（指定圆柱体底面中心点）

指定底面半径或［直径(D)］<965.7118>:（输入圆柱体底面半径）

指定高度或［两点(2P)/轴端点(A)］<80.0000>:（输入圆柱体高度）

2. 选项说明

(1) 三点 (3P)。选择此选项,通过指定3点来确定圆柱体的底面。

(2) 两点 (2P)。选择此选项,通过指定两点来确定圆柱体的底面。

(3) 切点、切点、半径 (T)。选择此选项,通过指定圆柱体底面的两个切点和半径来确定圆柱体的底面。

(4) 椭圆 (E)。选择此选项,创建具有椭圆底的圆柱体。

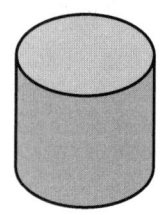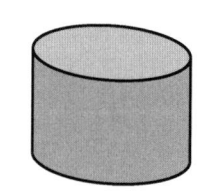

图 7-26　圆柱体与椭圆柱体示例

(5) 直径 (D)。选择此选项,通过输入直径来确定圆柱体的底面。

(6) 两点 (2P)。选择此选项,通过两点来确定圆柱体的高。

(7) 轴端点 (A)。选择此选项,指定圆柱体轴的端点位置。

图 7-26 所示为绘制的圆柱体。

任务五　圆　锥　体

1. 命令格式

(1) 单击图标。位于"建模"工具栏中。

(2) 下拉菜单。单击菜单栏中的"绘图"→"建模"→"圆锥体"命令。

(3) 由键盘输入命令。输入 Cone✓。

选择上述任一方式执行后,命令行提示:

命令:_cone

指定底面的中心点或[三点(3P)/两点(2P)/切点、切点、半径(T)/椭圆(E)]:

指定底面半径或[直径(D)]＜35.0000＞:

指定高度或[两点(2P)/轴端点(A)/顶面半径(T)]＜62.1347＞:

2. 选项说明

(1) 三点 (3P)。选择此选项,通过指定3点来确定圆锥体的底面。

(2) 两点 (2P)。选择此选项,通过指定两点来确定圆锥体的底面,两点的连线为圆锥体底面圆的直径。

(3) 切点、切点、半径 (T)。选择此选项,通过指定圆锥体底面圆的两个切点和半径来确定圆锥体的底面。

(4) 椭圆 (E)。选择此选项,创建具有椭圆底的圆锥体。

(5) 直径 (D)。选择此选项,通过输入直径来确定圆锥体的底面。

(6) 两点 (2P)。选择此选项,通过指定两点来确定圆锥体的高。

(7) 轴端点 (A)。选择此选项,指定圆锥体轴的端点位置。

(8) 顶面半径 (T)。选择此选项,输入圆锥体顶面圆的半径。

绘制的圆锥体和椭圆锥体如图 7-27 所示。

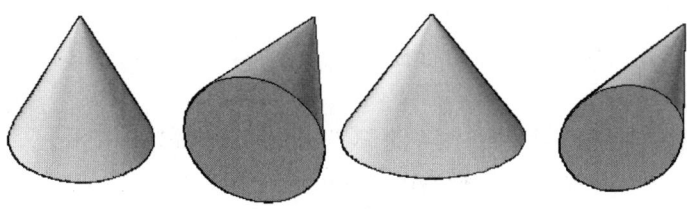

图 7-27 圆锥体与椭圆锥体示例

任务六 楔　　体

1. 命令格式

(1) 单击图标。位于"建模"工具栏中。

(2) 下拉菜单。单击菜单栏中的"绘图"→"建模"→"楔体"命令。

(3) 由键盘输入命令。输入 Wedge↙。

选择上述任一方式执行后,命令行提示:

命令:_wedge

指定第一个角点或[中心(C)]:(指定楔体底面的第一个角点)

指定其他角点或[立方体(C)/长度(L)]:(指定楔体底面的第二个角点)

指定高度或[两点(2P)]<420.7157>:(输入楔体的高度)

2. 选项说明

(1) 中心(C)。选择此选项,使用指定中心点创建楔体。

(2) 立方体(C)。选择此选项,创建等边楔体。

(3) 长度(L)。选择此选项,创建指定长度、宽度和高度值的楔体。

(4) 两点(2P)。选择此选项,通过指定两点来确定楔体的高度。

图 7-28 所示为绘制的楔体。

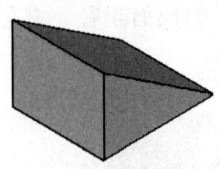 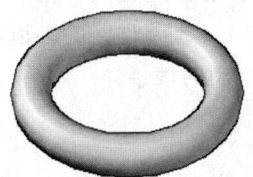

图 7-28　楔体示例　　　图 7-29　圆环体示例

任务七 圆　环　体

命令格式如下:

(1) 单击图标。位于"建模"工具栏中。

(2) 下拉菜单。单击菜单栏中的"绘图"→"建模"→"圆环体"命令。

(3) 由键盘输入命令。输入 Torus↙。

选择上述任一方式执行后，命令行提示：

命令：_torus

指定中心点或［三点(3P)/两点(2P)/相切、相切、半径(T)］：（指定圆环体的中心）

指定半径或［直径(D)］<35.2457>：（输入圆环体的半径或直径）

指定圆管半径或［两点(2P)/直径(D)］：（输入圆管的半径或直径）

绘制的圆环体如图 7-29 所示。

任务八　棱　锥　体

1. 命令格式

(1) 单击图标。位于"建模"工具栏中。

(2) 下拉菜单。单击菜单栏中的"绘图"→"建模"→"棱锥体"命令。

(3) 由键盘输入命令。输入 Pyramid↙。

选择上述任一方式执行后，命令行提示：

命令：_pyramid

4 个侧面　外切（系统提示）

指定底面的中心点或［边(E)/侧面(S)］：（指定棱锥体底面的中心点）

指定底面半径或［内接(I)］：（输入棱锥体底面的半径）

指定高度或［两点(2P)/轴端点(A)/顶面半径(T)］：（输入棱锥体的高度）

2. 选项说明

(1) 边（E）。选择此选项，通过指定棱锥体底面的边长来确定棱锥体的底面。

(2) 侧面（S）。选择此选项，确定棱锥体的侧面数。

(3) 内接（I）。选择此选项，指定棱锥体底面内接于棱锥体的底面半径。

(4) 两点（2P）。选择此选项，通过两点来确定棱锥体的高。

(5) 轴端点（A）。选择此选项，指定棱锥体轴的端点位置。

(6) 顶面半径（T）。选择此选项，指定棱锥体的顶面半径，并创建棱锥体平截面。

图 7-30 所示为绘制的棱锥体。

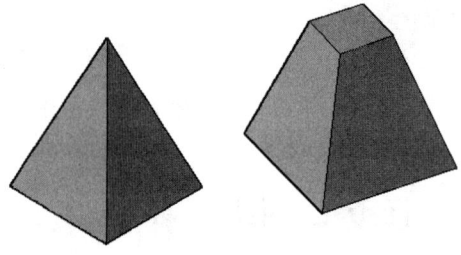

图 7-30　绘制的棱锥体

项目三　通过二维对象创建实体

除了上述介绍的使用特定命令创建三维实体外，在 AutoCAD 中，还可以通过拉伸二维对象，或者将二维对象绕指定轴旋转的方法创建三维实体。被拉伸或旋转的二维对象可以是平面三维面、封闭多段线、多边形、圆、椭圆、封闭样条曲线、圆环和面域。

任务一　面　　域

面域是具有物理特性（如形心或质量中心）的二维封闭区域，是使用形成闭合环的对象创建的。在 AutoCAD 中，用户可以将某些对象围成的封闭区域转换为面域，这些封闭区域可以是圆、椭圆、封闭的二维多段线或封闭的样条曲线等对象，也可以是由圆弧、直线、二维多段线、椭圆弧、样条曲线等对象构成的封闭区域。可以通过结合、减去或查找面域的交点创建组合面域。面域可用于应用着色和填充、使用 MASSPROP 分析特性等。

1. 面域命令

命令格式如下：

（1）单击图标。◎位于"绘图"工具栏中。

（2）下拉菜单。单击菜单栏中的"绘图"→"面域"命令。

（3）由键盘输入命令。输入 Region↙。

选择上述任一方式执行后，命令行提示：

选择对象：（在选择要将其转换为面域的对象后，按 Enter 键即可将该图形转换为面域）

2. 边界命令

（1）下拉菜单。单击菜单栏中的"绘图"→"边界"命令。

（2）由键盘输入命令。输入 Boundary↙。

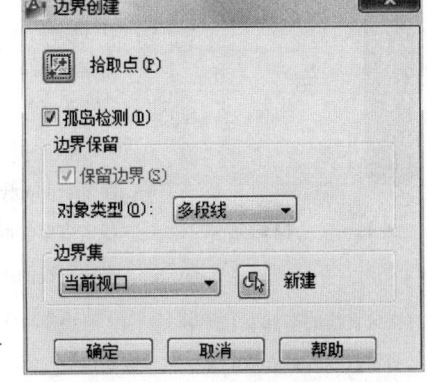

图 7-31　"边界创建"对话框

选择上述任一方式执行后，打开图 7-31 所示的"边界创建"对话框，通过指定封闭对象区域内的点，可将封闭区域创建为多段线或面域。

任务二　通过拉伸绘制实体

1. 功能

将二维封闭对象按指定的高度或路径拉伸成三维实体。

2. 命令格式

（1）单击图标。⬚位于"建模"工具栏中。

(2) 下拉菜单。菜单栏中的"绘图"→"建模"→"拉伸"命令。

(3) 由键盘输入命令。输入 Extrude↙。

选择上述任一方式执行后，命令行提示：

命令:_extrude

当前线框密度：ISOLINES=4（系统提示）

选择要拉伸的对象：(选择用于拉伸的二维对象)

选择要拉伸的对象:↙（按 Enter 键结束对象选择）

指定拉伸的高度或［方向(D)/路径(P)/倾斜角(T)］<512.7637>:选择对象：（指定拉伸高度）

3. 选项说明

(1) 方向（D）。选择此选项，通过指定两个点来确定拉伸的高度和方向。

(2) 路径（P）。选择此选项，将沿选定的对象进行拉伸。

(3) 倾斜角（T）。选择此选项，输入拉伸对象时倾斜的角度。此提示要求确定拉伸的倾斜角度。如果以零角度响应，AutoCAD 把二维对象按指定高度拉伸成柱体；如果输入一角度值，拉伸后实体截面沿拉伸方向按此角度变化。

【例 7-2】 用 Extrude 命令绘制图 7-32 所示的拉伸实体。

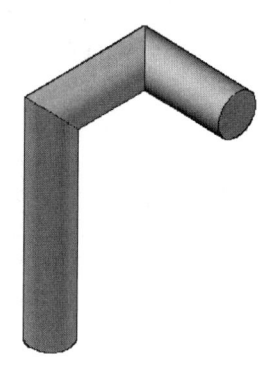

图 7-32 拉伸实体

绘图步骤如下：

(1) 绘制圆。首先，改变视点为"东北等轴测"；然后绘制半径为 10 的圆。

(2) 定义 UCS。单击"UCS"工具栏中的 图标，AutoCAD 提示：

指定绕 X 轴的旋转角度 <90>:

(3) 绘制路径。执行 3DPOLY（绘制三维多段线）命令，AutoCAD 提示：

命令:_3dpoly

指定多段线的起点：(在绘图屏幕适当位置确定一点)

指定直线的端点或［放弃(U)］:@0，100，0

指定直线的端点或［放弃(U)］:@-50，0，0

指定直线的端点或［闭合(C)/放弃(U)］:@0，0，-50

指定直线的端点或［闭合(C)/放弃(U)］:

执行结果如图 7-33 所示。

(4) 拉伸。执行 Extrude 命令，AutoCAD 提示：

令:_extrude

当前线框密度：ISOLINES=4

选择要拉伸的对象:找到 1 个（选择圆）

选择要拉伸的对象：

指定拉伸的高度或［方向(D)/路径(P)/倾斜角(T)］<-12.7820>:p

选择拉伸路径或［倾斜角(T)］:（选择三维多段线）

执行结果如图 7-34 所示。

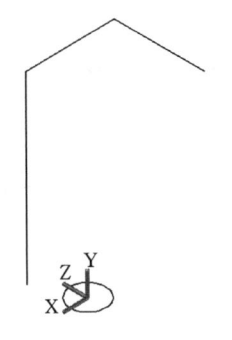
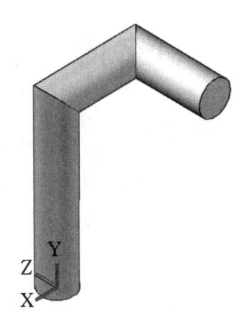

图 7-33 绘制路径　　　　　　图 7-34 拉伸结果

任务三　通过旋转绘制实体

1. 功能

将二维封闭对象绕指定轴旋转生成三维实体。

2. 命令格式

(1) 单击图标。位于"建模"工具栏中。

(2) 下拉菜单。单击菜单栏中的"绘图"→"建模"→"旋转"命令。

(3) 由键盘输入命令。输入 Revolve↙。

选择上述任一方式执行后,命令行提示:

命令:_revolve

当前线框密度:ISOLINES=4（系统提示）

选择要旋转的对象:（选择旋转的对象）

选择要旋转的对象:（按 Enter 键结束对象选择）

指定轴起点或根据以下选项之一定义轴 [对象(O)/X/Y/Z] <对象>:（指定旋转轴的起点）

指定轴端点:（指定旋转轴的端点）

指定旋转角度或 [起点角度(ST)] <360>:（输入旋转角度）

3. 选项说明

(1) 对象（O）。选择此选项,选择现有的直线或多段线中的单条线段定义轴,这个对象将绕该轴旋转。

(2) X。选择此选项,使用当前 UCS 的正向 X 轴作为轴的正方向。

(3) Y。选择此选项,使用当前 UCS 的正向 Y 轴作为轴的正方向。

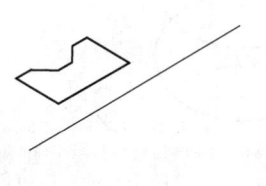
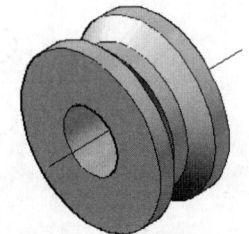

图 7-35 通过旋转绘制实体

(4) Z。选择此选项,使用当前 UCS 的正向 Z 轴作为轴的正方向。

图 7-35 所示为将封闭多段线绕现有的直线旋转 360°所形成的三维实体。

注意：旋转对象必须位于旋转轴的一侧。旋转轴不能垂直于旋转对象所在平面。

任务四　扫掠创建实体

1. 功能

在 AutoCAD 2012 中，用户可以使用扫掠命令创建三维曲面或三维实体。如果扫掠的平面曲线不闭合，则生成三维曲面；否则生成三维实体。

2. 命令格式

(1) 单击图标。位于"建模"工具栏中。

(2) 下拉菜单。单击菜单栏中的"绘图"→"建模"→"扫掠"命令。

(3) 由键盘输入命令。输入 Sweep↙。

选择上述任一方式执行后，命令行提示：

命令：_ sweep

当前线框密度：ISOLINES=4（系统提示）

选择要扫掠的对象：（选择扫掠的对象）

选择要扫掠的对象：（按 Enter 键结束对象选择）

选择扫掠路径或 ［对齐(A)/基点(B)/比例(S)/扭曲(T)］：（选择扫掠的路径）

3. 选项说明

(1) 对齐 (A)。选择此选项，确定是否对齐垂直于路径的扫掠对象。

(2) 基点 (B)。选择此选项，指定扫掠的基点。

(3) 比例 (S)。选择此选项，指定扫掠的比例因子。

(4) 扭曲 (T)。选择此选项，指定扫掠的扭曲度。

图 7-36 所示为扫掠创建的三维曲面和实体。

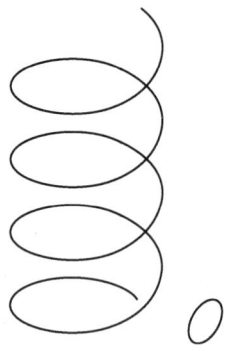 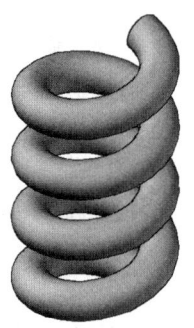

图 7-36　扫掠创建的弹簧

任务五　放样创建实体

1. 功能

使用放样命令将二维图形放样生成三维实体。

2. 命令格式

(1) 单击图标。位于"建模"工具栏中。

(2) 下拉菜单。单击菜单栏中的"绘图"→"建模"→"放样"命令。

(3) 由键盘输入命令。输入 Loft↙。

选择上述任一方式执行后，命令行提示：

命令：_loft

按放样次序选择横截面：（选择第一个放样横截面）

按放样次序选择横截面：（选择下一个放样横截面）

按放样次序选择横截面：（按 Enter 键结束对象选择）

输入选项［导向(G)/路径(P)/仅横截面(C)/设置(S)］＜仅横截面＞：S

3. 选项说明

(1) 导向（G）。选择此选项，为放样曲面或实体指定导向曲线，每条导向曲线均与放样曲面相交，且开始于第一个截面，终止于最后一个截面。

(2) 路径（P）。选择此选项，为放样曲面或实体指定放样路径，路径必须与每个截面相交。

(3) 设置（S）。选择此选项，弹出"放样设置"对话框，如图 7-37 所示，在该对话框中可以设置放样横截面上的曲面控制选项。

图 7-38 所示为放样设置及生成的三维实体和曲面。

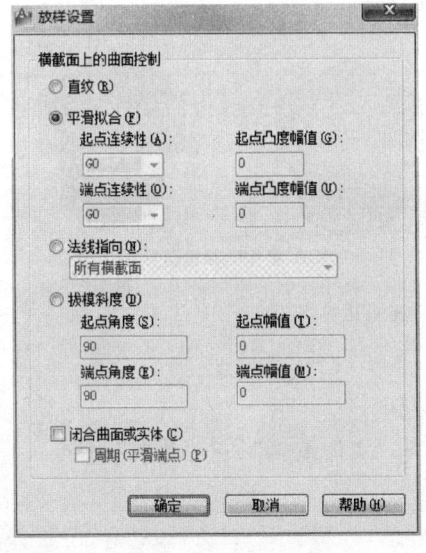
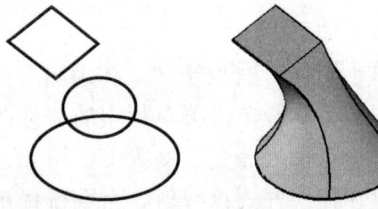

图 7-37 "放样设置"对话框　　　图 7-38 放样生成的三维实体

项目四　创建实体模型

用户通过基本形体命令、拉伸和旋转二维轮廓命令可以创建各种各样的实体，在此基础上还可以使用现有实体的并集、差集和交集创建组合体。

任务一　布　尔　运　算

布尔运算是数学上的一种逻辑运算。用 AutoCAD 绘制比较复杂的图形时，运用布尔运算可以提高绘图效率。布尔运算的对象只包括实体和共面的面域。对于普通的线条图形对象，则无法使用布尔运算。用户可以对面域或实体执行"并集"、"差集"和"交集"3种布尔运算，从而创建复合面域或形状较为复杂的实体。

1. 并集运算

并集运算通过添加操作合并选定实体或面域，即通过计算两个（或多个）实体的总体积，或两个（或多个）面域的总面积，建立一个新的实体或面域。并集运算的效果如图 7-39 所示。

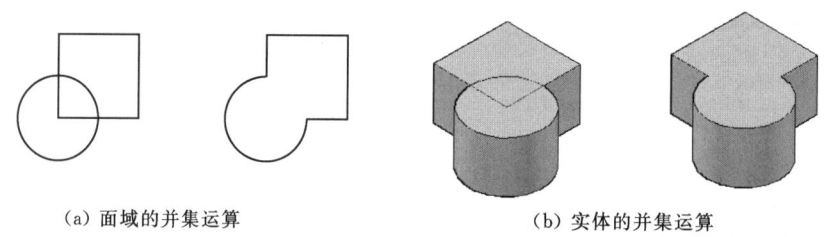

(a) 面域的并集运算　　　　(b) 实体的并集运算

图 7-39　布尔并集运算

命令格式如下：

(1) 单击图标。◎位于"实体编辑"工具栏中。
(2) 下拉菜单。单击菜单栏中的"修改"→"实体编辑"→"并集"命令。
(3) 由键盘输入命令。输入 Union↙。

选择上述任一方式执行后，命令行提示：

选择对象：（在选择需要进行并集运算的实体或面域后↙，AutoCAD 即可对所选择的对象进行并集运算，将其合并为一个对象）

注意：执行 Union 命令后，在"选择对象："提示下选择各实体对象后，如果这些实体彼此不接触或不重叠，AutoCAD 仍对这些实体进行并集运算，并将它们生成一个组合体。

2. 差集运算

差集运算通过减操作合并选定实体或面域，即从第一个选择集中的对象，减去第二个选择集中的对象，从而创建一个新的实体或面域。差集运算的效果如图 7-40 所示。

命令格式如下：

(1) 单击图标。位于"实体编辑"工具栏中。

(2) 下拉菜单。单击菜单栏中的"修改"→"实体编辑"→"差集"命令。

(3) 由键盘输入命令。输入 Subtract↙。

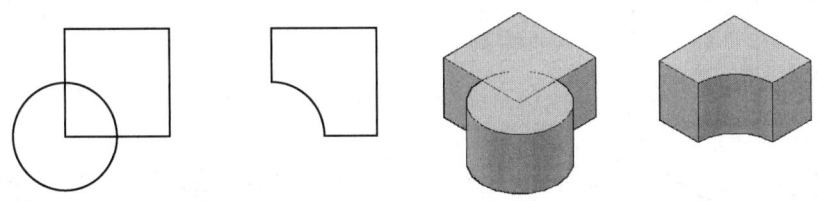

(a) 面域的差集运算　　　　　　(b) 实体的差集运算

图 7-40　布尔差集运算

选择上述任一方式执行后，命令行提示：

选择要从中减去的实体或面域

选择对象：(选择要从中减去的实体或面域后↙，命令行继续提示)

选择要减去的实体或面域：

选择对象：(选择要减去的实体或面域后↙，AutoCAD 将从第一次选择的对象中，减去第二次选择的对象)

3. 交集运算

交集运算通过布尔减操作合并选定实体或面域，即从两个或多个实体或面域的交集中创建复合实体或面域，然后删除交集外的区域。交集运算的效果如图 7-41 所示。

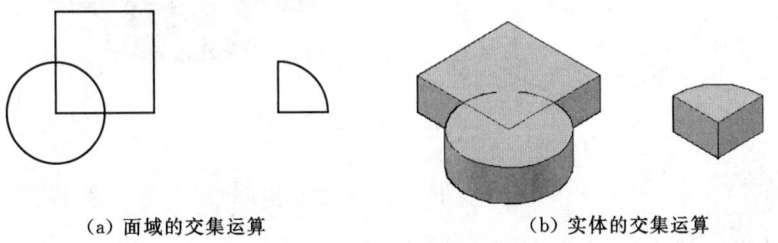

(a) 面域的交集运算　　　　　　(b) 实体的交集运算

图 7-41　布尔交集运算

命令格式如下：

(1) 单击图标。位于"实体编辑"工具栏中。

(2) 下拉菜单。单击菜单栏中的"修改"→"实体编辑"→"交集"命令。

(3) 由键盘输入命令。输入 Intersect↙。

选择上述任一方式执行后，命令行提示：

选择对象：(用户在选择需要进行交集运算的实体或面域后↙，即可将所选实体或面域的

公共部分创建一个新的实体或面域）

任务二 三维实体造型

【例 7-3】 根据图 7-42 所示图形，绘制其三维实体模型。

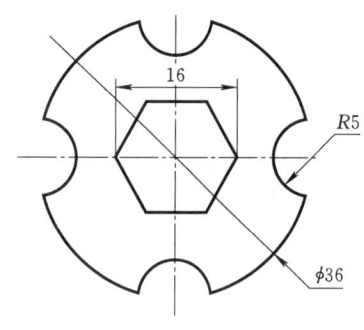

图 7-42 零件平面图

绘图步骤如下：

（1）单击菜单栏中的"绘图"→"圆"命令，绘制一个直径为 36 的圆。

（2）单击菜单栏中的"绘图"→"正多边形"命令，以圆心为中心点，绘制一个外接圆直径为 16 的正六边形。

（3）单击菜单栏中的"绘图"→"圆"命令，以大圆的象限点为圆心，绘制一个直径为 10 的圆。

（4）单击菜单栏中的"修改"→"阵列"命令，将直径为 10 的圆、以大圆圆心为阵列中心，环形阵列 4 个圆。

（5）单击菜单栏中的"绘图"→"面域"命令，将以上所画图形转换为面域。

（6）单击菜单栏中的"修改"→"实体编辑"→"差集"命令，从大圆面域中减去正六边形和 4 个小圆面域，即可得到图 7-43（a）所示图形。

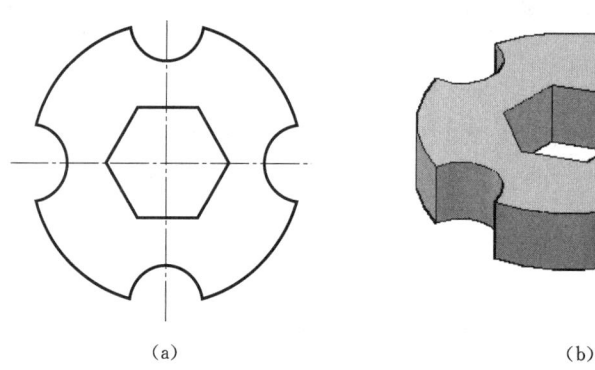

(a)　　　　　　　　　　(b)

图 7-43 布尔运算实例

（7）单击菜单栏中的"视图"→"三维视图"→"西南等轴测"命令，设置西南等轴测视图。

（8）单击菜单栏中的"绘图"→"建模"→"拉伸"命令，将上述面域沿默认方向拉伸高度 8，即可得到图 7-43（b）所示图形。

【例 7-4】 创建如图 7-44 所示端盖的实体模型，掌握三维模型的创建方法。

操作步骤如下：

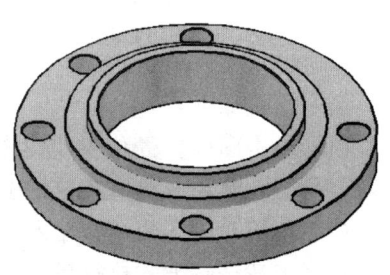

图 7-44 端盖

(1) 单击"绘图"工具栏中的"圆"按钮，以坐标系原点为圆心，分别绘制半径为55和33的两个圆，效果如图7-45所示。

(2) 再次执行绘制圆命令，以点（48，0）为圆心，绘制半径为5的圆，然后单击"修改"工具栏中的"阵列"按钮，以坐标系原点为中心，环形阵列半径为5的圆，阵列的个数为8，效果如图7-46所示。

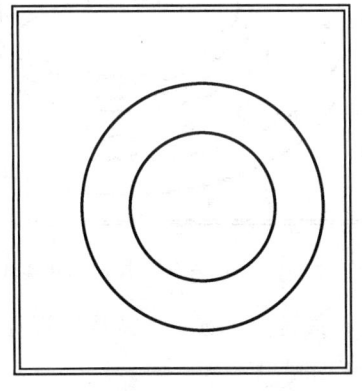
图7-45 绘制圆

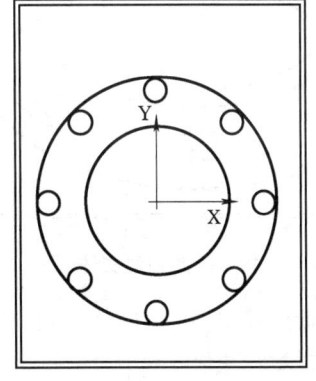
图7-46 阵列圆

(3) 单击"绘图"工具栏中的"面域"按钮，将如图7-46所示图形创建成面域。然后对生成的面域图形进行布尔运算，具体操作为：用半径为55的面域图形减去半径为33的面域图形，再用生成的面域图形减去8个半径为5的面域图形。

(4) 切换视图到东南等轴测，单击"建模"工具栏中的"拉伸"按钮，将步骤（2）生成的面域图形垂直拉伸，拉伸高度为10，拉伸后的效果如图7-47所示。

(5) 再次执行绘制圆命令，以当前坐标系原点为圆心，分别绘制半径为40和33的两个圆，效果如图7-48所示。

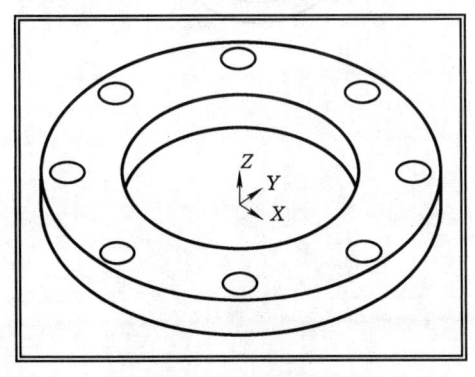
图7-47 拉伸效果

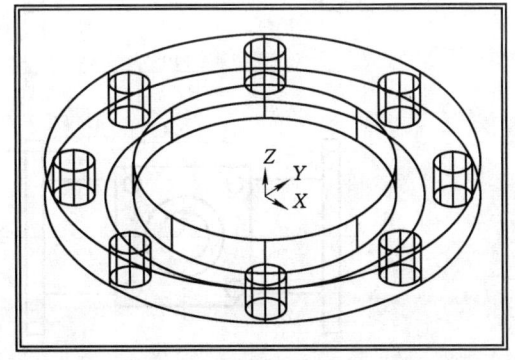
图7-48 绘制圆

(6) 单击"绘图"工具栏中的"面域"按钮，将半径为40和33的两个圆创建成面域对象，然后对其进行差集运算。

(7) 单击"建模"工具栏中的"拉伸"按钮，将步骤（6）生成的面域图形垂直拉伸，拉伸高度为14，效果如图7-49所示。

（8）再次执行绘制圆命令，以坐标系原点为圆心，分别绘制半径为33和30的两个圆，参照以上操作步骤，将其拉伸成高为18的实体，效果如图7-50所示。

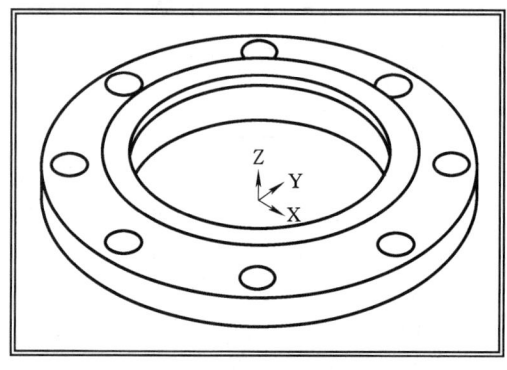

图7-49 拉伸创建实体

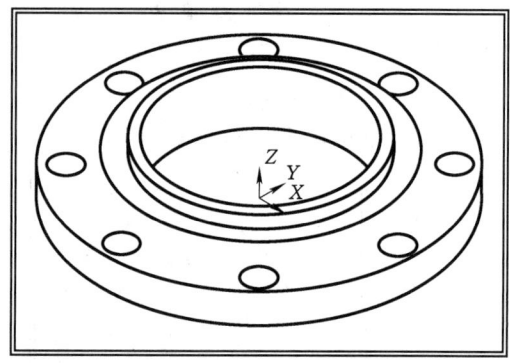

图7-50 拉伸创建实体

（9）执行并集命令，对创建的实体对象进行并集运算，选择"灰度"视觉样式，效果如图7-44所示。

【例7-5】 根据图7-51所示视图，绘制三通管的三维实体模型。

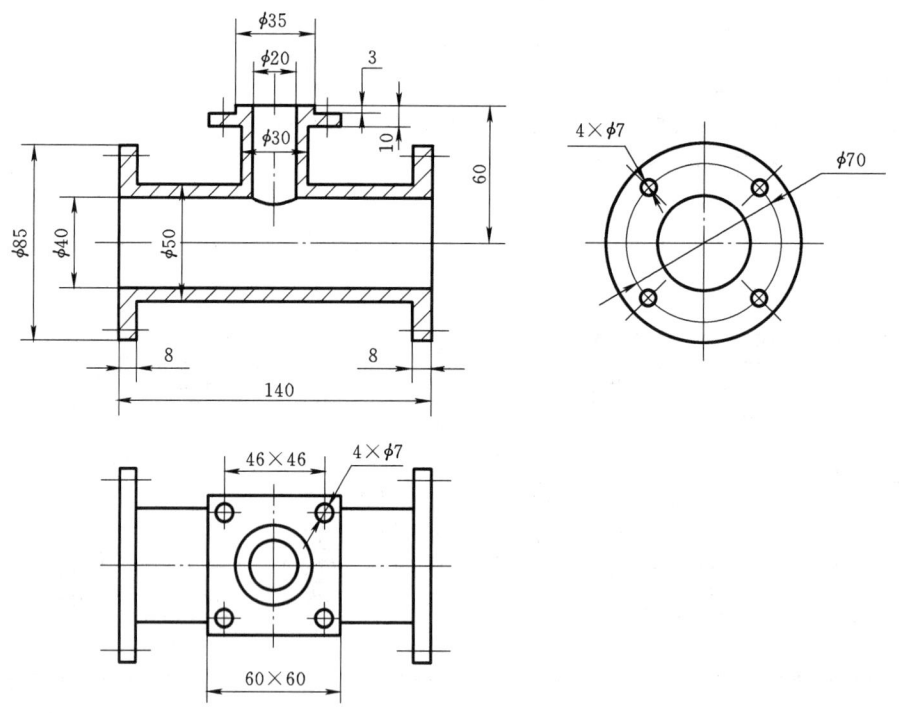

图7-51 三通管视图

绘图步骤如下：

（1）单击菜单栏中的"文件"→"新建"命令，采用系统默认设置新建一文件。

（2）单击菜单栏中的"视图"→"三维视图"→"西南等轴测"命令，设置西南等轴测视图。

(3) 单击菜单栏中的"工具"→"正交 UCS"→"左视"命令,将绘图平面设置成侧平面。

(4) 单击菜单栏中的"绘图"→"建模"→"圆柱体"命令,以坐标原点为圆心绘制3个圆柱,直径分别为85、50、40,高度分别为8、140、140。

(5) 单击菜单栏中的"绘图"→"建模"→"圆柱体"命令,以(35＜45)为圆心,绘制直径为7、高度为8的圆柱。

(6) 单击菜单栏中的"修改"→"阵列"命令,以(0,0)为阵列中心,将直径为7的圆柱环形阵列4个,如图7-52(a)所示。

(7) 单击菜单栏中的"工具"→"正交 UCS"→"俯视"命令,将绘图平面设置成水平面。

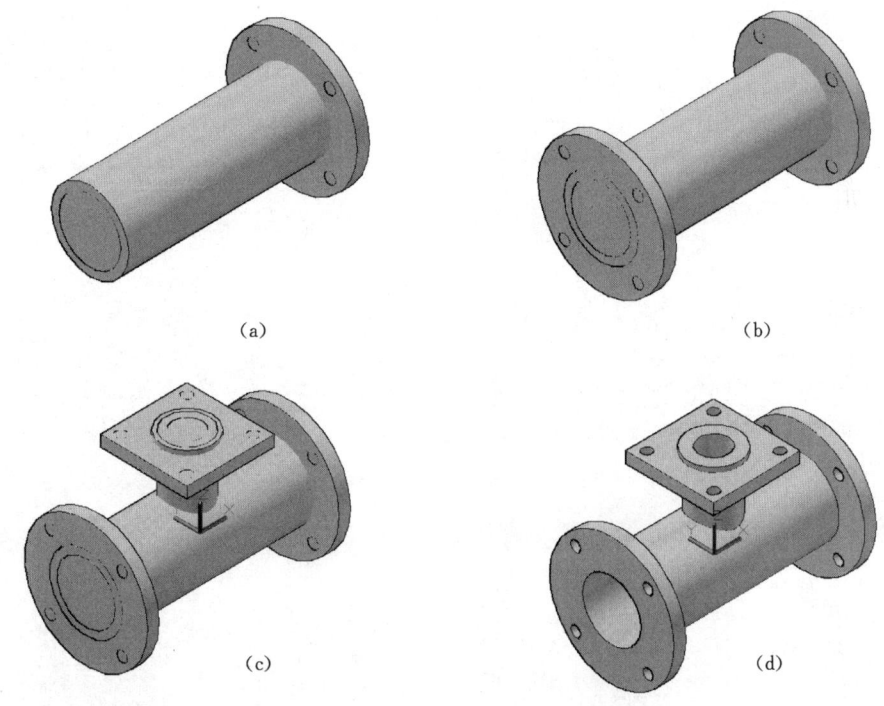

图7-52 三通管绘图步骤

(8) 单击菜单栏中的"修改"→"复制"命令,将图形右端的5个圆柱,沿着当前坐标系的 X 轴负方向复制,距离为132,如图7-52(b)所示。

(9) 单击菜单栏中的"工具"→"移动 UCS"命令,将坐标系原点移至(-70,0)处。

(10) 单击菜单栏中的"绘图"→"建模"→"圆柱体"命令,以坐标原点为圆心绘制两个圆柱,直径分别为30、20,高度为60。

(11) 单击菜单栏中的"绘图"→"建模"→"长方体"命令,以(-30,-30,50)为角点绘制长60、宽60、高7的长方体。

(12) 单击菜单栏中的"绘图"→"建模"→"圆柱体"命令,以(0,0,57)为圆心绘制直径为35、高为3的圆柱。

（13）单击菜单栏中的"绘图"→"建模"→"圆柱体"命令，以（-23，-23，50）为圆心绘制直径为7、高为7的圆柱。

（14）单击菜单栏中的"修改"→"阵列"命令，将直径为7的圆柱矩形阵列两行、两列，行偏移、列偏移为46，如图7-52（c）所示。

（15）单击菜单栏中的"修改"→"实体编辑"→"差集"命令，以直径为85、50、30、35的5个圆柱和长方体作为要从中减去的实体集，以直径为40、20和7的14个圆柱作为要减去的实体集，通过减操作合并选定实体，完成三通管的绘制，如图7-52（d）所示。

项目五　三维实体的编辑

创建实体模型后，可以通过圆角、倒角、剖切等操作，修改模型的外观；也可以编辑实体模型的面、边或体等。用户还可以使用三维编辑命令，在三维空间中复制、镜像及旋转三维对象。

任务一　三维移动

1. 功能

三维移动是 AutoCAD 2012 中新增加的功能，使用该命令可以在三维空间中任意移动选中的对象。

2. 命令格式

（1）单击图标。⊕位于"建模"工具栏中。

（2）下拉菜单。单击菜单栏中的"修改"→"三维操作"→"三维移动"命令。

（3）由键盘输入命令。输入 3dmove↙。

选择上述任一方式执行后，命令行提示：

命令:_3dmove

选择对象：（选择要移动的对象）

选择对象：（按 Enter 键结束对象选择）

指定基点或 [位移(D)] <位移>：（指定移动基点）

指定第二个点或 <使用第一个点作为位移>：（指定移动目标点）

执行三维移动命令后，用户必须指定一个基点和一个目标点才能移动三维对象。在移动三维对象时，用户还可以将选定的对象锁定在坐标轴或坐标平面上进行移动。

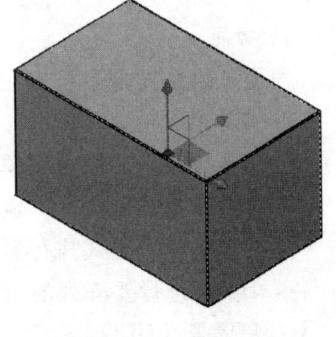

图 7-53　三维移动

提示：在三维视图中，显示三维移动小控件以帮助在指定方向上按指定距离移动三维对象。显示三维移动小控件以帮助在指定方向上按指定距离移动三维对象，如图 7-53 所示。

任务二　三维旋转

1. 功能

使用三维旋转命令可以使对象绕三维空间中的 X 轴、Y 轴或 Z 轴旋转任意角度。使用三维旋转小控件，用户可以自由旋转选定的对象和子对象，或将旋转约束到轴。

2. 命令格式

（1）下拉菜单。单击菜单栏中的"修改"→"三维操作"→"三维旋转"命令。

（2）由键盘输入命令。输入 rotate3d↙。

选择上述任一方式执行后，命令行提示：

命令:_3drotate

UCS 当前的正角方向:ANGDIR＝逆时针 ANGBASE＝0（系统提示）

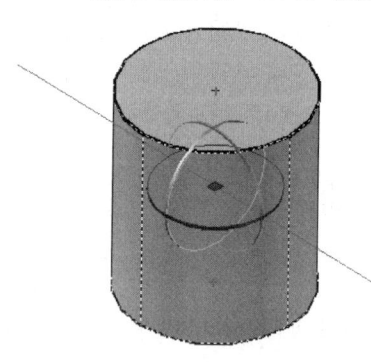

选择对象：（选择需要旋转的对象）

选择对象：（按 Enter 键结束对象选择）

指定基点：（指定对象上的基点）

拾取旋转轴：（捕捉旋转轴）

指定角的起点：（指定三维旋转的起点）

指定角的端点：（指定三维旋转的终点）

提示：执行三维旋转命令并选中要旋转的对象后，系统会显示图 7-54 所示的三维旋转图标，移动鼠标到该图标附近，单击并选中该图标中的轴句柄（带颜色的圆环，分别用于表示 X 轴、Y 轴和 Z 轴），即可指定旋转轴，然后输入旋转角度，即可按指定的设置在三维空间中旋转选定的对象。

图 7-54 三维旋转图标

任务三 三 维 阵 列

1. 功能

使用三维阵列命令可以在三维空间中以环形阵列或矩形阵列的方式复制对象。

2. 命令格式

（1）下拉菜单。单击菜单栏中的"修改"→"三维操作"→"三维阵列"命令。

（2）由键盘输入命令。输入 3darray↙。

选择上述任一方式执行后，命令行提示：

选择对象：（选择要阵列的对象）↙

输入阵列类型[矩形(R)/环形(P)]：

3. 选项说明

（1）矩形阵列。在行（X 轴）、列（Y 轴）和层（Z 轴）矩形阵列中复制对象。一个阵列必须具有至少两个行、列或层。在输入阵列类型[矩形(R)/环形(P)]：提示下，执行"矩形(R)"选项，即进行矩形阵列，命令行提示：

输入行数(---)：（输入阵列的行数）

输入列数(|||)：（输入阵列的列数）

输入层数(…)：（输入阵列的层数）

指定行间距(---)：（输入行间距）

指定列间距(|||)：（输入列间距）

指定层间距(…)：（输入层间距）

按提示依次操作后，AutoCAD 将所选对象按指定的行、列、层实现阵列。例如，将一半径为 30、高度为 10 的圆柱，以行间距 100、列间距 80、层间距 50，矩形阵列成 2 行、4 列、2 层，如图 7-55 所示。

注意：在矩形阵列中，行、列、层分别沿当前 UCS 的 X、Y、Z 轴方向阵列。当命令行提示输入沿某方向的间距值时，可以输入正值，也可以输入负值。输入正值，将沿相应坐标轴的正方向阵列；否则，沿负方向阵列。

图 7-55 三维阵列中的矩形阵列

（2）环形阵列。绕旋转轴复制对象。在输入阵列类型[矩形(R)/环形(P)]:提示下，执行"环形（P）"选项，即进行环形阵列，命令行提示：

输入阵列中的项目数目：（输入阵列的项目个数）

指定要填充的角度(+＝逆时针,-＝顺时针)<360>：（输入环形阵列的填充角度）

旋转阵列对象？[是(Y)/否(N)]<是>：（要求用户确定在阵列对象时是否使对象发生对应的旋转。响应该提示后，命令行提示）

指定阵列的中心点：（确定阵列的中心点位置）

指定旋转轴上的第二点：（确定阵列旋转轴上的另一点）

按提示执行操作后，AutoCAD 将所选对象按指定要求进行阵列。

【例 7-6】 试用"三维阵列"命令中的环行阵列法，根据图 7-56（a），完成图 7-56（b）所示图形。

绘图步骤如下：

（1）单击菜单栏中的"修改"→"三维操作"→"三维阵列"命令，并在选择对象:提示下选择图 7-56（a）中的耳架。

（2）在输入阵列类型[矩形(R)/环形(P)]<矩形>:提示下输入 p，选择环形阵列复制方式。

（3）在输入阵列中的项目数目:提示下，输入阵列的项目个数为 3。

（4）在指定要填充的角度(+＝逆时针,-＝顺时针)<360>:提示下，按 Enter 键。

（5）在旋转阵列对象？[是(Y)/否(N)]<是>:提示下，按 Enter 键。

（6）在指定阵列的中心点:和指定旋转轴上的第二点:提示下，分别捕捉圆柱两端的圆心，以它们的连线为轴，旋转复制耳架。

（7）单击菜单栏中的"修改"→"实体编辑"→"并集"命令，对所有对象求并集。

（8）单击菜单栏中的"视图"→"视觉样式"命令，对图形做"灰色"处理，即可得到图 7-56（b）所示效果图。

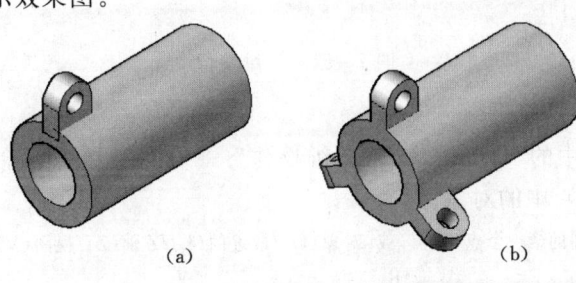

(a)   (b)

图 7-56 三维阵列中的环形阵列

任务四 三维镜像

1. 功能

可以将选定的对象相对于某一平面进行镜像。

2. 命令格式

(1) 下拉菜单。单击菜单栏中的"修改"→"三维操作"→"三维镜像"命令。

(2) 由键盘输入命令。输入 Mirror3d↙。

选择上述任一方式执行后,命令行提示:

选择对象:(选择要镜像的对象)↙

指定镜像平面(三点)的第一个点或[对象(O)/最近的(L)/Z轴(Z)/视图(V)/XY平面(XY)/YZ平面(YZ)/ZX平面(ZX)/三点(3)]<三点>:

3. 选项说明

(1) 三点 (3)。通过3个点定义镜像平面。如果通过指定一点选择此选项,命令行将不再显示"在镜像平面上指定第一点:"的提示。通过三点确定镜像平面,为默认项。

(2) 对象 (O)。使用选定对象所在平面作为镜像平面。

(3) 最近的 (L)。相对于最后定义的镜像平面,对选定的对象进行镜像处理。

(4) Z轴 (Z)。根据平面上的一个点和平面法线上的一个点定义镜像平面。

(5) 视图 (V)。用与当前视图平面平行的平面作为镜像平面。

(6) XY平面 (XY)、YZ平面 (YZ)、ZX平面 (ZX)。这3项分别表示将与当前UCS 的 XY、YZ、ZX 平面平行的平面,作为镜像平面。

【例7-7】 试用"三维镜像"命令,根据图7-57(a),完成图7-57(b)所示的图形。

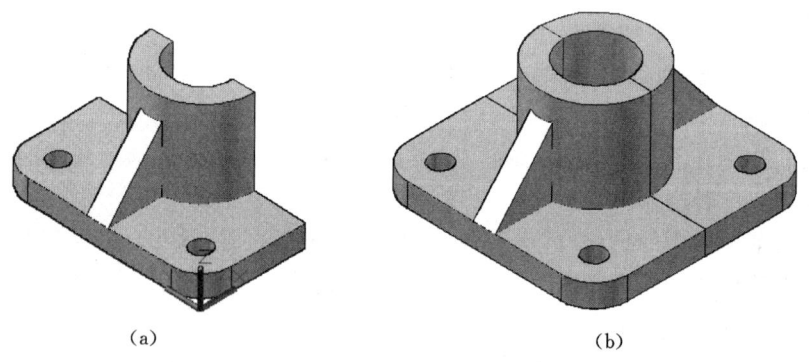

(a)　　　　　　　　　　(b)

图7-57 三维镜像

绘图步骤如下:

(1) 单击菜单栏中的"修改"→"三维操作"→"三维镜像"命令,在选择对象:提示下,选择图7-57 (a) 中的对象。

(2) 在指定镜像平面的第一个点(三点)或[对象(O)/最近的(L)/Z轴(Z)/视图(V)/XY平面(XY)/YZ平面(YZ)/ZX平面(ZX)/三点(3)]<三点>:提示下,输入 yz。

（3）在指定YZ平面上的点<0,0,0>:提示下，捕捉大圆柱的圆心，以过该点且与YZ平面平行的平面（即左右对称平面）作为镜像平面。

（4）在是否删除源对象?[是(Y)/否(N)]<否>:提示下，按Enter键，表示在镜像的同时不删除源对象。

（5）单击菜单栏中的"修改"→"实体编辑"→"并集"命令，对实体做并集运算，即可得到图7-57（b）所示图形。

任务五 三 维 对 齐

1. 功能

使用三维对齐命令可以按指定的源点和目标点对齐选定的三维对象。

2. 命令格式

（1）下拉菜单。单击菜单栏中的"修改"→"三维操作"→"三维对齐"命令。

（2）由键盘输入命令。输入3dalig↙。

选择上述任一方式执行后，命令行提示：

命令:_3dalign

选择对象:（选择要对齐的对象）

选择对象:（按Enter键结束对象选择）

指定源平面和方向...（系统提示）

指定基点或[复制(C)]:（指定对象上的基点）

指定第二个点或[继续(C)]<C>:（指定对象上的第二个源点）

指定第三个点或[继续(C)]<C>:（指定对象上的最后一个源点）

指定目标平面和方向...（系统提示）

指定第一个目标点:（指定第一个目标点）

指定第二个目标点或[退出(X)]<X>:（指定第二个目标点）

指定第三个目标点或[退出(X)]<X>:（指定第三个目标点）

使用三维对齐命令时需要指定3个源点和3个目标点，这样才能准确地对齐选中的三维对象，选定对象从源点"1"移到目标点"2"；选定对象"1"和"3"旋转，并与目标对象"2"和"4"对齐；选定对象"3"和"5"旋转，并与目标对象"4"和"6"对齐。图7-58所示为三维对齐的效果。

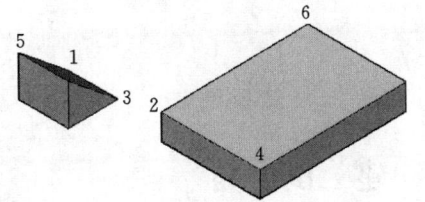
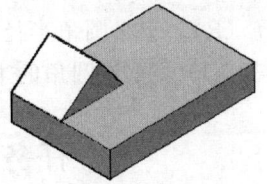

图7-58 三维对齐效果

任务六 创 建 圆 角

1. 命令格式

(1) 单击图标。位于"修改"工具栏中。

(2) 下拉菜单。单击菜单栏中的"修改"→"圆角"命令。

(3) 由键盘输入命令。输入 Fillet↙。

选择上述任一方式执行后，命令行提示：

当前设置：模式＝修剪，半径＝0.000

选择第一个对象或[多段线(P)/半径(R)/修剪(T)/多个(U)]：（选择实体上要修圆角的边）

输入圆角半径＜当前＞：（输入圆角半径）↙。

选择边或[链(C)/半径(R)]：

2. 选项说明

(1) 选择边。选择要修圆角的边。在此提示下，可以连续选择所需的单个边，直到按 Enter 键为止，AutoCAD 将对它们修出圆角。

(2) 链 (C)。选择连续相切的边。执行该选项后，命令行提示：

选择边链或[边(E)/半径(R)]：

1) 边链。如果要修圆角的多条边彼此首尾相切，此时选择其中的一条，其余边均被选中。如图 7-59（a）所示，如果选中了长方体顶部的一条边，则顶部上所有相切的边都被选中。AutoCAD 对它们进行修圆角操作，结果如图 7-59（b）所示。此外，用户也可以在该提示下依次选择多条边进行修圆角。

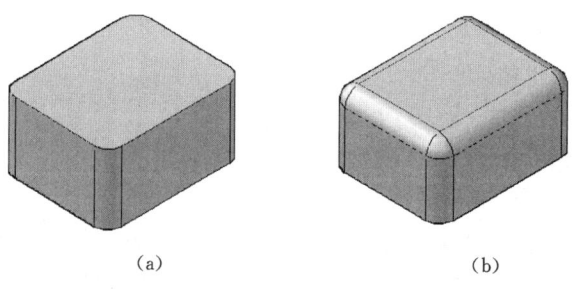

(a)　　　　　　　　　　(b)

图 7-59　三维实体修圆角

2) 边 (E)。切换到单边选择模式。

3) 半径 (R)。定义圆角半径。

(3) 半径 (R)。重设圆角的半径。

任务七 创 建 倒 角

1. 命令格式

(1) 单击图标。位于"修改"工具栏中。

(2) 下拉菜单。单击菜单栏中的"修改"→"倒角"命令。

(3) 由键盘输入命令。输入 Chamfer↙。

选择上述任一方式执行后，命令行提示：

(｜修剪｜模式)当前倒角距离1=0.0000,距离2=0.0000

选择第一条直线或[多段线(P)/距离(D)/角度(A)/修剪(T)/方式(M)/多个(U)]：（如果选定三维实体的一条边，则该边所在的面将以虚线形式显示。命令行继续提示）

基面选择…

输入曲面选择选项[下一个(N)/当前(OK)]<当前>：[要求用户指定与此边相邻两个表面中的一个为基准表面。如果选择当前以虚线形式显示的面为基面，则直接按 Enter 键。若执行"下一个（N）"选项，那么另一个面将以虚线形式显示，表示将该面作为倒角基面。确定基面后，命令行继续提示]

指定基面的倒角距离<当前>：（输入基面上的倒角距离）

指定其他曲面的倒角距离<当前>：（输入与基面相邻的另一面上的倒角距离）

选择边或[环(L)]：

2. 选项说明

(1) 选择边。对基面上的指定边倒角，为默认项。可以指定多条边，直到按 Enter 键为止。

(2) 环（L）。对基面上的各边均倒角。执行该选项后，命令行提示：

选择边环或[边(E)]：

1) 边环。选择基面上的所有边。在该提示下选择基面上的一条边，即可实现对该面上的各边倒角，如图 7-60 所示。

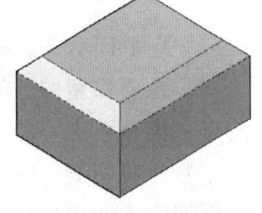

图 7-60　三维实体倒角

2) 边（E）。切换到"边"模式。

任务八　剖　切　三　维　实　体

使用 SLICE 命令，可以用平面剖切实体并移去指定部分，从而创建新的实体。

1. 命令格式

(1) 下拉菜单。单击菜单栏中的"修改"→"三维操作"→"剖切"命令。

(2) 由键盘输入命令。输入 Slice↙。

选择上述任一方式执行后，命令行提示：

选择对象：（选择要剖切的实体对象）↙

选择对象：按 Enter 键结束对象选择

指定切面的起点或 [平面对象(O)/曲面(S)/Z 轴(Z)/视图(V)/XY(XY)/YZ(YZ)/ZX(ZX)/三点(3)]<三点>：（指定切面上的第一个点）

指定平面上的第二个点：（指定切面上的第二个点）

指定平面上的第三个点：（指定切面上的第三个点）

在要保留的一侧指定点或 [保留两侧(B)]：（指定要保留的一侧实体）

2. 选项说明

（1）三点（3）。用三点定义剖切平面。如果通过指定切面上的第一个点选择此选项，命令行将不再显示"指定平面上的第一个点："的提示。通过三点确定剖切平面，为默认项。

（2）平面对象（O）。将指定对象所在的平面作为剖切面。

（3）Z轴（Z）。通过平面上指定一点，在平面的Z轴（法线）上指定另一点来定义剖切平面。

（4）视图（V）。将剖切平面与当前视图平面对齐。指定一点可定义剖切平面的位置。

（5）XY平面（XY）/YZ平面（YZ）/ZX平面（ZX）。将剖切平面与当前用户坐标系（UCS）的XY平面、YZ平面或ZX平面对齐。指定一点，可定义剖切平面的位置。

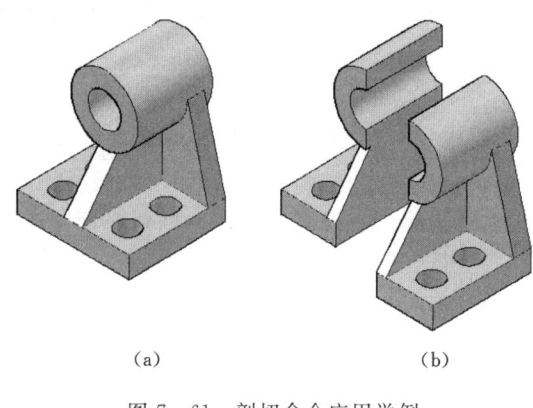

（a）　　　　　　（b）

图7-61　剖切命令应用举例

（6）在要保留的一侧指定点。选择此命令选项，定义一点从而确定图形将保留剖切实体的哪一侧，该点不能位于剪切平面上。

（7）保留两侧（B）。选择此选项，将剖切实体的两侧均保留。

剖切实体的效果如图7-61所示。

任务九　加　厚　实　体

1. 功能

以指定的厚度将曲面转换为三维实体。用两个或多个实体的交集生成一个新实体，并保留原实体。

2. 命令格式

（1）下拉菜单。单击菜单栏中的"修改"→"三维操作"→"加厚"命令。

（2）由键盘输入命令。输入Thicken↙。

选择上述任一方式执行后，命令行提示：

选择要加厚的曲面：（选择要加厚的曲面）

选择要加厚的曲面：（按Enter键结束对象选择）

指定厚度＜0.0000＞：（输入厚度值）

加厚实体的效果如图7-62所示。

提示：创建复杂的三维曲线式实体

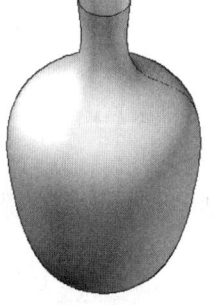 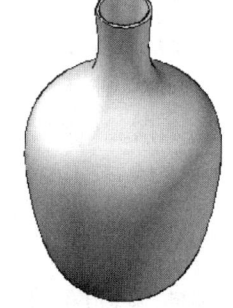

（a）原始图形　　　　　　（b）效果

图7-62　加厚实体

的一种有用方法是：首先创建一个曲面，然后通过加厚将其转换为三维实体。最初，默认厚度值为 0。在绘图任务中，厚度的默认值是先前输入的厚度值。如果选择要加厚某个网格面，则可以先将该网格对象转换为实体或曲面，然后再完成此操作。

任务十　修改三维实体的面、边和体

使用 Solidedit 命令可以编辑实体对象，对它的面进行拉伸、移动、旋转、偏移、倾斜、复制、着色、删除等操作，还可修改边的颜色或复制独立的边，以及对体进行分割、抽壳、压印、清除等操作。

1. 命令格式

（1）单击图标。图标位于"实体编辑"工具栏中（图 7 - 63）。

图 7 - 63　实体编辑工具栏

（2）下拉菜单。单击菜单栏中的"修改"→"实体编辑"→"…"命令。

（3）由键盘输入命令。输入 solidedit↙。

选择上述任一方式执行后，命令行提示：

实体编辑自动检查:SOLIDCHECK=1

输入实体编辑选项[面(F)/边(E)/体(B)/放弃(U)/退出(X)]<退出>：（输入选项或↙）

2. 选项说明

（1）面（F）。编辑三维实体面，可用操作包括拉伸、移动、旋转、偏移、倾斜、删除、复制或更改选定面的颜色。执行该选项后，命令行提示：

输入面编辑选项：

[拉伸(E)/移动(M)/旋转(R)/偏移(O)/倾斜(T)/删除(D)/复制(C)/着色(L)/放弃(U)/退出(X)]<退出>：（输入选项或↙）

1）拉伸（E）。将选定三维实体对象的面，拉伸到指定的高度或沿一路径拉伸。一次可以选择多个面。

2）移动（M）。沿指定的高度或距离，移动选定三维实体对象的面。AutoCAD 只移动选定的面，而不改变其方向。使用该选项，可以方便地移动三维实体上的孔。

3）旋转（R）。绕指定的轴旋转一个面、多个面或实体的某些部分。

4）偏移（O）。按指定的距离，将面均匀地偏移。

5）倾斜（T）。按一个角度将面进行倾斜。倾斜角度的旋转方向由选择基点和第二点的顺序决定。

6）删除（D）。删除面，包括实体对象上的圆角和倒角。

7）复制（C）。复制三维实体对象上的面。将实体对象上的面复制为面域或体。

8）着色（L）。修改实体对象上面的颜色。在选定面之后，AutoCAD 显示"选择颜色"对话框。在该对话框中指定某一种颜色后，单击 确定 按钮即完成操作。

9）放弃（U）。放弃操作，一直返回到 Solidedit 命令的开始状态。

10) 退出 (X)。退出面编辑选项并显示"输入实体编辑选项"提示。

(2) 边 (E)。通过修改边的颜色或复制独立的边来编辑三维实体对象。

(3) 体 (B)。编辑整个实体对象，方法是在实体上压印其他几何图形，将实体分割为独立实体对象，以及抽壳、清除或检查选定的实体。

(4) 放弃 (U)。放弃编辑操作。

(5) 退出 (X)。退出 Solidedit 命令。

【例 7-8】 通过修改三维实体的面，将图 7-64 (a) 中的实体，修改如图 7-64 (b) ~(e) 所示形状。

操作步骤如下：

(1) 单击菜单栏中的"修改"→"实体编辑"→"拉伸面"命令，选取图 7-64 (a) 中实体的顶面，指定正的拉伸高度，得到图 7-64 (b) 所示图形。

(2) 单击菜单栏中的"修改"→"实体编辑"→"移动面"命令，选取图 7-64 (a) 中的圆柱面，捕捉底面圆心为基点，捕捉长方体底边中点为位移的第二点，得到图 7-64 (c) 所示图形。

(3) 单击菜单栏中的"修改"→"实体编辑"→"偏移面"命令，选取图 7-64 (a) 中的圆柱面，指定正的偏移距离，得到图 7-64 (d) 所示图形。

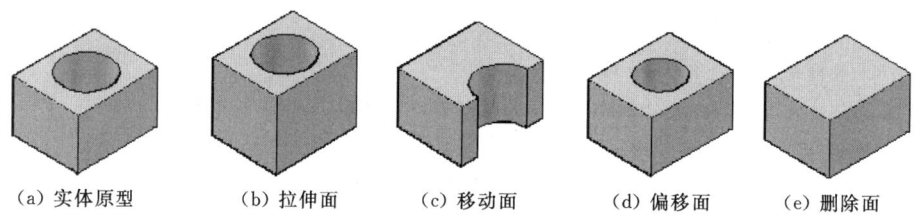

(a) 实体原型　　(b) 拉伸面　　(c) 移动面　　(d) 偏移面　　(e) 删除面

图 7-64　修改三维实体的面

(4) 单击菜单栏中的"修改"→"实体编辑"→"删除面"命令，选取图 7-64 (a) 中的圆柱面，按 Enter 键确认，得到图 7-64 (e) 所示图形。

项目六 零部件的绘制

本项目通过常见机械零部件的绘制,介绍 AutoCAD 三维绘图与编辑功能的综合应用。

任务一 零件的绘制

【例 7 - 9】 按照图 7 - 65 所示轴的平面图形,绘制轴的三维模型。

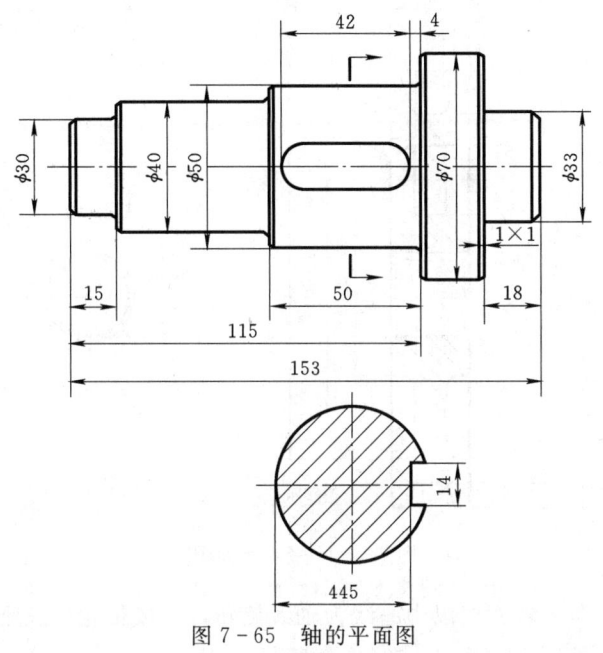

图 7 - 65 轴的平面图

绘图步骤如下:

(1) 根据轴的平面图形,绘制轴的截面轮廓及键槽的轮廓,并将轴和键槽的轮廓图形转换成面域,如图 7 - 66 (a) 所示。

(2) 用 Revolve 命令将轴的截面轮廓以中心线为轴线,旋转生成轴的三维模型,并将视图设置成"西南等轴测"视图。

(3) 将键槽轮廓沿 Z 轴向上移动 25,再用 Extrude 命令向下拉伸 5.5,最后用布尔减运算生成键槽,如图 7 - 66 (b) 所示。

【例 7 - 10】 按照图 7 - 67 所示带轮的平面图形,绘制带轮的三维模型。

绘图步骤如下:

(1) 根据带轮的平面图形,绘制其截面轮廓,并将带轮的轮廓图形转换成面域,如图 7 - 68 (a) 所示。

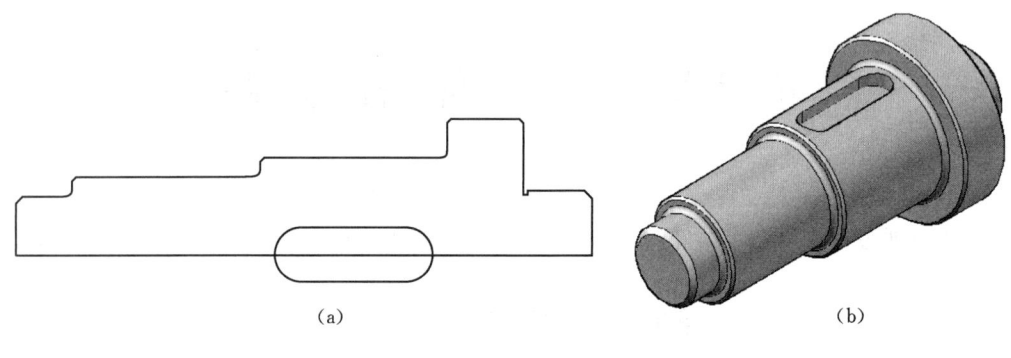

图 7-66 轴

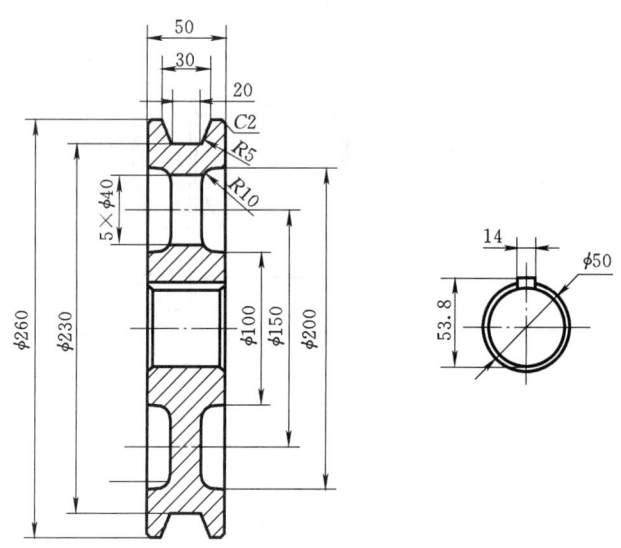

图 7-67 带轮平面图

（2）用 Revolve 命令将面域以中心线为轴线旋转，生成带轮的三维模型，并将视图设置成"西南等轴测"视图，如图 7-68（b）所示。

（3）将用户坐标系设置成正交 UCS 中的"左视"，并将坐标系原点设置在带轮左端中心处，以（-7，0）为角点，以（7，28.8，-50）为另一角点，绘制一长方体，再用布尔减运算生成键槽。

（4）以（0，75）为圆心绘制直径为 40、高为-50 的圆柱，用阵列命令将所画圆柱沿圆周方向环形阵列 5 个，再用布尔减运算生成 5 个均布圆孔，完成带轮三维模型的绘制，如图 7-68（c）所示。

【例 7-11】 按照图 7-69（a）所示普通平键的平面图形，绘制普通平键的三维模型。
操作步骤如下：

（1）根据图 7-69（a）所示键的平面图形，用多段线命令绘制其截面轮廓。

（2）将键的平面图形拉伸 9 个单位生成键的三维模型，如图 7-69（b）所示。

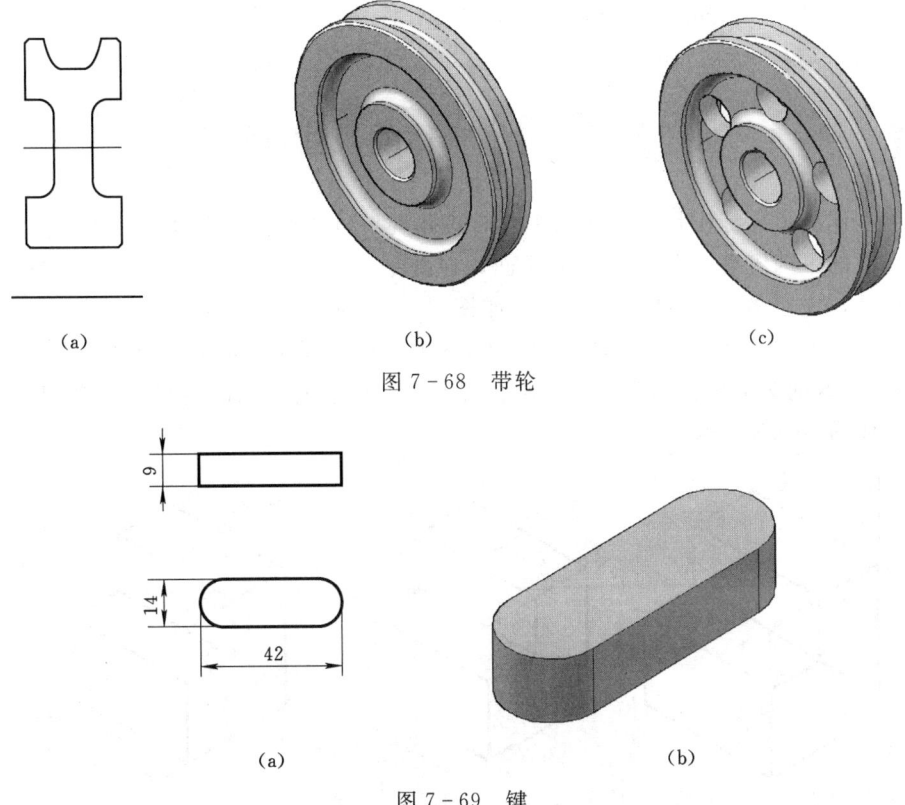

图 7-68 带轮

图 7-69 键

任务二 部件的绘制

【例 7-12】 用上述绘制好的轴、带轮及键的三维模型，根据装配关系将它们组合在一起，绘制出如图 7-69 所示的爆炸图和轴测剖视图。

(1) 用 Align 或 Move 命令，将轴、带轮、键三者装配在一起，并复制一份三维装配图，用 Slice 命令将带轮剖切开后，保留后半部，如图 7-70（a）所示。

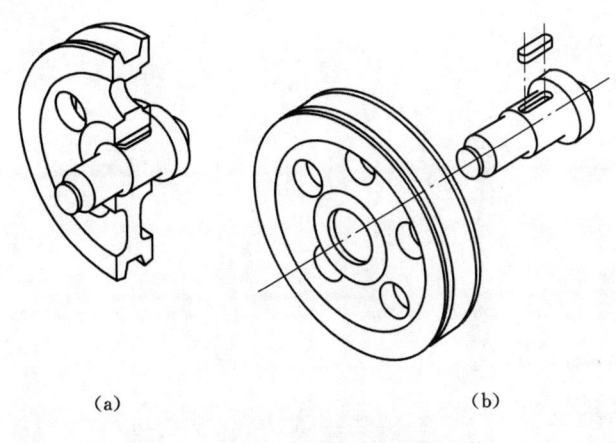

图 7-70 轴、带轮和键的装配体

（2）将三维装配图中的轴和键沿着 X 轴向右移动，再将键沿着 Z 轴向上移动，如图 7-70（b）所示。

任务三　三维实体的尺寸标注

三维实体的尺寸标注是以平面标注的形式体现。具体做法：利用 UCS 命令，将三维实体要标注的平面定义为 UCS 的 XOY 面，在此平面上利用二维标注的尺寸方法标注三维实体尺寸，文字的注写同尺寸标注，如图 7-71 所示。注意：尺寸标注平面必须是 UCS 的 XOY 平面。尺寸的数字的方向与 UCS 的 Z 向有联系，请使用合适的 UCS 的 Z 方向，一般 UCS 的 Z 方向指向观察者，则在观察者的位置所看到的为尺寸的合理标注，如图 7-72 和图 7-73 所示。

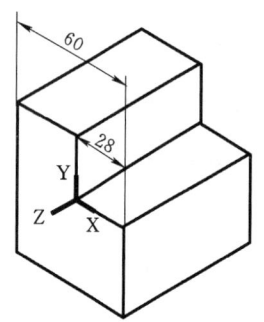 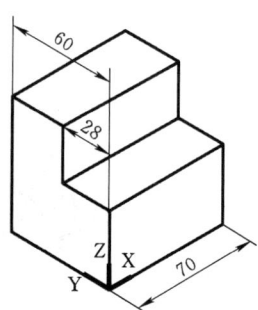 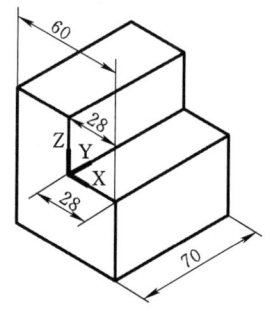

图 7-71　二维标注的尺寸方法　　图 7-72　Z 方向背向时的尺寸标注　　图 7-73　Z 方向正向时的尺寸标注

项目七 三维图形的渲染

创建三维实体后,为了进一步获得逼真的模型图像,用户可以对实体对象使用视觉样式和渲染处理,增加色泽感。

任务一 消 隐

消隐处理是在屏幕上消除三维模型的隐藏线,使图形显示更加清晰,但不能编辑消隐后的视图。

命令格式如下:

(1) 下拉菜单。单击菜单栏中的"视图"→"消隐"命令。

(2) 由键盘输入命令。输入 hide✓。

选择上述任一方式执行后,AutoCAD 重生成三维模型,此时的模型不显示隐藏线。实体消隐前后的效果如图 7-74 所示。

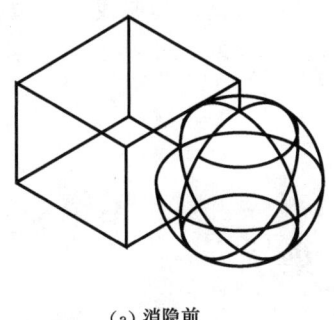

(a) 消隐前   (b) 消隐后

图 7-74 三维实体消隐前后的效果

任务二 视 觉 样 式

视觉样式控制边的显示和视口的着色。可通过更改视觉样式的特性控制其效果。

1. 命令格式

(1) 下拉菜单。单击菜单栏中的"视图"→"视觉样式"→"…"命令。

(2) 由键盘输入命令。输入 Vscurrent✓。

选择上述任一方式执行后,命令行提示:

命令:VSCURRENT

输入选项 [二维线框(2)/线框(W)/隐藏(H)/真实(R)/概念(C)/着色(S)/带边缘着色(E)/灰度(G)/勾画(SK)/X

射线(X)/其他(O)]＜隐藏＞：

2．选项说明

（1）二维线框。通过使用直线和曲线表示边界的方式显示对象，是默认的视觉样式。

注意：光栅图像、OLE 对象、线型和线宽均可见。

（2）概念。使用平滑着色和古式面样式显示对象。古式面样式在冷暖颜色而不是明暗效果之间转换。效果缺乏真实感，但是可以更方便地查看模型的细节。

（3）消隐。使用线框表示法显示对象，而隐藏表示背面的线。

（4）真实。使用平滑着色和材质显示对象。

（5）着色。使用平滑着色显示对象。

（6）带边缘着色。使用平滑着色和可见边显示对象。

（7）灰度。使用平滑着色和单色灰度显示对象。

（8）勾画。使用线延伸和抖动边修改器显示手绘效果的对象。

（9）线框。通过使用直线和曲线表示边界的方式显示对象。

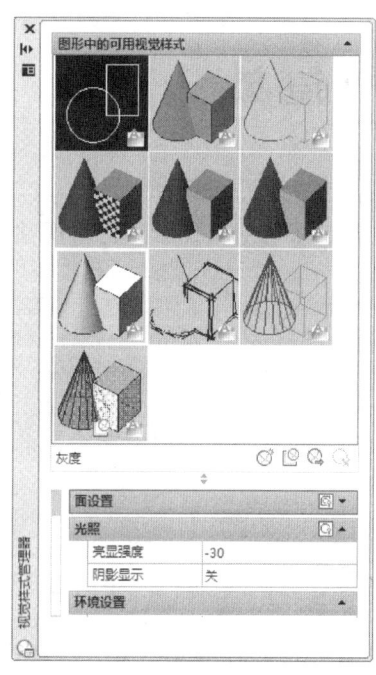

图 7-75 视觉样式管理器

（10）X 射线。以局部透明度显示对象。

3．视觉样式管理器

创建和修改视觉样式，如图 7-75 所示。

任务三　渲　　染

渲染是基于三维场景来创建二维平面图像。它使用已设置的光源、已应用的材质和环境设置（如背景和雾化），为场景的几何图形着色，如图 7-76 所示。

使用视觉样式只能预览三维模型的真实效果，而不能执行产生亮显、移动光源或添加光源的操作。要更全面地控制光源，必须使用渲染。AutoCAD 运用几何图形、光源和材质，将模型渲染为具有真实感的图像。渲染可使三维对象表面显示出明暗色彩和光照效果，用户可以对渲染进行各种设置，如设置光源、场景、材料、背景等。图 7-77 所示为"渲染"子菜单和"渲染"工具栏。

图 7-76 三维场景

项目七 三维图形的渲染

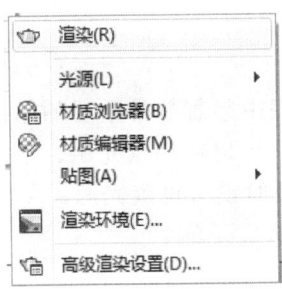

图7-77 "渲染"菜单命令和"渲染"工具栏

1. 材质浏览器和材质编辑器

在渲染对象时，使用材质可以增强模型的真实感。

（1）单击图标。 和 位于"渲染"工具栏中。

（2）下拉菜单。单击菜单栏中的"视图"→"渲染"→"材质浏览器"、"材质编辑器"命令。

（3）由键盘输入命令。输入 Materials↙。

选择上述任一方式执行后，弹出"材质"面板，如图7-78所示。在打开的选项板中可以创建并修改材质的设置。

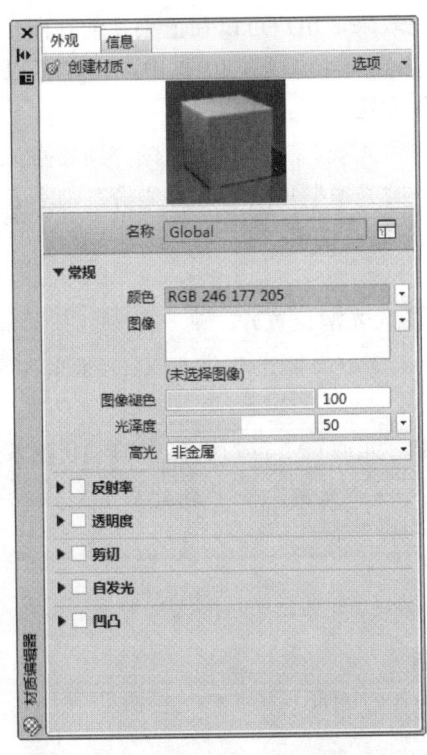

图7-78 "材质"面板

253

修改设置时,设置将与材质样例一起保存。所做更改将显示在材质样例预览中。再次渲染图形时,所做更改将应用于所有具有已更改材质的对象。

2. 设置光源和管理光源

光源直接反映了三维对象表面的光照情况,在渲染过程中起着非常重要的作用。在 AutoCAD 2010 中,用户不仅可以使用自然光(环境光),也可以使用点光源、平行光源及聚光灯光源。光源的设置直接影响渲染效果。如果在渲染时没有设置光源,AutoCAD 将使用默认光源。图 7-79 所示为"光源"下拉列表和"光源"子菜单。

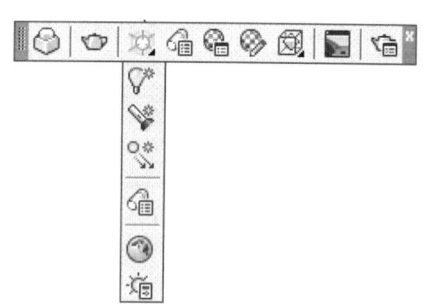
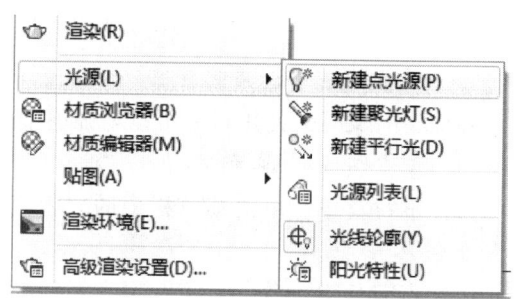

图 7-79 "光源"下拉列表和"光源"子菜单

为了更好地表现出光照对三维模型的影响效果,用户可以在渲染之前在图形中创建多个光源,以不同的形式对模型添加光照效果。在 AutoCAD 2012 中,用户可以创建的光源有点光源、聚光灯和平行光光源,具体操作方法如下:

(1) 创建点光源。单击"渲染"工具栏中"光源"下拉列表中的"新建点光源"按钮,或选择菜单栏中的"视图"→"渲染"→"光源"→"新建点光源"命令,命令行提示如下:

命令:_pointlight

指定源位置 <0,0,0>:(指定光源位置或直接输入光源位置)

输入要更改的选项[名称(N)/强度(I)/状态(S)/阴影(W)/衰减(A)/颜色(C)/退出(X)]<退出>:(按 Enter 键结束命令或选择设置其他选项)

(2) 创建聚光灯。单击"渲染"工具栏中"光源"下拉列表框中的"新建聚光灯"按钮,或选择菜单栏中的"视图"→"渲染"→"光源"→"新建聚光灯"命令,命令行提示如下:

命令:_spotlight

指定源位置 <0,0,0>:(指定光源位置)

指定目标位置 <0,0,-10>:(指定目标对象位置)

输入要更改的选项[名称(N)/强度(I)/状态(S)/聚光角(H)/照射角(F)/阴影(W)/衰减(A)/颜色(C)/退出(X)]:(按 Enter 键结束命令)

(3) 创建平行光。单击"渲染"工具栏中"光源"下拉列表中的"新建平行光"按钮,或选择菜单栏中的"视图"→"渲染"→"光源"→"新建平行光"命令,命令行提

项目七 三维图形的渲染

示如下：

命令：_distantlight

指定光源方向 FROM <0,0,0> 或 [矢量(V)]：（指定光源来的方向）

指定光源方向 TO <1,1,1>：（指定光源去的方向）

输入要更改的选项 [名称(N)/强度(I)/状态(S)/阴影(W)/颜色(C)/退出(X)] <退出>：（按 Enter 键退出命令）

（4）管理光源。当在图形中创建多个光源时，可以通过单击"渲染"工具栏中"光源"下拉列表中的"光源列表"按钮，或选择菜单栏中的"视图"→"渲染"→"光源"→"光源列表"命令，在打开的模型中的光源选项板中查看和管理所有光源，如图 7-80 所示。

3．设置贴图

贴图是指在渲染对象时将材质映射到对象上。AutoCAD 2012 中，贴图的方式有 4 种，分别为平面贴图、长方体贴图、柱面贴图和球面贴图，单击"渲染"工具栏中的"贴图"下拉列表框中的相应按钮，或选择"视图"→"渲染"→"贴图"菜单命令即可设置贴图方式，如图 7-81 所示。

图 7-80 "模型中的光源"选项板

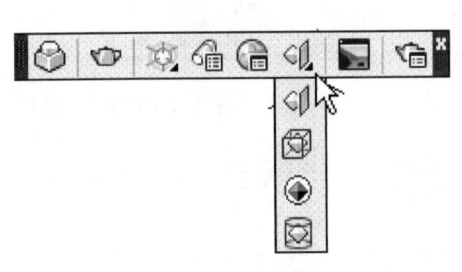 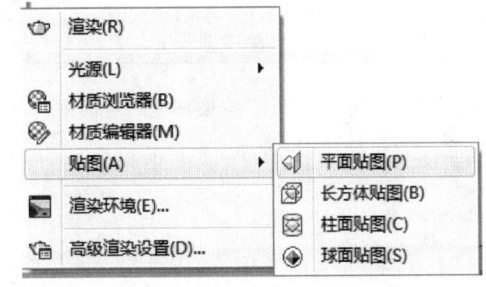

图 7-81 "贴图"下拉列表框和"贴图"菜单命令

4．渲染环境

渲染环境是指在渲染对象时进行的雾化和深度设置。

命令格式如下：

（1）单击图标。■位于"渲染"工具栏中。

（2）下拉菜单。单击菜单栏中的"视图"→"渲染"→"渲染环境"命令。

选择上述任一方式执行后，弹出如图 7-82 所示对话框，可以在该对话框中设置雾化和深度的参数。

5．设置高级渲染环境

高级渲染环境是对渲染环境更细化的设置。

（1）单击图标。位于"渲染"工具栏中。

255

（2）下拉菜单。单击菜单栏中的"视图"→"渲染"→"高级渲染设置"命令。

选择上述任一方式执行后，弹出如图 7-83 所示"高级渲染设置"面板。

在"选择渲染预设"下拉列表框中，可以选择预设的渲染类型，这时在参数区中可以设置该渲染类型的基本、光线跟踪、间接发光、诊断、处理等参数。

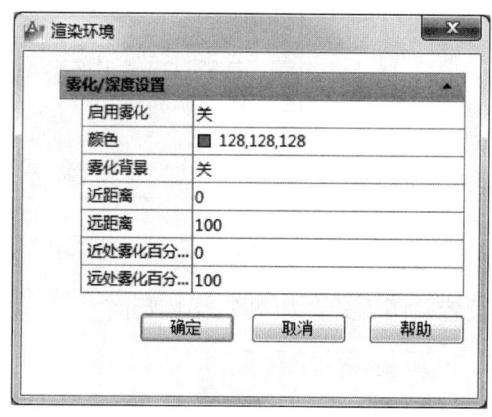

图 7-82　"渲染环境"对话框

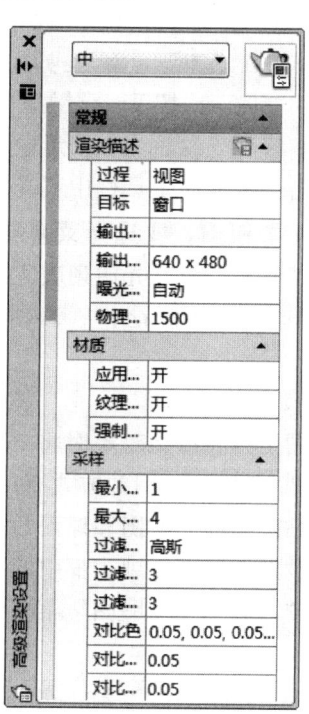

图 7-83　"高级渲染设置"面板

项目八 实 例 操 作

例：完成如图 7-84 所示的三维实体模型。

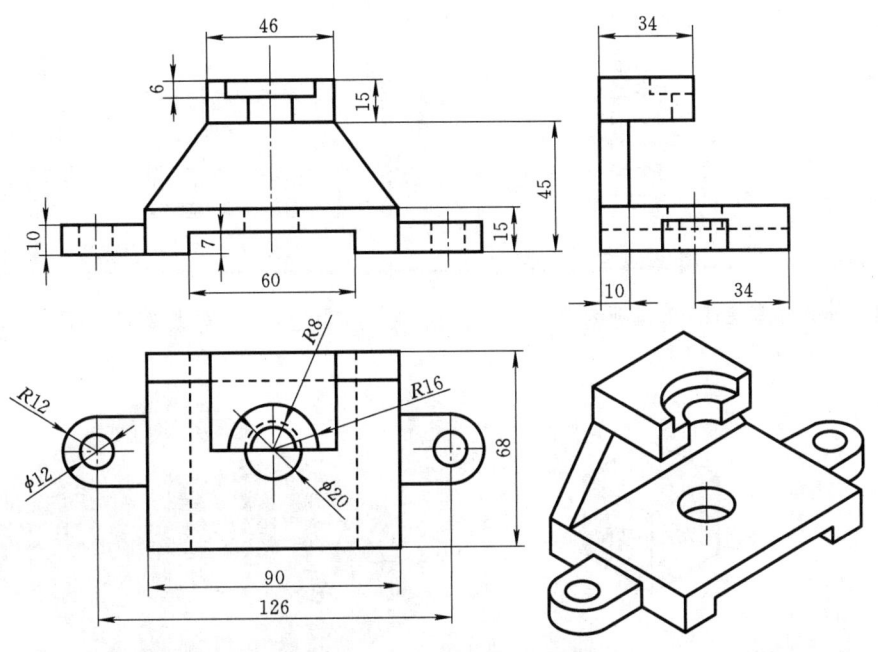

图 7-84 三维实体模型

1. 建立三维实体的绘图界面

执行"绘图"——"视口"——"新建视口"命令，建立名称为 S1 的新视口，具体设置如图 7-85 和图 7-86 所示。

CAD 的界面如图 7-87 所示，为三维绘图界面，西南等轴测。

2. 建立三维实体的底座长方形

执行的命令过程如下（使用世界坐标系）：

命令:_box
指定第一个角点或[中心(C)]:C,回车
指定中心：0,0,0
指定角点或[立方体(C)/长度(L)]:@45,34,回车
指定高度或[两点(2P)]<-8.0000>:15,回车

建立三维实体的底座长方形，结果如图 7-88 所示。

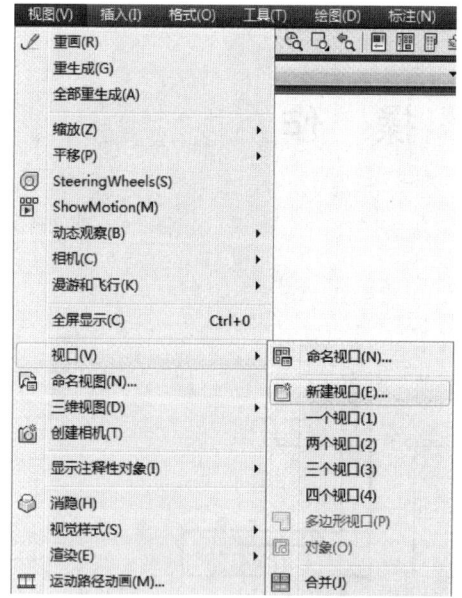

图 7-85 "新建视口"选项卡

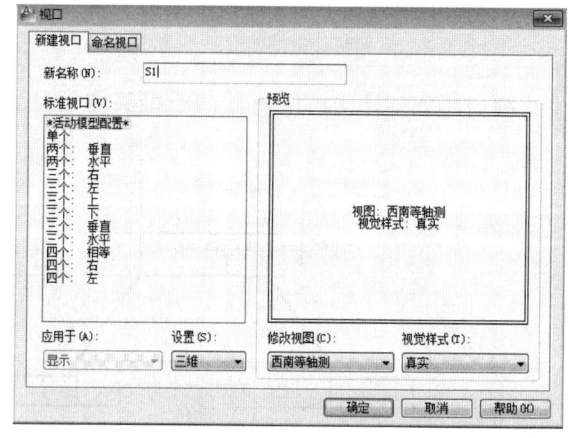

图 7-86 "新建视口"对话框

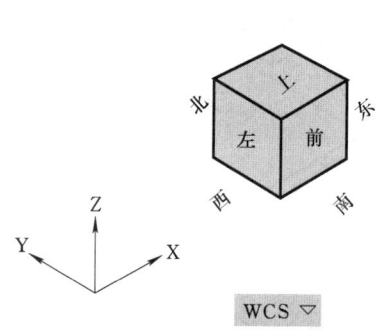

图 7-87 三维绘图界面

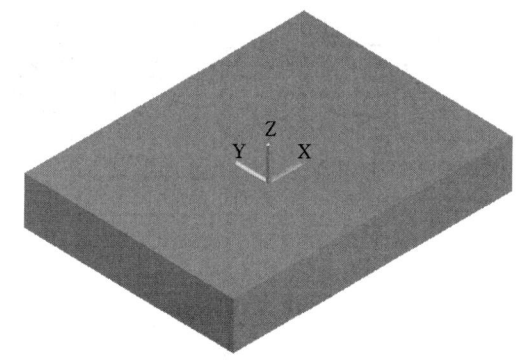

图 7-88 长方形底座三维实体

3. 建立三维实体的底座下凹槽

（1）建立工作 UCS（绘图的平面为 UCS 的 XOY 面）。

执行的命令过程如下：

命令：UCS 当前 UCS 名称：＊世界＊

指定 UCS 的原点或［面(F)/命名(NA)/对象(OB)/上一个(P)/视图(V)/世界(W)/X/Y/Z/Z 轴(ZA)］＜世界＞：@0,0,－7.5

指定 X 轴上的点或＜接受＞：回车

（2）建立求差长方体，结果如图 7-89 所示。

命令：_box 指定第一个角点或［中心(C)］：c,回车

指定中心：0,0,回车

指定角点或［立方体(C)/长度(L)］：@30,40,回车

指定高度或［两点(2P)］＜－15.0000＞：14,回车

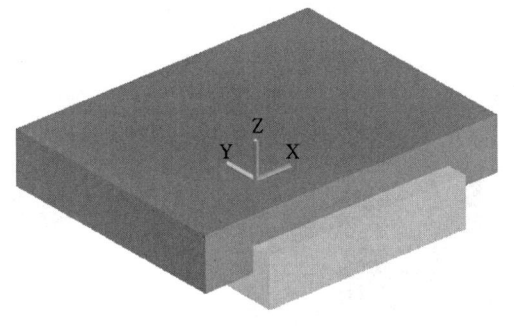

图 7-89　求差长方体

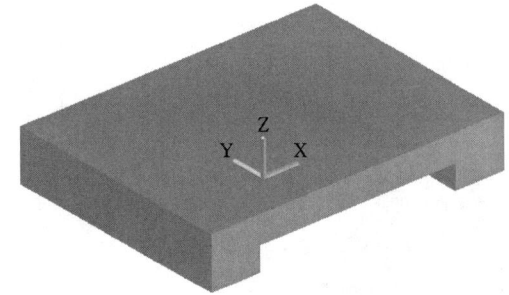

图 7-90　求差结果

(3) 求差，结果如图 7-90 所示。

命令:_subtract 选择要从中减去的实体、曲面和面域…

选择对象:选择被减去的实体,回车

选择对象:选择要减去的实体、曲面和面域…

选择对象:找到 1 个,回车

4. 建立三维实体的底座的左半部分

(1) 建立工作 UCS（绘图的平面为 UCS 的 XOY 面），结果如图 7-91 所示。

(2) 执行多段线命令，绘制尺寸如图 7-92 所示图形。

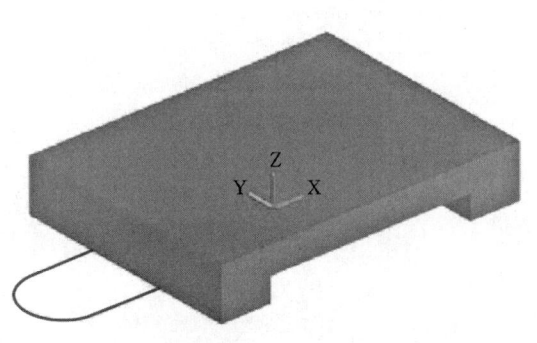

图 7-91　建立 UCS

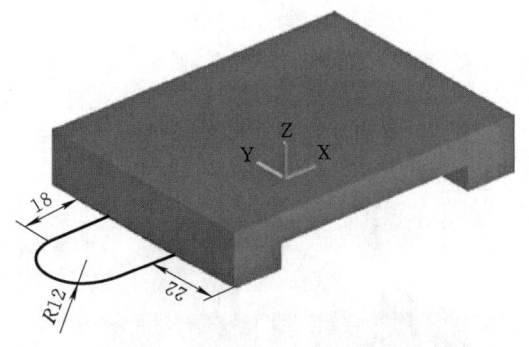

图 7-92　多段线命令绘制平面图

(3) 拉伸做半部分，结果如图 7-93 所示。

执行的命令过程如下：

命令:_extrude 当前线框密度:ISOLINES=4,闭合轮廓创建模式=实体

选择要拉伸的对象或[模式(MO)]:_MO 闭合轮廓创建模式[实体(SO)/曲面(SU)]<实体>:_SO

选择要拉伸的对象或[模式(MO)]:找到 1 个,选择要拉伸的对象,回车

选择要拉伸的对象或[模式(MO)]:回车

指定拉伸的高度或[方向(D)/路径(P)/倾斜角(T)/表达式(E)]<14.0000>:10,回车

(4) 建立圆柱体，结果如图 7-94 所示。

执行的命令过程如下：

命令:_cylinder 指定底面的中心点或[三点(3P)/两点(2P)/切点、切点、半径(T)/椭圆(E)]:

指定底面半径或[直径(D)]:6,回车

指定高度或[两点(2P)/轴端点(A)]<10.0000>:回车

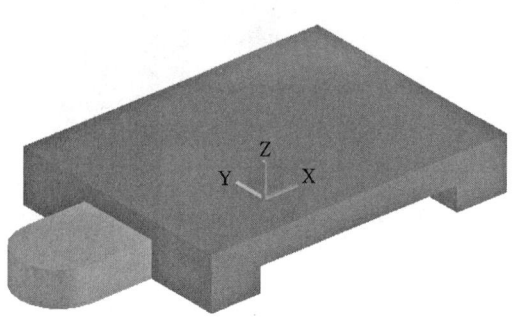

图 7-93　拉伸体　　　　　　　　　图 7-94　建立圆柱体

5. 镜像三维实体的底座的左半部分

(1) 镜像拉伸体,结果如图 7-95 所示。

执行的命令过程如下:

命令:_mirror3d

选择对象:找到 1 个,选择要镜像的实体,回车

选择对象:回车

指定镜像平面(三点)的第一个点或[对象(O)/最近的(L)/Z 轴(Z)/视图(V)/XY 平面(XY)/YZ 平面(YZ)/ZX 平面(ZX)/三点(3)]<三点>:yz,回车

指定 YZ 平面上的点<0,0,0>:回车

是否删除源对象?[是(Y)/否(N)]<否>:回车

(2) 镜像圆柱体,结果如图 7-96 所示(过程同上一步)。

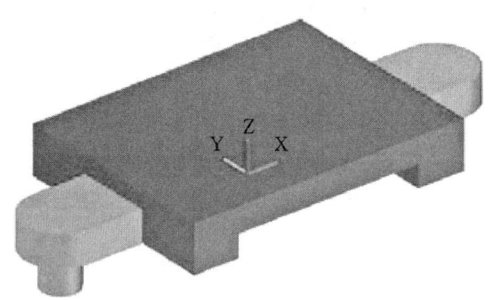

图 7-95　镜像拉伸体　　　　　　　　图 7-96　镜像圆柱体

6. 创建三维实体的底座的左右部分

(1) 求和,结果如图 7-97 所示。

执行的命令过程如下:

命令:_union

选择对象:找到 1 个,选择实体

选择对象:找到 1 个,选择实体(总计 2 个)

选择对象:回车

(2) 求差，结果如图 7-98 所示。

执行的命令过程如下：

命令：_subtract

选择要从中减去的实体、曲面和面域…

选择对象：选择被减去的实体，回车

选择对象：选择要减去的实体、曲面和面域…

选择对象：找到 1 个，回车

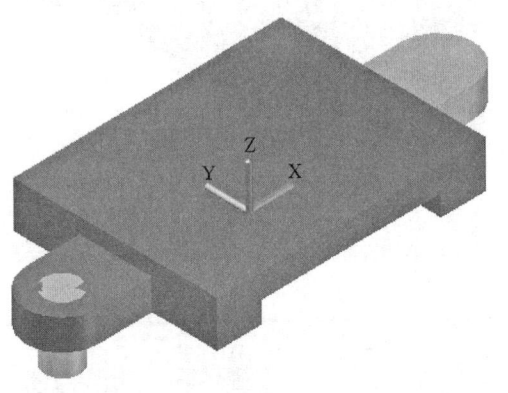

图 7-97 求和结果

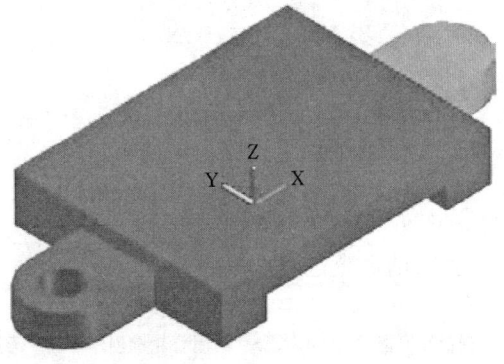

图 7-98 求差结果

(3) 继续求和、求差，完成底座实体，结果如图 7-99 所示。

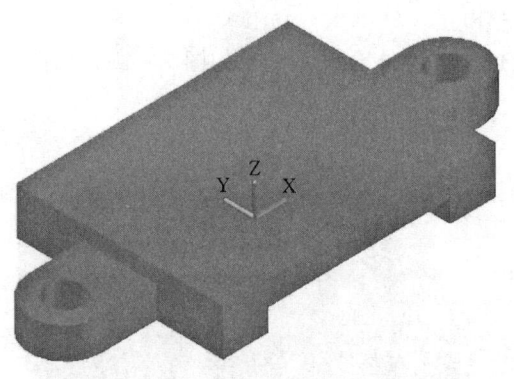

图 7-99 底座实体

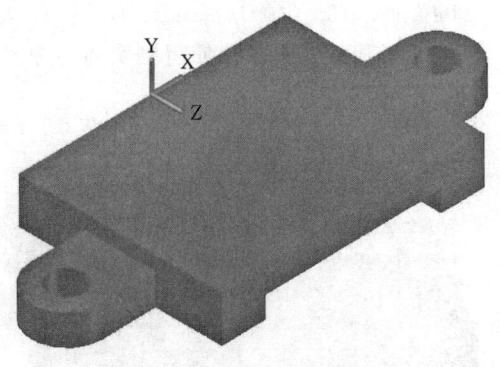

图 7-100 建立工作 UCS

7. 创建三维实体的立板部分

(1) 建立工作 UCS（绘图的平面为 UCS 的 XOY 面），结果如图 7-100 所示。

执行的命令过程如下：

命令：UCS

当前 UCS 名称：*没有名称* 指定 UCS 的原点或[面(F)/命名(NA)/对象(OB)/上一个(P)/视图(V)/世界(W)/X/Y/Z/Z 轴(ZA)]<世界>：用鼠标指定原点

指定 X 轴上的点或<接受>：回车

指定 XY 平面上的点或<接受>：回车

(2) 执行多段线命令，绘制如图 7-101 所示的图形。

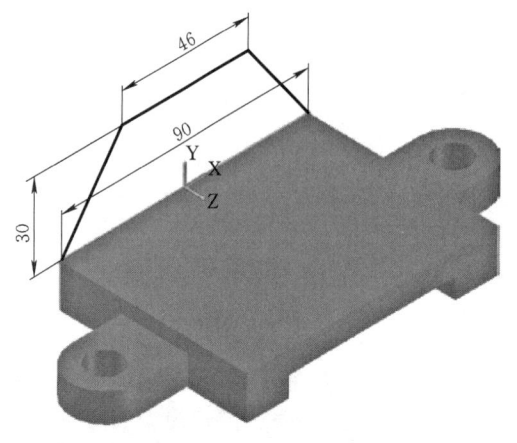

图 7-101 执行多段线命令绘图

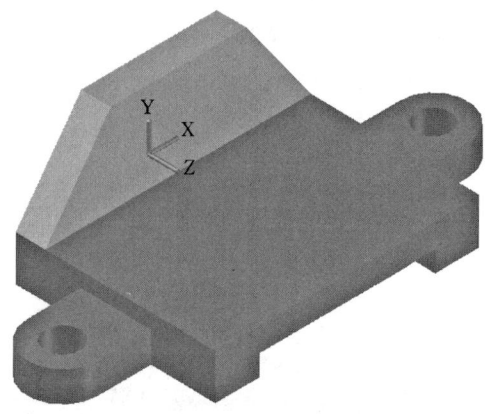

图 7-102 拉伸

(3) 拉伸,结果如图 7-102 所示。

执行的命令过程如下:

命令:_extrude

当前线框密度:ISOLINES=4,闭合轮廓创建模式= 实体

选择要拉伸的对象或[模式(MO)]:_MO 闭合轮廓创建模式[实体(SO)/曲面(SU)]<实体>:_SO

选择要拉伸的对象或[模式(MO)]:找到 1 个,选择要拉伸对象,回车

选择要拉伸的对象或[模式(MO)]:回车

指定拉伸的高度或[方向(D)/路径(P)/倾斜角(T)/表达式(E)]<-21.3678>:10,回车

(4) 求和,将刚才拉伸得到实体与原来以创建的实体合并,结果如图 7-103 所示。

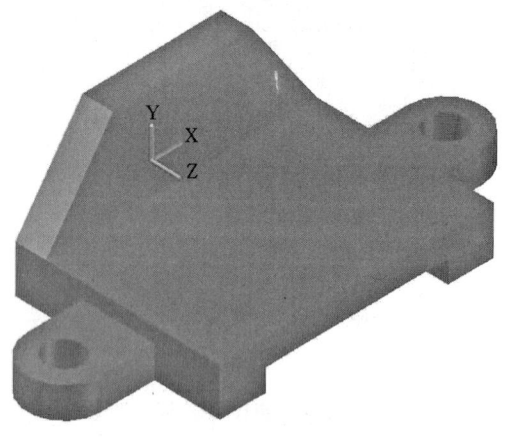

图 7-103 合并

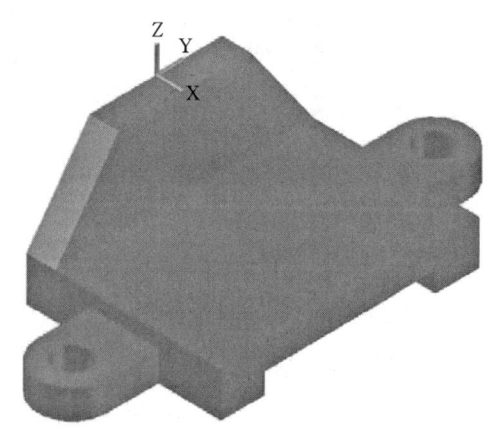

图 7-104 建立工作 UCS

8. 创建三维实体的上部

(1) 建立工作 UCS(绘图的平面为 UCS 的 XOY 面),结果如图 7-104 所示。

执行的命令过程如下:

命令:Ucs

当前 UCS 名称:* 没有名称 *

指定 UCS 的原点或[面(F)/命名(NA)/对象(OB)/上一个(P)/视图(V)/世界(W)/X/Y/Z/Z轴(ZA)]＜世界＞：用鼠标指定原点

指定 X 轴上的点或＜接受＞:回车

指定 XY 平面上的点或＜接受＞:回车

（2）执行多段线命令，绘制如图 7-105 所示的图形。

（3）拉伸。方向向上，距离 15，结果如图 7-106 所示。

（4）求和。将刚才拉伸得到实体与原来以创建的实体合并，结果如图 7-107 所示。

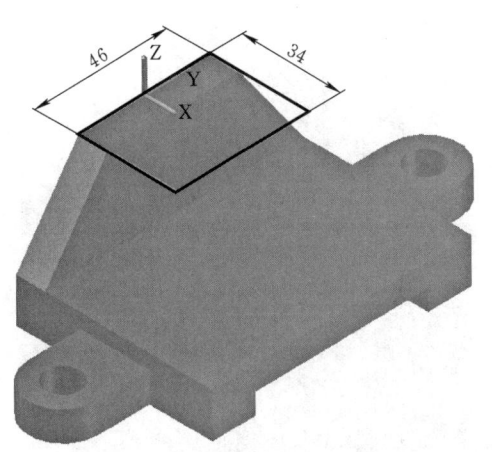

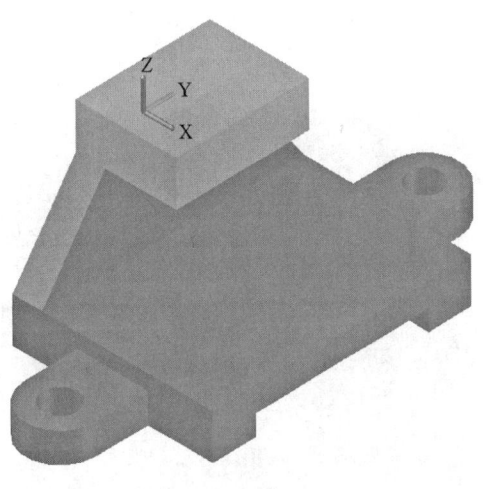

图 7-105 执行多段线命令绘图　　　　图 7-106 拉伸

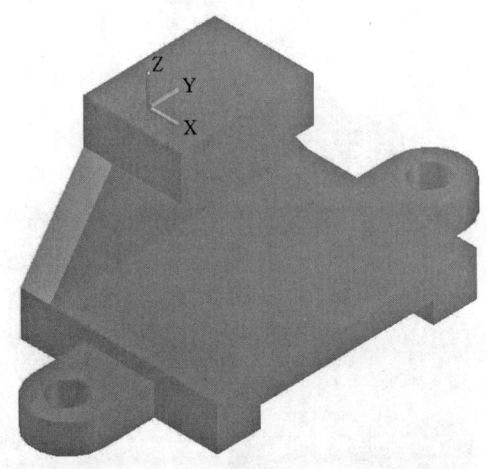

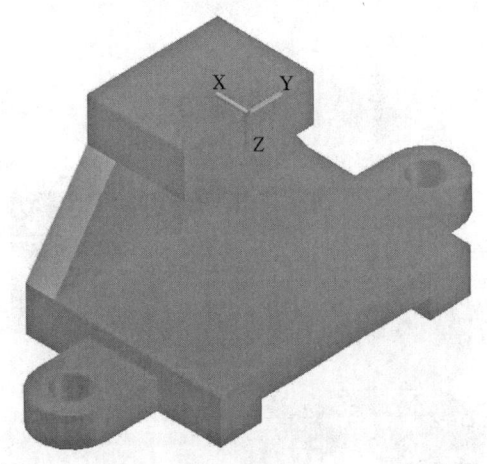

图 7-107 合并　　　　图 7-108 建立工作 UCS

9. 创建三维实体上部的孔

（1）建立工作 UCS（绘图的平面为 UCS 的 XOY 面），结果如图 7-108 所示。

（2）建立圆柱体，结果如图 7-109 所示。

执行的命令过程如下：

命令:_cylinder

指定底面的中心点或[三点(3P)/两点(2P)/切点、切点、半径(T)/椭圆(E)]:

指定底面半径或[直径(D)]<6.0000>:8,回车

指定高度或[两点(2P)/轴端点(A)]<15.0000>:20,回车

（3）求差，结果如图7-110所示。

（4）建立圆，结果如图7-111所示。

执行的命令过程如下：

命令:_circle 指定圆的圆心或[三点(3P)/两点(2P)/切点、切点、半径(T)]:

指定圆的半径或[直径(D)]:16,回车

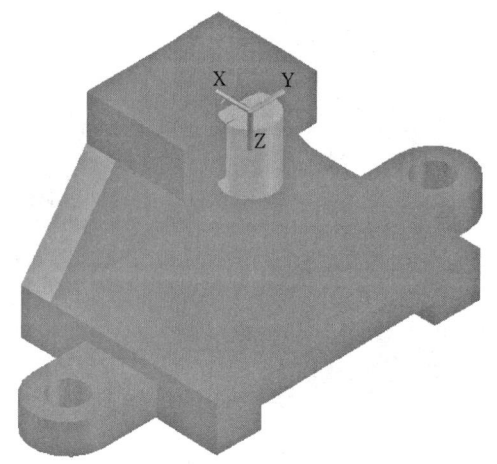

图7-109 建立圆柱体

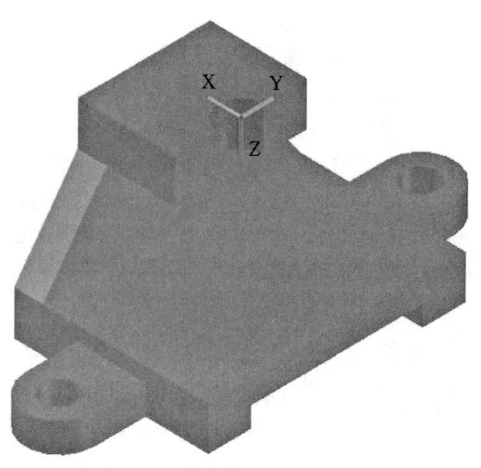

图7-110 求差

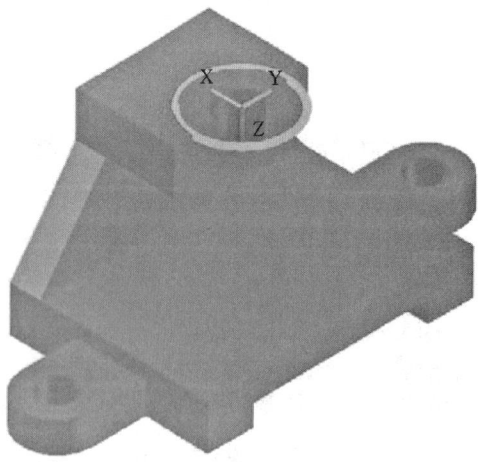

图7-111 建立圆

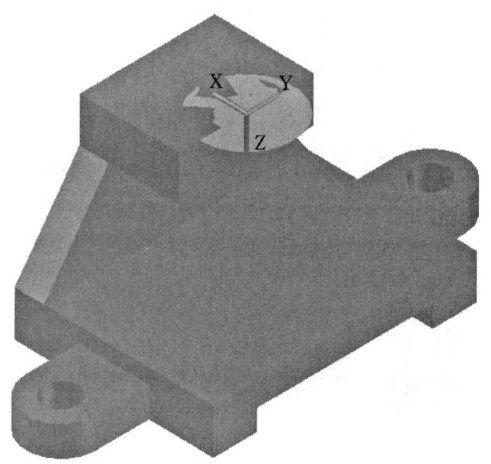

图7-112 建立圆面域

（5）建立圆面域，结果如图7-112所示。

执行的命令过程如下：

命令:_region

选择对象:找到1个,选择边界,回车

选择对象:回车

已提取1个环。已创建1个面域。

(6) 拉伸圆面域。方向指向实体的内部。

执行的命令过程如下:

命令:_extrude

当前线框密度:ISOLINES=4,闭合轮廓创建模式=实体

选择要拉伸的对象或[模式(MO)]:_MO 闭合轮廓创建模式[实体(SO)/曲面(SU)]<实体>:_SO

选择要拉伸的对象或[模式(MO)]:找到1个,选择拉伸对象,回车

选择要拉伸的对象或[模式(MO)]:回车

指定拉伸的高度或[方向(D)/路径(P)/倾斜角(T)/表达式(E)]<-20.0000>:6,回车

(7) 求差,结果如图7-113所示。

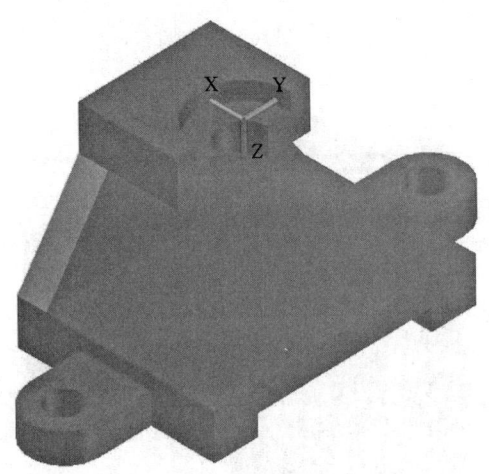 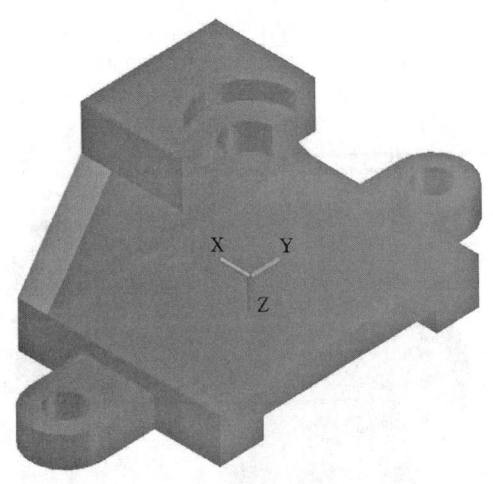

图7-113 求差　　　　　　　　　图7-114 建立工作UCS

10. 创建三维实体下部的孔

(1) 建立工作UCS(绘图的平面为UCS的XOY面),结果如图7-114所示。

执行的命令过程如下:

命令:Ucs

当前UCS名称:*没有名称* 指定UCS的原点或[面(F)/命名(NA)/对象(OB)/上一个(P)/视图(V)/世界(W)/X/Y/Z/Z轴(ZA)]<世界>:@0,0,45

指定X轴上的点或<接受>:回车

(2) 执行直线命令绘制直线,底面对角最远的2个点,结果如图7-115所示。

(3) 执行圆命令绘制圆,圆心为上一步绘制直线的中点,结果如图7-116所示。

(4) 建立圆面域,结果如图7-117所示。

执行的命令过程如下:

命令:_region

选择对象:找到1个,选择边界对象,回车

选择对象:回车

已提取1个环。已创建1个面域。

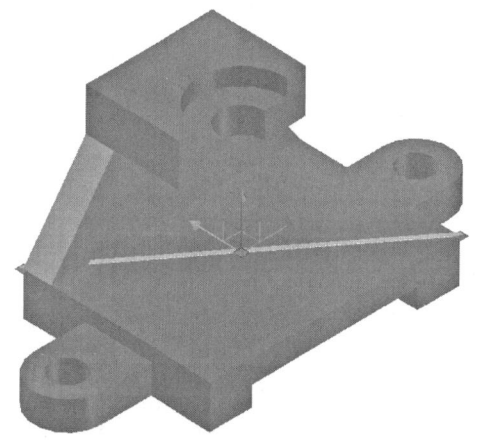

图 7-115 绘制直线

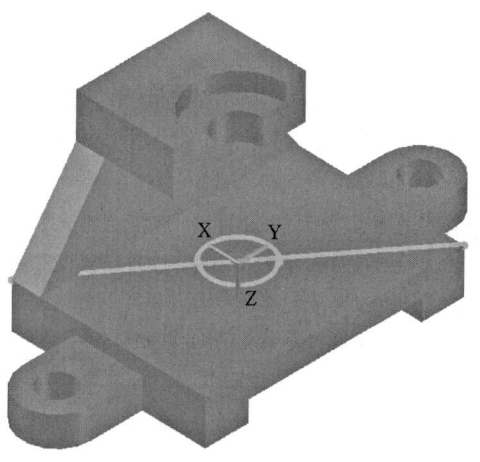

图 7-116 绘制圆

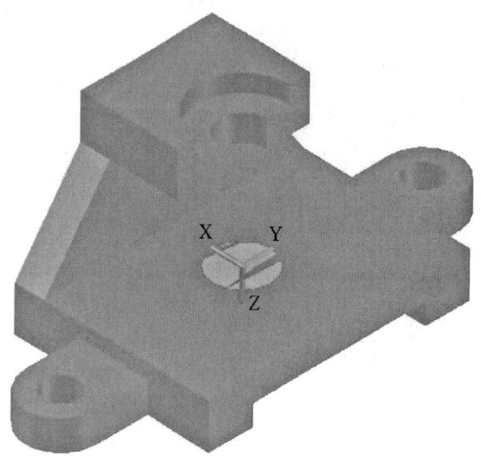

图 7-117 建立圆面域

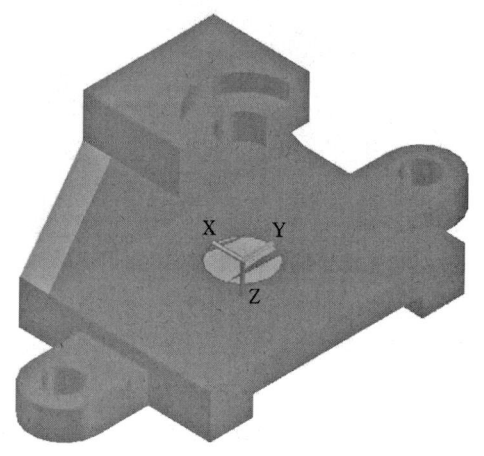

图 7-118 拉伸圆面域

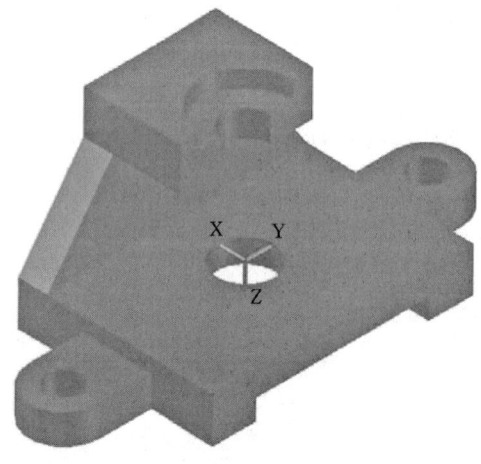

图 7-119 求差

（5）拉伸圆面域，结果如图 7-118 所示。执行的命令过程如下：

命令：_extrude

当前线框密度：ISOLINES=4，闭合轮廓创建模式=实体

选择要拉伸的对象或[模式(MO)]：_MO

闭合轮廓创建模式[实体(SO)/曲面(SU)]＜实体＞：_SO

选择要拉伸的对象或[模式(MO)]：找到1个，选择拉伸对象，回车

选择要拉伸的对象或[模式(MO)]：回车

指定拉伸的高度或[方向(D)/路径(P)/倾斜角(T)/表达式(E)]＜6.0000＞：15，回车

（6）求差，结果如图 7-119 所示。

习 题 七

7-1 绘制图7-120至图7-134所示的三维实体模型。

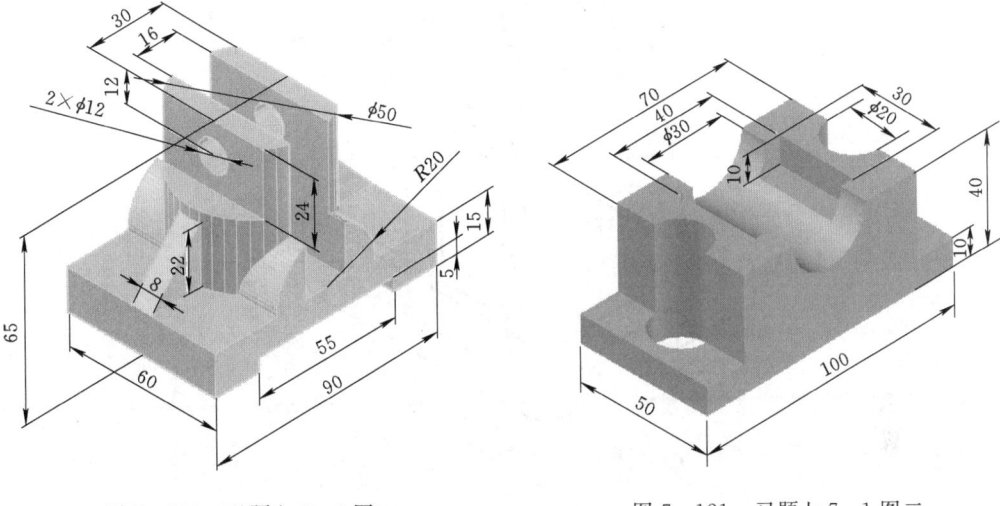

图7-120 习题七7-1图一   图7-121 习题七7-1图二

图7-122 习题七7-1图三

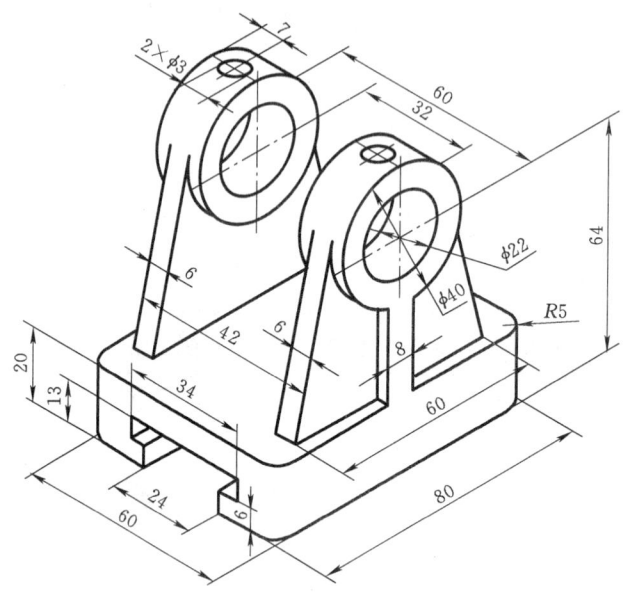

图 7-123 习题七 7-1 图四

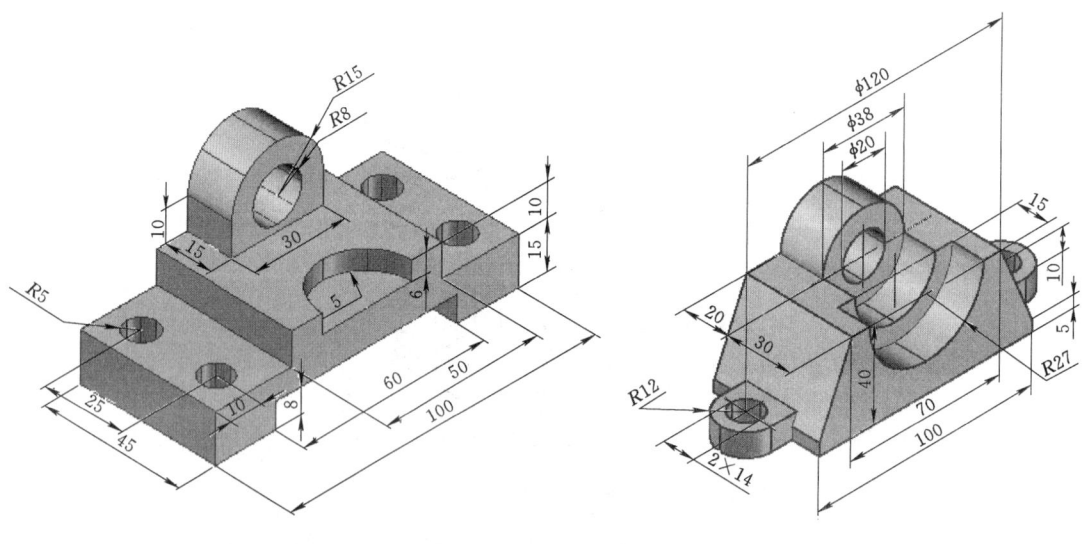

图 7-124 习题七 7-1 图五   图 7-125 习题七 7-1 图六

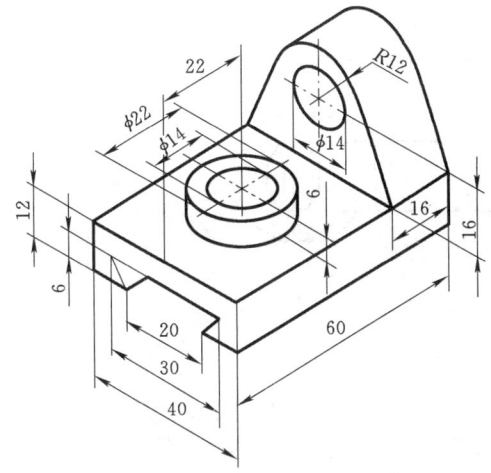

图 7-126 习题七 7-1 图七

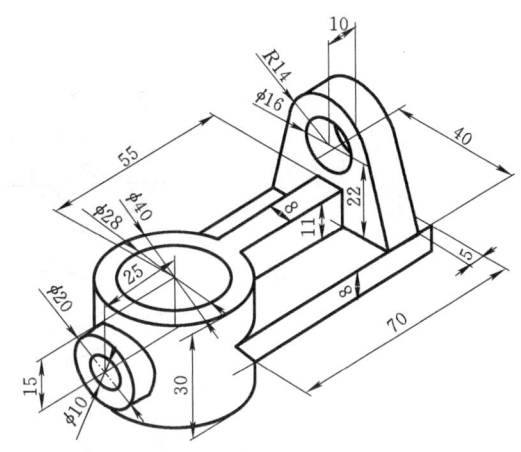

图 7-127 习题七 7-1 图八

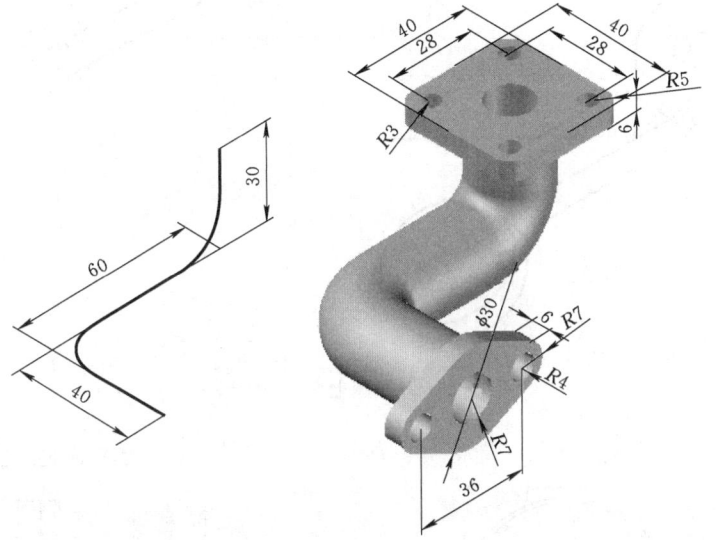

图 7-128 习题七 7-1 图九

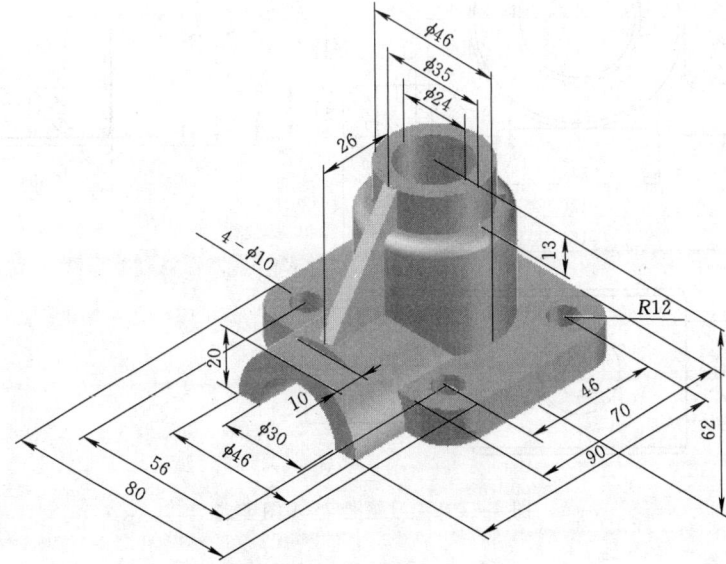

图 7-129 习题七 7-1 图十

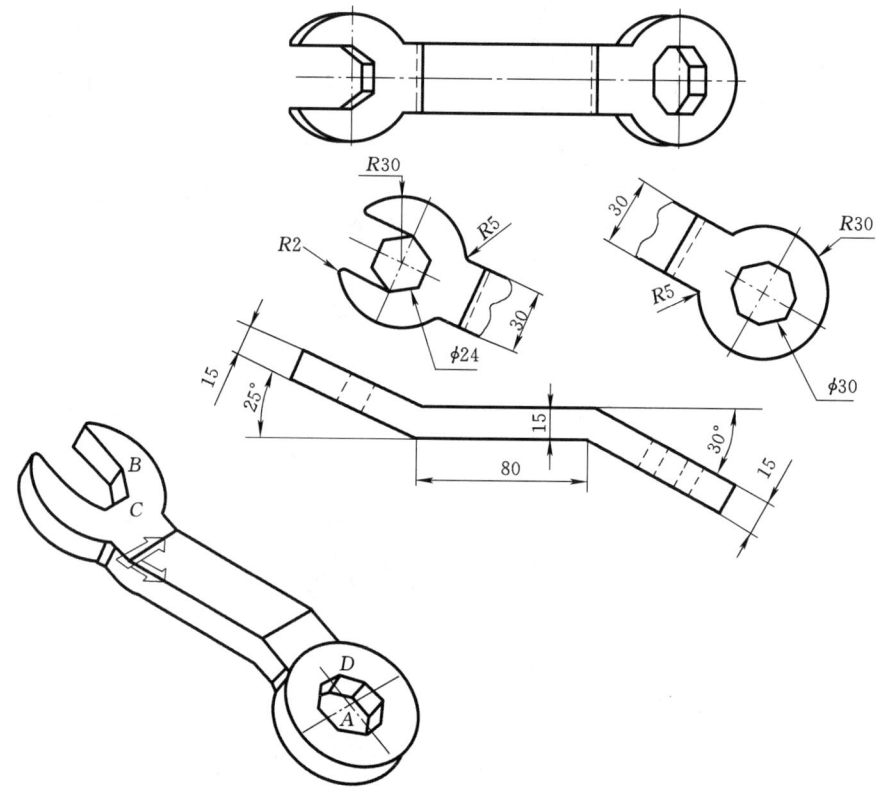

图 7-130　习题七 7-1 图十一

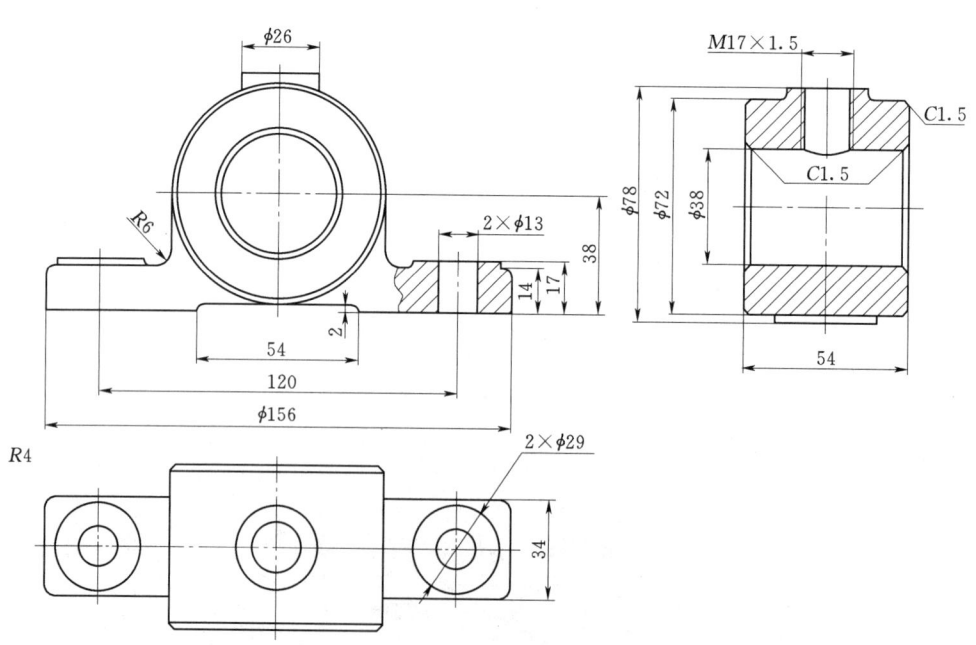

图 7-131　习题七 7-1 图十二

习 题 七

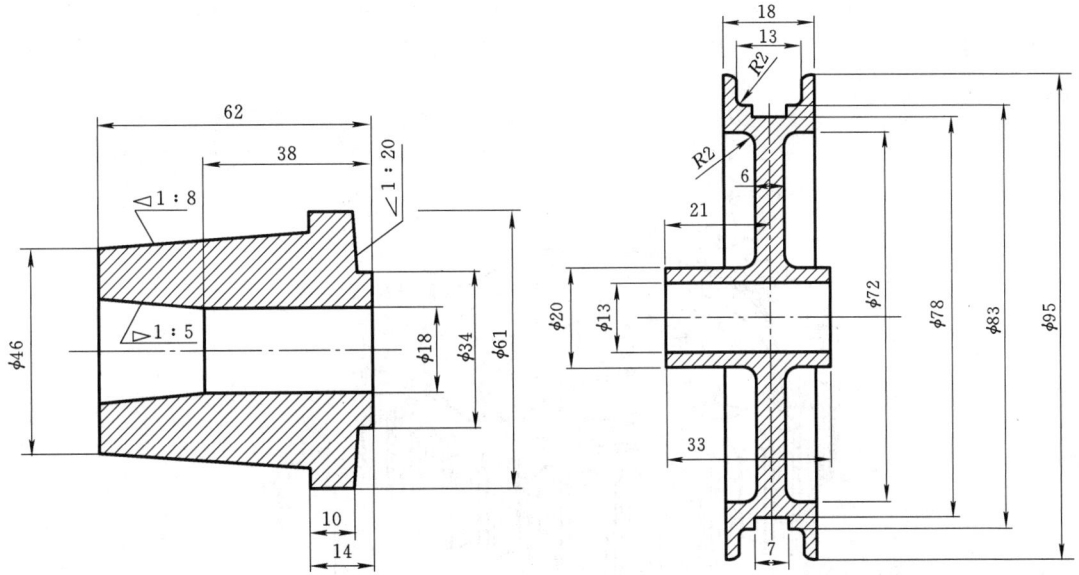

图 7-132 习题七 7-1 图十三 　　　图 7-133 习题七 7-1 图十四

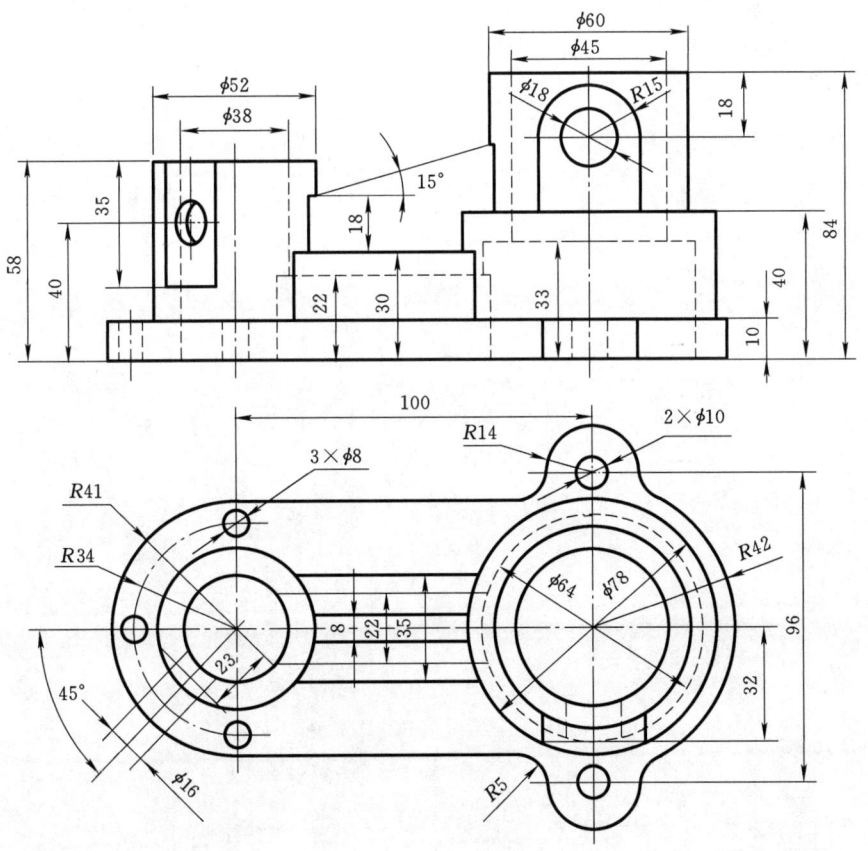

图 7-134 习题七 7-1 图十五

7-2 已知：齿轮齿数 $z=34$、齿顶圆直径 $d_a=180$、轮毂长 50、轮毂及轮缘的倒角为 C1、辐板上均布的 6 个小孔中心圆直径为 $\phi 90$。如图 7-135 所示，绘制其三维实体造型。

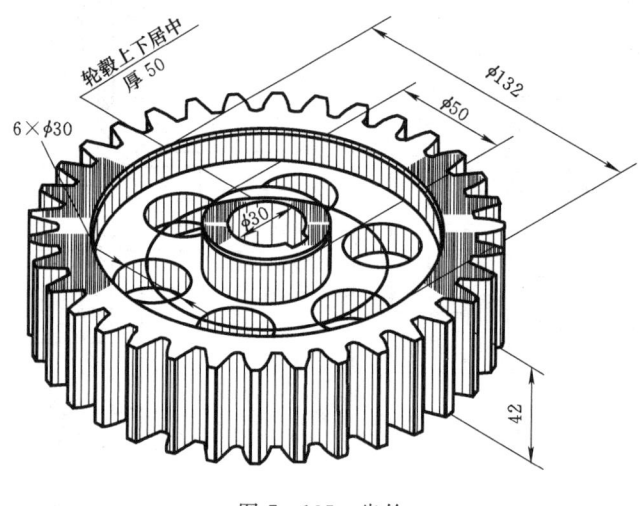

图 7-135 齿轮

模块八　图形输入、输出与打印

在中文版 AutoCAD 2012 中，系统提供了输入与输出接口，不仅可以将其他应用程序处理好的数据传输到 AutoCAD 中，显示出图形，还可以将在 AutoCAD 中绘制好的图形信息传输到其他应用程序。

另外，还可以使用磁盘或网络进行交流和保存，或用图形输出设备（打印机或绘图仪）将图样打印输出到图纸上。在打印图纸时，在很多情况下，需要在一张图纸中输出图形的多个视图、添加标题栏等，这时就要使用图纸空间，图纸空间是完全模拟图纸页面的一种工具，用于在绘图之前或之后安排图形的输出布局。

项目一　图形输入、输出

在系统中，可以导入或导出其他格式的图形文件。

任务一　输入图形

1. 功能

可以将使用其他应用程序创建的数据文件（而不是 DWG 文件）输入到当前图形中。输入过程将数据转换为相应的 DWG 文件数据。

2. 格式

（1）键盘输入命令。输入 Import。
（2）"插入"选项卡→"输入"面板，弹出"输入文件"对话框。
（3）在菜单栏执行"文件"→"输入"命令，弹出"输入文件"对话框。

在"文件类型"中，选择要输入的文件格式。在"文件名"中，选择要输入的文件名，该文件将被输入到图形中。可完成"图元文件"、"ACIS"、"3D Studio"、"UGS"、"PRO/E"、"IGES"、"PDF"等图形格式的文件的输入。

任务二　输出图形

1. 功能

将图形以其他文件格式输出。

2. 格式

（1）键盘输入命令。输入 Export。

（2）选择菜单栏中的"文件"→"输出"命令。

在"文件类型"下拉列表框中包括"三维 DWF（∗.dwf）三维 DWFx（∗.dwfx"、"ACIS"、"位图"、"块（∗.dwg)"、"IGES"、"图元文件"、"DGN"、"PDF"等，从中选择任一类型，即可完成图形的输出。

项目二 图 形 打 印

AutoCAD 有两个不同的空间，即模型空间和图纸空间（又称布局）。模型空间的主要用途是创建平面或三维图形，而图纸空间的用途是设置二维打印空间。图纸空间是一种用于打印几种视图布局的特殊的工具。它模拟一张打印纸，借助浮动视口安排视图。针对不同的图形对象，AutoCAD 既可以从模型空间打印输出，也可以从图纸空间打印输出。在模型空间里，许多打印功能难以实现。一般做法是，在模型空间完成图形的创建，尺寸标注和文字注释既可以在模型空间进行也可以在图纸空间中进行，图框和标题栏在图纸空间中插入，之后完成多个视口的创建，排布好图纸，进行页面设置，配置打印机，最后打印出图。

任务一 图纸空间的创建与设置

1. 创建布局

在模型空间完成图形绘制工作后，通过"模型/布局"选项卡，如图 8-1 所示，切换到图纸空间。在任一"布局"选项卡上右击，通过弹出的快捷菜单可完成新建布局、删除布局和重命名等工作。还可以通过下拉菜单"插入"→"布局"→"新建布局"命令。

图 8-1 "模型"、"布局"选项卡

2. 页面设置

在"布局1"选项卡上右击，在弹出的快捷菜单中选择"页面设置管理器"命令，如图 8-2 所示，则弹出如图 8-3 所示的"页面设置管理器"对话框，单击"修改"按钮，弹出如图 8-4 所示的"页面设置-布局"对话框。

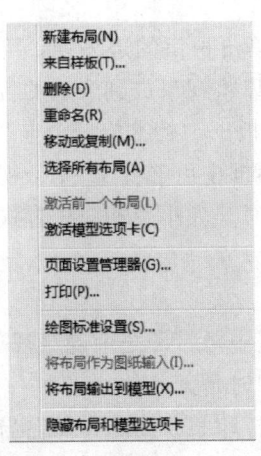

图 8-2 选择"页面设置管理器"菜单命令

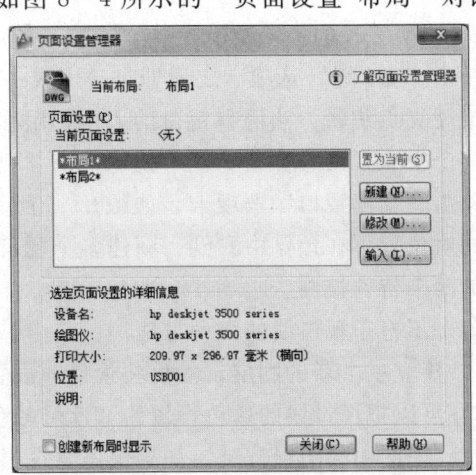

图 8-3 "页面设置管理器"对话框

指定的设置与布局可以一起存储为页面设置。创建布局后，还可以修改这些设置。

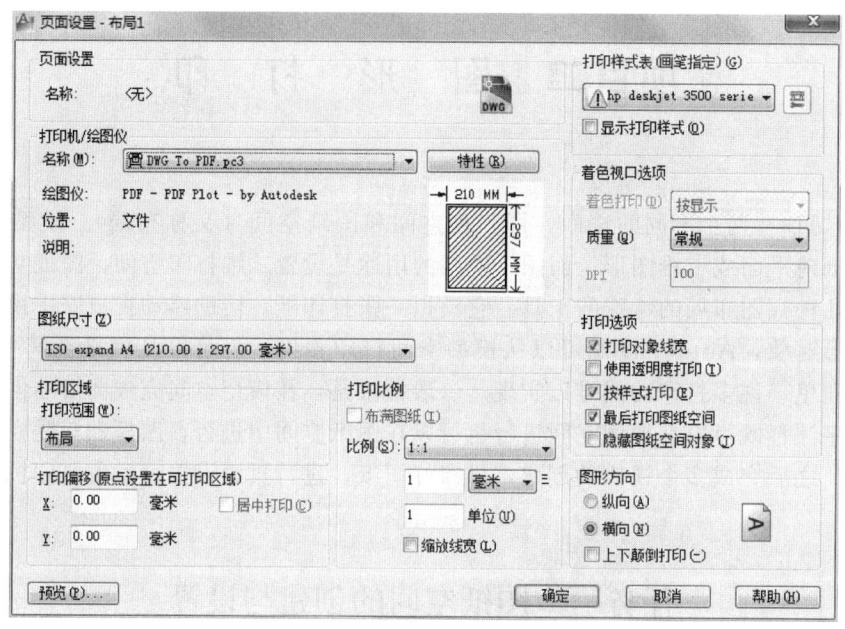

图 8-4 "页面设置-布局"对话框

设置需要的打印机，如果没有安装打印机，可选择"DWG To PDF.pc3"，可输出 PDF 文件。选择图纸尺寸纸张，常用的有 A2、A3、A4 等，打印比例设置为 1∶1，图形方向可以选择纵向或横向。可以编辑打印样式表，通过颜色来设置图形中线的粗细和打印颜色，而不需要绘图时在图层中设置线的宽度，设置完成后可以保存自己的打印样式表以备以后继续使用。

3. 插入图框和标题栏

预先绘制好图框，固定形式的图框可以先保存为 dwg 文件，然后在图纸空间中插入。在图框的标题栏中填入相应的信息。

4. 视口的创建和修改

单击"布局1"选项卡之后即自动生成一个视口，单击视口的边界线，可以用拉伸的命令或用夹点编辑方法调整视口的大小，用移动命令可以将视口放到合适的位置。如果要新建多个视口，可选择菜单栏"视图"→"视口"选项板→"命名"，弹出"视口"对话框，单击"新建视口"选项卡，如图 8-5 所示。在对话框中可选择 1～4 个视口，多个视口的相对位置可在预览中看到。新建多个视口后还可以对其大小及相对位置进行修改。对视口的两个特殊控制：

（1）不打印视口线的两种方法。

1）建立一个新的图层，然后将视口线设置在该图层中，打印之前隐藏视口线图层。

2）可以把视口线的颜色设置为 255 号颜色，在打印时是无色的。

（2）视图中的图层控制。如果仅需要在当前视口不打印某一图层，如在当前视口不打印标注尺寸层，而在其他视口内仍打印该图层，这时不能在模型空间内隐藏图层，而应采

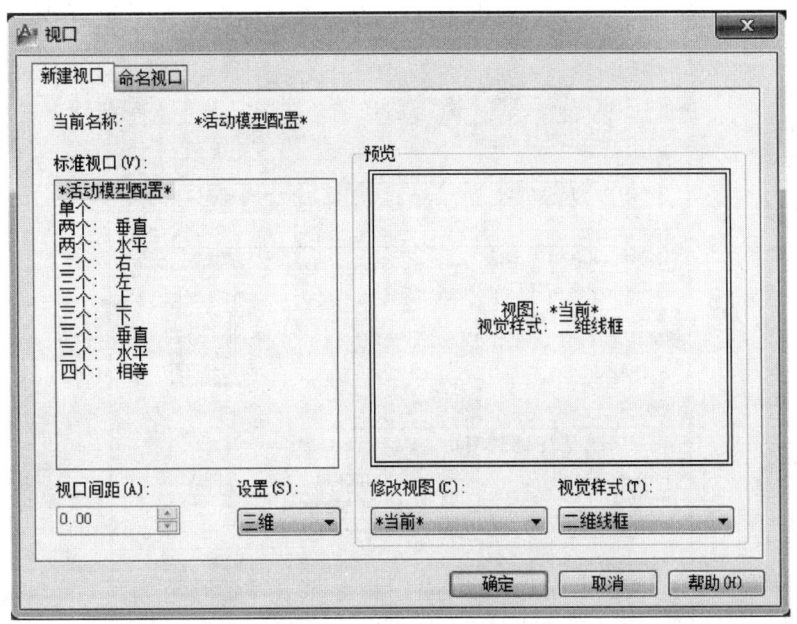

图 8-5 "新建视口"选项卡

取以下方法：双击当前视口，即进入视口中的模型空间，打开图层特性管理器，选中指定图层进行隐藏。这样就可以实现只在当前视口隐藏图层的目的，而不影响模型空间的图层状态。这一功能对于一个文件要打印出几种不同表现图来说非常有用，比修改模型空间的图层设置要方便得多。

5. 设置视口的视图比例

建立视口时，AutoCAD 默认视口显示全部图形并充满视口。因此，还根据需要对视口中显示的图形及视图比例进行调整。如果要在同一张图纸中按不同比例打印几个图，则需要建立若干个视口来达到目的。

任务二　图　形　打　印

创建完图形之后，通常要打印到图纸上，也可以是生成一份电子图纸，以便从互联网上访问。打印的图形可以包含图形的单一视图，或者更为复杂的视图排列。根据不同的需要，可以打印一个或多个视口，或设置选项以决定打印的内容和图像在图纸上的布置。

1. 功能

使用系统打印设备输出图形。

2. 命令格式

(1) 单击图标。在"标准"工具栏中。

(2) 下拉菜单。单击菜单栏中的"文件"→"打印"命令。

(3) 输入命令。输入 plot↙。

如果是在模型空间，执行该命令后，弹出"打印-模型"对话框，如图 8-6 所示。如果是在图纸空间，执行该命令后，弹出"打印-布局"对话框，如图8-7所示。各区域功能说明如下：

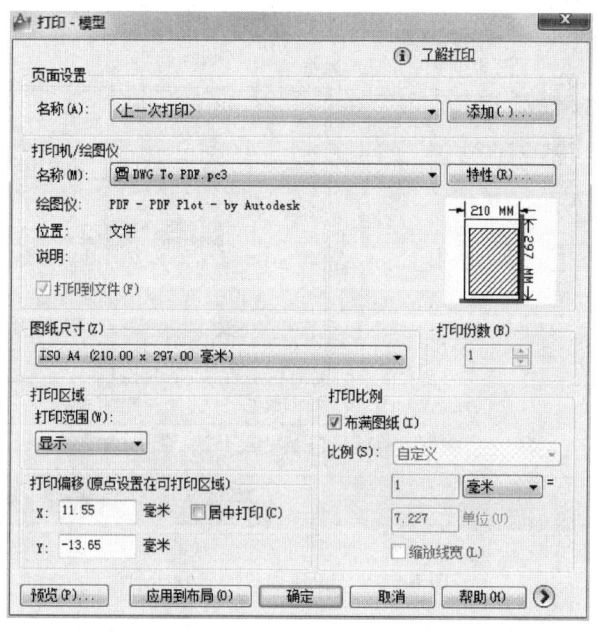

图8-6 "打印-模型"对话框

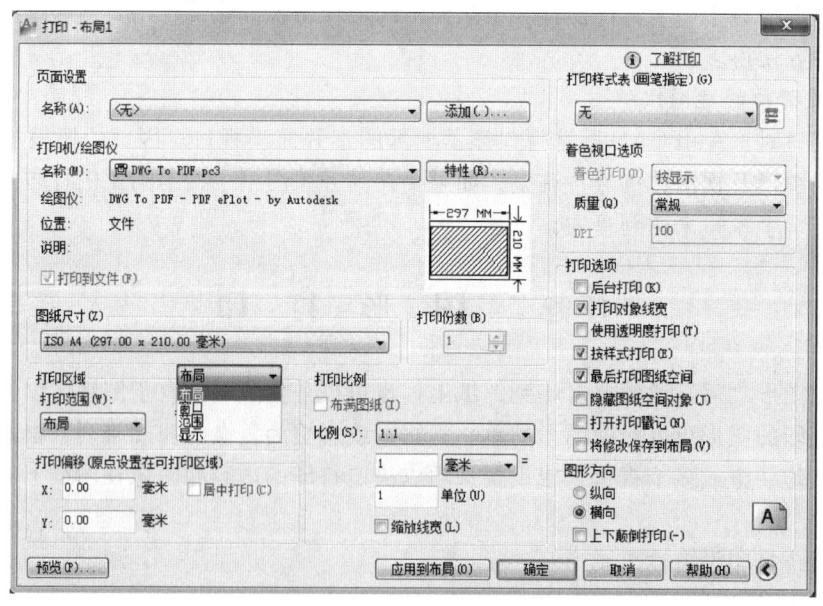

图8-7 "打印-布局"对话框

1) 页面设置。列出图形中已命名或已保存的页面设置。可以将图形中保存的命名页面设置作为当前页面设置，也可以在"打印"对话框中单击"添加"按钮，基于当前设置，创建一个新的命名页面设置。

a. 名称。显示当前页面设置的名称。

b. 添加(.)..按钮。单击"添加"按钮，显示"添加页面设置"对话框，从中可以将"打印"对话框中的当前设置保存到命名页面设置。可以通过"页面设置管理器"修改此页面设置。

2）打印机/绘图仪。指定打印布局时使用已配置的打印设备。如果所选绘图仪不支持布局中选定的图纸尺寸，将显示警告，可以选择绘图仪的默认图纸尺寸或自定义图纸尺寸。

a. 名称。列出可用的 PC3 文件或系统打印机，可以从中进行选择，以打印当前布局。设备名称前面的图标识别其为 PC3 文件还是系统打印机。

b. 特性(R)..按钮。单击"特性"按钮，显示"绘图仪配置编辑器"对话框，从中可以查看或修改当前绘图仪的配置、端口、设备和介质设置。

c. 绘图仪。显示当前所选页面设置中指定的打印设备。

d. 位置。显示当前所选页面设置中指定的输出设备的物理位置。

e. 说明。显示当前所选页面设置中指定的输出设备的说明文字。可以在绘图仪配置编辑器中编辑这些文字。

f. 打印到文件。打印输出到文件而不是绘图仪或打印机。打印文件的默认位置是在"选项"对话框中"打印和发布"选项卡打印到文件操作的默认位置中指定的。

g. 局部预览。精确显示相对于图纸尺寸和可打印区域的有效打印区域。工具提示显示图纸尺寸和可打印区域。

3）图纸尺寸。显示所选打印设备可用的标准图纸尺寸。如果未选择绘图仪，将显示全部标准图纸尺寸的列表以供选择。如果所选打印设备不支持布局中选定的图纸尺寸，将显示警告，用户可以选择绘图仪的默认图纸尺寸或自定义图纸尺寸。

4）打印份数。指定要打印的份数。打印到文件时，此选项不可用。

5）打印区域。指定要打印的图形部分。在"打印范围"下，可以选择要打印的图形区域。

a. 布局。打印布局时，将打印指定图纸尺寸的可打印区域内的所有内容，其原点从布局中的（0，0）点计算得出。从"模型"选项卡打印时，将打印栅格界限定义的整个图形区域。如果当前视口不显示平面视图，该选项与"范围"选项效果相同。

b. 范围。打印包含对象的图形的部分当前空间。当前空间内的所有几何图形都将被打印。打印之前，可能会重新生成图形以重新计算范围。

c. 显示。打印选定的"模型"选项卡当前视口中的视图，或布局中的当前图纸空间视图。

d. 窗口。打印指定的图形部分。如果选择"窗口"，窗口(O)<按钮将变为可用按钮。单击 窗口(O)< 按钮以使用定点设备指定要打印区域的两个角点，或输入坐标值。

6）打印偏移。根据"指定打印偏移时相对于"选项（"选项"对话框，"打印和发布"选项卡）中的设置，指定打印区域相对于可打印区域左下角或图纸边界的偏移。

a. "X"、"Y"。通过在"X 偏移"和"Y 偏移"框中输入正值或负值，可以偏移图纸上的几何图形。

b. 居中打印。自动计算 X 偏移和 Y 偏移值，在图纸上居中打印。当"打印区域"设置为"布局"时，此选项不可用。

7) 打印比例。控制图形单位与打印单位之间的相对尺寸。打印布局时，默认缩放比例设置为1∶1。从"模型"选项卡打印时，默认设置为"布满图纸"。

a. 布满图纸。缩放打印图形以布满所选图纸尺寸。

b. 比例。定义打印的精确比例。"自定义"可定义用户定义的比例。

8) 预览(P)... 按钮。按执行Preview命令时，在图纸上打印的方式显示图形。要退出打印预览并返回"打印"对话框，可按Esc键或Enter键或右击，然后在快捷菜单上单击"退出"命令。

9) 应用到布局(T) 按钮。将当前"打印"对话框的设置保存到当前布局。只有对打印设置进行了修改，该按钮才可用。

10) 其他选项。控制是否显示"打印"对话框中其他选项。单击"更多选项"按钮，可以在"打印"对话框中显示"打印样式表"、"着色视口选项"、"打印选项"、"图形方向"等更多选项。用户可以选择若干影响对象打印方式的选项。

a. 打印样式表。指定使用打印样式打印图形。AutoCAD提供的打印样式可对线条颜色、线型、线宽、线条终点类型和交点类型、图形填充模式、灰度比例、打印颜色深浅等进行控制。

指定此选项，将自动打印线宽，如果不选择此选项，将按指定给对象的特性打印对象，而不是按打印样式打印。如果在"图层特性管理器"中设置了"线宽"，在这里就保留"线宽"的默认设置"使用对象线宽"。要修改打印样式，可单击打印样式列表旁的 按钮。

b. 着色视口选项。着色视口打印。指定"按显示"、"线框"或"消隐"着色打印等选项。此设置的效果反映在打印预览中，而不反映在布局中。在"布局"环境下，此选项不可用。

c. 打印选项。打印可用选项，取决于当前所处的打印环境及打印样式的指定。最后打印图纸空间是指定先打印模型空间中的对象，然后打印图纸空间中的对象。隐藏图纸空间对象是指定"消隐"操作是否应用于图纸空间视口中的对象。此选项仅在"布局"选项卡中可用。启用"打开打印戳记"是指在每个图形的指定角上放置打印戳记，或将戳记记录到文件中。打印戳记设置在"打印戳记"对话框中指定，从中可以指定要应用到打印戳记的信息，如图形名称、日期和时间、打印比例等。要打开"打印戳记"对话框，先选中"打开打印戳记"复选框，然后单击 按钮。

d. 图形方向。图形方向默认设置为"横向"，可根据打印需要进行相关设置。

【例8-1】 在A3图纸上，打印轴承座零件图，如图8-8所示。

操作步骤如下：

（1）在模型空间完成轴承座零件图的绘制。

（2）选择"布局1"选项卡，并右击，在快捷菜单中选择"页面设置管理器"命令，弹出"页面设置管理器"对话框，单击"修改"按钮，弹出"页面设置-布局1"对话框。

（3）设置打印机名称。若没有安装打印机，可选择"DWG To PDF.pc3"。

（4）图纸尺寸选择"ISO A4（297.00×210.00毫米）"。

（5）勾选"缩放线宽"复选框。

（6）图形方向选择"横向"。

（7）单击"确定"按钮。回到"页面设置管理器"对话框，单击"关闭"按钮。显示

"布局1"图纸空间,如图8-9所示。

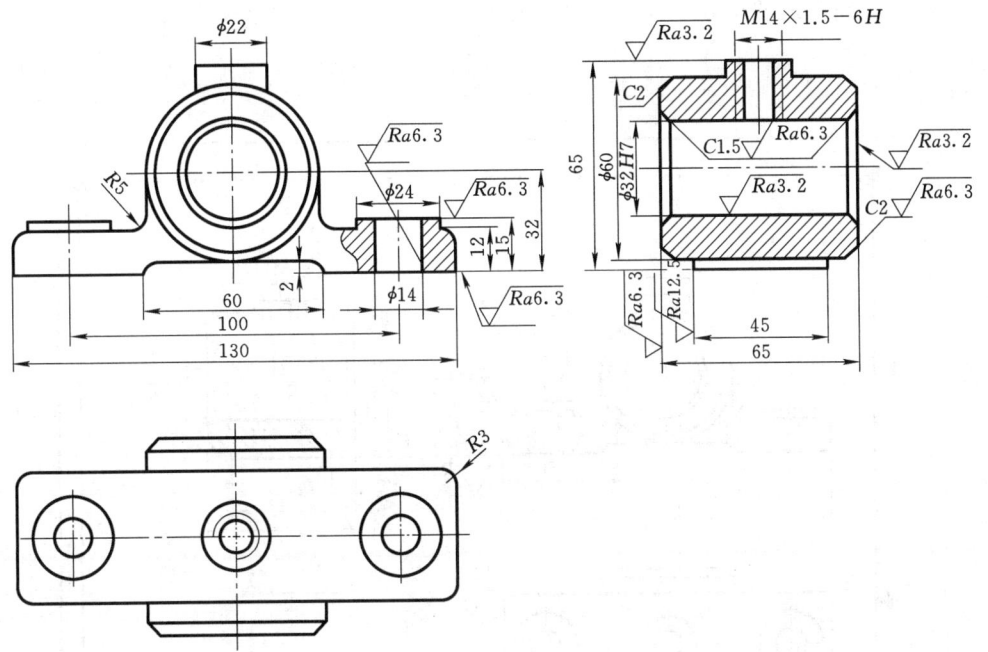

图8-8 轴承座零件图

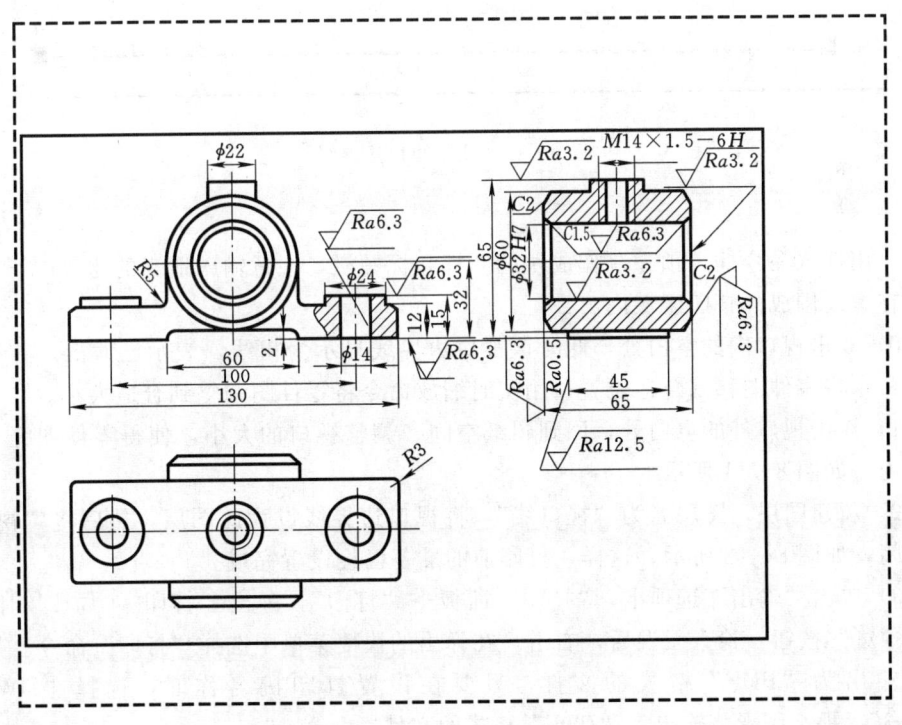

图8-9 "布局1"图纸空间

（8）单击视口的边界线，可以用拉伸命令或用夹点编辑方法调整视口的大小，用移动命令将视口放到合适的位置，如图 8-10 所示。

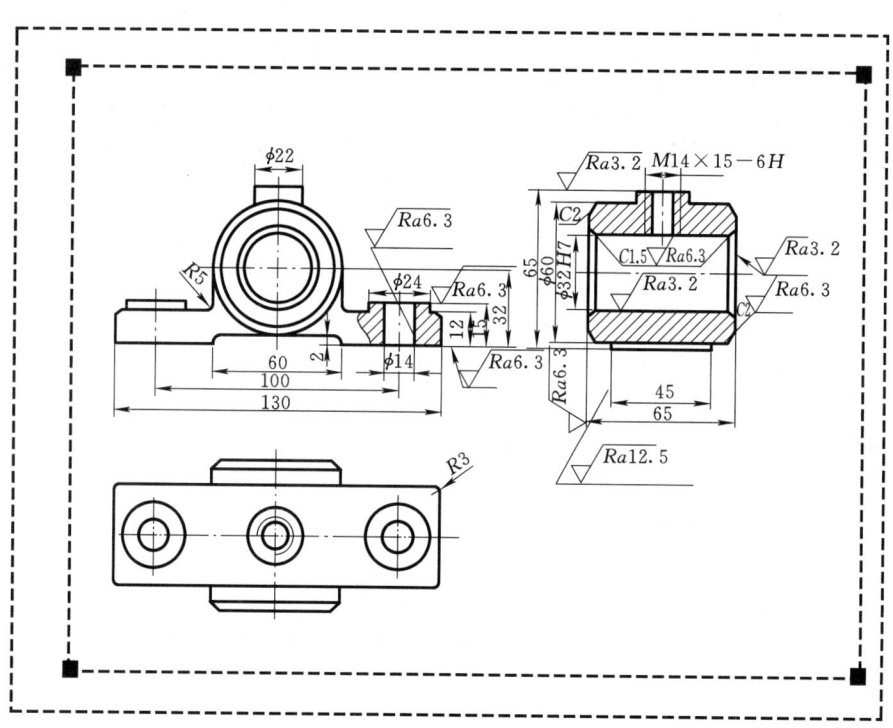

图 8-10　调整视口边界线

（9）用插入命令插入预先制作成块的图框和标题栏，注意输入适当的比例因子，以全部显示在虚线围成的打印区域内。

（10）双击视口内的空白处，此时该视口边界线显示为粗线，表示已激活。在视口内用平移命令将零件图移到合适位置，用实时缩放命令将零件图调整到合适大小。

（11）双击视口外的空白处，回到图纸空间。调整视口的大小，使得零件图完全显示在视口内，如图 8-11 所示。

（12）新建图层，图层名为"视口线"，将视口边界线设为此图层，然后将"视口线"图层关闭，如图 8-12 所示。这样，打印前的准备已经设置完成。

（13）单击"输出"选项卡，"打印"面板→"打印"，弹出"打印-布局 1"对话框，单击"预览"按钮，检查无误后，右击，在弹出的快捷菜单中选择"打印"命令。如果要将图形输出为"PDF"格式的文件，只要在设置打印机名称时，选择"DWG To PDF.pc3"。那么图形将输出为"PDF"格式的文件。

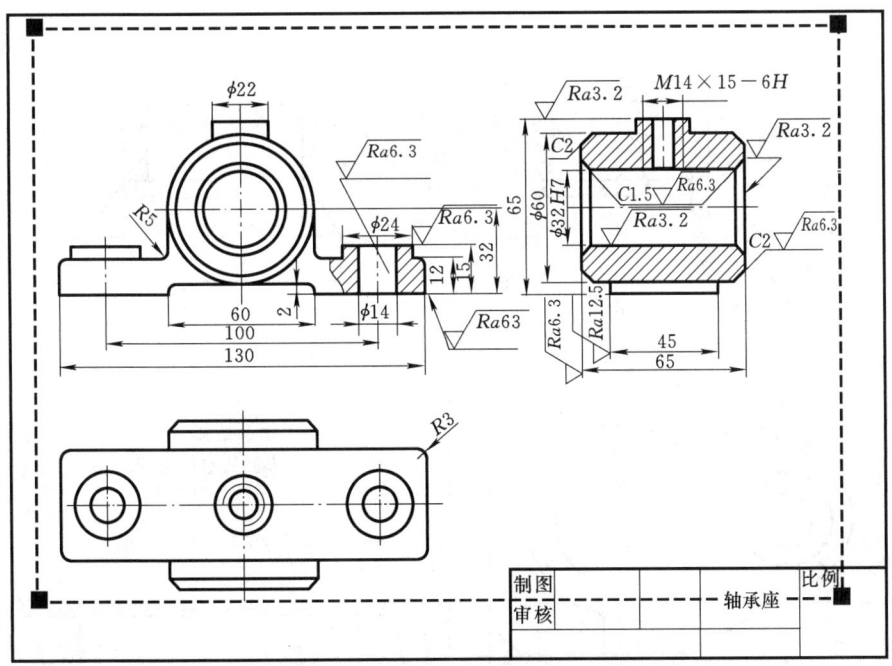

图 8-11 调整视口大小

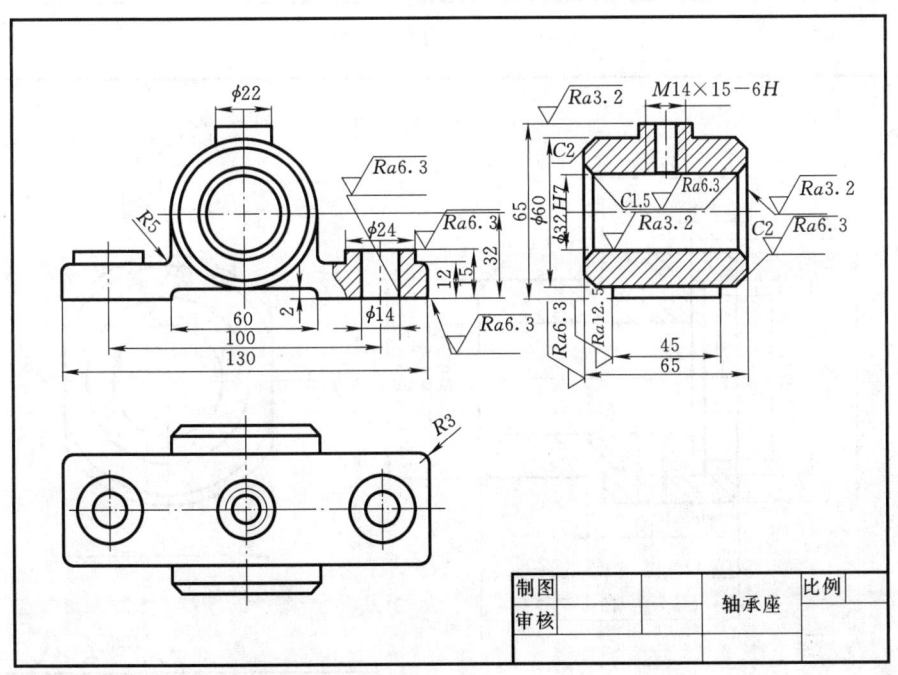

图 8-12 关闭"视口线"图层

习 题 八

8-1 选用 A4 图纸，按 1∶1 比例，画出图 8-13 底座零件图并输出。

8-2 选用 A4 图纸，按 1∶1 比例，画出图 8-14 套筒零件图并输出。

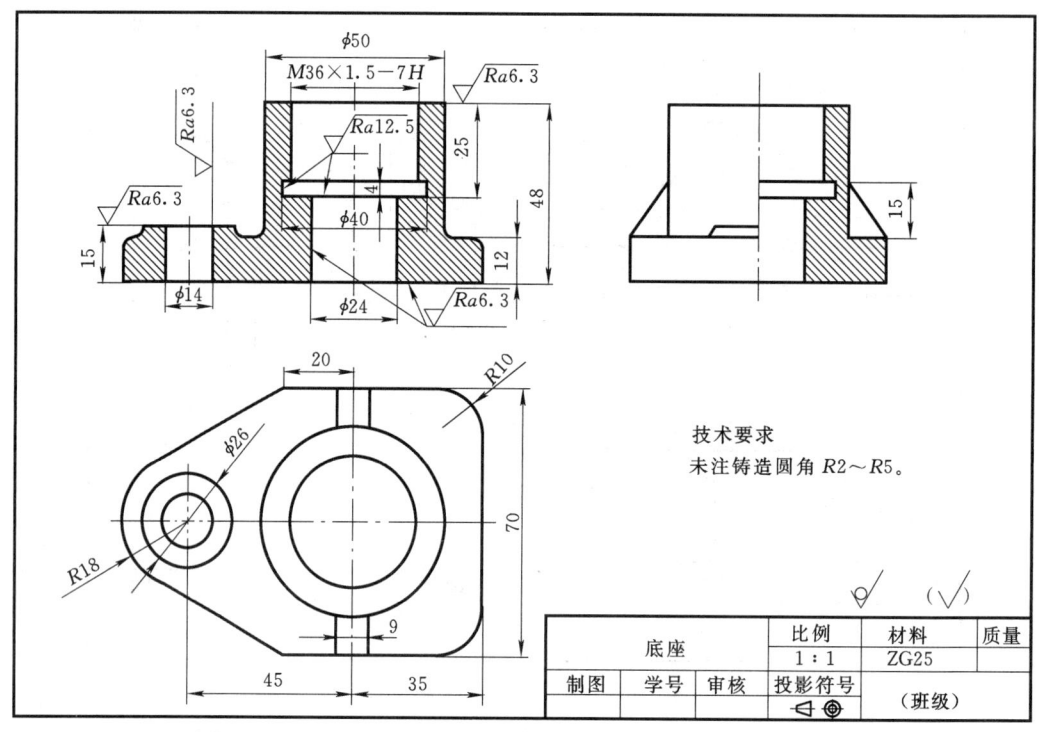

图 8-13 底座零件图

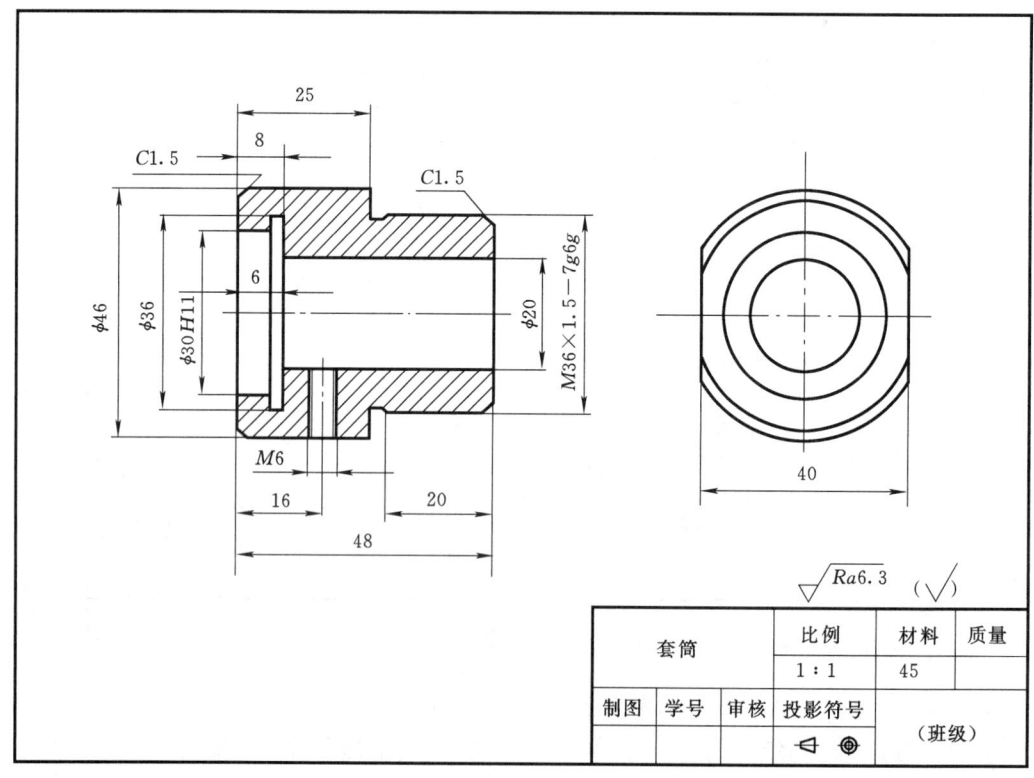

图 8-14 套筒零件图

习 题 八

8-3 选用 A3 图纸，按 1∶1 比例，画出图 8-15 螺纹调节支承装配图并输出。

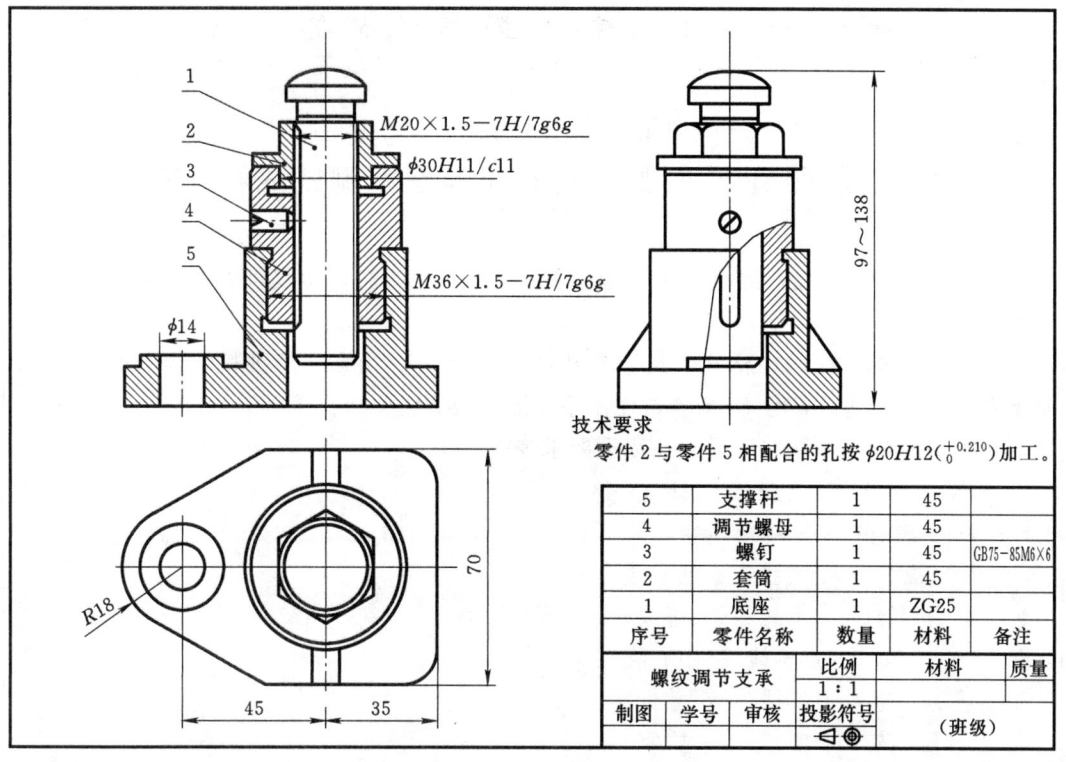

图 8-15 螺纹调节支承装配图

附录一 中级制图员考试样卷（一）

国家职业技能鉴定统一考试
中级制图员（机械）《计算机绘图》测试试卷（E）

1. 考试要求（10分）

(1) 设置A3图幅，用粗实线画出边框（400%×277），按尺寸在右下角绘制标题栏，在对应框内填写姓名和考号，字高7mm。

(2) 尺寸标注按图中格式。尺寸参数：字高为3.5mm，箭头长度为3.5mm，尺寸界线延伸长度为2mm，其余参数使用系统默认设置。

(3) 分层绘图。图层、颜色、线型要求如下：

层名	颜色	线型	用途
0	黑/白	实线	粗实线
1	红	实线	细实线
2	洋红	虚线	虚线
3	紫	点画线	中心线
4	蓝	实线	尺寸标注
5	蓝	实线	文字

其余参数使用系统默认设置。另外，需要建立的图层，考生自行设置。

(4) 将所有图形存在一个文件中，均匀布置在边框内。存盘前使图框充满屏幕，文件名采用考试号码。

2. 按标注尺寸1:1绘制图形，并标注尺寸。（20分）

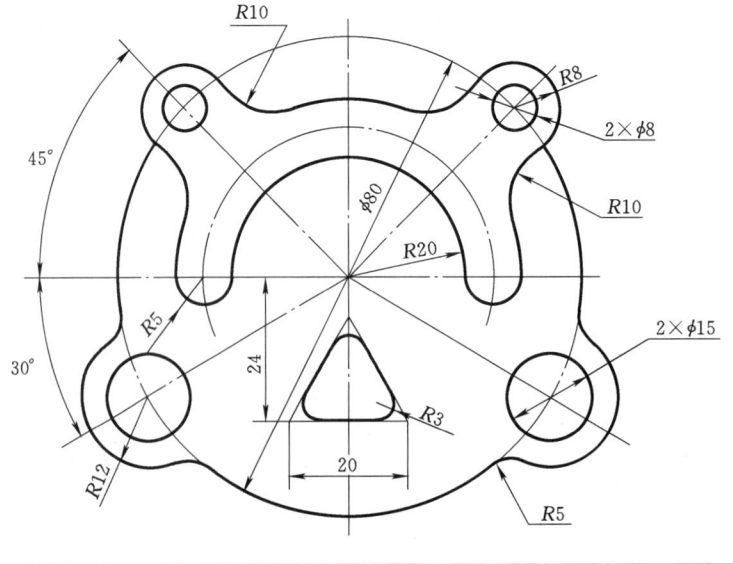

中级制图员《计算机绘图》测试试卷 第1页（共2页）

3. 按标注尺寸 2∶1 抄画主、俯视图，补画左视图（不标尺寸）。（30 分）

4. 按标注尺寸 1∶2 抄画零件图，并标全尺寸、技术要求和粗糙度。（40 分）

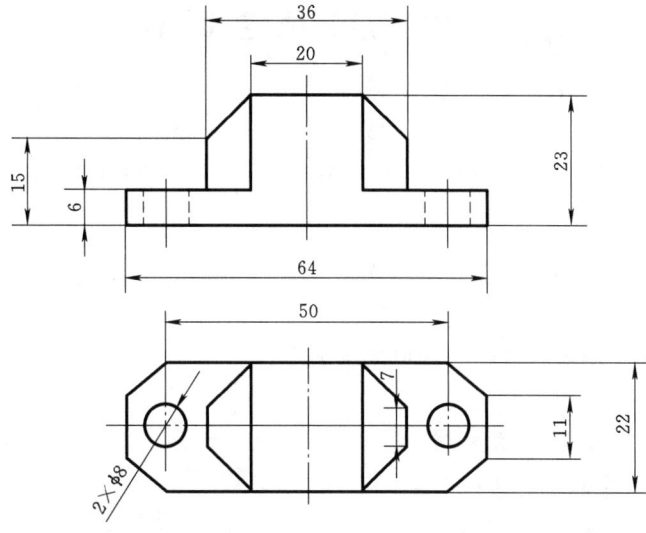

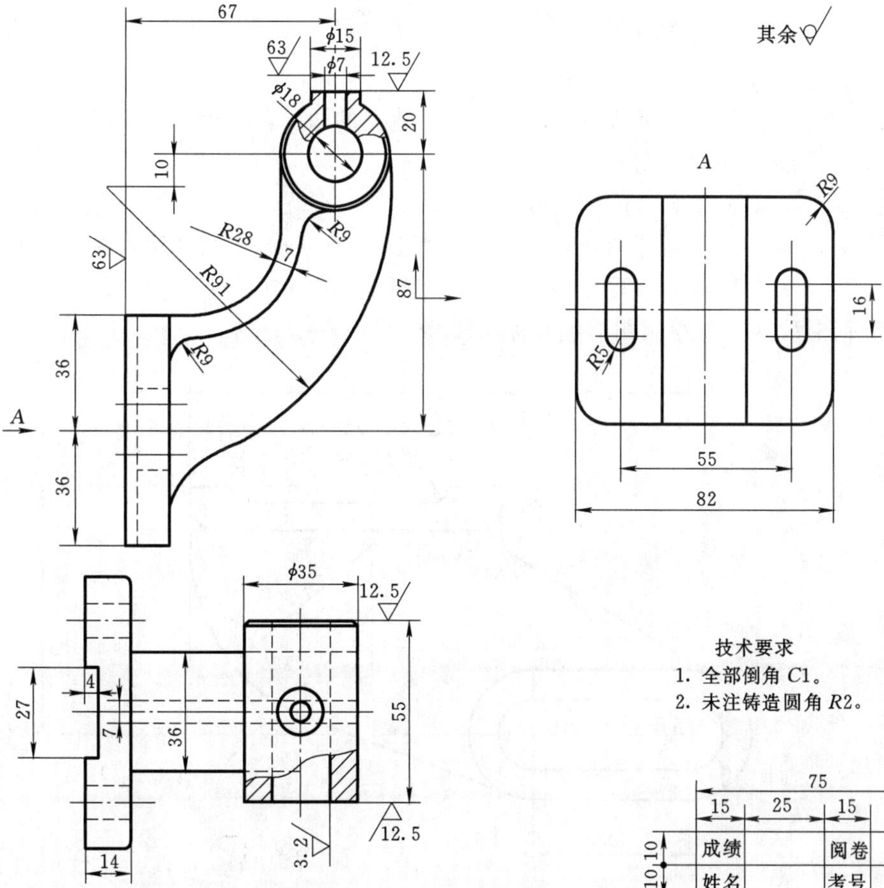

技术要求
1. 全部倒角 C1。
2. 未注铸造圆角 R2。

附录二 中级制图员考试样卷（二）

国家职业技能鉴定统一考试

中级制图员（机械）《计算机绘图》测试试卷（F）

1. 考试要求（10分）

   (1) 尺寸标注按图中格式。尺寸参数：字高为3.5mm，箭头长度为4mm，尺寸界线延伸长度为2mm，其余参数使用系统默认设置。

   (2) 分层绘图。图层、颜色、线型要求如下：

层名	颜色	线型	用途
0	黑/白	实线	粗实线
1	红	点画线	中心线
2	洋红	虚线	虚线
3	绿	实线	细实线
4	黄	实线	尺寸
5	蓝	实线	标注

   其余参数使用系统默认设置。另外需要建立的图层，考生自行设置。

   (3) 存盘前使图框充满屏幕。

   (4) 存盘时文件名采用考试号码。

2. 在A3图幅内绘制全部图形，用粗实线画出边框（400%×277），按尺寸在右下角绘制标题栏，在对应框内填写姓名和考号，字高7mm。（10分）

3. 按标注尺寸1:4绘制图形，并标注尺寸。（20分）

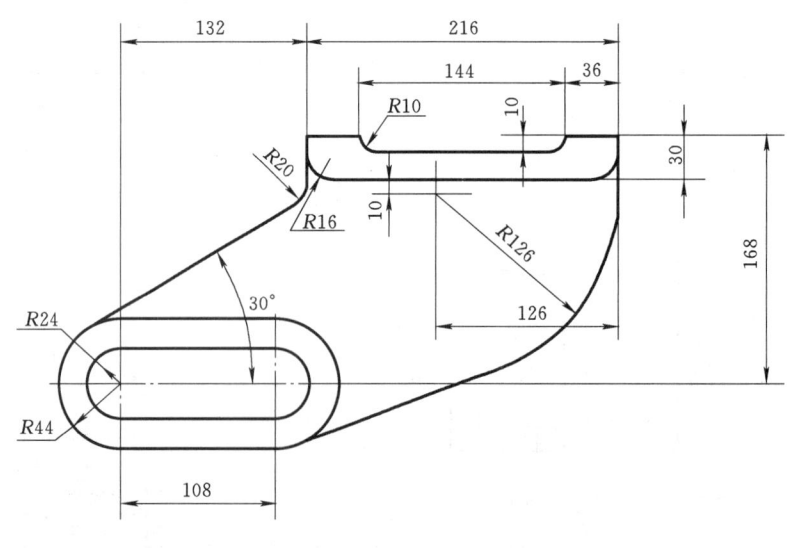

中级制图员《计算机绘图》测试试卷 第1页（共2页）

4. 按标注尺寸 1∶1 抄画主、左视图，补画俯视图（不标尺寸）。(30 分)

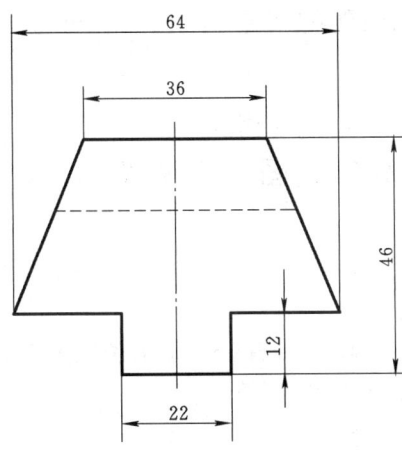

5. 按标注尺寸 1∶1 抄画零件图，并标全尺寸、技术要求和粗糙度。(40 分)

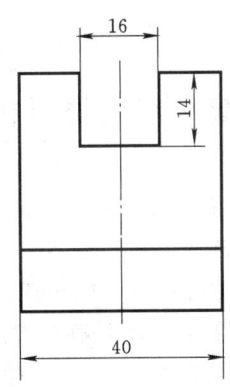

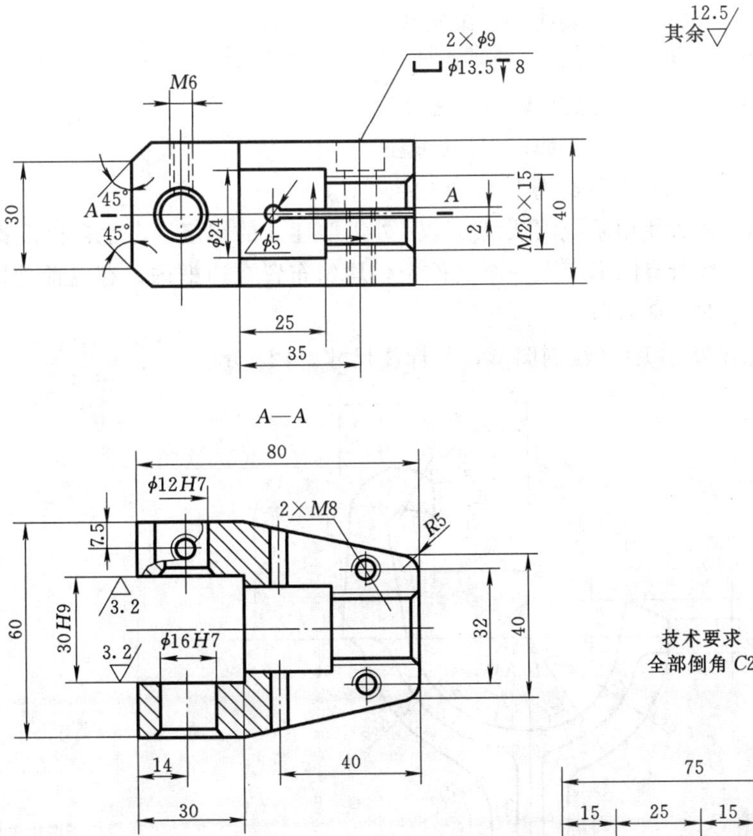

A—A

技术要求
全部倒角 C2。

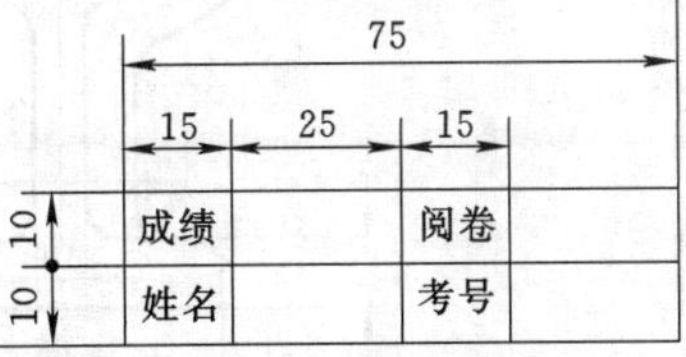

附录三　高级制图员考试样卷（一）

国家职业技能鉴定统一考试
高级制图员（机械）《计算机绘图》测试试卷（E）

1. 考试要求（10分）

（1）设置 A3 图幅，用粗实线画出边框（400×277），按尺寸在右下角绘制标题栏，在对应框内填写姓名和准考证号，字高 7mm。

（2）尺寸标注按图中格式。尺寸参数：字高为 3.5mm，箭头长度为 3.5mm，尺寸界线延伸长度为 2mm，其余参数使用系统默认设置。

（3）分层绘图。图层、颜色、线型要求如下：

层名	颜色	线型	用途
0	黑/白	实线	粗实线
1	红	实线	细实线
2	洋红	虚线	虚线
3	紫	点画线	中心线
4	蓝	实线	尺寸标注
5	蓝	实线	文字

其余参数使用系统默认设置。另外需要建立的图层，考生自行设置。

（4）将所有图形存在一个文件中，均匀布置在边框内。存盘前使图框充满屏幕，文件名采用准考证号码。

2. 按标注尺寸 1∶2 绘制图形，并标注尺寸。（25分）

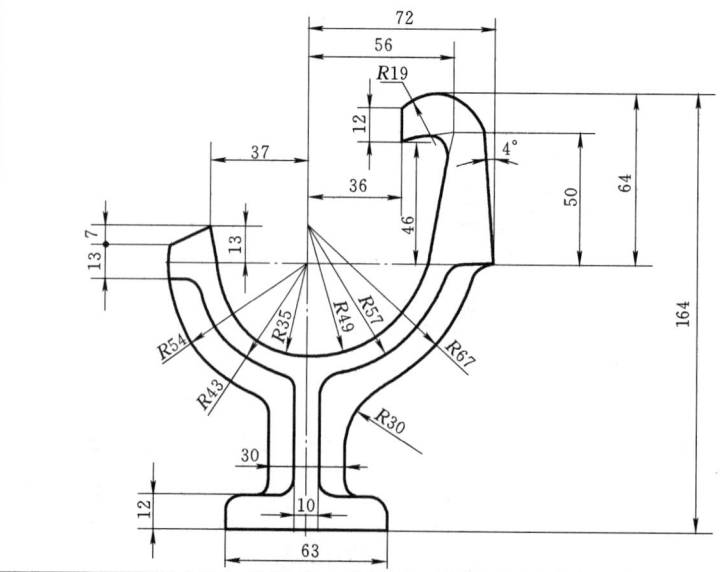

图中未注圆角均为 R7。

3．按标注尺寸 1：1 抄画 6 号件阀杆的零件图，并标全尺寸和粗糙度。（25 分）

其余 12.5

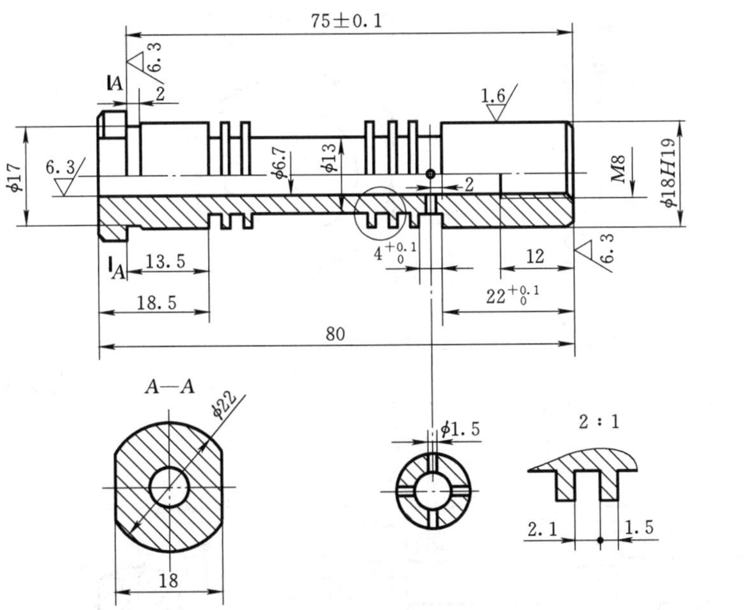

技术要求
全部倒角 C1。

序号	6
名称	阀杆

4．根据零件图按 2：1 绘制装配图，并标注序号。（40 分）

其余 12.5

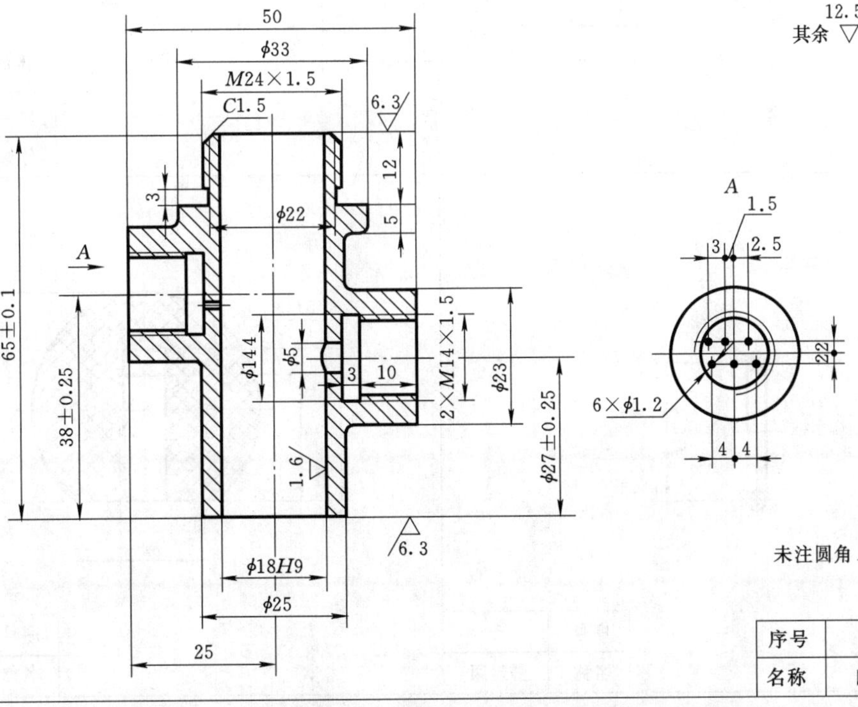

未注圆角 R1

序号	4
名称	阀体

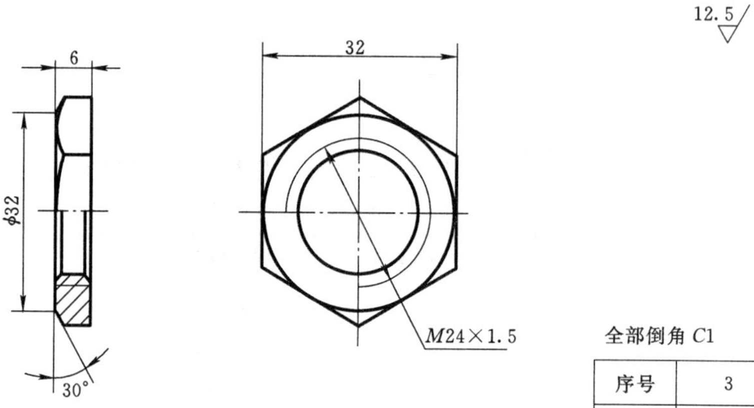

附录三 高级制图员考试样卷（一）

序号	3
名称	螺母

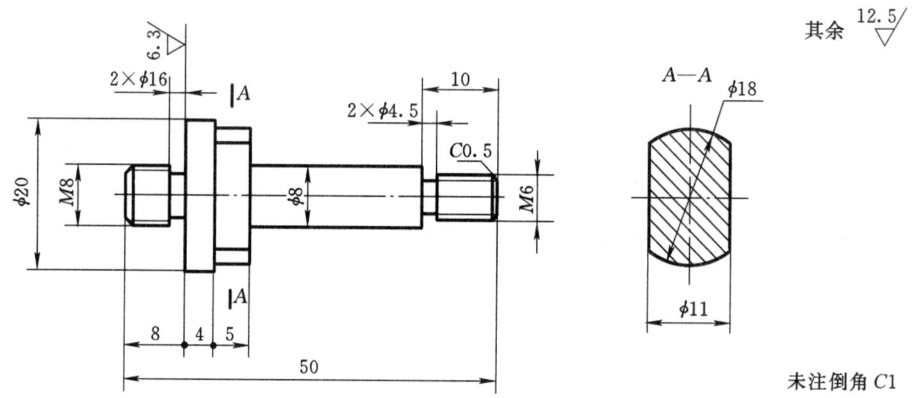

全部倒角 C1

序号	2
名称	阀芯

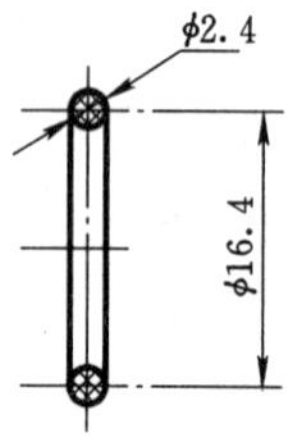

未注倒角 C1

序号	5
名称	密封圈

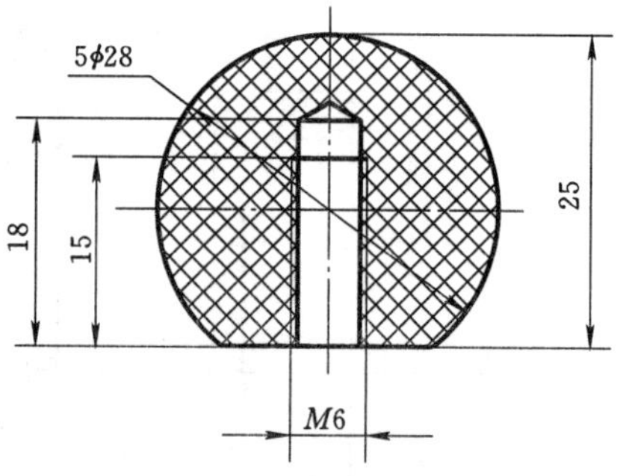

序号	1
名称	手柄

高级制图员《计算机绘图》测试试卷 第3页（共4页）

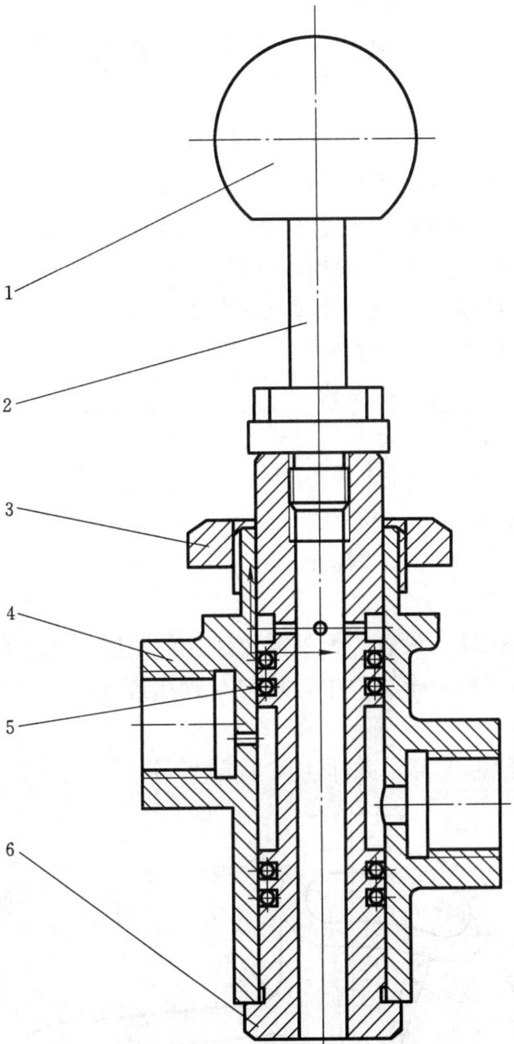

成绩		阅卷签名	
姓名		准考证号	

高级制图员《计算机绘图》测试试卷　第 4 页（共 4 页）

附录四 高级制图员考试样卷（二）

国家职业技能鉴定统一考试
高级制图员（机械）《计算机绘图》测试试卷（F）

1. 考试要求（10分）

（1）设置A3图幅，用粗实线画出边框（400％×277），按尺寸在右下角绘制标题栏，在对应框内填写姓名和准考证号，字高7 mm。

（2）尺寸标注按图中格式。尺寸参数：字高为3.5 mm，箭头长度为3.5mm，尺寸界线延伸长度为2mm，其余参数使用系统默认设置。

（3）分层绘图。图层、颜色、线型要求如下：

层名	颜色	线型	用途
0	黑/白	实线	粗实线
1	红	实线	细实线
2	洋红	虚线	虚线
3	紫	点画线	中心线
4	蓝	实线	尺寸标注
5	蓝	实线	文字

其余参数使用系统默认设置。另外需要建立的图层，考生自行设置。

（4）将所有图形存在一个文件中，均匀布置在边框内。存盘前使图框充满屏幕，文件名采用准考证号码。

2. 按标注尺寸1:4绘制图形，并标注尺寸。（25分）

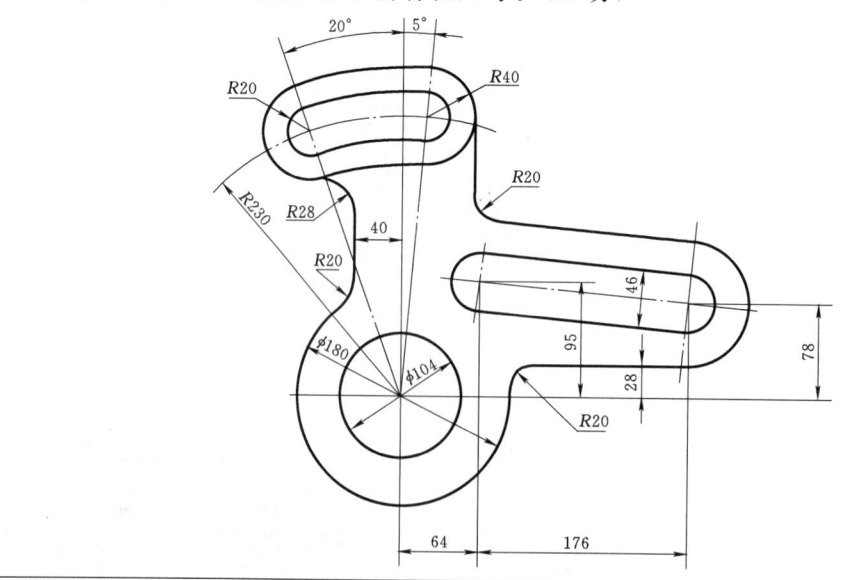

3. 按标注尺寸 1∶1 抄画 2 号件轴承座的零件图，并标全尺寸和粗糙度。（25 分）

其余

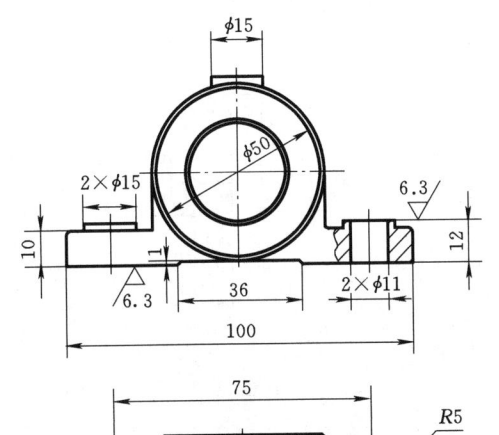

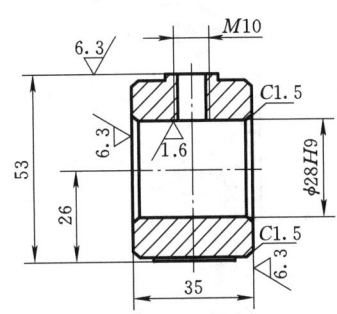

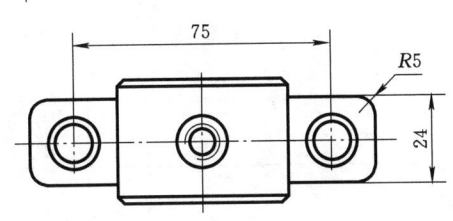

序号	3
名称	轴承座

4. 根据零件图按 2∶1 绘制装配图，并标注序号。（40 分）

其余

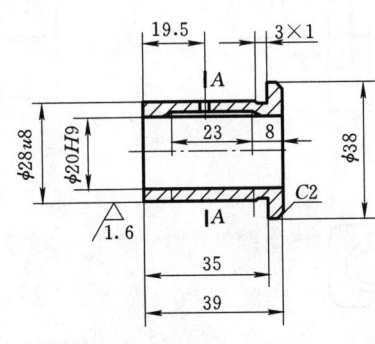

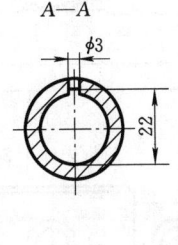

序号	4
名称	轴衬

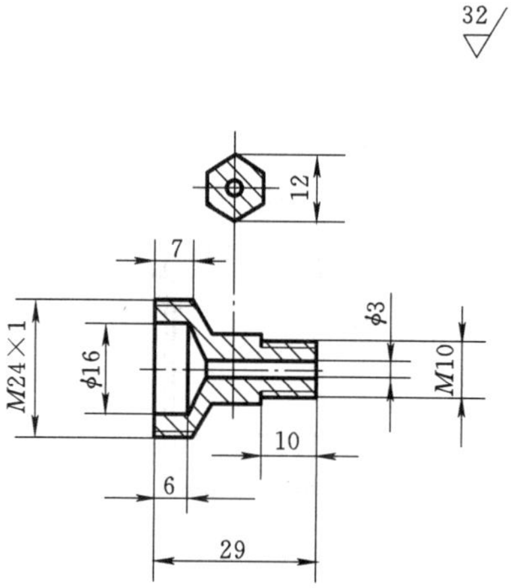

高级制图员《计算机绘图》测试试卷 第3页（共3页）

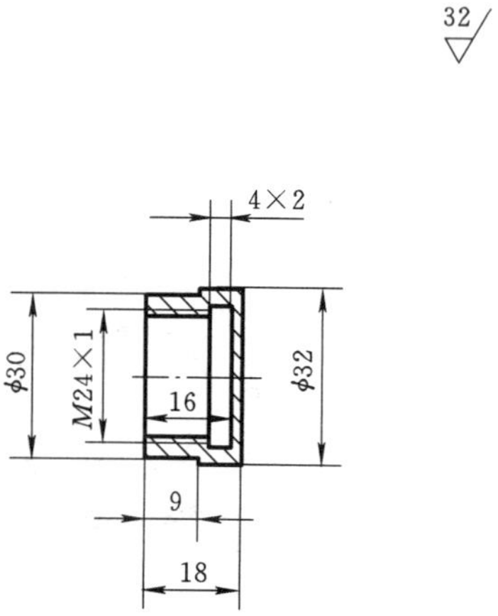

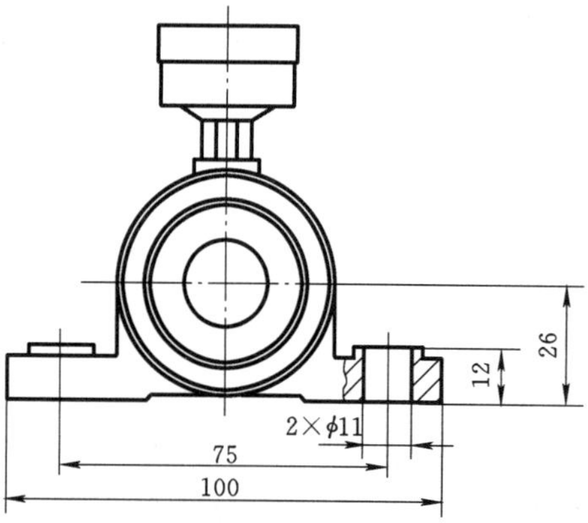

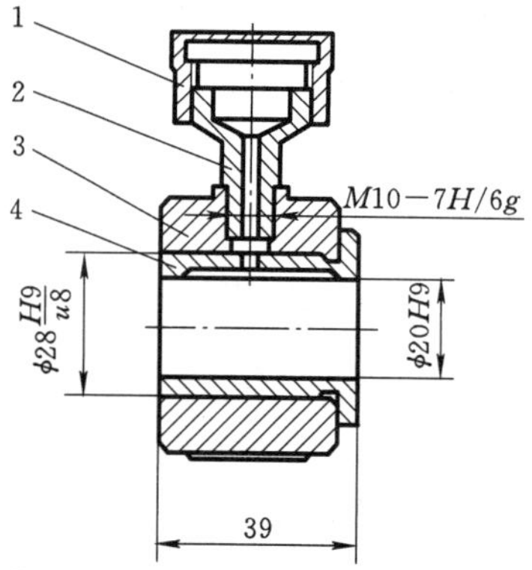

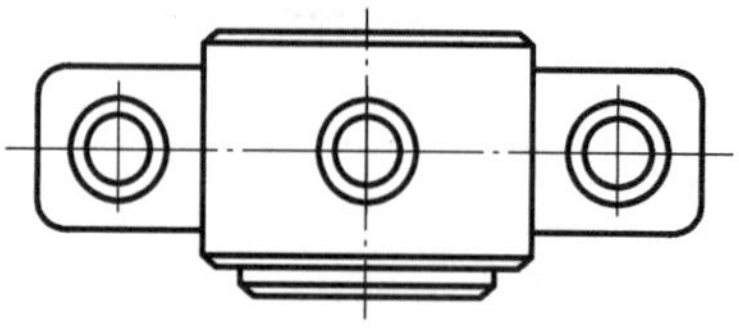

附录五 AutoCAD 2012 命令一览表

AutoCAD 2012 常用快捷命令绘图命令

说明	快捷命令	命令全称	说明	快捷命令	命令全称
点	PO	POINT	圆环	DO	DONUT
直线	L	LINE	椭圆	EL	ELLIPSE
射线	XL	XLINE	创建面域	REG	REGION
多段线	PL	PLINE	多行文字	T 或 MT	MTEXT
多线	ML	MLINE	单行文字	DT	DTEXT
样条曲线	SPL	SPLINE	块定义	B	BLOCK
正多边形	POL	POLYGON	插入块	I	INSERT
矩形	REC	RECTANGLE	写块	W	WBLOCK
圆	C	CIRCLE	等分	DIV	DIVIDE
圆弧	A	ARC	图案填充	H	HATCH

修 改 命 令

说明	快捷命令	命令全称	说明	快捷命令	命令全称
复制	CO 或 CP	COPY	延伸	EX	EXTEND
镜像	MI	MIRROR	拉伸	S	STRETCH
阵列	AR	ARRAY	拉长	LEN	LENGTHEN
偏移	O	OFFSET	比例缩放	SC	SCALE
旋转	RO	ROTATE	打断	BR	BREAK
移动	M	MOVE	倒角	CHA	CHAMFER
删除	E	ERASE	圆角	F	FILLET
分解	X	EXPLODE	转换为多线段	PE	PEDIT
修剪	TR	TRIM	编辑文字	ED	DDEDIT

尺 寸 标 注

说明	快捷命令	命令全称	说明	快捷命令	命令全称
线性标注	DLI	DIMLINEAR	快速标注	LE	QLEADER
半径标注	DRA	DIMRADIUS	基线标注	DBA	DIMBASELINE
直径标注	DDI	DIMDIAMETER	连续标注	DCO	DIMCONTINUE
角度标注	DAN	DIMANGULAR	标注样式管理器	D	DIMSTYLE
圆心标记	DCE	DIMCENTER	编辑标注	DED	DIMEDIT
点标注	DOR	DIMORDINATE	替代标注系统变量	DOV	DIMOVERRIDE
形位公差标注	TOL	TOLERANCE	标注尺寸	DIM	DIMEDIT

附录五 AutoCAD 2012 命令一览表

续表

常用组合键					
说明	快捷命令	命令全称	说明	快捷命令	命令全称
修改特性	CTRL+1	PROPERTIES	复制	CTRL+C	COPYCLIP
设计中心	CTRL+2	ADCENTER	粘贴	CTRL+V	PASTECLIP
工具选项板	CTRL+3	TOOLPALETTES	栅格捕捉	CTRL+B	SNAP
打开文件	CTRL+O	OPEN	对象捕捉	CTRL+F	OSNAP
新建文件	CTRL+N	NEW	栅格	CTRL+G	GRID
打印文件	CTRL+P	PRINT	正交	CTRL+L	ORTHO
保存文件	CTRL+S	SAVE	对象追踪	CTRL+W	
剪切	CTRL+X	CUTCLIP	极轴	CTRL+U	

常用功能键					
说明	快捷命令	命令全称	说明	快捷命令	命令全称
帮助	F1	HELP	栅格	F7	GRIP
文本窗口的切换	F2		正交	F8	ORTHO
			对象捕捉	F3	OSNAP

对象特征					
说明	快捷命令	命令全称	说明	快捷命令	命令全称
设计中心选项	ADC	ADCENTER	输出数据	EXP	EXPORT
对齐	AL	ALIGN	输入文件	IMP	IMPORT
加载或卸载应用程序	AP	APPLOAD	选项设置	OP 或 PR	OPTIONS
计算对象面积	AA	AREA	打印文件	PRINT	PLOT
属性定义	ATT	ATTDEF	从图形中删除未使用的对象并清除显示	PU	PURGE
修改属性信息	ATE	ATTEDIT			
提取属性数据	DDATTEXT	ATTEXT	刷新显示当前视口	R	REDRAW
特性面板	CH 或 MO	PROPERTIES	重生成	RE	REGEN
特性匹配	MA	MATCHPROP	捕捉栅格	SN	SNAP
文字样式	ST	STYLE	草图设置	DS 或 SE	DSETTINGS
设置颜色	COL	COLOR	设置对象捕捉模式	OS	OSNAP
图层特性	LA	LAYER	打印预览	PRE	PREVIEW
线型管理器	LT	LINETYPE	工具栏	TO	TOOBAR
线型比例	LTS	LTSCALE	视图管理器	V	VIEW
线宽	LW	LWEIGHT	测两点距离和角度	DI	DIST
图形单位	UN	UNITS	显示对象信息	LI 或 LS	LIST
图形界限	LIMITS	LIMITS	退出	QUIT	QUIT

参 考 文 献

［1］ 中华人民共和国劳动和社会保障部. 国家职业标准—制图员. 北京：中国劳动社会保障出版社，2002.
［2］ 劳动和社会保障部中国就业培训技术指导中心. 制图员国家职业资格培训教程（高级）. 北京：中央广播电视大学出版社，2003.
［3］ 劳动和社会保障部中国就业培训技术指导中心. 制图员国家职业资格培训教程（中级）. 北京：中央广播电视大学出版社，2003.
［4］ 苑国强，范波涛，张培忠，孙泽涛. 制图员考试鉴定辅导. 北京：航空工业出版社，2003.
［5］ 赵国增. 计算机绘图 AutoCAD 2004 [M]. 北京：高等教育出版社，2004.
［6］ 顾锋，左晓明. AutoCAD 2012 实用教程 [M]. 北京：机械工业出版社，2012.
［7］ 林宗良. AutoCAD 2012 机械制图基础教程 [M]. 上海：同济大学出版社，2012.
［8］ 陈在良. 计算机辅助设计 AutoCAD 2008 [M]. 北京：北京交通大学出版社，2008.
［9］ 胡建生，汪正俊，陈清胜，等. AutoCAD 绘图实训教程 [M]. 北京：机械工业出版社，2007.
［10］ 贾芸. AutoCAD 2010 中文版实训教程 [M]. 合肥：合肥工业大学出版社，2010.
［11］ 孙敬华. 机械制图 [M]. 北京：中国水利水电出版社，2011.
［12］ 吴宗泽，罗圣国. 机械设计课程设计手册（第 3 版）[M]. 北京：高等教育出版社，2006.